大脑的
性别

［英］吉娜·里彭（Gina Rippon）著

吴 丹 译

打破女性大脑迷思的
最新神经科学

The Gendered Brain: The
New Neuroscience that
Shatters the Myth of the
Female Brain

北京燕山出版社
BEIJING YANSHAN PRESS

关于作者

吉娜·里彭教授是认知神经科学领域的国际研究员，就职于伯明翰市的阿斯顿大学阿斯顿大脑研究中心。她的研究领域包括使用最先进的大脑成像技术来研究发育障碍，例如自闭症。她定期为"英国科学节""新科学家现场"和"酒吧里的怀疑论者"系列等活动撰稿。2015 年，英国科学协会授予她荣誉院士的称号，以表彰她对公共科学传播所做的卓越贡献。

她还倡导采取行动解决科学、技术、工程、数学（STEM）学科中女性代表性不足的问题。作为"欧盟性别平等组织"的成员之一，她在世界各地的学术会议上发言。她是"女性科学与工程协会（WISE）"与"科学怪人（ScienceGrrl）"组织的成员，同时也是罗伯特·佩斯顿的"为学校代言（Speakers4Schools）"项目和"启发未来（Inspiring the Future）"倡议的成员。

《大脑的性别》是里彭教授为广大非专业读者所著的第一本书。

献给嘉娜和希尔达，
两位勇敢挣脱内心枷锁的祖母。

献给我的父母，彼得和奥尔加，
他们的爱与支持为我的人生旅途提供了众多机遇；
献给我的双胞胎兄弟彼得，感谢你一直陪伴着我。

献给丹尼斯，我的丈夫及顾问，兼侍酒师和园艺师，
感谢他孜孜不倦的耐心和支持（以及为我准备的诸多杜松子酒）。

献给安娜和埃莉诺，献给未来
拥有无限可能的你们。

没有什么悲剧比生命发育不良更沉痛，也没有什么是比剥夺一个奋斗机会、甚至是剥夺希望更严重的不公，这是由外在强加的限制造成的，但是人们却一直以为是先天决定的。

——斯蒂芬·杰伊·古尔德《人类的误测》

序言：此起彼伏的迷思

这本书讲述了一种起源于 18 世纪、至今仍然存在的观念。这种观念指的是你可以将大脑"性别化"，你可以将大脑描述为"男性大脑"或"女性大脑"，你也可以将个体在行为、能力、成就、人格，甚至希望和期望上的任何差异归因于拥有男性或女性大脑。几个世纪以来，这一观念一直错误地驱动着脑科学，支撑着许多有危害的刻板印象，并且，我相信，它还阻碍了社会进步和机会平等。

200 多年来，人们一直在争论、研究、促进、批评、赞扬或贬低大脑中的性别差异问题，在此之前的很长一段时间里，人们就已经注意到了这个问题。大脑中的性别差异问题根深蒂固，几乎一直是每门研究学科的焦点，比如遗传学和人类学，而且这个问题与历史学、社会学、政治学和统计学混杂在一起。它的特点在于某些离奇的说法［比如，女性生来劣等是由于她们的大脑轻了 5 盎司（约 141.75 克）］，虽然这些说法很容易被忽略，但它们又以另一种形式出现（比如，女性看不懂地图是由于大脑内部的连接差异）。有时，某个观点被当作事实牢牢地扎根于公众的意识中，而且尽管相关科学家尽了最大努力，它仍然变成了一种根深蒂固的观点。这种观点经常被公认为不可辩驳的事实，并以胜利的姿态不断操纵有关性别差异的争论。甚至更令人担忧的是，它能够左右政策决策。

我将这些似乎无休止重复的错误观念看作"打地鼠"的迷思。打地鼠是一款街机游戏，在游戏中，当机器地鼠从木板上的洞孔中伸出头时，玩家必须不断用木槌击打它们的头部——就在你认为你已经将它们全部消灭完时，另一只讨厌的地鼠又会出现在别处。在今天，"打地鼠"用来描述这样一种过程，即人们认为已经解决了某个问题，但这个问题还在重复出现；"打地鼠"还可以用来描述那些讨论，即尽管新的、更准确的信息已经消除了一些错误的假设，但这些假设还在不断出现。在性别差异的背景下，这可能是因为存在这样一种看法，即新生男婴更喜欢看拖拉机零件制成的悬挂饰物而不是人脸（即"男性生来就是科学家"地鼠），或者有更多的男性天才和更多的男性白痴（即"男性大变异假设"地鼠）。正如我们将在本书中看到的，诸如此类的"真理"多年来遭到了各种各样的抨击，但它们仍然出现在自助手册、操作指南，甚至是有关多样性问题的效用或无用性的最新争论中。其中最古老也是最顽强的"地鼠"之一则是女性大脑和男性大脑的迷思。

几个世纪以来，所谓的"女性"大脑一直被描述为体积过小、发育不全、进化程度低下、组织能力差、普遍存在缺陷。更多侮辱性的词汇堆积起来，人们认为这些原因导致了女性自卑、脆弱、情绪不稳定以及科学能力较低，这使她们不适合担当重任、掌控权力，当然也无法赢得辉煌。

很早以前，除非大脑受损或死亡，人们是无法研究人类大脑的，而那时候就有了关于女性大脑低等的理论。尽管并不能真正地研究大脑，但当涉及解释男性不同于女性的方式及原因时，"甩锅给大脑"就像是一个持续不断的咒语。在 18 世纪和 19 世纪，人们普遍认为女性在社交、智力和情感上都处于劣势；在 19 世纪和 20 世纪，人们的注意力转向了女性所谓的"与生俱来"的角色上，比如照顾者、母亲和男性的女性伴侣。这一信息是一致的：男性和女性的大脑有"本质"的差异，这将决定他们能力、性格和社会地位的不同。尽管我们无法检验这些假设，但它们仍然是刻板印象的坚实基础。

但在 20 世纪末，新的脑成像技术的出现提供了一种可能性，即我们最终会知道女性大脑和男性大脑之间是否真的存在差异，这些差异可能来自哪里，以及它们对大脑的主人意味着什么。你可能会认为，在性别差异和大脑的研究领域，这些新技术提供的可能性将被当作"游戏规则改变者"加以利用。研究大脑的方法发展得越来越强大且灵敏，再加上有机会重塑数百年来对所谓差异的追求，应该会革命性地彻底改变研究的日程表，并激发媒体的讨论。要是那样就好了……

在性别差异和脑成像研究的早期，有几件事出了差错。关于性别差异，有一个令人沮丧的落后观点，也是历史形成的刻板印象之一（心理学家科迪莉亚·法恩将其称之为"神经性别歧视"）。各种实验的设计，都是以几个世纪以来产生的男女之间的"强烈"差异为基础，或者基于刻板的女性／男性特征进行数据解释，而这些特征甚至可能压根没有经过扫描仪的测量。相比没有发现差异的研究，发现差异的研究更容易获得学术发表，热情的媒体也会不断欢呼，称这是"真相大白"的时刻。终于有证据表明，女性天生就不擅长看地图，而男性无法同时处理多项任务！

早期脑成像研究的第二个困难是图像本身。这项新技术生成了极佳的彩色编码大脑图像，给人一种进入大脑的错觉——给人的印象是，这是该神秘器官实时工作的图像，现在可供所有人查看。这些吸引人的图像引发了一个问题，我将其称之为"神经垃圾"，它指的是在大众刊物和成堆的基于大脑的自助书籍中，出现的关于脑成像发现的离奇表述（或错误表述）。这些书籍和文章经常配以漂亮的大脑图像，却很少出现对这些图像真正含义的解释。了解男女之间的差异一直是此类手册或新闻标题的特别关注点，这给我们带来了明显的启发，让我们联想到撬棍、圆点花纹和蛤蜊这些与性别挂钩的东西。当然，这也让"男人来自火星，女人来自金星"的观念变得更加复杂。

因此，20世纪末出现的脑成像技术，并没有帮助我们理解所谓的性别和大脑之间的联系。在21世纪，我们能做得更好吗？

*

研究大脑的新方法关注大脑结构之间的联系，而不仅仅是大脑结构本身的大小。今天，神经科学家已经开始破译大脑的"对话"，即大脑活动的不同频率传递信息并带回答案的方式。我们有更好的模型来研究大脑的工作原理，我们也开始接触大量数据。因此，相比以前只有少量大脑参与实验，现在即使没有数千个大脑，我们也可以用数百个大脑进行比较和测试模型。这些进展能解释"女性"和"男性"大脑的迷思或现实的难题吗？

近年来的一个重大突破是，人们意识到，大脑在收集信息方面比我们最初意识到的要"主动"得多。它不仅会在获得信息时做出反应，还会根据之前识别出的模式，对接下来可能发生的情况做出预测。如果事实证明事情没有按计划进行，那这个"预测错误"就会被记录下来，指导方针也会相应地调整。

大脑会不停地猜测接下来会发生什么，它会构建模板或"引导图像"来帮助我们走捷径，继续指引我们的生活。我们可以把大脑想象成某种"预言家"或高端卫星导航系统，帮助我们完成单词或句子；或完成一种视觉模式，以让我们快速从容地面对生活；或引导我们走最安全的道路，而这条道路是为"像我们这样的人"准备的。当然，为了做出预测，你需要学习某种关于通常发生的事情的规则，关于事件的正常过程的规则。所以，我们的大脑与我们所处世界的相处方式，很大程度上取决于大脑在那个世界中发现了什么。

但是，如果我们大脑学习的规则实际上只是刻板印象，那么那些将过去的真理、半真半假的言论甚至谎言混为一谈的普遍捷径会怎么样？这对理解性别差异又意味着什么？

这把我们带入了自证预言的世界。大脑不喜欢犯错误或预测错误——如果我们面临的情况是"像我们这样的人"很少，或者我们明显不受欢迎，那么我们基于大脑的指导系统可能会促使我们退缩（就像电子导航提示"请在下一个路口掉头"）。如果有人期望我们犯错，那么这种额外的压力很可能会让我们真的犯错，并且会让我们迷失方向。

在 21 世纪以前，人们普遍认为，就大脑而言，生物学就是命运。除了在幼年快速发育期以外，大脑发育的底线一直是，我们最终拥有的大脑与我们出生时的差不多（只是更大一些，联系更紧密一些）。一旦你成年了，你的大脑就达到了发育的终点，这反映了基因和荷尔蒙的信息，而这些信息正是大脑被编程的依据——没有升级或新的操作系统可用。这一信息在过去30年左右的时间里发生了变化——我们的大脑是具有可塑性的，这对我们理解大脑如何与周围环境紧密相连具有重要意义。

我们现在知道，即使是在成年时期，大脑也在不断发生变化，不仅仅是因为我们接受的教育，还因为我们从事的工作、拥有的爱好和参加的运动。一名伦敦在职出租车司机的大脑，与实习司机的或退休出租车司机的大脑是不一样的；我们可以追踪玩电子游戏、学习折纸或拉小提琴的人之间的差异。假设这些改变大脑的经历对于不同的人或群体是不同的。例如，如果身为男性意味着你在构建事物或操纵复杂的三维立体物品（如玩乐高）方面有更丰富的经验，这很可能会在你的大脑中表现出来。大脑反映的是人们的生活经历，而不仅仅是主人的性别。

这些经历和态度给我们的可塑性大脑留下了终生的印象，这让我们意识到，我们需要仔细地观察我们大脑外部和内部的情况。我们不能再把性别差异的争论归结为先天和后天的问题——我们需要承认，大脑与所处世界之间的关系不是单向的，而是不断地双向交流。

也许观察外部世界如何与大脑及其运行过程紧密相连的一个不可避免的结果是，人们更加关注社会行为及其背后的大脑。有一种新兴的理论认为，人类之所以成功，是因为我们进化成了有合作意向的物种。我们可以解读隐藏的社会规则，猜到我们的人类同伴可能会做什么、想什么或感觉到什么，或者他们可能希望我们做什么（或不做什么）。映射社会脑的结构和网络揭示了社会脑如何参与塑造我们的自我认同，确定我们的内部群体成员（他们是男性还是女性），并引导我们的行为适应我们所属的或希望所属的社会网络和文化网络（"女孩不这样做"）。在任何试图了解性别差异的尝试中，这都是一个关键的过程，而且这个过程似乎从出生就开始了，甚至更早。

即使是世界上最小的人类成员——高度依赖于他人的新生儿，实际上也比我们想象得要复杂得多。尽管他们的视觉模糊，听力尚未充分发育，几乎没有任何基本的生存能力，但他们很快就掌握了有用的社会信息以及一些关键的事实，诸如谁的面孔和声音可能预示着食物和舒适的到来，他们开始记录谁是他们群体中的一员，也开始识别他人的不同情绪。他们似乎是小型社会海绵，迅速吸收周围世界的文化信息。

有一个故事很好地说明了这一点，这个故事发生在埃塞俄比亚的一个偏远村庄，那里从未出现过电脑。一些研究人员放下一堆用胶带封起来的盒子，盒子里装着全新的笔记本电脑，电脑里预装了一些游戏、应用程序和歌曲。没有任何指示，科学家们把接下来发生的事录了下来。

4分钟内，一个孩子打开了一个盒子，找到了开关，启动了电脑。5天之内，村里的每个孩子都在使用他们找到的40多个应用程序，并唱着研究人员预先下载的歌曲。不到5个月，他们入侵了操作系统，想要重新开启被禁用的摄像头。

我们的大脑就像这些孩子。在没有指导的情况下，它们将制定世界规则，学习应用程序，超越最初认为的可能性。它们通过敏锐的观察和自我组织来工作。而且，它们很早就开始了！

大脑首先会关注的事情之一是性别游戏的规则。面对来自社交媒体和主流媒体的无情性别轰炸，孩子们世界中的性别差异问题是我们应该仔细关注的。一旦我们认识到我们的大脑不仅渴求收集规则，且对社会规则有着特别的偏好，而且也具有可塑性，那么性别刻板印象的力量就显而易见了。如果我们能跟踪一个女婴或男婴的大脑变化过程，我们就能看到，从孩子出生的那一刻，甚至更早，大脑可能已经迈上不同的发育道路。玩具、衣服、书籍、父母、家庭、教师、学校、大学、雇主、社会规范和文化规范——当然还有性别刻板印象——都会为不同的大脑指明不同的方向。

*

解决大脑差异的争论至关重要。理解这些差异从何而来，对每个有大脑的人和每个有性别的人来说都很重要（稍后会有更多的解释）。这些争论和研究项目的结果，甚至只是轶事，都根植于我们对自己和他人的看法，并被用作衡量自我认同、自我价值和自尊的标准。关于性别差异的信念（即使没有根据）导致了刻板印象的产生，在刻板印象中，通常只有两个标签——女孩或男孩，女性或男性，但在过去，这反而带来了大量"内容有保障"的信息，导致我们不根据每个人的优点或特点来评判他们。除了提供内容本身外，这些标签还可能带有附加的性质或培养的印记。这是一种只基于生物学且特征固定不变的"自然产品"吗？还是一种由社会决定的创造物，由周围的世界操纵，其特征可以通过轻轻一按政策开关或增加少量环境投入得以快速调整？

随着神经科学取得令人兴奋的突破，这些标签清晰的、二元的独特性受到了挑战——我们开始意识到先天本质与后天养育密不可分。过去被认为是固定的、不可避免的东西现在被证明是可塑的、灵活的。物质世界和社会世界强大的生物学改变效应正在显现。即使是"写在我们基因里"的东西，在不同的环境中也可能以不同的方式表达出来。

人们一直认为，让女性和男性身体产生不同的生物模板也会让他们的大脑产生差异，从而导致认知技能、个性和气质上的性别差异。但在21世纪，人们不仅挑战了旧的答案，也挑战了问题本身。我们会看到过去人们确信的观点一个接着一个土崩瓦解，我们会看到那些众所周知的性别差异发生了怎样的变化，包括男女气质、对成功的恐惧、养育和照顾，甚至男女大脑的概念。重新审视支持这些结论的证据表明，这些特征并不完全符合他们提出的男性／女性标签。

因此，这本书是在许多有影响力和资料翔实的书籍之后，另一本关于大脑性别差异的书。我认为这本书是为人们所需要的，因为旧的误解观点就像打地鼠一样，不断以新的形式出现。还有其他的问题需要我们来解决，例如在关键领域中成就的性别差距有多大，还有一些性别悖论需要解释，比如为什么在性别最平等的国家中，女性科学家的比例反而最低？

这本书传达的核心信息是，性别化的世界将促进生成性别化的大脑。我认为，理解这一现象如何发生，以及这对大脑及其所有者的意义，不仅对女人和女孩，而且对男人和男孩、父母和教师、企业和大学乃至整个社会都很重要。

Sex，Gender，Sex/Gender 或者 Gender/Sex：有关 gender 和 sex 的注释

我们需要解决的问题是：应该讨论"性别（sex）"还是"社会性别（gender）"，或者都不讨论，或者都讨论，又或是用某种组合方式。本书将会探讨大脑中的性别差异，但也将探讨大脑中的社会性别差异。

所以，性别和社会性别这二者是一样的吗？你的生理性别是否能定义你的社会性别特征？拥有两条 X 染色体或一对 XY 染色体，会决定你在社会中的地位吗？会决定你将扮演的角色吗？会决定你将做出的选择吗？

几百年来，答案都是明确的"是"。生理性别除了赋予你合适的生殖器官，据称它还会赋予你一个合适的、独特的大脑，从而决定了你的性情、你的技能、你是否适合领导或服从他人。"性别（sex）"一词通常用来指女性和男性的生理和社会两方面的特征。

20 世纪末，鉴于女权主义者的关注，发生了一次挑战这种决定论方法的运动。越来越多的人坚持认为，"社会性别（gender）"一词只能用来指代与社会事务有关的事情，而"性别（sex）"一词只能用于指代生物学方面。几年之后我们看到，保持二者之间的绝对划分变得越来越难。我们对大脑受社会压力影响程度的进一步认识意味着我们需要一个术语来反映这种关系：在学术界，人们使用"性别 / 社会性别（sex/gender）"或"社会性别 / 性别（gender/sex）"作为一种解决方案；但是这种用法在日常生活中并不常见，也很少出现在大众媒体或关于女性和男性的更通俗的文章中。

　　解决这个问题的办法似乎是交替使用这两个词，也许使用"gender"这个词可以避免给人留下这种印象，即你所说的一切实际上都是生理因素造成的。例如，在商业领导领域，你永远不会看到关于"性别收入差距"或"性别失衡"的文章。但归根结底，很明显，"gender"这个词现在把女性和男性的各个方面捆绑在一起，就像以前的"sex"一样。最近，我浏览了英国广播公司的一本大众在线修订指南，受众面向 16 岁青少年（我得赶紧补充一句，这不是为了给本书提供参考），我发现其中有一节是关于性别决定的。它实际上是关于 XX 和 XY 染色体对的产生，标题为"因此人类婴儿的性别（'gender'划重点）是由使卵细胞受精的精子决定的"。

所以就连英国广播公司这样的权威机构也在为这种语言混乱推波助澜。

这对我将如何标记本书的核心，即大脑差异（或缺乏大脑差异）来说意味着什么？它们到底是怎样的"性别差异"？是"sex"？是"gender"？还是二者都有？鉴于许多争论都是关于生物学的核心作用，我将在谈到大脑或个人在生理上是女性还是男性时，使用"性别（sex）"或"性别差异（sex differences）"一词作为默认选项。"社会性别差异（gender differences）"主要是在我们考虑社会化问题时才会使用，例如，在粉红色和蓝色的浪潮（西方社会给男孩准备蓝色衣服物品，给女孩准备粉红色衣服物品）涌向新生儿时。本书的标题"大脑的性别"旨在确认我们正在研究社会过程对大脑的影响。

性别代词也是一个令人忧虑的话题。如果你不知道对方的性别（或社会性别），过去一贯的做法是使用男性代词"他"。在一本部分内容都是挑战旧有观点的书中，这样的做法显然不大妥当。尽管"他／她"或"她／他"是一种选择，但在这样的长篇大论中，这可能会变得尴尬，让人分心。我的解决方法是在适当的情况下，特意使用"她"而不是"他"来试图纠正这种平衡。

目　录

第四部分

第一部分

第一章
在她那漂亮的小脑袋里 —— 搜寻开始了

女性……代表了人类进化史上最低等的形式……更接近儿童和野蛮人，而非成人和文明人。

古斯塔夫·勒庞，1895

几个世纪以来，女性的大脑经称重、测量被发现有所欠缺。女性的大脑是她们劣等、不健全、脆弱生理特性的一部分，也是她们在进化、社会、智力级别中都较为低等的主要原因。由于女性大脑的劣等本质，她们经常被建议：作为劣等性别，应关注自己的生育能力，将教育、权力、政治、科学等其他事务都留给男性。

尽管几个世纪以来关于女性能力及其在社会中角色的观点有

些微变化，但"本质主义"这个主题一以贯之。"本质主义"认为，男女大脑之间的差异是男女"本质"的一部分，且大脑的结构和功能都与生俱来且固定不变。性别角色由这些本质决定，颠覆这种自然秩序就是违背自然。

性别不平等的问题至今也没有得到解决，比较早开始质疑这一点的人是 17 世纪的哲学家弗朗斯瓦·普兰·德·拉巴尔（François Poullain de la Barre）。普兰敢于质疑性别的不平等，[1] 他决心审视女性不如男性这种断言背后的证据，并注意不因现状总是如此（或能在《圣经》找到恰当解释）就坦然接受。

就两性之间的差异问题，他在著作《论两性平等：从生理与道德角度论述破除歧视的重要性》（1673）和《论女性教育，引导科学与习俗之精神》（1674）中曾流露出令人惊叹的现代观点。[2] 普兰甚至试图证明，女性的技能与男性的是对等的。在他关于性别平等的专著中，有一部分非常引人注意，他认为，做好刺绣和针线活与学好物理一样，都对人有着相当高的要求。[3]

基于当时刚刚兴起的解剖学研究，他得到了极具先见之明的观察结果："我们最准确的解剖学研究并未发现男女身体的这部分（头部）存在任何差别。女性的大脑和我们的一模一样。"[4] 他仔细研究了男人与女人、男孩与女孩的不同技能和性格，并得出结论，如果有机会，女性也能从教育和培训中获益，但当时这些特殊待遇只给予男性。对于普兰而言，没有证据可以证明女性在世界上的次要地位是由生理缺陷造成的。他宣称："大脑没有性别（*L'esprit n'a point de sexe*)。"[5]

普兰的结论与当时盛行的观念大相径庭。在那个年代，父权体系根深蒂固。"两性领域划分"观念决定了女性的劣势地位，男性适合公共角色，女性适合非公开的、家庭的角色，因此女性必然从属于父亲，之后从属于丈夫，在生理和精神上都弱于男性。[6]

推进男女平等的事业在此之后每况愈下。令普兰十分失望的是，他的观点在首次出版时（至少在法国）几乎被完全忽视，对于既定观念基本上未能产生任何影响。传统观念认为，女性必然不如男性，不能从教育和政治机会中受益（这当然是一种自证预言，因为除了少许引人注目的例外，鲜有女性能够获得教育和政治机会）。[①]这仍然是 18 世纪的主流观点，人们不认为这一点有可辩论之处。

女性问题

19 世纪，人们对科学产生兴趣，科学原理也随之出现。当时人们专注于将社会结构和功能与生物过程联系起来，最典型的是社会达尔文主义的早期形式。当时的知识分子仍然忧心于"女性问题"，

---

①据称，普兰的"女性主义"思想在英国遭到广泛剽窃（但没有人承认）。例如，《证明女性权利：或在道德和生理上证明性别平等，由"一位女士"撰写》（布尼特，1758）。20 世纪初，在关于妇女平等的争论中，普兰的作品在法国开始引起注意。西蒙娜・德・波伏瓦（Simone de Beauvoir）在《第二性》中引用了他的话。

即女性对教育、财产和政治权利的要求越来越高。[7]女性主义浪潮反而促使科学家提供有利于现状的证据，证明赋权于女性会危害女性自身及整个社会框架。甚至达尔文本人也加入了讨论，他表示自己担心这种变化会干扰人类的进化过程。[8]生理特性就是命运，男女的不同"本质"决定了他们在社会中的应有（且不同的）位置。

其他科学家表达的观点体现他们在处理这个问题时可能也不够客观。我最喜欢的一句话来自古斯塔夫·勒庞（Gustave Le Bon），他来自巴黎，对人类学和心理学很感兴趣。他主要关注的是证明非欧洲种族的劣等性，但很显然，在他心里，女性占据了一方独特天地：

> 毫无疑问，世界上有一些远远优于普通男性的杰出女性，但她们的存在就和畸形怪物的诞生（比如有两个头的大猩猩）一样罕见，因此，我们可以完全忽略她们。[9]

在证明女性生来劣等的这些研究中，大脑尺寸曾是早期的焦点。事实上，研究者们只能用逝者的大脑进行研究，但这并未妨碍他们武断地得出基于大脑的结论，即女性的脑力更弱（他们认为当时被称作"有色人种、罪犯、下层阶级"的人也是如此）。由于无法直接研究颅骨内的大脑，最初人们用头部的尺寸替代大脑的尺寸。勒庞再次热切地支持这种"研究"，发明了一种便携式头部测量仪。他随身携带这种仪器，以测量人们的头部尺寸，从而确定这些人的脑力建构是否能够经受住独立生活和接受教育的考验，有些人则不能。我们还有个例子反映出勒庞对人猿对比热衷："为数众多的女性大脑尺寸较接近黑猩猩，与进化最完整的男性相差较远。女性明显是劣等的，这一点无可辩驳。"[10]

在寻找证明大脑尺寸与智力之间关系的方法中，颅骨容量是人们热切采用的另一个指标。他们将谷粒或铅弹倒入空的颅骨中，称量填满颅骨所需的重量。[11]早期发现称，采用这种测量方法，平均而言，女性大脑比男性大脑轻 5 盎司，这一结果足以证明女性劣等。很明显，男性拥有强大能力并掌控权力和影响力的秘诀就在于大自然多给予他们的 5 盎司大脑物质。然而，这个论述存在缺陷，哲学家约翰·斯图尔特·穆勒（John Stuart Mill）指出："照此看来，相较于矮个的男性，高大魁梧的男性必然在智力上更胜一筹，而大象、鲸的智力一定远超人类。"[12]后来出现了多种其他测量方法，包括大脑尺寸与身体尺寸比值的计算，但都没得出"正确"答案。[13]这在业内被称作吉娃娃悖论：如果大脑和身体的重量比值可以用来衡量智商，那么吉娃娃应该是最聪明的狗。

或许大脑的容器——关于颅骨的更多细节有助于得到"正确"答案？这时颅骨学（颅骨测量）被引入了。基于对每个可能的角度、高度、比例、前额垂直度和下颌突出的详细测量，颅骨学似乎得出了合适的答案。[14]颅骨学和颅骨测量方法复杂多样。从鼻孔到耳朵水平绘制一条线，再从下巴到前额绘制一条线，从侧面观察这两条线形成的角度，计算得出面部角度，这种测量方法格外流行。

若角度较大，且前额与下巴基本在一条直线上，即为"直颌"的体现；若为角度较小的锐角，且下巴突出，前额后缩，下巴突出于前额，即为"凸颌"的体现。按猩猩、中非人和欧洲男性的顺序排列等级，颅骨学家得出了满意的结果，即直颌是进化更先进、种族更高级的特征。然而，将女性也纳入这一等级时，问题出现了：平均而言，拥有直颌的女性多于男性。令他们庆幸的是，这个问题很容易就被化解了。

德国解剖学家亚历山大·埃克（Alexander Ecker）在论文中报告了这一令人不安的观察结果，但指出"高等的"直颌也是儿童的特征，在此基础上，可以得出女性具有幼稚特性（并因此劣等）的结论。[15] 这种说法的另一佐证是约翰·克莱兰德（John Cleland）的发现。1870 年，他在报告中展示了自己测量了 96 个不同颅骨后得到的数据结果列表，每个颅骨都测量了 39 个数据指标。这些颅骨来自"文明人"或"野蛮人"，有些来自男性，有些来自女性，其中一个来自一位"霍屯督酋长"，一些来自"克汀病人和白痴"，一个来自"野蛮的西班牙海盗"，还有一个名叫埃德蒙兹的苏格兰法夫人的颅骨，他因谋杀妻子被处决。[16]（我们得知埃德蒙兹来自法夫，他在"受到挑衅的情况下"进行了谋杀。我们未能得知这两个事实中的哪一个让他成了"文明人"或"野蛮人"分类中的一员）。克莱兰德的数据列表中有一种特别的测量指标，即测量颅骨弓与颅骨基线的比值，这一点明显反映出成年女性不同于成年男性，且（主要）可与"野蛮"民族区分开。

人们用尽了所有方法（检测了所有可供研究的颅骨）来搜寻证据证明女性是劣等的。有一篇论文就记录了在一个颅骨上测量的5 000多个数据。[17]测量颅骨的方法似乎无穷无尽，而研究的重点在于，这些方法不仅能将男性与女性区分开，而且还得确保女性确实低男性一等，她们要么是与孩子相像，或是接近于遭辱骂的"低等"种族。

伦敦大学学院的一组数学家团队很快也加入了这场大规模的测量活动，他们的发现最终让颅骨学声誉尽失。[18]这组研究者由统计学之父卡尔·皮尔逊（Karl Pearson）领导，其成员还包括爱丽丝·李（Alice Lee），她是第一批从伦敦大学毕业的女性之一。李构建了一个基于数学的体积公式来计算颅骨容量，她打算将其与智力联系起来。她用这种测量方法测量了30位贝德福德学院女学生、25位伦敦大学学院男职员以及（这是个明智之举）于1898年在都柏林参加解剖学会议的35位顶尖解剖学家的颅骨容量。

她的研究成果给了颅骨学致命一击。她发现那些解剖学家中最杰出的一位的头部最小，她未来的毕业论文评审人威廉·特纳爵士（Sir William Turner）的头部尺寸排名倒数第八。杰出男性头部较小的研究结果让许多人迅速倒戈，声称将颅骨容量与智力联系起来十分荒谬（尤其是一些贝德福德学院学生的颅骨容量大于这些解剖学家）。之后人们进行了一系列此类研究，在1906年的一篇论文中，皮尔逊宣告，头部尺寸测量并非衡量智力的有效指标。[19]

颅骨学从此风光不再，但解释性别差异的许多其他说法已跃跃欲试。另一种方法很快从颅骨学发展而来，其重点在于将不同的"技能区域"映射到大脑（尽管同样无法直接测量这些区域）。从使用铅弹测量到观察颅骨隆起，科学家现在将注意力集中于颅骨表面，仔细检查颅骨表面以寻找不同尺寸的隆起，这些隆起反映了颅骨内大脑的不同形状。这引出了臭名昭著的颅相学"学科"，该学说由德国生理学家弗朗兹·约瑟夫·加尔（Franz Joseph Gall）提出，他宣称，人"善良""谨慎"的性格乃至生育能力都能通过测量相关的颅骨区域来评估。[20] 这种方法由德国医生约翰·施普茨海姆（Johann Spurzheim）普及，他最初是加尔的学生，在与加尔产生分歧后，他建立了自己的颅相学倡导性理论。[21] 该理论系统声称，颅骨上不同尺寸的隆起反映了大脑不同"器官"的不同尺寸，这些器官控制着不同的个人性格，如好斗、爱小孩或谨慎。同样，或许不出所料，男性颅骨上更大的隆起正好对应更优秀的能力。

颅相学在美国尤其流行，在一些领域内，女性热衷于采用这种理论。一场奇怪的早期自助运动鼓励女性通过解读颅相来"了解自己"。[22] 奇怪之处在于，有人信以为真，宣称这个"学科"提供了证据证明相比于拥有不同隆起的男性，"我们女性"确实处于更低的社会层次，我们应该坦然承认我们在等级秩序中的地位。

19 世纪中期，颅相学最终声名扫地，部分原因在于测量不可靠，且缺乏针对理论的系统实验。[23] 但特定心理过程可定位于大脑不同区域的观念流传了下来，部分原因在于神经心理学的出现，神经心理学将大脑某些部分与行为的特定方面联系起来。科学家开始研究大脑特定区域遭受重创的病人，希望他们的"前后"行为能揭示这些特定区域的确切功能。

19 世纪中期，法国医生保尔·布罗卡（Paul Broca）将大脑左额叶的局部损伤与语言能力联系起来。[24] 他掌握的第一条线索来自对病人"谭"的大脑进行的尸检，病人之所以叫这个名字，是因为尽管他能够理解语言，但他只能发出"tan"这个音。布罗卡发现谭的大脑损伤区域在额叶的左侧，这一区域至今仍被称作布罗卡氏区。

美国铁路工人菲尼亚斯·盖奇（Phineas Gage）的行为变化更有力地证明了大脑与行为之间的联系。1848 年，他用铁棒捣实炸药准备引爆岩石，爆炸不幸发生，铁棒从他的左脸颊穿入头部，然后从头顶飞出，带走了大部分额叶。医生约翰·哈洛（John Harlow）负责其治疗工作，并于此后对盖奇进行了研究，哈洛在题为《铁棒穿过头部》（1848）和《铁棒穿过头部后的恢复》（1868）的这两篇论文中写下了他的观察结果。[25] 事故发生之前，盖奇冷静、勤奋，事故发生之后，他变得粗暴、鲁莽、不受拘束、反复无常，人们认为，他的行为变化说明额叶控制着"更高智力"和文明行为。相比于黑猩猩大脑中 17% 的额叶占比，人类大脑中约有30% 的部分为额叶，上述数据有利于直观理解额叶蕴藏着更强大的力量使人成为人。 11

绘制大脑皮层地图的热潮紧随其后，其重点在于准确找出大脑活动发生的位置，而非时间和方式。早期大脑模型认为大脑是特定单元和模块的集合，每个单元或模块仅负责某些特定的技能。因此，如果你想找出某项技能在大脑中的位置，你通常会研究那些遭受脑损伤后失去这项技能的人。布罗卡和哈洛的病人可能是这方面最著名的例子。谭失去了特定的语言能力，盖奇的行为发生了变化，这种现象将人类行为的这些方面"定位"到额叶。

在寻找性别差异的过程中，即使意味着要推翻先前的结论，神经学家仍兴致高昂地将他们关于大脑何处最重要的假设与关于男性大脑何处最大的发现相匹配。例如，1854 年的一篇论文称，女性的顶叶比男性的更大，而男性的额叶更大，因此前者被通称为顶叶人种，后者被通称为额叶人种。[26] 然而，顶叶决定人类智力的说法昙花一现，神经学家不得不迅速收回这一论断。因为他们发现实际上对女性顶叶的测量不正确，女性的额叶区域实际上比人们以前认为的要大。[27] 这是科学研究史上不太光彩的一笔。

世纪之交临近，女性可替代的补充特质（当然是由男性定义的）取代了女性生而劣等的说法。这个观念的基础是 18 世纪主张公民权利应不平等分配的哲学和思想。朗达·史宾格（Londa Schiebinger）总结道：

> 此后，女性不仅仅被看作次于男性，而且从根本上不同于男性，因此无法与男性相比。由于女性应处于私人场合且具有体贴的特性，她们应成为处于公开场合的理性男性的陪衬。因此，人们认为女性在新的民主国家中应仅作

12

为母亲和养育者发挥自己的作用。[28]

为女性留出的"互补作用"确保她们在大多数有影响力的领域中处于次等地位（如果不是如此，则是完全没有任何影响力）。这种做法的经典案例是让－雅克·卢梭（Jean-Jacques Rousseau）对"驯化"女性的热衷，他认为，女性的虚弱体质和特有的育儿技能让她们不适合接受教育或参与政治活动。[29]这在其他杰出知识分子的观点中也有所体现，如人类学家詹姆斯·麦格里戈·艾伦（J. McGrigor Allan）在1869年与皇家人类学会对话时宣称：

> 就思辨力而言，女性完全比不过男性，但这个弱点为她们极佳的直觉天赋所弥补。除非需要通过漫长而复杂的推理过程，否则女性能立刻在男性无能为力的问题上得出准确观点（她们运用一种类似于半理性的力量，动物用这种力量避开有害之物，寻找生存必需品）。[30]

女性不仅只拥有动物般的半理性，而且她们次等的生理特性还被用来证明她们应当被排除在权利核心之外。她们生殖系统的需求导致她们处于弱势，这一点始终贯穿在对女性的各种断言之中。麦格里戈·艾伦俨然是月经影响这方面的专家，他宣称：

> 在月经期内，女性不适合做任何脑力或体力劳动。她

们无精打采，郁郁寡欢，因此不应当思考或行动。让人极其怀疑的是，月经期间，女性能够在多大程度上负起责任……她们的不当行为如烦躁、任性、易怒可能都可以直接归结于此……我们简直无法想象一个女人在这个时候有权签署情敌或不忠情人的死刑执行令！[31]

13 　　这种将生理特性与大脑直接联系的观点意味着过度使用一个会对另一个造成损伤。1886 年，英国医学会主席威廉·威瑟斯·摩尔（William Withers Moore）发出警告，过度教育女性存在相当的危害。他声称，女性的生殖系统会因此受到影响，她们会患上"学术厌食症"，或多或少变得更中性，必然无法结婚。[32] 尽管"配偶选择"（达尔文性选择理论的基石）在当时并不广为人知，但女性的地位在很大程度上由配偶决定，因此减少女性在婚姻市场上的机会则会对女性造成严重的社会威胁。

　　19 世纪结束之时，大脑差异仍是公认的事实，女性脆弱、弱势的说法为更多人所认同。当时文学作品中许多"疯狂、乖戾、悲伤"的女主角都体现了这一点，如夏洛蒂·勃朗特的《维莱特》中的女主角露西·斯诺、乔治·艾略特的《弗洛斯河上的磨坊》中的麦琪·托利威或艾米莉·勃朗特的《呼啸山庄》中的女主角凯瑟琳·欧肖，她们都因固执地想要颠覆自然秩序而走向灭亡。[33]

脑成像的诞生

20 世纪对大脑的研究仍聚焦于大脑损伤的后果，第一次世界大战对各国的重创提供了更多案例可供研究。但当时构建的模型基于这样一个假设，即特定结构直接映射特定功能，你可以通过观察大脑某个结构受损时哪个功能紊乱来"反向映射"特定结构的功能。如今，我们更了解大脑不同部分如何相互作用以及大脑的网络工作是如何不断组合和拆解的，这意味着我们不能认定某部分大脑结构和某种大脑功能之间有着直接的联系。大脑的某个部分受损时，某项技能或行为丧失并不意味着那部分大脑仅负责控制该项技能。任何一项技能和任何一部分大脑之间都不存在简单的一一对应关系，这一点对于我们神经科学家来说很棘手（但对我们人类来说倒是件好事）。

14

为了更好地理解大脑如何支持不同行为，我们需要研究完整健康的大脑，并在大脑的主人执行我们感兴趣的任务时实时记录大脑的运行情况。大脑活动是我们的神经细胞内部和细胞之间的脑电活动和化学活动的集合。在非人类动物中，或者在对人类大脑进行特定类型的脑部手术时，我们可以通过单细胞活动观察到这一点。但一般来说，在本书所讨论的这类认知神经科学研究中，大脑活动情况必须从大脑外部进行记录，如构成大脑不同神经通路的细胞的电流状态变化，与这些电流相关的微小磁场的变化，或者血液流入或流出大脑繁忙区域时特性的变化。科技发展让人们得以获取这些微小的生物信号，这是如今脑成像系统的基础。

测量大脑活动的首次突破发生在 1924 年，德国神经科医生汉斯·伯格（Hans Berger）将小金属片贴在颅骨上，展示了脑电活动的模式会根据人是否放松、集中注意力或进行特定任务而变化。[34] 伯格表示，他获取的信号具有不同的频率和振幅，这取决于信号的来源和测试对象的行为。当人清醒并集中注意力时，"α 波"最明显；当人睡觉时，频率很慢、振幅较大的"δ 波"最明显。他称这种方法为"脑电图"。

EEG（Electroencephalography，即脑电图）是最早的人脑成像技术，也是脑成像研究早期知识的基础。1932 年，人们研发了一种多通道墨水书写器，粘贴在头骨不同部位上的电极输出的信息可以转录在一个移动纸卷上，并用于检查是否有与闪光或间歇声音等相关的大脑活动变化。[35] 这些变化以毫秒为单位来计算，并且可以用于测评大脑运行速度。但由于电信号在穿过脑组织、脑膜和颅骨时失真，科学家并不总能得到大脑中变化发生所在之处的可靠脑电图。

直到 20 世纪 70 年代第一个 PET（positron-emission tomography，即正电子发射断层扫描）系统研发成功之前，EEG 仍然是关于完整人脑活动的主要信息来源。PET 利用了这样一个事实：大脑特定部分的活动增加时，该部分的血流量也会增加。在 PET 系统中，少量放射性示踪物被注入血液，标记从血液中吸收到大脑不同部分的葡萄糖剂量，从而检测大脑各部分进行的活动量。[36] PET 比 EEG 更好地反映了大脑进行活动的区域位置，但放射性示踪物的使用存在伦理问题，因此限制了可供测试的对象，儿童和育龄女性通常被排除在研究项目之外。

20 世纪 90 年代出现的 fMRI（functional magnetic resonance imaging，即功能性磁共振成像）解决了这些问题，其工作方式与 PET 相似。大脑活动的增加不仅导致葡萄糖摄入量的增加，也导致了氧气需求的增加。与摄入葡萄糖一样，更多的血液流向大脑的相关部分，这些部分吸收氧气以满足其需要。随着活动的增加，大脑中的氧气水平也随之变化，血液中氧气水平的变化会引起血液磁场性质的变化。如果你把大脑（事实上是大脑主人的头）放入强磁场中，你可以测量血氧水平依赖响应。经过漫长而复杂的统计分析之后，扫描仪的输出结果可转换为叠加在结构像扫描上的彩色编码标记，通常以灰白色水平或垂直脑截面图的形式呈现，生成似乎是记录了大脑内部运行情况的图像。[37]

对人类大脑的第一次 fMRI 研究有望让我们以惊人的洞察力去进行那些从前我们只能凭借猜测所做的大脑研究活动。

尺寸依旧至关重要

你可能会认为，现有的先进技术会将这个由来已久的争论推向更高的层面。不再有"缺少 5 盎司"或"顶叶人种"的嘲弄出现？不再为小小的下颌角而烦恼？

但恐怕你会失望。"埋怨大脑"的怨语持续不减，如同进行"隆起和铅弹"实验的时期，在对脑成像数据进行审查时，人们仍强调

"尺寸至关重要"，其发现仍然是女性的大脑有所缺陷。正如生物学家和性别研究专家安妮·福斯托－斯特林（Anne Fausto-Sterling）所指出的，在"胼胝体争论"中，这个问题得到完美概括。[38] 再三斟酌之下，我使用了"争论"一词，该词摘自一篇最近的评论，题为《争论中的胼胝体》，作者是神经科学领域的研究人员。[39]

胼胝体是神经纤维构成的桥梁，约 10 厘米长，连接大脑的左右半球；它是大脑中最大的白质结构，包含了 2 亿多个神经元轴突。从大脑的横截面图中可以清晰地看到，胼胝体的形状有点像细长的腰果，其均匀的浅灰色形状很容易与周围的深色灰质形成对比。[40]

17

1982 年，美国人类学家拉尔夫·霍洛韦（Ralph Holloway）和他的学生——细胞生物学家克里斯汀·德拉科斯特－乌坦丁（Christine DeLacoste-Utansing）报告称，在一个很小的受试者群体（14 名男性，5 名女性）中发现：胼胝体的尺寸在不同性别中存在差异。[41] 这种差异并没有体现在整个胼胝体中，只是在大脑的最后部才有所体现，这被看作是女性胼胝体更宽或"更圆"的证据。尽管一些后续研究确实增加了其他支持最初发现的案例，但数据并未体现出明显差别。受试者的数量和非常小的数据差异意味着霍洛韦和德拉科斯特－乌坦丁的论文如果是在现在发表，将永远得不到认可，但它依然在大脑的性别差异研究中留下了持久的影响。

多年来这一小拨发现在不同研究人员之间引发了激烈争论，这一发现也提供了一个很好的案例研究，说明在大脑中寻找答案的方式反映了提出问题的方式。多项研究已经开展，涉及不同的受试者并使用不同的测量方法，但这一问题尚未达成共识。你可能会问，为什么？

首先，值得注意的是，测量一个奇形怪状的三维结构并不简单，该三维结构还埋藏在两半形状更加奇怪的有机物质内。早期的研究基于解剖的大脑，将大脑均匀分为两半，以展示胼胝体的横截面。接下来进行照片拍摄，并将得到的图像反投影到玻璃桌上。然后手动绘制这些图像（是的，手动），并采取各种测量方法，测量不同子结构的长度、面积和宽度。沿着胼胝体的形状从一个尖端到另一个尖端画一条直线或曲线来测量胼胝体的长度。[42] 部分手动方法现在已经由自动化程序取代，但基本的"追踪"原理保持不变。

这些用来强调胼胝体与性别差异关系的不同测量方法数量惊 18
人，且与 19 世纪颅骨学讨论的方式惊人地相似。例如，1870 年的一篇论文对颅骨学测量方法解释如下：

> 用两个尖头螺钉将颅骨悬挂在水平框架内，每侧各一个螺钉，用来固定支撑；凭借在滑块上移动的其他螺钉，可在水平面上设置任意两个点。可以上下滑动的垂直杆沿着框架的侧边滑动，且带有向内指向的滑动水平杆，如果需要，可以在垂直或纵向方向上将针连接到该水平杆上，针与水平杆成直角。框架、杆和针都以英寸和十分位标记，采用这种方法，颅骨上任意一点到悬挂位置的垂直距离和水平距离都很容易确定并标记在纸上，这一系列的点可构

成一个示意图。借助于方格纸，可在几分钟内将不占几行的图形绘制成这样的示意图。[43]

现在让我们将其与 2014 年胼胝体测量方法的解释进行比较：

一个评估者（门卫伟）描述了两个胼胝体的轮廓，并且定义了相对于前端点和后端点的顶部边缘和底部边缘。爱因斯坦大脑的胼胝体的中线（即，通过胼胝体中心的喙尾方向大致平行于胼胝体的上边缘和下边缘）由对称曲率对偶定理（莱顿，1987）定义，然后将该中线分割成 400 个等距点，顶部边缘和底部边缘有 400 个对应点。顶部边缘和底部边缘的对应点之间的距离被定义为胼胝体在该水平的厚度。400 个厚度值用颜色编码并映射到爱因斯坦大脑的左胼胝体空间内。取这 400 个值的平均数，将其定义为胼胝体的平均厚度，而将 400 个相邻点之间的总距离定义为胼胝体中线的长度。[44]

看起来好像近 150 年来情况并没有发生很大的变化，不是吗？你或许想知道我们是特别关注细节，还是在拼命寻找发现差异的方法，是不是任何差异都不会放过？

从胼胝体争论中学到的第二点是，当你比较大脑时，将某样东西描述为"尺寸更大"并不像你想象的那么简单。关键问题是，平均来说，男性的大脑尺寸比女性的大，这对大脑内的所有结构都有影响。大脑尺寸越大，胼胝体越大，大脑中包括杏仁核和海马体等关键结构在内的所有结构都是如此，类似的争论也曾发生在大脑结构方面（其中尺寸差异的重要性也同样被拿来支持男性和女性"天生"的性格和能力方面的论点）。

为了解决这些争论，我们需要一种统一的方式来"纠正"大脑尺寸差异的看法。但问题就出在"统一"一词上。早期的研究将大脑重量作为衡量大脑尺寸的指标，并对统计数据进行了修正：一些人认为将大脑区域作为指标更合适；后期的研究主张将大脑容量作为控制变量更佳。但另一些人认为这更像是一个比例问题，所以你需要报告胼胝体尺寸作为大脑某一方面的比例。[45] 但是与什么成比例？

每个人似乎都有自己最想要与胼胝体进行比较的大脑部位，如果你不同意他们的选择，你就遭殃了。这类争论引起了该领域两位 20 研究人员相当恼怒的反问：

> 研究人员根据什么来选择评估胼胝体比例的器官？大脑的尺寸似乎是显而易见的，但是枕叶或脑室的体积、脊髓的长度、瞳孔放大时的大小，或者左脚大脚趾的体积增加 0.667 倍呢？[46]

稍显不妥的是，我突然想起了《布莱恩的一生》。在电影中，要想等不同的神圣标志出现，人们就必须要"跟着葫芦走"或"跟着鞋子走"。

即使能够达成某种新的共识，但又有什么区别呢？如果胼胝体较大或较宽，这意味着什么？如果女性胼胝体不同于男性胼胝体，你如何将这种差异与行为上的性别差异联系起来？解释这种差异的时候，什么又是重中之重？和各种各样尺寸测量方法一样，几乎没有研究能够真正测量行为差异。

理论上，两个大脑半球之间的桥梁越大，它们的交流就越多。早期的神经心理学研究表明，人脑的右半部分情绪意识更佳，多任务处理能力更强，所以右半球损伤的患者更有可能缺乏这些能力。[47]正如布罗卡及其支持者所说，大脑的左半部分负责语言和逻辑思维。显而易见的是，如果女性通常有较大的胼胝体，那一定是她们易于察觉言语间情感内涵的原因，或者说在没有人为她们解释的情况下，她们经常能够说出发生了什么的原因（换句话说，直觉）。半球之间交流较困难，意味着每个半球都有各自的功能。男性冷静而合乎逻辑的左半球使得他在面对任何事物时，不会因为外界嘈杂的环境而转移注意力，同时男性右半球惊人的空间能力使得他可以专注于手头的任务。因此，男性更高效的胼胝体过滤机制解释了他们为何拥有数学和科学天赋（以及在国际象棋上的才华），解释了他们能成为业界巨头、诺贝尔奖获得者等的原因。在这种情况下，在"尺寸至关重要"的争论中，就胼胝体而言，小即是佳。

然而，正如我前文所述，与此相关的根本问题是，我们仍然不太确定任何大脑结构的尺寸和它可能涉及的任何行为的表现之间的关系。从基本层面来说，我们知道身体的某一部位越敏感（例如嘴唇与背部相比），负责处理来自该部位信息的感觉皮层区域就越大。[48] 我们从训练研究中得知，与特定技能相关的大脑区域可以随着技能的获得而增大。[49] 定量地说是一种关联，定性地说是一种联合，但想要建立任何一种因果关系都不容易。正如我们将在本书后面看到的，一个特定的结构与某种行为的某个特定方面之间的联系经常被假定为"已确定的事实"，而针对该结构的研究可能并不包括行为本身。女性有更宽的胼胝体？好吧，这就是为什么她们是一流的多任务者！女性右半球充斥着流言蜚语？难怪女性看不懂地图！

还有一个 21 世纪的问题将在这里讨论：在所有关于谁拥有最大的胼胝体的争论中，大脑的可塑性如何？记住，神经通路的发育可以持续到 30 岁左右，而且胼胝体的发育一直持续到青春期，在此期间，外界的影响很大。例如，一项研究表明，弦乐演奏者（双手不对称地弹奏）的胼胝体神经纤维的转移速度比钢琴演奏者（双手对称地弹奏）或普通人的快。[50] 因此，即使胼胝体争论中的不同派别就他们可能使用的测量方法达成一致，任何可能导致性别差异的结论都需要考虑社会或经验因素。

关于胼胝体的争论是大脑性别差异测量问题的一部分。应当采取何种测量方法、可能发现的差异的来源以及这些差异可能意味着什么都引发了激烈争论。然而，在民粹主义的"性别差异"相关文献中，仍然有直言不讳的说法称女性的胼胝体尺寸比男性的大，而继续支持右脑 / 左脑迷思的学者仍然在引用这些说法。[51]

另一个备受争议的指标是大脑中灰质和白质的比例，即大脑中神经元的总体积和连接它们的神经通路之间的比例。1999 年，鲁本·古尔（Ruben Gur）和拉奎尔·古尔（Raquel Gur）的实验室发布了一份报告，该报告利用早期结构性磁共振成像技术，发现大脑中灰质和白质的比例存在性别差异。自此之后，很多此类报告相继发表。[52] 结果是，女性的灰质比例更高，而男性的白质比例更高。随后的四项研究修正了关于大脑体积的说法，因为灰质和白质都可能受到分布问题的影响，灰质在体积较大的大脑中分布越广，就需要越长的信息传输通路。[53] 两项研究表明女性的灰质 / 白质比例更高，两项表明男性和女性的灰质 / 白质比例之间没有差异。随后的一项研究回顾了 150 多项研究，得出的结论是，实际上男性的灰质总量占比更高（与最初的发现相反）。[54] 显而易见的是，大脑中体现性别差异的地方存在明显的区域差异。因此，灰质 / 白质的指标似乎不是区别男女大脑的有效方法。

这并不妨碍其继续充当正在进行的辩论的证据。灰质和白质中的性别差异问题已成为另一个仿真陈述，其在民粹主义文献中已演变成一个大脑迷思。2004 年的一项研究调查了 21 名男性和 27 名女性的智商分数与大脑中灰质和白质测量值之间的相关性。[55] 研究人员报告称，男性的智商与大脑灰质间的关联性更高（实际上男性大脑灰质总量是女性大脑灰质总量的 6.5 倍），而女性的智商与大脑白质的关联性更高，女性大脑白质总量比男性大脑白质总量多 9 倍。没有人真正探讨过这些相关性可能的实际含义，只是这两个测量值碰巧结合在一起。这里不难发现下颌突出和前额倾斜实验的影子。

科学出版社报道说，这项研究表明，女性的智商表现与整合和吸收信息有关（利用大脑中更多的神经通路），而男性则更多地集中在局部。诸如"男性和女性的智力是灰质和白质的问题"和（当然）"男性和女性确实有不同的想法"的标题，使这项早期小范围研究迄今为止被引用了近400次，通常是在讨论单一性别教育或女性在科学领域代表性不足的情况下引用，而这项研究使用的方法是粗略而神秘的结构–功能关系法。

我们一直在跟进几个世纪以来的"埋怨大脑"运动，看到了科学家们是多么努力地去追求那些能让女性处于原先境遇的大脑差异。如果没有一种测量方法能证明女性大脑更为劣等，那就必须发明一个！这种测量热持续到20世纪，成像技术明显比头颅测量的卡尺或颅相学的隆起更为复杂，但不可避免地出现了一些关于使用何种测量方法的同类争论。整个运动始于对差异的断言和搜寻差异的努力，而这种动力会在随后几十年的研究计划中继续发挥作用。　24

20世纪初，科学家们将注意力转向了女性脆弱生理特性的另一潜在来源，即所谓的"激素失衡"。一场全新的搜索即将开始。

第二章
激素失衡

　　在任何关于人类大脑性别差异和行为联系的讨论中，一个经常被问到的问题是："激素呢？"行为上的性别差异与这些化学信使的行为和大脑的行为有着同样密切的联系，这一信念扎根于对我们的技能、资质、兴趣和能力的普遍生物学解释中。经济上的成功（或失败）、领导能力、攻击性甚至滥交都归因于男性较高的睾丸素水平，而女性的养育能力、对生日的良好记忆力和做针线活的天赋显然都归因于她们的雌激素水平。[1]的确，有人声称激素是导致大脑性别差异的直接原因，产前是否接触睾丸素会让男性或女性的大脑发育出现差异。[2]

　　随着 20 世纪初第一种激素的发现，人们的注意力开始集中在对行为的化学控制上，对性腺和腺体进行测量和实验，以观察其如何影响人的行为。

生理学家查尔斯 – 爱德华·布朗 – 瑟加（Charles-Edouard Brown-Séquard）是毛里求斯裔法国人，他是第一个推测出人体分泌的某种化学物质能进入血流进而远距离控制器官的人。[3] 他测试的方法是将磨碎的豚鼠和狗的睾丸混合在一起，并勇敢地喝了下去，随后声称这种物质使他活力倍增，头脑清醒。1902 年，英国医生欧内斯特·斯塔林（Ernest Starling）与生理学家威廉·贝利斯（William Bayliss）共同发现了第一种这样的化学物质——分泌素。[4] 他们证明这种化学物质由小肠中的腺体分泌，并且可以刺激胰腺，而这种化学物质现在称之为"激素"（希腊文原意为"奋起活动"）。同时化学控制剂或生物调节剂在何处分泌以及它们的作用也很快为人所知。如你所料，调查与性别相关的行为控制和性别差异是早期研究项目的重中之重。²⁶

尽管从 18 世纪开始，就已经有人研究将睾丸移植到各种动物体内的效果，但直到 20 世纪 20 年代末和 30 年代初，才有人鉴别出雄激素、雌激素和孕激素，这些激素都是决定性器官发育和控制生殖行为的激素。[5] 同样，在 19 世纪末，有人发现卵巢提取物可有效治疗热潮红，这个发现表明存在一些与月经有关的特定女性分泌物。[6]

1935 年，有人将一种极其重要的雄激素命名为睾丸素，当时它是从公牛睾丸中分离得到的。发现睾丸素的化学教授弗雷德·科赫（Fred Koch）（千真万确）表示，如果将这种激素注入阉割过的公鸡或老鼠体内，它们可能会重新具有男性特征。例如，被阉割公鸡的皱缩鸡冠证明了它能重振雄风。[7] 而这些就是声称可以提高生殖力的相当离奇的治疗方法的基础（在空闲的时候，你可能想知道"输精管结扎术"是什么）。[8]

关于所谓的雌激素，有人在 1906 年证明卵巢的分泌物在非人类雌性动物体内进行周期性的性活动。[9] 这些分泌物被称为雌激素，来自希腊语单词"oistrus"（疯狂的欲望）和"gennan"（生殖）。（你可能会猜到给它们命名的科学家的性别）。不同的雌激素（雌酮、雌三醇和雌二醇）被分离为激素，并在 20 世纪 30 年代初合成。例如，研究表明，这种激素能诱导非人类雌性动物进入青春期，也能诱导雄性大鼠出现类似雌性的性行为。[10]

我们应该注意的一点是，尽管雄激素被描述为雄性激素，雌激素和孕激素被描述为雌性激素，但不管男性还是女性，体内都存在雄性激素和雌性激素（尽管早期已有迹象表明，男性体内发现的雌激素实际上来自他们摄入的大米和甘薯。可以推测到，人们开始认为只有女性体内天生不可改变的雌激素才具有雌激素的消极方面）。[11] 男性和女性的激素水平各不相同，男性的睾丸素水平自然高于女性，女性的雌激素水平高于男性，但在考虑对与激素相关的行为性别差异做出解释时，有必要牢记这种双重属性。

与早期的大脑研究一样，人们热衷于探索这种新发现的控制行为的化学方法与性别差异之间的联系，特别是当"性"激素与非人类动物的行为分化程度（即它们在生殖中的不同角色）明显相关时，这种探索更为狂热。但是如何在人类身上做此研究呢？睾丸或卵巢的分泌物的大胆摄入，很快（又很幸运地）被证明其作用有限，证据不足。同样，在"雄性大鼠先被阉割后被注射雌激素"的最终效果方面，很难找到实验后取得相似效果的人类。

此外，要研究行为的哪些方面？如果你有兴趣解释出类拔萃、成就卓越的男性与生而次等、情绪不稳的女性之间的社会现状差异的话，那么比较两种性别的生殖行为可能不会像你希望的那样具有政治启示。正如我们在上一章中所了解的，集中在"众所周知的"关于女性每月固有的非理性和情绪不稳定的增减周期方面的话题，已经为 19 世纪的男性专家热烈而详细地讨论。也许布朗－瑟加没有尝试一种基于女性器官的类似混合物，以防他经历毁灭性的萎靡不振？ 19 世纪麦格里戈·艾伦对月经的担忧已经暗示了"激素失衡"的问题，该问题解释了当今不允许女性担任任何有权力的职位的原因。

28

月经周期：斤斤计较、喜怒无常还是异想天开？

追踪女性在月经周期中的行为变化一直是这类数据的主要来源——当然，自古以来，就有人说这是女性应该远离有权力、有影响力的职位的原因之一。1931 年，一位名叫罗伯特·弗兰克（Robert Frank）的妇科医生证明了这一观点的科学可信性，他的方法是在新发现的激素与女性患者"经前紧张"（premenstrual tension，现在通称为 PMT）的发生率之间建立联系，通常这些女性患者在月经来临前会表现出"愚蠢和考虑不周的行为"。这就是现在臭名昭著的"经前综合征"的诞生。[12]

20 世纪 60 年代到 70 年代，英国内分泌学家凯瑟琳娜·道尔顿（Katherina Dalton）将很多相互关联的身体表征和行为表征结合起来，然后将这些表征与经前阶段紧密联系，最后确定了明确的生物学原因——激素失衡，这才真正将经前综合征纳入医学综合征的范畴。[13]经前综合征在西方文化中已成为一种被广泛接受的现象，女性在月经来临的前几天，消极情绪急剧爆发、学习或工作表现不佳、认知能力整体下降、事故发生率增加，据称这些现象都与月经有关。据估计，美国 80% 的女性有经前情绪症状或身体症状。[14]经前综合征在主流文化中占有一席之地，我们能找到一种经前狂热和激素失衡的普遍共识，与之伴随的则是失控的女性遭受数周的痛苦。[15]

有趣的是，世界卫生组织的调查表明，与经前阶段相关的症状存在文化差异。上述情绪变化几乎仅见于西欧、澳大利亚和北美，而在中国等受东方文化影响的女性更容易注意到诸如水肿等身体症状，很少提及情绪问题。[16]

1970 年，时任美国民主党国家优先事务委员会委员的埃德加·伯曼（Edgar Berman）博士宣称，女性不适合担任领导职务，因为她们"激素失衡"。根据他的推理，女性只有月经初潮前和绝经后才能每月保持理性几天。他说："想象一下，一位女性银行行长在那个特定时期发放贷款。或者，更糟糕的是，白宫一名更年期妇女面对猪湾事件、巴顿夜总会事件和热潮红时的情景。"[17]女性最初被禁止参与太空计划，因为人们认为让这样的"心理生理都捉摸不定的人类"搭载宇宙飞船并不可取。[18]

在西方，经前综合征的概念非常成熟，它可以成为一种自证预言，用于解释那些可以归因于其他因素的事件或承受因这些事件而受到的指责。一项研究表明，女性更有可能将消极情绪归咎于与自己月经相关的生理问题，即使环境因素同样可能是难题的来源。[19]另一项研究表明，如果女性从一个看似真实的生理指标中获得人工反馈以相信自己处于经前期时，她们所表现出的负面症状要明显多于那些经人工反馈相信自己处于经前期的女性。[20]

但经前综合征到底是什么？你怎么知道自己有没有？是什么引起了经前综合征？这些问题的答案并不简单。关于其定义，有人指出它"既模糊又多样"。[21]对于要研究哪些行为变化，似乎没有一致的定论。现已确定了100或超过100种"症状"：有些是身体症状，如"疼痛"或"水肿"；有些是情绪症状，如"焦虑"或"易怒"；有些是认知症状，如"工作表现下降"；还有些定义模糊的症状，如"判断力降低"。人们非常重视负面影响。事实上，为收集此类事件的相关数据，最常用的调查问卷是"Moos 经期不适问卷"（其名称 Moos 指的是作者，而不是使用者）。[22]问卷要求女性对 46 种不同的症状进行评级，从"没经历过"到"严重或轻微行为障碍"，几乎所有的症状都是行为性的。例如，"健忘""注意力分散"或

"惶惑"，只有 5 种是积极的，例如"能量满满""井然有序"和"幸福感"。有趣的是，研究发现，从未经历过月经的人与那些在被要求填写 Moos 经期不适问卷时已经经历过月经的女性提交的资料并无二异。[①][23]

最近的研究表明，事实上，雌性激素与积极行为所产生的变化可能存在着联系（当然，古斯塔夫·勒庞、詹姆斯·麦格里戈·艾伦和埃德加·伯曼并不会关注这一点）。一种新的共识表明，最可靠的发现是与排卵和排卵后阶段相关的认知和情感处理能力的提高，而非所谓的先天缺陷，曾有人指出，这些缺陷存在于月经来临前。最近，一项对整个月经周期的认知功能和情绪处理（包括 fMRI 测量和激素检测）的系统性报告显示，语言和空间工作记忆的改善与高雌二醇水平有关。[24] 当雌激素和黄体酮水平较高时，随之产生与情绪相关的变化，比如情绪认知准确度与情绪记忆力都得到了提升。这些都与杏仁核（大脑情绪处理网络的一部分）的反应活性增加有关。但到目前为止，我还没有收到过一份有关排卵的"兴奋问卷"！

经前综合征提供了一个很好的案例，这个案例研究的是在联系

[①]追溯性测量并不总能提供可靠的数据，特别是在填写答案的人知道问题的情况下。更可靠的方法是在至少一个完整的周期内进行行为变化的日常前瞻性测量，避免调查对象刻意关注经前阶段及其"名声"，导致她们为了得到理想结果而模糊调查的目的或尽可能让经前阶段不那么引人注目。最近的一项调查提出了将情绪和月经周期联系起来的研究方法，以此来衡量这些陷阱能在多大程度上得到避免。在 646 项研究中，只有 47 项符合在至少一个周期内使用前瞻性测量的标准。其中，只有 7 项研究报告了经前阶段中消极情绪的典型模式；用这种方法测量时，18 项研究没有报告情绪和月经周期之间的任何关系。

生物学和行为学中自证预言的作用。这种由高度片面的自我报告指标所界定的模糊现象已经成功联系起了行为事件，很明显地贴上了"症状"的标签。此外，这个案例还强调了这种生物学现象可能给女性（以及她们周围的人）造成的问题。通过追踪与月经周期有关激素变化造成的行为变化看似是确立因果关系的理想方法，但它实际上进一步证明了老套的观念是如何变得如此根深蒂固，即使是他们的案例调查对象也深信不疑。[①]

确定因果关系的其他方法引导我们着眼于动物研究。早期的研究表明，至少在非人类动物中，激素决定着雌性和雄性生物的关键生理差异，激素还控制着与生殖相关的行为，处于发情期的雌性向雄性（这些雄性则会亲密地骑着它们）展示自己，而新生儿的母亲则会合理地照顾幼崽。[25] 研究表明，这些雄性和雌性行为的不同方面都与神经通路上不同激素的作用有关。一个更激进的观点是，激素具有更基本的作用，它们实际上以不同的方式构造大脑，雄性激素导致大脑沿着男性的路线发展，产生"男性大脑"，而雌性激素产生"女性大脑"。这就是所谓的大脑组织理论。[26]

32

我们现在知道，哺乳动物胚胎的激素活动对决定胚胎的性别至关重要。对人类来说，大约在受孕 5 周左右，男性胎儿与女性胎儿从性腺上是无法辨别的。在这之后，雌性（XX）胎儿的卵巢将开

[①]这并不是否认一些女性可能存在与荷尔蒙波动相关的身体和负面情绪问题，而是简要地表明，将经前综合征视为近乎普遍现象的刻板印象体现了生物决定论"责备游戏"的一方面。

始发育，而雄性（XY）胎儿的睾丸将开始发育。不久之后，睾丸分泌的睾丸素激增，这种情况将持续到怀孕第16周左右。从怀孕第16周直到分娩，男婴和女婴的睾丸素水平非常接近。在分娩时，产前激素差异的影响会立即通过新生儿的外生殖器显现出来（男婴为阴茎，女婴为阴蒂）。大脑组织理论提出，男性胎儿的这种产前激素活动不仅限于个体的性腺，而且会"男性化"他们的大脑，确定男性的特定神经网络，并将他们与没有经历过这种睾丸素影响的女性区分开来。这些大脑的差异之后将决定他们在认知技能和情感特征上的差异，也很有可能决定他们的性取向和职业选择。

大脑组织理论的基础源于早期对豚鼠的研究。1959年，堪萨斯大学内分泌学研究生查尔斯·菲尼克斯（Charles Phoenix）与他的导师威廉·杨（William Young）及团队合作发表了一篇论文，证明将睾丸素注射到处于幼崽期的雌性豚鼠身上，能使雌性豚鼠进入青春期后表现出典型的雄性（而不是雌性）交配行为，它们会热情地试图骑上其他雌性豚鼠。[27] 这表明，如果及早注射激素，激素的影响可能会持久深远。

大脑组织理论中指出一点，正如女性生殖器或男性生殖器的结构和功能固定且持久，大脑中的男性或女性特征也是如此。这一理论的进一步完善指的是激活或"开启"过程：产前组织引导大脑相关结构发育，直到其发育固定且具有性差异，这些将是在未来（通常与青春期有关）影响任何激素变化的基质因素。因此，大脑中的

33

男性或女性结构对雄性或雌性激素的反应会有所不同，从而导致"适性"行为。

大脑组织理论似乎是争论链（即男女之间的生物学差异决定了他们的行为差异）中缺失的一环。男性与女性是不同的，因为决定他们生殖器官的化学物质也决定了其大脑的关键结构和功能。这一理论将进一步扩展到除与生殖有关之外的其他存在性别差异的领域，比如"追逐打闹的游戏"，或者据称与接触睾丸素有关的空间或数学技能，以及与雌激素水平有关的养成类或玩偶游戏。[28]

验证这些论断不仅需要监测不同性别的激素、大脑和行为，还需要在产前及产后尝试在各种性激素内与性激素间进行操纵。到目前为止，这一理论的基础证据是，通过诸如卵巢切除或性腺切除等重度的物理干预措施来操纵动物体内的激素水平，并随后观察对交配频率、骑跨或脊柱前弯（一些动物用假定的姿势表明性接受）等行为的影响。如上所述，不可以用同样的方法在人类身上进行此类实验。要么必须承认，对非人类动物所进行的研究是对人类研究的合理替代，要么研究人员必须接受激素水平的典型或非典型波动。

老鼠还是人？

对 20 世纪上半叶的生物学家来说，利用所谓的"动物模型"
是合适的。有一种假说是，在所有哺乳动物之间存在着某种生理上
的等同性，这能从一类哺乳动物（老鼠、猴子）到另一类哺乳动物
（人类）的生物测量推断结果中得到证实。

你也许会认为行为上的对等是个更大的问题。比如，你能把老
鼠的迷宫学习行为等同于男性的空间认知技能吗？当时盛行的心理
学思想是行为主义思想，这种思想流派基于这样一种看法，即比较
人类行为与非人类行为是合理的。行为主义认为，心理学唯一认同
的对象是可以清楚地观察、客观地测量和记录，以及根据一定的准
则加以解释的活动和事件。[29]

内在思想或情感并不具有吸引力；行为的准则可以通过设置精
心安排的任务和观察设定的假设变量的结果得出。学习是如何产生
的？设定一个学习情境，改变关键变量然后观察哪些部分具有成效。
你能提升反应率吗？设置一些奖励（或者"正强化"）。你能降低
反应率吗？试试一些惩戒措施（或者"负强化"）。人们认为，什
么样的物种会产生你所适应的反应并不重要，即任何混乱的反思都
不得干扰行为科学理论的产生。因此，鸽子和小白鼠的情况也同样
适用于人类，从动物行为推断到人类行为也是完全可以接受的。

动物模型用于测试行为的许多不同方面，不仅包括简单的学习
过程，还包括高级认知技能，比如说空间认知（迷宫学习行为）或
社会技能，例如养育（照顾幼崽）。人们寻求非人类和人类行为之

间的相似性，以此衡量直接干预对前者（非人类动物）的影响，因为考虑到伦理因素，很难对后者（人类）施行这些必要的实验。男孩比女孩更加活泼好动，这是否是因为生理原因呢（暂且不论他们的活跃水平是否真的不同）？你可以测量女性胚胎被暴露在高水平睾丸素环境下对其日后"追逐打闹"行为的影响。是激素赋予了女性的"母性本能"吗？试着在雌鼠体内注射雌激素，然后观察其"检查幼崽"和"舔舐促排"行为会发生什么变化。[30]

这就是为什么我们早期对激素与行为（以及大脑与行为）之间联系的认识大多来自对非人类动物的研究。实际上，就大脑和行为的性别差异之间的联系来说，公认结论可能是指对斑胸草雀和金丝雀中控制鸣叫的细胞核大小的研究——雄鸟善于鸣叫，且细胞核更大。[31] 将实验数据翻译成结果时，有些结论会被忽略，还有些迷惑人的小花招，你要仔细琢磨清楚那些据称与阿尔茨海默病（老年痴呆）及自闭症相关的性别二态行为研究，实际上是在老鼠身上进行的。[32] 令人惊讶的是，一些更粗心大意的民粹主义科学作者不知怎么竟会忘记提及，他们引用以支持他们独特性别差异的研究并非是在人身上进行，而是在鸣鸟或草原田鼠身上进行的。[33]

但假设你想测定个性特征、数学能力或职业选择方面的性别差异，或者测定兴趣而非能力方面的性别差异，又或者测定性别认同方面的性别差异，在这种情况下，则无法提供相应的动物模型。我们无法根据激素水平来仔细测定行为的变化，这当然会使我们越来越谨慎地对待在实验室中做动物实验所得出的因果关系论断。我们需要利用人类体内这些不寻常或非典型的激素水平，这些激素可能是生来就有的，也可能是偶然产生的。

产前若接触不同激素，其正常模式会被严重破坏。如果一个男性胚胎没有在正确的时间获取预期的睾丸素，或者对睾丸素影响反应不强，那么这个男婴出生时会有女性生殖器。[34]同样地，如果一个正在发育的女性胚胎在产前接触到了高水平的雄激素，那么她就会带着男性生殖器来到这个世界。"双性人"是这种情况的统称，这种情况十分罕见，那些在出生时症状明显的婴儿则通常需要及时且持续的治疗。他们也是一种"自然实验"，使得研究人员能够研究接触"跨性别"激素对男性和女性的影响。

36

疯玩嬉闹的女孩

CAH（congenital adrenal hyperplasia，即先天性肾上腺皮质增生症）是一种遗传性的酶缺乏症，可导致发育中的婴儿产生过多的雄激素。[35]对于女婴来说，一出生便能通过其模棱两可的生殖器确认症状。随之而来的是终生的治疗，包括手术矫正生殖器及激素治疗。CAH女性患者通常被当作女孩来抚养，除医疗介入外，患者及其家属会经常参加研究，其研究方向为早期接触雄性激素的影响。[①][36]研究人员会

---

①鉴于睾丸素决定了男性生殖器的发育，CAH的这方面显然只会影响女孩，并且女孩也被视为睾丸素其他效果的测试案例。患有CAH的男孩的睾丸素水平会很高，但通常在正常范

注意行为上的早期性别差异，例如玩具偏好或活跃水平、认知技能（如空间能力），以及比如像性别认同和性取向的特定性别相关问题。人们视这些CAH儿童患者为衡量生物学能力和首要地位的理想群体。

这类研究最常见的结果是与性别类型有关的游戏，据称，CAH女性患者更愿意玩男孩玩的玩具，家人和老师则更多地叫她们"假小子"。[37] "假小子"一词的定义往往包括诸如"疯玩""嬉戏""喧闹"或"表现得像个活泼男孩的女孩"等描述词。为了确保科学可信度，人们提出了"假小子指标"，其中包括更喜欢"爬树和当兵，而不是芭蕾舞或装扮"，喜欢穿"短裤或牛仔裤"，以及喜欢参加"足球、棒球、篮球等传统的男性运动"等问题。[38] 你可能已经发现在这些问题的背后有一个一成不变的设定，即什么构成了女孩的合理行为。这可能与这样一个事实相关：该指标部分是通过研究那些自认为是假小子的女性活动来制定的，还有一部分是询问他人，即他们认为什么是典型的假小子行为。因此，这很可能不是一个完全客观、且与情境无关的衡量这个特定标签的方法。

同样地，当你揣摩出研究人员衡量假小子程度的方式时，有强有力的证据表明，他们的出发点过于死板。他们认为表示假小子表现行为的特征是对自我打扮、对"练习做母亲"（即玩洋娃娃）以

围内。男女患者都受到这种疾病其他副作用的影响，需要终生接受治疗，所以患有CAH的男孩可以组成这些因素的其他影响的"控制"组。

及对婚姻不感兴趣。[39] 尽管这些早期的研究是在 20 世纪 50 年代和 60 年代进行的，并且我们希望从那时起情况可能有所进展，但"假小子指标"在如今的研究中仍在继续使用，这表明仍有一个根深蒂固的标准来衡量女孩的行为。

除了这里说到的假小子行为外，通过研究 CAH 女性患者还揭示了她们"男性化"的认知技能与行为特征。然而，这些研究在方法与解释方面有明显的缺陷，并且部分研究结果不一致。例如，如果男性有更好的视觉空间技能，而这些技能据称是由睾丸素驱动产前大脑组织的结果，那么 CAH 女性患者不应该表现出类似的能力吗？或者她们至少比未受睾丸素影响的女性表现得更好？2004 年，神经科学家梅丽莎·海因斯（Melissa Hines）在她的《大脑性别》一书中对 7 项与该课题相关的内容展开了研究，发现其中只有 3 项研究支持这一观点，2 项研究没有发现差异，还有 1 项研究表明，CAH 女性患者实际上情况更糟。[40] 只有 2 项研究运用了心理旋转实验方法，据称该实验能最可靠地证明男女在表现上的性别差异。在标准心理旋转实验中，有人会向你展示一个抽象三维物体的二维图像，并要求你想象在空间中旋转它，然后在 4 个选项中选择 2 项与初始的旋转对象进行匹配。一项研究表明，CAH 女性患者在心理旋转实验方面表现得更好；另一项研究显示，其女性患者与正常女性在心理旋转方面没有差异。随后对 CAH 女性患者心理旋转技能研究的元分析显示，在这一特定测试中，CAH 女性患者的表现优于正常女性。[41] 但在关于大脑和行为之间联系的辩论中，这样的证据能具备多少说服力？

哥伦比亚大学巴纳德学院的美国社会医学科学家丽贝卡·乔丹－杨（Rebecca Jordan-Young）对大脑组织理论的研究进行了非常详细的系统报告，其重点是对双性人个体（如CAH女性患者）的研究。[42] 她的研究表明了现有研究如何为所谓的性别特异性行为提供单向的生物学解释。她认为，过度字面化地应用大脑组织理论导致了过于简单地看待人类激素和大脑之间的联系。特别是，产前激素具有永久、持久作用的核心概念完全忽略了我们对人类大脑可塑性的最新理解："问题在于，与大脑相比，关于生殖器官的实验与其数据吻合程度更高……与生殖器官不同，大脑是可塑的。"[43] 她还指出，许多关于激素效应的假说和解释似乎是基于这样的假设，即发展与后天的成长情况和实验无关，无论社会期望或文化影响如何，结果都是不可避免的。

负面案例为系统性假说提供了证据支持。正如表达性失语症病人谭和菲尼亚斯·盖奇所遭受的伤害提供了有关大脑在语言、执行功能和记忆中的作用的早期线索，研究人员也对类似的不幸事件进行了研究，以确定婴儿是否在出生前就已确定男性化还是女性化，而随后的任何社会化都无法改变这一预定的路径。

现有这个发生于1966年且臭名昭著的案例，一名7个月大的男婴在经历一次失败的包皮环切手术之后，其阴茎受损，无法修复。[44] 大约1年之后，在心理学家及"性学家"约翰·曼尼（John Money）的建议下，该男婴的父母同意将其当作女孩抚养。这包括摘除男孩的睾丸和从 18 个月大的时候开始注射雌激素。他们还为孩子提供了包括阴道再造的变性手术，但男婴的父母拒绝该提议。

曼尼认为，性别是可以强加于人的，或可以独立于生物学而进行研究的。他坚信如果足够早地经历社会化，就可以确保出现适当的"性别"认同。尽管产前睾丸素对大脑起到了引导作用，但曼尼相信他可以证明，通过设定的后天环境，行为可以被重置。该名不幸的男婴沦为曼尼检验其理论的理想实验对象，尤其是该男婴有一个孪生兄弟，这就为他的实验提供了理想的对照组。

当时，这个所谓的"约翰／琼"案例（曼尼将两名双胞胎化名为约翰和琼，如今已知男婴原名布鲁斯，后更名为布兰达）被誉为是成功变性手术以及性别独立于生物学起源的鲜活例证。然而，1997 年，31 岁的布兰达公开自己的身份并揭示出故事的另一个版本。[45] 据"她"描述，"她"有一个非常不快乐的童年，在很大程度上与"她"的性别认同和"作为一个女孩"的不快乐有关。令人震惊的证据表明，在与约翰·曼尼的交流中，曼尼试图确保布兰达保留其女性身份，包括不断要求布兰达进行全面的变性手术。布兰达说，当"她"在 14 岁时得知自己经历性别重塑的事实，就立即决定转回到原来的生理性别，并且给自己改名。如今他更名为大卫·利马，他接受了睾丸素注射，两次乳房切除手术及阴茎重建手术。但他仍然烦躁不安，并对曼尼仍在发表声称"约翰／琼"实验成功的论文感到愤怒。大卫于 2004 年自杀身亡，年仅 38 岁。

关于这一悲惨的案例，有很多证据表明，性别认同是不容置否的、确定的生物学起源。然而，至关重要的一点是，布鲁斯实际上在任何一种生殖器或性别重置发生之前已经18个月大了，这足以让一个发育中的孩子吸收各种社会信息，尤其是因为他有一个相同的孪生兄弟。但是，与这个故事相关的个人悲剧意味着它实际上只能是一个故事，我们需要寻找证据来证明激素对大脑其他部分的影响。

目前，对婴儿出生前进行产前激素水平的测量方法并不标准，但有基于评估羊膜穿刺术中羊水睾丸素含量的研究。这与剑桥大学自闭症研究中心主任西蒙·巴伦－科恩（Simon Baron-Cohen）的工作有关。他目前正在进行的研究项目是一项纵向研究，该项目研究胎儿睾丸素的影响，以及它如何与之后的大脑和行为特征产生关联。[46]巴伦－科恩认为，由于产前接触睾丸素，大脑的男性化程度会随着接触程度的不同而产生差异。[47]他认为受影响的男性倾向于以一种系统化、规则化的方式来处世，而非是以具有女性行为特征的更情绪化、更具同理心的方式。

所以，我们确实有可能研究大脑与行为之间的关系，即使这种关系仅仅在雄性激素的产前水平和所谓的男性行为特征之间相关。 41

这一结果"既有希望又显复杂"，无疑表明激素和行为之间的关系在人类中并不像在豚鼠中那样直截了当。例如，受限兴趣的测量方法（可能是对轮式玩具的痴迷）和胎儿睾丸素之间确实存在联系，但这种联系只存在于4岁的男童中。胎儿睾丸素与社会关系也有关，但这次与女孩的联系要比与男孩深得多。对年龄稍大一点的儿童进行同理心问卷测试时，只有男孩的同理心与胎儿睾丸素呈负相关，而通过情感认知任务测试，得出男孩和女孩的情感认知与胎儿睾丸素的联系均呈负相关。最好的情况是，我们得出这样一个结论，如果胎儿睾丸素研究报告得出大脑与行为的任何关系都是由激素调节的，这就是一种相当多变且复杂的关系，并且可能实际上是你所使用的行为衡量方法的一个映射。正如其中一项研究的作者所观察到的那样："需要记住的是，睾丸素并不是使男性不同于女性的唯一因素。"[48]

这些有趣的发现作为产前激素组织效应的明确证据，得到了巴伦－科恩实验室的赞誉。然而，我们应当记住，世界在孩子们很小的时候就引导他们的大脑朝不同的方向发展，所以在这里接受测试的孩子们可能有不同的经历，这些经历对他们测试分数的影响与胎儿睾丸素对他们的影响是一样大的。

另一种试图在人类身上找到产前睾丸素的方法涉及我们的手指。如果您的食指（称为 2D，表示第二个数字）比无名指（称为 4D）长，那么您的 2D ∶ 4D 比值大，倘若结果相反，那么您的 2D ∶ 4D 比值小。一系列内分泌学研究表明，接触较高水平的睾丸素与较小的 2D ∶ 4D 比值相关。[49] 因此，研究人员将这一手指测量方法作为产前接触雄激素的生物标记，然后探讨了与行为的相关性，特别是应该区分性别的行为类型，从空间技能到成年人的攻击性，到儿童的性别类型游戏和玩具偏好，以及性取向和领导力。[50]

2011 年，康奈尔大学的心理学家杰弗里·瓦拉（Jeffrey Valla）

和斯蒂芬·塞西（Stephen Ceci）通过探索特定行为的性别差异，特别是那些与数学、计算机科学和工程等科学学科相关的能力和偏好相关的行为，对 2D：4D 测量法的使用进行了一次主要综述。[51] 他们的总结指出之前的研究"前后不一、解释不通、完全矛盾"。一个关键问题是该手指测量法作为测量产前睾丸素的精确代替是否有效，因为内分泌证据并不一致。另一方面是该测量方法与其探讨的各种能力之间的关系的性质问题。在某些情况下，它呈线型（低比率与较高的空间或数学能力相关），但在某些情况下，它呈倒 U 形（高比率和低比率都与较高的认知技能水平相关）；在其他情况下，它与通常能够可靠区分男性和女性的认知测定法无关，例如心理旋转；在很多情况下，它与男性之间的关系真实存在，但与女性之间却不存在，反之亦然。结论是，这种对产前激素水平的简单测量方法并不真正适用，并且持续使用这种方法，特别是在与认知测量方法本身并不总是一致的情况下，它不太可能解决激素对人类行为的影响问题。

激素因素：因果关系

20 世纪对激素的研究并未像早期动物实验所承诺的那样提供完美的解决方案，它将激素作为决定男女大脑与行为差异的生理驱动力。当然，激素会对其他生理过程产生强烈的影响，与性别差异有关的激素也不例外。显然，不同的激素决定了与交配和繁殖有关

43

的身体器官具有差异，因此在解释人类这一方面情况时，一个清晰的男女划分通常是合理的。

但事实证明，这一论断既包括大脑特征，也包括行为特征，这一点又很难自圆其说。在人类身上进行类似激素控制和复制实验所引发的伦理道德问题显然是无法解决的。通过研究激素异常的个体，从而检验大脑组织模型所产生的明确的单向假设的各种尝试，这些都并没有提供明确的答案。关于使用产前激素影响程度的间接线索也没有证明其有用性。有时这可以归咎于方法问题，例如涉及小样本的不可避免性、不同群体之间的差异性、行为衡量方法的主观性。至关重要的是，这一方面的研究没有充分考虑社会和文化影响，如果考虑到上述影响，我们将会得出：这些影响不仅可以对行为模式产生影响，而且可以对大脑和激素本身产生影响。

密歇根大学的神经科学家萨里·范·安德斯（Sari Van Anders）和其他人最近的研究表明，在21世纪，尤其是关于睾丸素在决定男性攻击性和竞争力方面的假定效力方面，激素和行为之间的联系正在经历一次彻底的革新。[52] 正如我们将社会力量及其期望视为改变大脑的变量一样，在激素方面，同样的影响也是显而易见的。当然，激素本身也与大脑及其环境之间的关系有关。

激素似乎已经成为另一种生物学过程，用来证明女性的生理不仅不同，低人一等，而且极度缺乏周期性。与女性生育能力相关的化学物质与她们的情绪不适、理性缺乏有关，并且通过这些化学物质对大脑发育的影响，使女性缺乏了一些关键认知技能。另一方面，

44

额外剂量的睾丸素水平不仅与男性生育能力有关，还与其在社会、政治和军事领域取得成功所必需的强有力的人格特征和领导能力有关；而睾丸素对大脑发育的特殊影响，则与其成为伟大的思想家和有创造力的科学家所需的认知能力有关。

当然，这一切都是基于这样一种准确的说法：男性和女性的行为特征实际上是不同的。科学需要超越奇闻轶事和个人观点，并在可靠的方法论基础上提供强有力的证据。现在让我们看看对人类行为的研究有多符合这些期望。

第三章

心理学呓语兴起

20世纪心理学的出现为探索性别差异提供了另一条途径。这项新科学怎样使我们得以了解男女的大脑和行为？

海伦·汤普森·伍利（Helen Thompson Woolley）是一位心理学家，也是性别差异研究的先驱，她在1910年总结道：

> 也许没有一个领域如此渴望科学化，这个领域已经失控到这样的程度，出现了公然的个人偏见、为了支持偏见所牺牲的逻辑、毫无根据的断言、甚至是感情用事的胡言乱语。[1]

科迪莉亚·法恩（Cordelia Fine）于2010年的发文也提及了这一点：

但当我们沿着当代科学的道路前进时，我们会发现曾经出现过不计其数的鸿沟、假设、差异，还有毫无根据的方法论和信仰上的改变，以及不止一次对破旧的过去做出的回应。[2]

这两个关于心理学的性别差异研究的尖锐陈述，恰好相隔 100 年，表明一个学科应该能够对一些揭示天赋、能力和气质差异的困难问题提出一些客观的看法。然而通过客观分析一些最近的实验数据，我们发现这些数据并未完全达到之前的这些预期。 46

心理学对性别差异探寻的介入包括两个关键贡献。第一个与进化论的出现有关，它强调我们的适应性是我们过去和持续成功的基础。从本质上讲，进化论是一种关于生物特征个体差异的理论，其范围很快扩展到不仅能解释不同的个体技能，而且能解释由生物差异决定的不同社会角色的功能。这句话的意思是性别差异是有目的的，而进化理论家则起到解释这一目的的作用。

第二个是实验心理学的作用。实验心理学刚刚兴起时，注重的是数值数据。由于并不确信早期案例研究和临床观察的传闻性质，心理测试"产业"应运而生。通过开发精心设计的、能生成得分的测试和问卷，心理测试不仅可以生成能力值，还可以加入如"男性和女性气质"这样更为无形的概念。数字游戏为正在形成的性别差异列表提供了一种客观的参照。

进化论

查尔斯·达尔文（Charles Darwin）于 1859 年出版的《物种起源》和 1871 年出版的《人类的由来》为解释人类特征提供了一个全新的框架。[3] 这些开创性的著作提供了对个体生理和心理差异的生物学起源的见解，并且自然成为解释男女差异的理想来源。当然，达尔文通过他的性选择理论有效地解决了性吸引和配偶选择这些问题。一种性别的成员炫耀他们的资本来吸引配偶，另一种性别的成员根据一套特定于物种的标准来挑选，对孔雀来说就要拥有五彩缤纷的尾羽，对青蛙来说就要拥有最响亮的叫声，这可能是其"生殖适度"的信号。人类的资本可能包括顶级的实体设备，但也包括相关的行为和性格类型，男性对应竞争和好斗的性格，女性对应顺从和温和的性格。同样，在角色及其相关技能组合方面也存在重大差异：占优势的男性需要更强的力量和智力优势来应对外部世界，而居家的女性只需要"提供温和的母爱和做个安静的家庭主妇"。[4]

达尔文明确指出，男女之间的一个关键区别在于，由于女性进化程度不如男性，所以她们是人类中的次等成员。想想一个最重要的科学理论作者对他所研究的人口的一半有这样的看法，真是令人心寒：

> 两性智力的主要区别在于，无论从事哪种需要经过深思熟虑、理性、想象或是仅仅运用感官和双手的工作，男性都能比女性做得更好。[5]

关于男性和女性在社会中可能具有的不同功能，达尔文的观点是，女性的生育能力是决定她们在社会等级中地位的关键因素。作为一种基础但根本的生理过程，它不需要进化赋予男性的那些更高的精神属性。事实上，他担心的是，任何企图让女性接受任何类型的教育或独立的要求都可能会破坏这一过程。

达尔文毫不介意互补性的细节，这种观点（见第一章）基于这样一种看法，即男性和女性在社会中的角色是由某些遗传特征决定的、温柔、有教养、细致务实的女性是追求权力、抛头露面、极具理性的男性的完美陪衬。虽然互补性观点比达尔文的观点更为客套，但我们不应幻想这是在实现两性平等方面取得某种进展的曙光：

48

> 互补性，即认为一个群体的特征、优势和弱点是由另一个群体的特征、优势和弱点所补偿或增强的。互补性是维持群体间权力不平等的一种非常有效的方法，因为它意味着任何对不平等的认识都是虚幻的，区别群体的现实依据是基于每个群体的相对优势和劣势。[6]

心理学家斯蒂芬妮·希尔兹（Stephanie Shields）在回顾心理学对 19 世纪后期性别差异建构的贡献时，提到了这种互补性陷阱，展示它如何与进化理论联系起来，然后充当现有社会等级制度的辩护理由。人们主要关注的是女性作为母亲和家庭主妇的角色，这意味着她们需要养育后代、务实并且专注日常细节，这显然使她们无法具备在获得深邃思想和科学成就方面所需要的抽象思维、创造力、客观性和公正性。与男性"明显地追求成就、创造力和支配欲激情"相比，女性在情感上更易敏感，更易不稳定。[7]

心理学对性别差异研究投入的这一特定方面并非基于任何一种衡量标准，而是基于赫伯特·斯宾塞（Herbert Spencer）和哈夫洛克·埃利斯（Havelock Ellis）等人表达的观点。正如希尔兹尖锐地指出："不言而喻，分配给每个性别的特征列表并非来自系统的实证研究，而是在很大程度上依赖于已经被认为是真实的女性和男性特征。"[8]

49　　互补性的概念一直存在，并在出现于 20 世纪的新学科——进化心理学领域找到了归宿。进化心理学是融合了社会生物学基础和人类心理特征的学科研究。[9]一般认为，人类行为是由许多功能或"模块"组成的，每个功能或"模块"都是为了解决我们在生命任何阶段可能遇到的问题而进化的。这被称为"瑞士军刀"思维模式，有数千种专门的组成部分，每一部分都由相关的脑部结构承担，这些脑部结构在进化过程中根据需要出现。[10]并且这种模式似乎有两种类型：其中一种（可能是粉色的）是为女性装备着画眉、管家、育儿任务之类的工具，而另一种（海军蓝色）是为男性装备的，除了更强、更具适应性以外，还有投掷长矛、政治权力和科学天赋等作为生活必需品的工具。

进化心理学家坚持在科学家的领导下解释现状。实际上，他们将现如今公认的事实进行倒推研究。他们在进化史上找到了一个符合这个事实的解释，并将其作为维持现状的原因。我们稍后讨论的一个例子是，视觉神经科学家安雅·赫伯特（Anya Hurlbert）和凌亚珠（Yazhu Ling）在 2007 年提出的女性对粉色的偏好。[11] 他们提供的进化心理学解释是，作为狩猎 – 采集团队的采集者，女性已经进化出对粉色的差异偏好得以更有效地采集浆果，不同于其猎杀猛犸象的另一半，男性更适应光谱的蓝色端，这使他们能够有效地观察地平线。此外，男性更擅长奔跑（跟随猛犸象）和目标射击（杀死猛犸象）等视觉空间任务。

　　进化心理学的一个关键信息是，我们的能力和行为特征是先天的、生物学决定的和（当前）固定的（尽管我们不清楚为什么过去明显具有灵活性和强适应力的技能现在变得不可改变）。尽管这些技能和能力的需求存在于我们过去的进化中，但这些需求仍然会对我们 21 世纪的生活产生影响。

50

共情者和系统化者

　　上一章简要提到，在进化心理学阵营中都插一脚的（实际上两边都不得罪）的当代心理学理论是英国心理学家西蒙·巴伦 – 科恩提出的共情 – 系统化理论。[12] 巴伦 – 科恩将这两个特征称为人类行为的驱动力。共情是指不仅在认知分类水平层面上，而且在情感层面上，识别和回应他人的思想和情绪的需要（和能力），即他人的情绪引发匹配的反应，使得可以理解和预知这些行为。这是一种能够体会他人感受的能力，巴伦－科恩称之为"在他人头脑中进行想象力的飞跃"，[13] 有效的沟通和社交网络是天生又必不可少的。另一方面，系统化是一种"分析、探索和构建一个系统活动"的驱动力，[14] 是吸引或甚至需要使用规则构造系统的事件或过程，通过从周围正发生的事情中总结组织原则使你的世界变得可预测。

在真正的进化心理学中，这些特征的起源显然根植于人类古老的过去，在 21 世纪，这些特征对人类行为有着深远的影响。共情和系统化的特质已经明确地因性别而进行了分配和引导。巴伦－科恩提出，共情帮助女性祖先建立了育儿系统，以确保后代得到充分的照顾，支持女性组成群体以确保她们获取实用信息，并帮助她们与非亲缘关系的同类相处（或换句话说，"姻亲"）。[15] 关于这对当今共情者意味着什么，作为职业顾问的巴伦－科恩这样说："拥有女性大脑的人会成为最出色的律师、小学教师、护士、护理人员、理疗师、社会工作者、调解员、团队协理员或人事人员。"[16]

那么系统化者呢？他们处理世界的方式使他们擅长计算一支箭的长度，如何最好地固定一把斧头，追踪动物的轨迹，预测天气，以及制定社会等级系统的规则（以便尽可能地在其中获得尽可能高的等级）。他们缺乏同情心，这使得他们易于杀害其他部落的成员（或者，事实上还有那些阻碍自己社会阶级上升的本部落成员）。不把时间浪费在与共情相关的社交细节上，也意味着他们可以成为一个"适应性孤独者"，他们"满足于把［他们自己］锁起来几天而不进行太多的交谈，把注意力集中在［他们］当前项目上"。[17] 显然，这将使得系统化者成为"最出色的科学家、工程师、机械师、技术员、音乐家、建筑师、电工、水管工、分类学者、编目学者、银行家、工具制造商、程序员甚至律师"。[18]

不难发现此处并非只存在些许的互补性：一个关心团队的、处于一个系统中的同僚会为其军事化管理模式和高度集中的创造力提供支持。在这种情况下，猜测谁的薪水会更高是没有意义的。

但是你怎么知道某人是共情者还是系统化者呢？当代心理学理论即使基于进化论，也必须有在任何个体或群体中对这些特征或特质进行某种客观的测量方法。巴伦－科恩的实验室已经推出了其独有的名为 EQ（Empathising Quotient，即共情商）和 SQ（Systemising Quotient，即系统商）的衡量标准，该衡量指标由通过自我报告的调查问卷组成，其中包括回答者必须表示同意或不同意的一系列表述。[19] EQ 表述包括"我真的很喜欢照顾别人"和"如果我在一个群体中看到一个陌生人，我认为他们应该努力加入"等选项；而对 SQ 的表述包括"乘火车旅行时，我经常想知道铁路网络是如何协调运转的"和"我对汇率、利率、股票和股票的细节不感兴趣"（如果你是一个系统化者，对后者的回答自然是"强烈不同意"）。这些测试也适用于儿童，或者更确切地说，家长报告的版本。这种情况下，一位家长评价他们同意诸如"我的孩子不介意家里的东西是否在合适的位置"或"当和其他孩子玩耍时，我的孩子会自发地轮流分享玩具"的表述。[20] 综合得分是确定共情者或系统化者的一种方式。使用这项测试的研究表明，平均而言，女性更容易有共情者的特征，

52

而男性更容易有系统化者的特征。

你会注意到，这些测试实际上依赖于人们对自己（或他们的孩子）的看法。试想有多少父母会心平气和地在这些选项上打钩，把他们的后代贴上反社会、偷玩具的坏孩子标签？这类自我报告的问题是一个通病，我们稍后会再讨论，但当你读到人们的 EQ 和 SQ 分数时，值得进行有保留地思考。

为了测试这些自我报告测量的有效性，你需要找到一个例子来说明你可以通过高 EQ 分数或低 SQ 分数或结合两者预测出什么样的行为或相关技能，看看这两种方法得出的结果是否匹配。巴伦－科恩剑桥实验室的另一项测试是相当奇怪的"眼神读心"测验，在这个测试中，你会看到一对眼睛的单独图像和四个情感描述词，如"嫉妒""傲慢""惊慌"或"仇恨"。[21] 然后你必须要识别这些眼睛显示着哪种情感。如果该测验结果良好，那么你明显善于情感识别，这是确定共情的关键一环。因此，高 EQ 分数应该与良好的眼神读心结果有关。但事实上，对于来自同一实验室的这两种测试同样也要持保留态度。

根据共情－系统化理论的预测，女性比男性更具共情心，男性比女性更具系统性，与共情心特征或系统化特征密切相关的行为、能力和偏好应该有着明显的性别差异。毕竟，这是该理论的基本主张。例如，大学选择理科或是文科应该在某种程度上与这种性别差异有关。但是，巴伦－科恩实验室的另一篇论文表明，与 EQ 和 SQ 分数密切相关的性别并不是大学学科选择的最佳预测指标。[22]

共情－系统化理论预测，系统化者会被基于规则的科学学科所吸引，但系统化者没有显著的性别差异。这意味着共情－系统化理论并不是性别的确切代表，这应该能改善这样一种普遍印象，即共情是"女性所有"，而系统化是男性所有。我特意使用"普遍印象"一词，以指出虽然理论最初并不是要证明这一点，但有时这样的心理学理论会给人留下这样的印象：他们给参与者（男性－女性，系统化者－共情者）贴上的标签是可互换的。这样做的后果是人们可能会走捷径，假设你想完成一项需要同情心的工作，那么你只需要指派一名女性即可。或者相反，如果你想完成一项需要高水平系统化技能的工作，那么女性就不适合。

21 世纪仍旧存在这种情况，比如依旧可以看到讨论女性在科学界代表性不足的问题。鉴于系统化和科学之间的正相关性以及系统化与女性之间的负相关性，我们不难得出女性不太适合系统化、严谨化的自然科学的刻板印象。除此之外，人们普遍认为生物学决定的特征固定且不可改变，我们对性别与科学之间的联系得出了一个错误但可以理解的刻板印象。

与生物学基础被模糊视作是既定的某些进化理论不同，在这里，这两种认知方式的生物学基础得到了清楚的表述。巴伦－科恩在其著作《本质区别》一书的序言中明确指出了共情－系统化分歧的性别特征："女性大脑主要是为了换位思考，男性大脑主要用于理解和构建系统。"[23]

考虑到这一论断的力度，你可能会惊讶于书中进一步提到的一个限定条件，即巴伦－科恩坚定地指出："你的性别并没有决定你的大脑类型……不是所有的男性都有男性大脑，也不是所有的女性都有女性大脑。"[24] 对我来说，这一条件是该理论的核心问题，并且它对大众理解大脑和行为的性别差异会产生影响。通俗地说，"男性"一词与男人联系在一起，而"女性"一词与女人联系在一起，因此对许多人来说，将大脑描述为"男性"意味着这就是男人的大脑。如果你认为男性大脑有以下特征——在这种情况下，偏好系统和基于规则的行为，也许还有情感识别方面的困难，与大脑的特定部分有明确的联系——那么这些特征就会成为世人对"男人"的认知模式，并且在某种程度上成为对男性和对他们大脑的刻板印象的一部分。对于女性和她们的大脑，你会得到同样的结果。如果你认为不一定非得是男性才能拥有男性大脑，那为什么我们要称之为男性大脑呢？在性别刻板印象的世界里，语言文字很重要。

这种理论上的心理学介入性别差异辩论与"现状"类型的解释密切相关。早期的进化心理学家们从彻头彻尾的厌女症观点转变为居高临下的互补观点，他们将角色差异视为既定的，并与实验心理学这项能够识别和量化性别决定技能和个性差异的新兴学科联系起来。

数字游戏

心理学涉及性别差异的第二个方面是技术的发展，这些技术将一些数据纳入几个世纪以来积累的行为和个性差异的目录中——我们现在称之为实验心理学。在 19 世纪末之前，人们关注的焦点是这些所谓的性别差异行为背后的生物学，并用越来越奇怪的方法试图量化一个器官的差异，但除非这些器官死亡或受损，否则实际上无法进行研究。所以在 20 世纪，人们的注意力转向了衡量据称由（虽然仍然是不可见的）大脑控制的技能、资质和性情的方法。

威廉·冯特（Wilhelm Wundt）于 1879 年建立了第一个心理学实验室。[25] 他热衷于将科学方法应用于行为当中，以产生有形的行为衡量标准，如反应时间、错误率、记忆任务中的回忆量，或者可能自发产生的特定单词（如以"s"开头的单词或水果名称）的数量。数据可不会自我反省、分享个人意见或轶事趣闻。

心理学家会利用任何能产生某种分数的任务并将其转化为测试形式，这些测试能产生一种似乎与兴趣行为有某种关系的外在测量。早期的研究集中在寻找不同的方法来衡量心理学家感兴趣的技能，但很快就出现了对个体差异的关注。这在一定程度上受教育制度改革的推动，因为学校想要找到"迟钝的"孩子，我们如今认定这些孩子需要接受特殊教育。众所周知，这就是智商测试的起源。[26]

认知技能测试之后是人格或气质测试。第一份测试问世于 1917 年，名为伍德沃斯个人资料调查表，其目的在于鉴定第一次世界大战中可能患有弹震症的士兵。[27] 这类测试仍旧十分客观并基于事实，包括诸如"你的家庭成员是否自杀过？"或者"你晕倒过吗？"这类问题（通过查看过去的案例，这些问题是带有歧视性的），但很快出现了各种各样的自陈问卷，要求人们陈述某些形容词（例如"有条理的"），或者某些描述人们行为的短语（"我可以在同性恋派对上放松和享受"——尽管在最近的测试修订版中已经修正了这个措辞！）。[28]

在认知技能测试中，很快出现了关于性别差异的报告。字词联想测验是了解男性和女性心理活动的一种最受欢迎的方式：提供给参与者一个触发词或类别，他们必须写下所想到的 100 个单词。1891 年，约瑟夫·贾斯特罗（Joseph Jastrow）首先进行了一项性别差异研究，他使用这一测试指出男性更多地使用抽象词汇，而女性更喜欢使用具体的描述性词汇；女性写下字词的速度更快，但男性写下字词的范围更广。[29]这些差异的含义从未真正明确。海伦·伍利在 1910 年的文章中也报道了一项使用类似该测验的研究，她轻蔑地评论了"数据上的细微差异"和极少数的研究对象（这些对象的人口统计数据听起来有点像圣诞歌——2 个孩子、2 个女仆、3 个工人、5 个上过学的女人、10 个上过学的男人）。[30]

但从这些早期半信半疑的实验中可以看出，心理学的目标是坚持将科学方法运用于其快速发展的活动中。从发表理论，提出假设，再到设计测量测试，选择参与者，收集和分析数据，到最终撰写和发表论文。在第一个心理学实验室成立后的 100 年里，2 500 多篇关于性别差异的论文得以发表。所有这些研究对我们理解这些差异有积极的贡献吗？

神经科学家纳奥米·威斯坦因（Naomi Weisstein）在20世纪60年代末写了一篇广为人知的攻击心理学的文章。[31] 她发表了一篇论文，题为《心理学构建女性；或者，男性心理学家的幻想生活（关注男性朋友、男性生物学家、男性人类学家的幻想）》，这篇文章明确了她对这个问题的看法。她对临床心理学家和精神病学家遵循弗洛伊德学说的潮流提出了异议，这些人强调女性作为母亲的重要作用以及随之而来的需求。她抱怨说，这些充满偏见、没有证据的专业人士，正自作主张地告诉女性她们想要什么，或者她们特别适合担任什么角色（这表明心理学的这一新学科并没有使现状发生太大变化）。她嘲笑他们声称女性以"洞察力、敏感度和直觉"来处理这类问题，指出这同样反映了一种偏见，即早已存在对女性而言何为"正确"的事物的观念。

她攻击"性别差异"心理学家的另一个原因是他们没有考虑到收集数据的背景。她指出了一些如果操纵外部环境，行为就会随之发生改变的社会心理学实验。她那个时代的一个典型例子是沙赫特和辛格实验，在该研究中，未被告知注射肾上腺素的一组试验者与被告知注射肾上腺素的一组试验者同处一室，未被告知的成员随着被告知的成员在注射肾上腺素后出现的行为发生了不同的身体症状的变化（如心跳加速，手心出汗等），结果是未告知组中有因心情愉快而开心，也有因生气而导致愤怒或不满。[32] 威斯坦因担心的是，从个人那里收集的行为或自我报告的数据很可能会受到所有无关变量的影响，事实上包括实验者自己对其研究结果的期望。行为模式很少稳定，会根据外部环境而改变。如果你的参与者在别人在场的情况下所做或所说的会发生改变，那么这种行为模式就不能理解为是天生的、不变的或固有的。除非情况属实，否则心理学研究的结果充其量只能是误导性的。威斯坦因在研究行为时注意考虑到语境和期望的重要性，这一点可以在当代社会神经科学的许多领域找到相似之处，显示大脑功能如何与个人的社会和文化框架相互作用。

埃莉诺·麦考比（Eleanor Maccoby）和卡罗尔·杰克林（Carol Jacklin）于 1974 年出版了一部颇具影响力的著作《两性差异心理学》，内容包括通过数十年的研究，揭示了男性和女性之间的差异，包括从触觉灵敏度到好斗性的许多不同特征。[33] 事实上，麦考比和杰克林必须仔细研究 86 种不同类型的性别差异——包括从"视觉和听觉"到"好奇和哭泣"再到"捐赠给慈善机构"——这是迄今为止心理学已经努力投入到这方面研究的衡量指标。

公布的证据似乎一致表明，平均而言女性语言能力更强，而男性的空间能力更强，并在涉及空间技能的算术推理方面更好，表现出更强的肢体表达能力和语言能力。

麦考比和杰克林在消除当时存在的性别差异谜团方面做了很多工作，尽管有时她们是从评论中，特别是从"语言"女性和"空间"男性的总结得出结论，这些结论具体化为一个完全可靠的鉴别男性和鉴别女性的指标，或者一个不再需要进行测试的"既定因素"。

正如我们看到的那样，这已经渗透到了广泛的领域，比如流行的自助书籍和对脑结构成像数据集进行解释等方面，并由此又回归到公众对男女差异的认识中。

麦考比和杰克林在这个阶段没有指出的一点是，这些差异实际上非常小，因此知道某人的性别并不能有效预测他们在语言能力测试中的表现（或者他们停车时的表现）。她们也没有质疑这些测量方法是如何获得的，或者心理学家使用的测量工具有多可靠。如果你对空间技能感兴趣，那么进行所有空间技能测试后都会得到相同的答案吗？你确定你测试的样本具有代表性吗？你可能需要考虑教育经历方面的差异；在分析数据时，你是否使用了正确的比较方法？

59

差异何时不再是差异？

"差异"这个词就是一个例子，在心理学中使用这个词可能与在一般对话中使用它不同，或者在公众理解它的含义时也不同。在一个简单的层次上，"差异"一词显然意味着"不一样"。假设你前往一个岛屿，并且你被告知你可能会遇到两个不同的部落，那么你应该知道它们之间的差异。然后你就会知道差异的关键所在以及"有多不一样"的细节：例如，部落一成员的平均身高约为6英尺4英寸（约1.93米），而部落二成员的平均身高约为4英尺10英寸（约1.48米）；或者部落一的成员可能有很长的黑色直发，而部落二的成员则有卷曲的金色短发。你至少可以推断出这里所说的"差异"

是显著的差异，所以，如果你遇到一个黑色直发且身材高大的人，你就会确信这是部落一的成员，或者说如果有人告诉你将会遇到一个部落二的成员，你就会满心期待找到矮个且鬈发的成员。但这些并不一定是你可以从显示性别差异的心理学研究中得出的结论。

在心理学中，"差异"通常用于统计学意义，即你所调查的两组人的平均分数相差较大，足以确定一个特定的统计阈值。然后，你会得出测量的任何内容在两组中是"有差异的"。但这往往掩盖了真正重要的"有怎样的差异"的问题。这两组中，每一组都将生成分数，这些分数分布在测量数值的平均值左右，并且这两组分布可能会显著重合。这意味着你不能可靠地预测一个小组的成员将如何完成你设定的任务，或者他们在性格测试中得到什么样的分数，并且你无法通过某人的测试分数识别出他们属于哪一组。这两个群体实际上更相似，而不是不同。因此，尽管存在统计差异，但不一定是有用或有意义的差异。

计算两组之间重合程度的一种方法是测量所谓的效应值。[34] 要计算这个值，你要从另一组的平均分数中减去一组的平均分数，然后用两组的变量除以答案。例如，假设你想要了解喝咖啡的人是否能比喝茶的人更快地做完填字游戏。收集完数据后，你用喝咖啡的人的平均得分减去喝茶的人的平均得分，然后除以标准差。标准差是一种衡量方差的衡量标准，反映了每组中得分的分布范围。这将为饮茶者和喝咖啡者之间的差异提供一个效应值。

关键问题是，效应值体现了多大意义的群体差异。心理学家报告称，他们的统计结果显示出"显著差异"，严格来说确实如此，但这种差异可能很小，而且真的不太可能对雇用其中一个群体而不是另一个群体的决定产生多大影响（或者你想请一个喝咖啡的人或喝茶的人帮你解填字游戏）。当你谈论与性别差异有同样重要影响的事情时，重要的是清楚地表明你的意思。如果效应值很小（大约0.2），你的这组得分之间的差异可能在统计学上是"显著的"，但是，实际上，你可能不太支持以下假设，即你很容易判断某个具体成员属于哪个小组，或者这个小组的成员能做到或不能做到。

如果两组明显不同，那么效应值会将相当大。最常见的例子是男女之间的身高差异。男女之间身高差异的平均效应值约为2.0，因此平均值相差很大，大约98%的较高群体将高于较低群61体的平均身高。[35] 即使效应值如此之大，这两个群体的重合率仍略高于30%。

我之所以详细说明这一点，是因为在许多已发表的性别差异研究中，效应值实际上相当小，约为0.2或0.3，这意味着重合率接近90%。即使是0.5这样的"中等"效应值，也意味着重合率超过80%。因此，当人们提到性别差异时，我们需要知道这意味着这两个群体会重叠。无论你测量的是何种变量都应能清楚地看到区别，并且知道某人的性别并不能可靠地预测他（她）们在特定任务或特定情况下做得多出色或多糟糕。[36]

效应值在当你试图了解特定研究领域的发现时也很重要。元分析结合了来自同一现象的许多不同研究的数据，并利用每项研究的效应值加权计算测试人数，从而调查结果的可靠性和一致性及大效应值是否正常。这就解决了个别小规模研究或"一次性"报告（可能无法复制）的问题。另一点是，通过观察效应值可以衡量报告中"深刻的"或"基本的"差异准确度。如果使用这些术语的研究实际上生成了没有效应值的报告，那么应该就提高警惕。

关于研究结果的报告还有一点需要注意。如果有人告诉你某件事是"重要的"，例如男人和女人"显著地"不同，你可能会认为这意味着这一差异十分重要，应该会引起你的兴趣。你可能不会认为，"啊哈，这意味着这是一个不到 5% 的可能性，这是一个偶然的发现"。这并不是说研究结果没有什么意义，只是说我们可能需要重新思考"重要"这个词有时暗指的需要注意的地方。

62　　因此，如果我们想要了解实验心理学对性别差异辩论的贡献和作用，我们需要提出一系列问题。这些假设是否尽可能客观，还是反映了刻板印象的偏见或对差异的不懈追求？这些用来衡量行为或性情的任务或测试是否中立，还是它实际上只是有利于所寻差异而累积概率的一种方法？实验者是否仔细把控诸如教育或职业等"性别"因素，还是仅仅假设"男性"或"女性"会涵盖所有情形？我们会谨慎解释效应值的大小吗？或者我们和任何路过的科学记者是否都会被用来描述男性和女性参与者之间"根本"或"深刻"的差异？[37]

你想问什么，你如何去问？

我们已经看到，支持心理学开始试验的理论科学家并非在政治真空中运作。虽然我们对女性的态度与古斯塔夫·勒庞提出的"双头大猩猩"稍有不同，但重点仍然是对现状、差异的发现和分类，证明男性有不同于女性的技能和气质，使他们适应不同的社会角色。作为这个领域早期的一名实验心理学家，这种对差异的探索会启发你进行"实验假设"，即在你衡量的特定心理过程中，不管是语言流利性还是共情、数学技能还是好斗情绪，都会存在性别差异，你无法预测你所比较的群体之间是否缺乏差异性和相似性。

按照目前研究成果发表的运作方式，如果你的实验性假设支持存在差异性，那么你就更有可能提交你的作品并使其发表（并且被接受）；如果不支持差异性，并且结果似乎表明不存在性别差异，那么你很可能不会将你的发现提交发表；或者，如果你提交了，那么被公开发布的可能性也会很小。

有时，性别差异的缺失会迷失在搜罗数据的汪洋中，你甚至可能没有一个性别差异的特定假设。但是，如果你的参与者中有足够多的男性和女性，那么很容易看出你的数据中是否隐藏着一些信息。[38] 检查一下是否存在性别差异，如果没有，那么在你的论述、摘要、甚至在你为你的研究论文选择的关键词中，你可能都不会过多地考虑提及性别差异这一点。

这通常被称为"抽屉"问题（也叫发表偏倚）：避开公众的审视，让你发现不了差异。[39] 我认为将此描述为"冰山"问题更佳。

在科学领域之外，或者在可出版的表面之下，有大量"看不见的"研究发现，这些发现可能表明一系列的测量方法证明男女之间没有差异，其中一些方法已经在我们的脑海中根深蒂固，我们已经将其作为区别擅长看地图的男性和擅长处理多任务的女性的可靠方法。事实上，与那些似乎证实男女之间存在差异的研究结果相比，表明男女之间没有差异的研究结果可能更多。

所以被问到的问题实际上可能会影响所报道的结果，但我们也应该关注这些结果的收集方法。哪些特定的测试用于收集男女差异方面的信息？你真的只是在测量你要测量的东西，还是有其他用意？这会影响你（或其他人）从你的发现中得出的结论吗？

许多年前，我参加了一个关于智商遗传性的周末会议。上午的会议由遗传学家主持，会上有许多关于全基因组关联研究、遗传性评估、敲除小鼠模型的影响、基因变异等方面的论文。所有论文都使用智商作为因变量或建模因素，通过智商测试评估人类似乎是"行业标准"。没有人提到如何测量这个特定变量，或者确切地说，测量的究竟是什么，他们使用的任何遗传模型以及进行的操作又如何影响智商分数或啮齿动物或猴子的智商分数。

下午的会议则是由心理学家主持，他们开始瓦解其同事——遗传学们对核心测量的信心。与个别项目、子测试和被测量的不同技能的异质性、再次测试的可靠性，以及考虑诸如受教育的机会、人类的社会经济地位或者非人类的笼子大小和处理频率等环境因素的需要，以及智力本身的定义相关的问题——所有这些都揭示了智商不像眼睛的颜色或血型，并不是一种固定、客观可测量且可以巧妙插入任何被测试的模型中的特征。你需要知道更多的背景知识，才能知道这个智商数字真正衡量的是什么。

所以有时你必须详细研究你正在进行的测量，你必须弄清楚你所做的测试是如何产生的；另外，尽管它看起来既可靠（在不同的环境和情况下会得到几乎相同的分数）又有效（测量声称要测量的东西），但它实际上可能与你听到的版本完全不同。

人物和事物

发明职业量表来衡量个体在"人物"和"事物"方面的兴趣差异，是一个有用的案例研究，说明在开发一个似乎基于单一衡量标准来区别人的测试时，做选择的方式实际上可能在反映不同的东西。

职业兴趣量表主要用作一种职业咨询工具。[40] 目的是表明人们感兴趣的事物类型与他们所选职业的主要任务之间的匹配度，这可能是他们工作满意度的保证。此项测试的基本原理由研究科学家戴尔·普雷迪格（Dale Prediger）于 20 世纪 80 年代提出，他当时与美国大学考试中心有合作关系。他表示，当时对职业兴趣的认知可以分为两个维度。一个是资料／观念维度，其表明对涉及事实、记录等任务的偏好，或者对可能涉及团队合作、发展理论或新的表达方式等任务的偏好。另一个是人物／事物维度，其表明对帮助他人和照顾他人的兴趣，或者对使用机器、工具或生物机械装置的兴趣。

65

后者显然是在户外工作，我们稍后会谈到。

普雷迪格的下一个任务是描述各种职业。基于多年来从美国劳工部收集的数千组数据，他想出了一种描述职业的方法，即按照他的资料／观念维度和人物／事物维度对职业进行分组。由于他的巨大努力（调查和分类了563种职业的100种不同描述符），他将不同的职业分为资料型、观念型、人物型或事物型。人物型职业的代表是小学教师和社会工作者，事物型职业的代表则是砖瓦匠和公共汽车司机。[41]

这时候，也许值得思考这些极具代表性的工作，特别是要考虑当时是谁在从事这些工作。正值普雷迪格研究期间，美国82.4%的小学教师和63.0%的社会工作者是女性；对比之下，只有29.2%的公共汽车司机和2.4%的建筑工人是女性。[42]

因此，我们有几组假设基于人物和事物维度的任务，但这些任务似乎没有将性别失衡这一额外因素包括在内——我们实际上可以将这些类别重新命名为女性工作和男性工作。这可能只是准确反映了广为人知的人物和事物的选择，女性选择不做砖瓦匠是因为其属于事物型职业，但是否有其他因素在起作用？砖瓦匠这份职业实际上是否对女性开放？公平地说，普雷迪格的目标并不是要衡量性别差异——事实上，他似乎最自豪的是，他的维度可以将实验室技术人员和化学家（事物型职业）与百科全书销售人员和基督教教育主任（人物型职业）区别开来。但是，如我们所见，这种人物和事物的区别随后在性别差距讨论中变得极其关键。

那么，让我们来看看如何衡量对人物和事物的兴趣，这是就业指导测量的另一方面。普雷迪格研究期间，心理学家布莱恩·利特尔（Brian Little）开发了一个二十四项量表，专门用于衡量"人际倾向"和"事物倾向"（现在称之为 PO 和 TO），要求测试者评估他们对所描述场景的喜欢程度。[43] 现在，你可能认为我是个过于挑剔的人（实际上还可能是个真正的性别歧视者），但是当事物维度被诸如"拆解并尝试重新组装台式电脑"或"乘坐单人潜水艇探索海底"（记住这个问卷最初验证于 20 世纪 70 年代）这样的场景所衡量，而人物维度被诸如"在公共汽车上，以极大的兴趣倾听坐在自己身旁的老人讲话"这样的衡量内容所衡量时，我认为，看到人物和事物维度的数据上所体现出的巨大性别差异似乎不足为奇。这项测试在 21 世纪得以更新（遗憾地删除了海底探索和诸如"学着精通玻璃吹制"等的衡量内容），但它实际上保留了这些"人际倾向"和"事物倾向"测量方法的隐形又基于性别的基础。[44]

纽约市立大学亨特学院的心理学家弗吉尼亚·瓦里安（Virginia Valian）从更根本的角度质疑了这些假设的有效性，这些假设首先融入一个更大的维度，特别关注事物维度标题下的内容。[45] 你为什么要把"与事物打交道"和"在结构化环境中工作"与"在户外工作"归为一组？是什么使这些场景具有事物型特征？正如瓦里安所说，聚集在这一标题下的兴趣被更准确地描述为"男性往往比女性花更多时间从事的活动"。（我敢肯定，和我一样，她在暗指潜水艇场景！）她还指出，描述对事物型活动感兴趣的人的方式与描述男性的刻板方式有关，用"主动型、工具型、任务导向型"等词来描述对事物型活动感兴趣的人，而用"社会型、养育型、表达型"等词来描述喜欢人物型职业的人，这些人通常是女性。

所以我们创造了一个维度，即事物和人物。该维度假定可以区分不同的职业，并进一步描述想要从事那些职业的不同类型的人。但是这里有一个内在的混淆，即事先决定了男性和女性在"事物和人物"维度里的位置，这是未被注意到的性别鸿沟。

这可能只是一个学术问题，但研究人员热切地抓住了"事物和人物"的概念，他们想要找出女性在 STEM（science，technology，engineering，maths，即科学、技术、工程、数学）学科中代表性不足的原因，并质疑解决该问题的举措是否有用。商业心理学家苏蓉（Rong Su）及其同事的一项研究得到了广泛引用，他们从 47 份兴趣清单的技术指南中获取了标准分数的信息。[46] 这为他们提供了 243 670 名男性和 259 518 名女性的数据，他们研究了这些数据如何聚焦到"事物和人物"维度。不足为奇的是，他们发现"男性更喜欢和事物打交道，而女性更喜欢和人打交道"，这是一个非常显著的差异，效应值极高（0.93）。如他们所说，这意味着高达 82.4% 的男性受试者对事物型职业更感兴趣。或者这意味着他们喜欢从事其他男性从事的工作，不管是砖瓦匠还是公共汽车司机。

你为什么要问？

通过这些自我报告方法收集数据的另一个问题是，参与者在这个过程中产生了什么样的期望。上述对纳奥米·韦斯坦因观察结果的延伸是，心理测量很少与情境无关。测试的"需求特征"往往相当透明，而且可能会大大增加获得某一特定结果的可能性。[47] 我已经说过，经期不适问卷的名称可能会影响问卷本身收集的答案。具有部分讽刺意味的是，最终为了证明这一点，一组研究人员调查了使用"月经愉悦问卷"的效果，该问卷列出了参与者在月经周期中可能注意到的 10 种积极体验。与首先填写困扰型问卷的参与者相比，首先填写月经愉悦问卷的参与者在随后填写经期不适问卷时表现出更积极的变化，对月经的态度也更积极。[48] 因此，你可能获得你设法进行的测试的错误版本，另外，有没有可能你是在改变这个测试过程？

同样地，如果要求你在复杂的图案中找到一个简单的形状，你很容易知道这是在测试你的空间能力；如果问你对"我真的很喜欢照顾他人"这句话同意与否的程度，你也很容易知道这是在测试你的同理心水平。你如何回答这些问题可能会受到其他因素的影响，比如你希望取悦实验者或希望自己能比其他参与此项测试的人表现更好，比如你知道这将达到你参与研究的分数指标，而且这学期你不必再参加任何更令人困惑或无聊的心理学研究，再比如你对解决问题或填写调查的喜欢程度。

还有一种情况是，先前存在的对相关刻板印象的意识的"激活"

或增强，可能会影响你对自己的评价，甚至影响你的任务表现。[49]

例如，女性的同理心分数可能会根据同理心是否被标记为女性特征而有所不同。[50]另一种激活的形式是"刻板印象威胁"，它指的是注意力被吸引到所属群体的消极刻板印象的效应。例如，女性无法完成视觉空间任务，或者非洲裔加勒比男孩往往在智力测试中表现不佳。[51]在评估这一特定技能的背景下，例如心理旋转任务或学术能力评估测试，受到刻板印象困扰的受试者往往表现不佳。最初认为，刻板印象威胁对黑人和少数族裔的学习成绩有不良影响，但其对女性的影响更大，尤其表现在女性的科学和数学等科目的成绩方面。[52]

刻板印象威胁的实验研究表明，你可以在受控的环境下证明这种效应，即提出一项实际上中性的任务，在这项任务中，男性或女性都能表现得更好。对要完成任务的女性来说，如果告诉她们女性通常在这项任务中表现得更好，她们往往会得到更高的分数（这就是我们所说的刻板印象提升效应）；而如果告诉她们男性通常表现更好的话，她们得到的分数往往很低。对于要完成任务的男性来说，这种影响并不明显，但如果告诉他们男性在这项任务中有优势，他们也会表现得更好。[53]

因此，你收集的不一定是纯数据，因为这些数据与情境无关。你所使用的任务可能反映的不仅仅是你希望测量的特定变量，你的受试者也可能会受到各种因素的影响，而这些因素与你希望证明的内容无关。

性别不是全部

如我们所知，大脑与其所处的改变大脑的世界间的联系非常复杂。很明显，我们在选择受试者时，或者在获取大脑和行为的可用的大数据集时，或者事实上，在决定研究人员得出的结论的可靠性和有效性时，都需要考虑到这一点。性别差异研究尤其如此，在研究中，仅仅根据性别来划分一个群体，将掩盖大量其他可能（或非常可能）导致差异的原因。一般来说，当我们知道诸如教育年限、社会经济地位和职业等因素能改变大脑的结构和功能时，那么在研究我们的测试者能做什么时，我们就应该考虑到这些因素。任何单凭性别就对研究对象进行分类的研究，都应该推倒重来。

对性别差异的心理学研究，一定程度上源自海伦·伍利在20世纪初描述的"胡言乱语"。但是，尽管我们可能已经淘汰了最极端的主张，但随着心理学的关键分支在21世纪的问世以及与脑成像仪的合作，我们仍有理由感到担忧。100年前，伍利轻蔑地总结了截至当时的心理学研究成果。100年后，科迪莉亚·法恩犀利地调查了认知神经科学这门新兴学科，记录了许多前所未见的结论、偏颇的理论和实践以及歪曲的研究结果。[54]

心理学似乎故意忽视了周围世界改变我们行为的力量，并且鉴于我们现在对神经可塑性的了解，也忽视了周围世界改变我们大脑的力量。当然，这些文化压力包括心理学的研究成果和脑成像实验室的发现。除非把这一点考虑进去，否则心理学可能会被指责为仅仅提供了一份显然已确立的性别差异的目录。

但心理学也可以发挥另一个作用，它可以把神经科学带出实验室，带到公众的意识中去。长期以来，人们对心理学在了解自身和他人方面提供的见解有着强烈的兴趣。个人建议指南和行为准则手册已经有几百年的历史了，但是也有像戴尔·卡耐基的《人性的弱点》（1936年）这样的书籍，这本书建立了一种广受欢迎且收获颇丰的自助书籍类型。[55]人们从拿破仑·希尔的《思考致富》（1937年）、卡耐基的《人性的优点》（1948年）以及史蒂夫·哈维的《像女人一样行动，像男人一样思考》（2009年）这三本书中，热切地了解大众心理学，以解决生活中的困惑和问题，其中最主要的是由来已久的性别差异问题。在这些书中，你可以找到许多生存和成功的诀窍，找到通往改变你和迈向全新生活的道路，这是了解自己（或他人）并做得更好的基础。

随着脑成像技术的出现，大众心理学呈现出一个全新的维度。一旦你将"你的大脑和它的工作原理"与之混合，特别是用色彩优美的大脑图片来说明"你的大脑和它的工作原理"时，一种全新类型的自助书籍——"神经指南"就应运而生了。

第四章
大脑迷思、神经垃圾和神经性别歧视

神经胡诌、神经垃圾、神经性别歧视、神经鬼话、神经胡说、神经骗局、神经泡沫、神经夸大论、神经谎话、神经胡扯、神经谬论、神经错误、神经胡言乱语、神经胡闹。

20 世纪末脑成像技术的出现，使人们有可能真正了解女性大脑和男性大脑中可能存在的差异，并探索这些差异与任何相关行为差异之间的联系。研究人员不再依赖死亡、患病或受损的大脑，他们现在应该能回答关于性别差异由来已久的问题。这次探索中最受欢迎的技术是 fMRI，如我们在第一章所知，fMRI 用于测量与大脑活动相关的血流变化，并将结果显示为漂亮的彩色编码图像，这最终打开了研究大脑的一扇窗。

在这一点上，值得强调的是，fMRI 无法告诉我们什么，以及我们对这种脑成像技术功能的误解而产生的错误看法。[1] 首先，fMRI 无法给我们提供大脑活动的直观图像，即神经脉冲以毫秒级速度穿过大脑表面或关键结构的通道的图像；它只是给我们提供了一张血液流动变化的图像，血液流动变化为大脑活动提供能量。[2] 这些显示出的变化比实际发生的要慢得多——因为我们说的是秒而不是毫秒。因此，一旦这些发现被解释为诸如文字处理或模式识别（两者都能以毫秒计时）等功能方面的差异，那么就应该谨慎看待这些发现，并且只应在对同时测量的行为变化进行详细分析的情况下加以考虑。

我们还应该意识到，漂亮的彩色编码图像并不是对一项或另一项任务的唯一衡量方法。如果你参加了一个脑成像实验，有时你可能只是看着单个单词投射到屏幕上，一次一个。然后有人会要求你看另一组单词，但这一次，要求你尽可能多地记住这些单词。然后用第二次任务中获得的数据减去第一次任务中获得的数据。此处的假设是，这名受试者会"失去"这两项任务共有的大脑激活模式，只剩下记忆任务独有的模式。这是因为与这些认知任务相关的大脑变化非常小，所以脑成像仪需要找到一种增强它们的方法。由此产生的大脑图像并没有捕捉到与被激活的记忆中心相关的实时大脑变化，它只是一个阅读单词的大脑和记忆单词的大脑之间差异的图像。

为了说明已发现的差异的大小，用不同颜色的不同色度表示。红色通常用于表示激活增强的区域，浅粉色表示仅仅因为统计上的差异而超过阈值的差异，深红色表示最大的差异。蓝色表示激活减弱的区域，色度也是从淡蓝色变化到深蓝色。这些色度可以调整，以最大化图像本身的对比度。没有明显差异的激活区域通常不着色。因此，我们得到了那些令人印象深刻的大脑灰色横截面图像，上面叠加着红色和蓝色的亮斑。此时，你会有一种强烈的感觉——你正在看一张活生生又会思考的人脑的照片，漂亮的颜色编码显示了"思想"的来源，这似乎为神经成像仪的"读心术"能力提供了无可辩驳的证据。[3]

fMRI 问世后的几年中，与解释扫描仪输出的数据相关的一个问题是所谓的"反向推理问题"。[4]斯坦福大学心理学家拉斯·波德瑞克（Russ Poldrack）[①]指出，当你要激活与某一特定过程（如"奖赏"）相关的区域，以及当你发现这个区域已经在特定任务（如听特定种类的音乐）中被激活时，你很容易得出如下结论：人们喜欢听音乐是因为它激活了大脑的"奖赏中枢"。但这一结论的准确性依赖于大脑的特定部位对某一种过程的高度专门化，在这种情况下，是对"奖赏"的高度专门化；该准确性还依赖于行为测量是你所感兴趣的事物的一个非常强有力的指标。因此，在这种情况下，你需要将对音乐积极程度评级的其他等级评定考虑在内。

正如我们将看到的，能够将大脑的一个区域确定为只有一种功能极其罕见，所以你需要附加的行为支持。换句话说，你需要听众

[①]原文是"Ross Poldrack"，经查证，系作者拼写错误，应该是"Russ Poldrack"。——译注

给你一个很好的提示（比如"我真的很喜欢这种音乐，我给它5分"）来支持你的观点（听这种音乐是有益的）。你还需要能够排除除"奖赏"之外的其他可能的解释来支持你的主张——也许"奖赏"环路包括一些长期记忆功能或注意力过程，所以这种音乐可能会触发某种记忆，或者提醒你需要集中注意力，或者给你积极的感觉。

缺乏对这一反向推理问题的理解是声称脑成像可用于识别"隐形行为"的关键，即在不知道某个人的实际想法或行为的情况下，你可以观察大脑中的活动模式，并"读出他的想法"。声称你可以用脑扫描仪作为测谎仪，是这种"神经骗术"的典型例子，它会揭示你的罪恶感、不忠行为或恐怖倾向。[5]

关于人类大脑的第一批fMRI研究是在20世纪90年代初进行的，接下来20年左右的时间，公众主要从这批研究中了解（不幸的是，误解）大脑如何运作以及大脑如何作为人类行为的基础。很多情况下，这种研究使我们很好地了解了以前只能猜测的过程。然而，有些情况下，这种研究仅仅是为了延续某些大脑迷思，不是由于技术本身的内在问题，而是由于应用老式大脑模型产生的特殊偏见。

脑成像（想象大脑）：神经奇迹如何变成神经骗局

市场研究专家有一个术语用来描述随着时间的推移，由于新技术的引入，财富所发生的变化。这被称为高德纳技术成熟度曲线（the Gartner hype cycle），如下图，它跟踪有前途的创新的常见炒作、希望和失望的轨迹。[6]

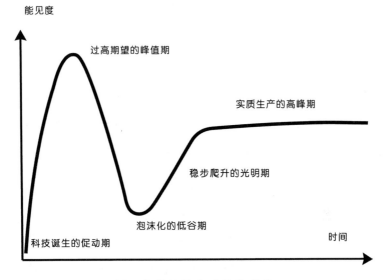

图：高德纳技术成熟度曲线

　　这一曲线始于一项新技术的热烈推出[①]，通常伴随着媒体 　76
的广泛关注，这就导致了过高期望的峰值期（Peak of Inflated
Expectations）。这一阶段包括早期有希望的产出，再加上额外
的炒作，使得人们兴奋地猜测这项新技术将要解决的问题，从
而产生不切实际的期望。接着，随着新出现的困难、失望和批
评，人们的兴趣开始减弱——下降到泡沫化的低谷期（Trough of

①高德纳技术成熟度曲线的第一阶段，即科技诞生的促动期（Technology Trigger）。——
译注

Disillusionment）。然而，如果能够找出问题并接受批评，接着伴随适当的谨慎和更现实的期望，就会取得新的进展以及更好的结果，这是稳步爬升的光明期（Slope of Enlightenment）。如果行为得当，它能引起实质生产的高峰期（Plateau of Productivity）。

在2016年的一篇博客中，伦敦商学院的格雷里克·戴维乌·德特内（Guerric d'Aviau de Ternay）和伦敦大学学院的心理学家约瑟夫·德夫林（Joseph Devlin）使用技术成熟度曲线的概念来追踪神经营销学的最初期望、出现的困难和未来的前景（顺便提一下，现在更名为消费者神经科学）。[7]仔细阅读后，我突然意识到，这个模型非常适合描述脑成像最初的奇迹是如何变成"神经垃圾"和"神经鬼话"的，并且也适合追踪什么类型的"神经新闻"可以从所谓的"大脑扫描大丑闻"中被拯救出来。[8]

新脑成像技术的推出正是遵循了这一过程。fMRI被誉为一种可以用来解决迄今为止与我们看不见的大脑相关的许多尚未解决的问题的方法。与所产生的越来越复杂的大脑图像相关的巨大交流潜力，激发了公众的想象力。最初，大众媒体将这些极其诱人的图片当作一份礼物送给大众。随之而来的是一股令人遗憾的膨胀的期望洪流，以及一股误解和曲解的洪流——最终导致了神经垃圾的泛滥：关于神经科学和我们的大脑如何运作的虚假信息。

1992 年，第一批 fMRI 研究发表。在其中一个研究中，参与者躺在磁共振成像扫描仪中，看着红色和绿色方格图案在他们视野的右侧或左侧闪烁。结果，流向他们视觉皮层的血流量增加被捕获并显示为一幅相当不清晰（尽管明显是斑点状）的彩色图像，显示大脑产生血流的部位。[9]第二项研究使用了闪光灯和手挤压法，来显示如何定位大脑反应。这一次的视觉反应与闪光灯的频率相匹配，来自运动皮层的信号的上升和下降与手挤压的强度相匹配。这项研究的图像是相当粗糙的黑白图像，但是这些变化的具体来源却很清楚。[10]

我们已经开始习惯了这些令人惊叹的图像，但它无论是在大脑研究本身，还是在研究结果如何更容易传达方面，都无疑标志着一场革命的开始。脑成像仪现在能够追踪大脑内发生变化的时间和地点，并将它们转化为易于理解的图片，结果令人信服。

影响几乎是立竿见影的，闪光灯和手挤压法很快被几乎所有可以在扫描仪中建模的心理过程所取代，从语言到谎言再到其他方面。第一次 fMRI 研究之后的几十年是一个繁荣的时期：在最初的 10 年里，使用 fMRI 研究大脑功能各个方面的论文每年超过 500 篇，到 2012 年已经达到每年 1 500 多篇。[11]据估计，在这个时期，每周大约发表 30 至 40 篇 fMRI 论文。考虑到设备的成本以及数据收集和后续分析的复杂性，这是一个真正爆炸性的轨迹。

这项技术的出现催生了一门新学科：认知神经科学。这个新领域将心理学家的活动与大脑科学家（尤其是那些研究人脑结构和功能的科学家）的活动紧密联系在一起，这些心理学家越来越擅长解构人类行为过程的各个阶段，从视觉感知到空间认知到决策和纠错。

如果大众媒体对你所从事的科学产生积极的兴趣，这通常是非常令人满意的。当你看到媒体对以下内容（大脑图像能展示什么、神经科学家取得了什么突破、什么样的新事实被公之于众，或过去什么样的确定性在今天得到证实）很感兴趣时，即使这不关你的事，你也会很振奋。论文使用的图像几乎都非常惊人，而且似乎很容易理解。看起来，我们终于有了一扇通向大脑的窗户，并可以描绘出大脑的活动。过去基于尸检或脑损伤病人的猜测可以对照现实进行检验，我们不仅可以开始了解健康大脑是如何运作的，还可以了解影响大脑健康的疾病。

过高期望的峰值期

在新的狂热中，"荒唐的季节"到来了。从 20 世纪 90 年代开始的后 10 年被称为脑的 10 年。[12] 似乎所有形式的大脑科学，特别是 fMRI 仪器的输出，将彻底改变我们对这个最重要器官的理解。fMRI 的出现和对大脑的全新理解，将改变精神病学、教育学、心理学、精神药理学甚至测谎。突然，一种将前缀"神经"添加到所有事物中的潮流出现：神经定律、神经美学、神经营销学、神经经济学、神经伦理学。新出现的饮料则被称为"Neuro

Bliss""Neurogasm"或"Neuro Sleep"。2010年，在牛津大学召开的一次国际神经科学与社会会议上，有人提出了这样一个问题——"如今大脑是怎么回事？"，并评论了所有"神经"事物的流行趋势，概述了利用这种新技术将要解决的问题，而这一切都要"归功于"神经科学家。[13]

即使是在科学界之外，似乎也必须用"大脑"或"神经"术语来界定一切。坠入爱河、说方言、吃巧克力、决定投票给谁，甚至引发2008年金融危机的原因——所有这些都与我们大脑的活动有关，通常被描述为"天生的"，以确保我们获得生物决定论的信息。[14]每一篇文章都必须用一个或多个色彩鲜艳的大脑图像来说明，通常没有坐标轴或有用的解码指南，但有"亮起"或"发光"的特定区域的指引，以回应你的言语不清、巧克力癖和/或保守党或共和党倾向。《每日邮报》在2012年引用大脑科学作为证据，当时他们（错误）引用了一些神经学家关于贾斯汀·比伯痴迷（类似于性高潮或巧克力引起的多巴胺激增——或者两者兼而有之）的起源的观点，称贾斯汀·比伯粉丝的大脑"天生"会为他着迷。[15]同年，《卫报》发表了一篇文章，以"鲍勃·迪伦天赋的神经科学"为题，论述了创造力的大脑科学。[16]

一个新的神经营销行业诞生了。我个人最喜欢的是一位厨房设计师，根据他的网站，他使用"大脑原理"来了解他的客户，以便"利用神经科学原理或神经系统的科学研究，打造一个适合他们个性的家庭乌托邦，来满足他们的情感需求和潜意识愿望，并打造一个完美实用的厨房"。附带的图片是一个看起来相当吃惊的人戴着脑成像头盔，凝视着一个可能完美实用的厨房。[17]

有时神经科学家自己也促成了越来越离奇的报道。这方面的一个例子见于美国科学促进会的一份报告，该报告有一篇关于"不同社会等级的人的神经特征和情感特征"的论文。[18]该论文报告称，研究人员在给男性参与者展示穿着不同衣服（全衣、半衣、泳装）的不同男性或女性的图片时，对他们进行了扫描。这是以研究记忆的某些类型的神经相关性为名义进行的。研究人员向这些参与者展示了之前的图片及一些新图片，随后要求他们辨认出之前看到的图片。男性对穿着比基尼的女性印象最深（愤世嫉俗的人可能会想，为什么你需要一个脑扫描仪来证明这一点）。当研究人员仔细研究相关的大脑扫描结果时，发现不同类型的刺激会激活不同的区域。关于对沐浴美女的反应，作者报告说：

> 预期会使用扳手和螺丝刀［我的重点］等工具的人的大脑区域通常会被激活……大脑活动的这些变化表明，性感的形象可以改变男性对女性的看法，会让男性将女性从互动的人看作起作用的物品。

第二天，在这篇报告的基础之上，《卫报》刊登了一篇文章，一五一十地报道了报告的内容，并附有标题"性对象：图片改变了男性对女性的看法"，还巧妙地附有一张钻头穿透木头的图片。[19] 第二天，研究人员所在地区的《普林斯顿人》也报道了这项研究，将泳装图片激活的大脑区域描述为与"你用手操纵的东西"相关联。这一次附有的图片是一把螺丝刀暗示性地叠加在一个身材匀称的比基尼躯干上。[20] 以古板著称的《国家地理》，也以如下标题"比基尼让男性把女性当成物品，扫描证实了"发出惊呼声，加上额外的和最初没有报道的细节，即"男性也更有可能把性感女性的图片和第一人称行为动词联系起来，比如'我推，我抓，我处理'"。[21] 他们已经找到了一组非常粗俗的比基尼图片来说明他们的观点。美国有线电视新闻网也是如此，其网站鼓吹道："男性似乎很明显会把穿着性感泳装的女性当成物品，现在有了科学来支持这一点。"[22] 或许，科学的公共传播还不是最佳的？

在一项名为"公共领域的神经科学"的研究中，伦敦大学学院的克里奥德娜·奥康纳（Cliodhna O'connor）及其同事记录了2000年至2010年间英国媒体对神经科学的报道。[23] 他们挑选了6家有代表性的英国报纸，并找出了这10年内发表的3 500多篇文章，在此期间，这些文章的数量从2000年的176篇稳步增加到2010年的341篇。文章涵盖的主题从"大脑优化"到"社会性别差异"，再到"共情"和"说谎"。最后，伦敦大学学院的团队得出的结论称，人们关注的焦点是"大脑作为生物学证据"，以及为几乎任何事情（包括同性恋群体中的危险行为或恋童癖）提供解释的议程。作者的结论是，"研究被断章取义地用来制造引人注目的头条新闻，推动几乎不加掩饰的意识形态争论，或者支持特定的政策议程"。

泡沫化的低谷期

早期的神经夸大论似乎提供了关于人类存在的许多方面的见解。除了理解意识和自由意志、解决身心问题和可能提供对自我的更好理解的期望之外，同时也有可能在更直接的实践层面上改善基于身心的大脑状况的诊断甚至治疗。人们开始对基础研究的质量议论纷纷：不仅仅是关于它的报道，还有关于引起如此兴奋的大脑图像的产生和解释。

这些图像很吸引人眼球，彩色编码的图像以及更先进的系统提供的延时录像给人的印象是，它们是可以直接窥视人类大脑活动的窗口。大脑的可视化，似乎使看不见的东西变得可见，它实际上是将神经科学牢牢嵌入公共领域的技术触发器。凭借摄像机和复印机以及电视和电影的发展，大脑的可视化与当时世界上几乎所有事物的可视化产生了强烈的共鸣。[24]

问题是，在如此多的报纸文章和科普书籍上出现的大脑图像其实是一种幻觉。无论是单个图像还是一组图像，它的产生或"构建"，都需要一个多层次的决策，涉及如何"清理"原始数据，如何抹平个体解剖差异，如何"扭曲"大脑特征以适应模板大脑。[25] 用不同颜色表示所识别的不同类型的变化，实际上是一个统计过程。因此，

82

当有人观看可口可乐广告时，在大脑的灰色和白色"苔原"上移动的闪烁颜色并不等同于延时日落，而是反映了脑成像仪做出的一些阈值决定。

但一开始，人们对大脑影像的印象并非如此，它被认为具有特殊的说服力。心理学家大卫·麦凯布（David McCabe）和艾伦·卡斯特尔（Alan Castel）进行了一系列研究，他们称自己证明了大脑影像的出现直接影响某一特定科学推理方法的可信度。[26] 研究的参与者收到了一些恶搞文章，如看电视和数学能力之间的联系，其中一些文章存在科学错误。文章中还附有标准的大脑影像、地形图或普通条形图。当参与者被要求对文章中的科学推理进行评级时，他们更倾向于附有大脑影像的文章。

在开发用于诊断的磁共振成像的早期，人们讨论过哪些医学专家能够最好地理解和解释产生的数据（在那个阶段，数据以数字和影像的形式呈现）。人们认为，放射科医生受过训练，懂得如何解读 X 光和计算机断层成像的影像，他们的解读是最有效的，应参与新技术的研究。有趣的是，正是这些放射科医生要求用灰度影像取代早期对图像进行彩色编码的做法。显然，他们更喜欢一种颜色的不同色度，因为这让他们能够识别细微的解剖改变。他们指出，从数字数据中可以明显看出两个亮度区域之间的细微差异，但是如果这些区域被用颜色编码，比如使用了蓝色和黄色，颜色的差异可能"诱使眼睛相信两个相近的数字差别很大，因为它们在图像中是不同的颜色"。[27] 因此，专业人员发现令人注意力分散的各种颜色

83

正是吸引大众的一个关键点。

人们越发担忧神经夸大论对脑成像整体可信度的影响，这些"诱人的"研究是人们担忧的情况之一。有人声称，神经成像只能用来制作漂亮的图片欺骗眼睛，但这种说法并未影响到人们对神经成像的印象，即这项技术只是转移了对"真科学"的资助，而并不能告诉我们任何关于人脑的有用信息。后来，宾夕法尼亚大学神经科学与社会中心的认知神经学家玛莎·法拉赫（Martha Farah）和凯西·胡克（Cayce Hook）发表了一篇题目朗朗上口的论文，即《"诱惑"的诱惑力》。在论文中，她们称，其他研究无法重现这些最初的发现，但她们承认，目前人们认为的说服效果是真实存在的。[28]来自新西兰的罗伯特·迈克尔（Robert Michael）和同事们试着通过近2 000人参与的10项不同研究来重现最初的发现。[29]他们研究设计的关键部分在于参与者参加的各种科学辩论中大脑影像或"科学语言"是否存在。有趣的是，在这种情况下，他们发现语言比影像更有效。因此，早期"埋怨大脑影像"的论点可能被夸大了。但很明显，与它们相关的叙述可能会导致误解。在各领域中，尤其是那些与理解性别差异有关的领域中，关于大脑的错误观念一直存在着，这真是令人匪夷所思。在试图理解这一现象时，牢记可能存在误解这一点十分重要。

然而很快人们就发现，早期的预想进展甚微，矛盾的是神经科学家自己"点名"神经垃圾的新兴做法有了效果。2012年，黛博拉·布鲁姆（Deborah Blum）在 Undark 杂志上发表了一篇文章，题为《不满的冬天：神经科学和科学新闻之间的热度降了吗？》。[30]她让人们注意一系列"神经批判"报道，这些报道表达了对媒体的神经科学报道过于简单化（和不准确）的担忧，特别是那些涉及"大脑扫描的炫目画面"的报道。她提到的一篇文章是发表在《纽约客》上的《神经科学小说》，认知科学教授加里·马库斯（Gary Marcus）对此表示担忧，他担心脑成像被过度简化成"女性高潮时的大脑 3D 影像""玩扑克时你的大脑"之类的说法。

艾丽莎·夸特（Alissa Quart）发表在《纽约时报》上的文章更是直言不讳。[31]她称赞神经科学博客作者或"神经怀疑论者"的行为，赞许他们对她所谓"大脑色情"的强烈反对。神经科学解释提供了"通往启蒙的捷径"和"超越历史、政治、经济、文学和新闻对经验的解释"。史蒂文·波尔（Steven Poole）加入了这场争论，他在《新政治家》上发表了《伪科学中的大脑：流行神经鬼话的兴起》，该标题十分吸引眼球。[32]他抨击了神经科学自助书籍的流行，指出"聪明的思考"的功能是"让读者从为自己思考的责任中解脱出来"，他还引用剑桥大学神经科学家保罗·弗莱彻（Paul Fletcher）的话，后者创造了术语"神经胡说"来描述将听起来高深的神经科学术语附加到简单观点上的做法。波尔还指出，在解释与过程（从音乐到隐喻再到扑克）相关的脑成像数据时，人们过度使用了"这是你的大脑在……"的表述。对我来说，他文章中最精彩的部分是他自愿"在阅读一堆神经科学流行书籍的同时接受功能共振成像扫描，以获得一系列清楚易懂的影像，这些影像叫作'这是你的大脑在阅读关于大脑的愚蠢书籍'"。

稳步爬升的光明期

　　早在记者开始反对之前，神经科学界就已经敲响警钟。2005 年，
斯坦福生命医学伦理中心的埃里克·拉辛（Eric Racine）和同事发
表了一篇题为《公众眼中的功能性磁共振成像》的论文，在论文中，
他们表达了自己的担忧，即 fMRI 的局限性并非足够明确，研究人
员的冒险行为太多，有人草率地宣称可以将大脑影像当作某种过程
的生物学基础的"视觉证据"，例如对色情的上瘾。还有人称可以
将磁共振成像系统当成某种读心术或测谎仪机器。[33] 他们在媒体上、
在神经科学界都敦促人们务必谨慎，在解释新技术的风险、顾虑及
益处时要更加小心。

　　"大脑产业"已经开始自行调节。博客成为进行公共传播的一
种途径，一些参与实践的神经科学家顺应潮流，建立了一些网站，
吸引人们对广为流传的"神经错误"和"神经漏洞"的注意。美国
杰姆斯·麦克唐奈基金会的研究者们已于 1996 年建立了神经新闻
工厂网站，他们自称"倔老头……致力于将大众媒体上关于大脑的
新闻去粗取精"。[34]

　　越来越明了的是，神经夸大论不仅仅是过分热情的反映，也是
新闻报道信息不足和随之产生的神经垃圾的结果。脑成像数据的产
生和分析十分复杂，这导致科学本身也会存在错误和误读。加州大

85

学圣迭戈分校的埃德·伏尔（Ed Vul）和同事对大脑活动和行为测量之间一些异常高的相关性感到困惑，特别是在新兴的社会神经科学领域中。[35] 由于知道对这两者的测量变化很大，他们看不出研究人员是如何得出高达 0.8 或更高的相关性的，尤其是在变量之一为脑成像数据的情况下。原始脑激活数据（无论是血流、电活动还是磁活动）被转换成以体素（3D 像素）为单位测量的脑组织的视觉表征。根据系统的分辨率，它们的大小可能会有所不同，但在高分辨率的大脑扫描中，你可能会得到 100 万个体素。此后每隔两三秒钟左右，你会得到一个新影像。总之，要处理的数据很多，其中会有很多变化，这通常会让人们难以发现差异。

假设你是一名社会心理学家，想研究脑成像同事基于体素水平的脑部测量活动与你感兴趣的一些行为测量之间的相关性。鉴于有大量可供选择的体素，你很有可能会犯假阳性错误，即碰巧发现一个相关性。如果能以某种方式"约束"你对体素的选择，那会很有帮助。伏尔和同事们意识到问题产生的原因是研究人员"筛选"那些已经明显与他们的行为数据有较高相关性的体素，然后仅仅探索那些体素（而不是，比方说，预先指定一个相关活动可预测的特定解剖区域）。这有点像仅仅在一条满是博彩商店的街上收集数据来检验你对大部分人赌博的怀疑。这种做法将让人愉快地（如果你是伏尔和他的同事则会感到困惑）得出大脑和行为数据之间的高度相关性。在审查的论文中，每 50 篇论文就有一半以上落入这个陷阱。伏尔和同事认为产生这个问题更大的原因并不在于他们刻意欺骗，而是这些刚刚进入复杂领域的研究者获取数据时太天真（*Naïveté*）（据推测，他们论文的评审人也是如此）。然而，他们在总结时却不太宽容："我们得出的结论是，大量重要的关于情感、性格和社会认知的 fMRI 研究使用了存在严重缺陷的研究方法，这实在令人不安。此外，这些研究得出的数据也没有可信度。"这并不意味着要抛弃社会认知神经科学中所有激动人心的发现，只是他们应谨慎对待研究成果，尤其是 2009 年之前发表的成果。

87　　至少可以说，除非你运用正确的统计规则，否则你得出的结果可能会产生误导。其中最经典的例子涉及死鱼。[36] 克雷格·贝内特（Craig Bennett）和他在达特茅斯实验室的同事进行的这项研究还涉及对一些困难的探索，这些困难与成像器试着压缩成可领会的视觉形式的大量数据有关。如我们所见，在任何大脑扫描中都有大量体素。如果你想寻找在特定的任务中最活跃的区域，你需要做大量的比较（并再次遇到假阳性问题）。所以你需要设定起始值。但是，从比例上来说，活跃区域与非活跃区域的差异非常小，如果起始值太保守，那么所有有趣的差异可能都会随着随机差异一起消失。你可能会说，好吧，如果 8 个或更多聚集在一起的体素显示出某种差异，我才认定这是真实的差异。但关键是，你想找到一种方法来最大化活跃区域和非活跃区域之间的差异。

　　贝内特和同事的研究表明，这实际上可能会让你得出一些具有误导性的发现。事情是这样的：在进行情感识别研究之前，他们试验了 fMRI 系统的对比度设置。他们需要一个具有不同身体组织的"虚拟"物体，因此使用了一条完整的（死的）鲑鱼（尝试过南瓜和死母鸡，但失败了），他们将其放在扫描仪里，进行实验（实验碰巧是比较对快乐或悲伤面孔的反应）。他们将对比度设置在适当的水平。在后来的阶段中，他们想证明采用不同类型的起始值对 fMRI 分析结果的影响，所以他们尝试了不同的方法处理鲑鱼数据。他们发现，如果在做多个比较时未进行适当修正，你可能会得出相当惊人的结果。向鲑鱼展示处于快乐和悲伤情绪的人的照片时，你能在死鲑鱼的大脑中发现一个明显处于活跃状态的区域，而实际上，鲑鱼已然"长眠"。可以预测，之后的新闻头条会是"在 fMRI 机器上扫描死鲑鱼凸显了红鲱鱼谬误①的风险"和"fMRI 被死鱼打脸"。[37]

88

同样，这项研究并不是要表明 fMRI 虚假不实且所有相关研究都应该被忽略，而是研究人员需要非常谨慎地处理他们的数据，以避免这种无意义的发现（由于这项研究采用的研究对象是已死亡的鱼，研究发现显然毫无意义）。但这确实让人们对神经夸大论更不抱幻想，并走向稳步爬升的光明期，人们开始对 fMRI 能够和不能够显示的内容抱有符合现实的期望。鲑鱼被提名为"引发了 1 000 个怀疑者的死鱼"。[38]

---

①红鲱鱼是一种政治宣传、公关及戏剧创作的技巧，借此转移焦点与注意力，它同时也是一种逻辑谬误。——译注

第四章　大脑迷思、神经垃圾和神经性别歧视 ｜ 095

实质生产的高峰期？

那么，神经成像是否已经将过去的错误抛下，重新成为我们理解人脑需要的惊人突破的源泉？

一个很难解决的问题在于，有时一旦一项发现作为"事实"进入公众视野，即使后来被证明是错误的，让它不再传播也极为困难——这就是打地鼠迷思之一。早期的脑成像研究传播和接受评判的时间更长，所以第一条信息在被反驳之前已经传播了很久，这很可能会让人们更难降低对其准确性的信任。如果这一发现被用以支持商业活动或政策决定，一旦这一发现被颠覆，那么其支持的商业活动和政策决定也必须要被放弃或推翻。因此，在这种情况下，这一发现更有可能经久不衰。

教育中的神经迷思尤其如此。在教育中，人们仍然相信一些观念，例如，我们只能在孩子出生后的前 3 年对他们的大脑产生影响；有基于大脑的不同学习类型；我们只使用了大脑的 10%；或者男人使用大脑的一侧，而女人使用大脑的两侧。[39] 尽管有很多证据证明这些观念都是无稽之谈，但这些迷思仍然存在，经常为教育"大师"所传播。他们的咨询手册敦促父母和政策制定者采用不明智的（而且昂贵的）"大脑训练"方法，或者把孩子送到单一性别学校。

然而，从更积极的方面来说，研究正在推进，大量项目已经立项，以探索大脑的诸多方面。欧洲已经向欧洲人脑计划投入了 10 多亿欧元，这是一个有着雄心壮志的项目，主要利用计算机建模和模拟技术深入了解大脑是如何工作的。[40] 它涉及全球 100 多个研究中心，该项目的其他成果包括人类和非人类物种的极其详细的最新脑图谱。所有研究人员都可以访问他们正在积累的大型数据集，而不限于该项目资助的研究人员。英国的生物库计划于 2006 年至 2010 年采集了 50 万人的健康相关的信息，这些人的年龄在 40 岁至 69 岁之间，其中 10 万人将接受一次或多次脑部扫描。[41] 美国的脑计划（使用先进革新型神经技术的脑研究计划）的预算资金可能高达 45 亿美元，该计划主要聚焦于测量大脑的不同方法。[42] 人类连接组项目也由美国发起，旨在绘制大脑中所有可能的神经元连接。[43] 该项目已经绘制了一种蠕虫（线虫）的所有可能的神经元连接，这种蠕虫有 302 个神经元，7 000 个突触。（据观察，这项绘制工作需要一个人超过 50 年的劳动，这一观察结果让人们开始担忧这个项目，因为该项目的任务是绘制一个器官，这个器官有 860 亿个神经元和 100 万亿个可能存在的连接！）好在处理这些任务的新技术不断出现。

人们能够自由访问由这些项目的研究人员建立的庞大数据集以及更广泛的数据共享，它让世界各地的个人研究者或研究团体都能够回答关于人脑的一系列问题。2014 年的一篇论文统计了 8 000 多个在线共享的磁共振成像数据集。[44]

目前，大脑研究是一个很有前景的领域。但是，尽管在大多数情况下它能做好本职工作，但过去的错误和误解仍会出现，我们必须注意这一点。在研究大脑中的性别差异时，尤其如此。

扫描仪中的性别歧视

研究处于预期膨胀与幻想破灭的循环之中，那么对大脑性别差异的研究进展如何？许多问题的产生是由于研究受到"隆起与铅弹"方法的限制，在这种影响下，只有死亡或受损的大脑才能获得额外的关注，但是对健康大脑进行原位成像似乎能为这些问题提供解决方案。最后，我们应该考查这个论点中的联系，即拥有不同基因、生殖器和性腺的个体也会有不同的大脑。

你或许已经预料到，"性别"和"大脑"研究的结合是给神经垃圾创造者的礼物，一旦那个特定的精灵跑出了瓶子，"大脑性别"类型的书籍便如潮水般随之而来。[45] 除了著名的《男人来自火星，女人来自金星》，我们还有《男人不倾听，女人不读地图》（之后还有《为什么男人爱说谎女人爱哭》《为何男人毫无头绪而女人总爱买鞋》）。此外，还有更有趣的《为什么男人喜欢直线，女人喜欢波点》《男人是蛤蜊，女人是撬棍》《为什么男人不熨衣服》。单一性别学校的倡导者迈克尔·古里安出版了《男孩女孩学习大不同》，我们从沃尔特和巴尔·拉里莫尔的《他的大脑，她的大脑：上帝设计的差异如何巩固你的婚姻》中看到宗教说法。这些书都强化这样一种观念，即男性和女性迥乎不同，他们可能来自不同的星球。

其中最著名或者说最臭名昭著的是精神病学家露安·布里森丁（Louann Brizendine）于 2006 年出版的《女性的大脑》。[46] 这本书在神经科学界之所以臭名昭著，是因为它包含一系列令人失望的科学错误，还将轶事伪装成证据，书中偶尔还会出现滑稽可笑的错误

91

引用和误导。[47] 书中的一个说法是"男女大脑的差异使女性更健谈"。布里森丁告诉读者，女性大脑中的语言区域比男性的大，女性平均每天使用 20 000 个单词，而男性仅使用 7 000 个。宾夕法尼亚大学的语言学家马克·李伯曼（Mark Liberman）对这一论断进行了查询，但无法找到其原始来源。[48] 他发现，这一论断已经以各种形式在一系列其他自助书籍中重复出现，但似乎没有研究结果支持这一论断。为了表明自己的观点，他根据英国的对话数据库进行了计算，得出了一个有些不同的结论：男性每天的用词量刚刚超过 6 000，而女性每天的用词量则不足 9 000。

仅仅关注布里森丁关于语言使用中存在性别差异的主张和基于大脑的解释，李伯曼就能发现她许多基于事实的主张与她引用的研究相矛盾，或与她没有引用的研究相矛盾。用李伯曼的话来说："哲学家在形容确认某事而不在乎其真假的行为时常用一个技术术语——他们称之为胡言乱语。"[49]

心理学家科迪莉亚·法恩也很擅长指出布里森丁的错误。[50] 例如，她查阅了布里森丁引用的 5 篇参考文献，这些参考文献用来支持男性大脑几乎没有同理心的说法。1 篇文献是用俄语撰写的，研究对象是逝者的额叶，有 3 篇文献实际上并没有比较男性和女性，还有 1 篇文献被认为是某位认知神经科学家的个人信件，但当有人联系她时，她说自己从未与布里森丁交流过，也从未发现可以证明两性大脑同理心差异的证据。

如果你和李伯曼、法恩一样拥有很有帮助的垃圾识别技巧，你

92

会希望将这类出版物抛在一边，并让它们因不准确、捏造事实而名誉扫地。但是，正如我们之前在神经垃圾趋势中所看到的，这些错误仍然存在，毫无用处的神经迷思仍在流传，比如男孩和女孩有不同的大脑，因此需要不同的（和分开的）教育类型。露安·布里森丁的书虽然错误百出，但已经被翻译成多种语言，现在已经被拍成电影，于 2017 年上映。[51]

此时，你可能会问自己这是否真的重要。也许我们应该嘲笑这种神经垃圾，或者仅仅对神经垃圾的错误信息沉默地皱皱眉头？然而，报告显示，报纸报道了对性别差异的生物学解释，并暗示差异的背后是某种基于大脑的固定因素，这更有可能导致人们认可性别刻板印象，更容忍现状，并认为现状不可能有所改变。[52] 因此，根据生理性别，男性和女性继承了固定且不同的、基于大脑的技能，这一信念在公众意识中根深蒂固。在自证预言的循环中，这些信念推动孩子的成长和教育，成为对女性和男性不同态度和期望的基础，并让他们获得不同的经历和机会。如我们所知，大脑是可塑的，它将会反映出这些差异。我们看到的不是"生物学强加的限制"，而是"社会强加的限制"——两者都通过大脑结构和功能的差异来衡量，但后者更可能做出改变。

如今，大量错误的关于性别差异的报道都属于"神经垃圾"，这已经引发了普遍担忧。此外，有证据证明神经影像研究领域内出现了性别歧视，这引发了人们更严重的忧虑。神经影像似乎延续着性心理的传统，科学家作为现状的解释者，专注于发现男女之间的差异，并在大脑中寻找证据证明男女语言和空间技能的差异。科迪莉亚·法恩在 2010 年出版的《性别的错觉》一书中将这种行为称为"神经性别歧视"，指出这种行为会继续推动公众将男女大脑间完全不同的差异机械地认定为男女在能力、天资、兴趣、性格上完全不同的差异的基础。[53]

先前存在的刻板印象推动了研究结果的产生。密歇根州立大学的哲学家罗宾·布鲁姆（Robyn Bluhm）比较了几项脑成像研究以期发现情绪处理中的性别差异，这项研究似乎是由目前女性比男性更情绪化的原则推动的。[54]一项研究通过展示旨在引发"恐惧"和"厌恶"反应的场景来测量男女对这些场景的反应，期望发现女性的反应更大，同时大脑中"情绪中心"的活动也更活跃。实际上，他们发现，尽管女性确实对图片有很大的情绪反应，但是男性大脑中的情绪中心表现出更多的反应。为解释这一发现，他们重新审视了所展示的照片，其中一些照片在此后被注意到相当具有攻击性，可能正是这一点激活了男性的情绪中心。（事实上，我注意到男性隐藏了自己的口头情绪反应。）

第二项研究更关注情绪中的厌恶。研究人员确实发现了他们需要的结果（女性的厌恶敏感度更高，且"厌恶回路"更活跃），但是仔细研究他们的数据就会发现，这些差异实际上可以通过观察整个群体的厌恶敏感度水平来得到更好的解释。一旦他们对此进行控制，性别差异就消失了。然而，研究人员坚持自己的观点，他们的摘要以这样一句话结束："在健康的成年志愿者中，大脑对厌恶刺

94

激的反应存在明显的性别差异，这些差异与女性在厌恶敏感度测试中更高的得分有着不可逆转［我的重点］的联系。"

第三项研究提出了这样一个问题，即女性情绪更强烈是因为她们无法通过认知过程控制自己的情绪。男性和女性被要求"通过认知过程重新评估"或"下调"他们对引发不快的图片的最初反应与之前研究中使用图片的相同。据预测，女性较差的情绪调节能力在额叶皮质的活跃度中有所体现。研究发现，男性女性在重新思考最初反应的能力上没有性别差异，但是在脑激活模式上有差异。然而，与假设相反，女性的额前区更加活跃。研究人员毫不气馁，他们给出了这样的解释：实际上，男性在认知重评方面更高效，因此他们不需要像女性那样调用更多的大脑皮层资源。引用玛莉·渥斯顿克雷福特的话："当真理阻碍了假设时，它是多么脆弱的障碍啊！"

罗宾·布鲁姆注意到一名研究人员的评论，她批评过该研究人员的工作："如果性别差异（通常）不能在关于情绪反应的研究中体现，我们应如何解释情绪反应中存在性别差异的普遍共识？"[55]重新审视这一共识显然不是个选择。

这方面的问题之一可能是早期发现的"持久性"，尤其是当它们支持对大脑如何工作的现有理解时（或者，换句话说，维持一种刻板印象）。同一领域的研究人员继续引用这样的发现时，这个问题可能会变得更加复杂，即使有明确的证据表明早期的研究结果没有被重现或者额外的研究得出了不同的结论。

右脑和左脑的概念已经在大脑功能的预扫描模型中得到公认，同样，这种半球差异模式中可能存在性别差异的说法也根深蒂固。因此，观察半球差异和性别差异成了脑成像研究者展示新玩具威力的绝佳机会。

心理学家萨莉（Sally）和班尼特·施威茨（Bennett Shaywitz）在 1995 年第一次使用 fMRI 研究大脑中的语言处理。[56] 他们提出了一个发现，即性别差异与半球差异完美结合。正如《纽约时报》题为"研究发现，男性和女性使用大脑的方式不同"的报道，头条故事指出，男性使用大脑左侧的特定部分进行语言处理，而女性在执行同样的任务时使用右侧和左侧的大脑。[①][57] 这似乎证实了几十年来基于心理任务和 / 或脑损伤影响的间接观察得出的结论。另一位神经科学家在评论这项研究时说，它提供了"确凿的证据"证明男人和女人用不同的方式使用大脑来完成同样的任务，称赞这一发现为"直到此刻一切才毫无疑问"。报纸上的影像没有后来成为标准的彩色图片那么有吸引力，但它确实讲述了一个引人注目的故事。大脑的灰色截面上叠加了几个橙色和黄色的方块，在男性大脑中，这些方块只聚集在一侧，而在女性大脑中，这些方块则分布在两侧。

---

① 在英国，《每日邮报》聚焦于重大事件，报道称 "Men and women respond to eating chocolate with different parts of their brains"（本句存在歧义，可以理解为"男人和女人对用大脑不同部位吃巧克力的反应"和"男人和女人用不同的大脑部位对吃巧克力做出反应"），显然，语法检查器在那天失效了。

尽管它年代久远（用神经影像学术语来说是古老），但它已经成为在各式背景下出现的流行影像之一。例如，它出现在一篇关于克里斯蒂娜·拉加德成为国际货币基金组织总裁的文章中，这篇文章暗示，她卓越的语言能力将使她在与拥有黑猩猩般沟通技巧的男性金融家打交道时占据上风。这两个结论，即男性用大脑的左侧"处理"语言，而女性同时使用这两侧大脑，以及证明这一点的影像成为人们对新技术 fMRI 的主要期待。这些结论随后不断出现，要么让那些关注研究缺陷的人感到沮丧，要么让那些不想挑战这种根深蒂固的正统观念的人感到安心。这个特殊的发现正好说明了一个领域特有的"地鼠"倾向。该论文自发表以来，迄今已被引用了1 600 多次，并继续被引用，最近一次是在 2018 年的出版物中。

问题是，正如几篇不同的评论揭示的那样（尤其是科迪莉亚·法恩的一篇文章），这个研究存在着重大问题。[58] 这些问题的产生不是由于研究本身的任何本质错误，而是应当如何解释这个研究，以及我们对研究结果的看法应该如何根据后来的发现进行改变。这项研究样本量很小（19 名男性和 19 名女性），但这在当时已经很典型（事实上，两位数让人印象深刻）。实际上有 4 种文字处理任务，但这项研究只报告了其中一个，即押韵任务，而没有报告其他语言任务的研究发现。可大多数人没有注意到的一个关键问题是，尽管所有 19 名男性的大脑左半球都表现出"像素聚群"①，但只有 11 名女性表现出备受吹捧的左右分布。因此，正如作者所说，"超过一半的女性受试者在这个区域产生了强烈的双侧激活”，这是事实。但是，另一方面，将近一半的人都没有。所以这些性别差异也许没有作者声称的那么“显著”，尽管当时人们完全理解研究人员利用新技术解释这种可能性的热情。

从那以后，重现这项研究的几次尝试都失败了，[59] 在最近的元 分析和针对语言侧化中性别差异这一完整议题的文献评论中都没有发现这种差异的证据，[60] 无论是在功能性神经成像研究中，还是在观察语言皮层的结构性测量和间接测量侧化的神经心理学任务中，也都没有发现这种差异。[61] 这篇论文今天可能不会发表。研究方法已经向前发展，更先进的技术将对更大的数据集提出更复杂的问题。然而这项研究结果仍然被广泛引用。

最近，一个有问题的“证据”被广泛利用，并在公众意识中扎根（事实上在部分研究界也是如此）。这个“证据”是一篇探讨大脑连接通路中性别差异的论文，该论文发表于 2013 年。[62] 来自宾夕法尼亚大学鲁本·古尔实验室的研究人员描述了年龄在 8 岁至 22 岁之间的 428 名男性与 521 名女性之间“大脑连接上的独特差异”，他们的研究对象很多，令人印象深刻。他们将自己的研究发现归纳为，男性表现出更强的内半球连接性，而女性表现出更强的半球间连接性。他们声称，这表明“男性大脑的结构有利于感知和协调行动之间的连通性，而女性大脑的结构有利于分析处理模式和

---

①由于体素非常之小，软件必须对整体进行检查，找寻“聚群”，一群行为相似的相邻体素。——译注

直觉处理模式之间的沟通"。[63] 该大学随后的新闻报道引用了一位研究者的话，这位研究者将研究结果称为"明显差异"，并将其与男女的互补性、与从前男性更擅长骑车和后来"更有能力进行多任务处理，并创建适合团队的解决方案"的说法联系起来。[64] 不，他们并没有让自己研究的参与者在扫描仪中骑车或进行多任务处理。

与夏威茨传奇不同，这项研究几乎立即被其他几十名研究人员和在线评论员指出有问题，他们指责该团队表现出令人无法容忍的刻板印象，并质疑他们的研究方法。[65] 批评者指出，研究人员将大脑结构（大脑中的神经通路）与大脑功能（从记忆到数学，再到骑车和多任务处理）联系起来，而这些功能他们甚至没有在扫描仪中进行测量。他们制作的影像似乎只显示了具有统计意义的比较（可能只有 19 个，尽管他们没有报告）。这一数字比所有可以做的比较少得多（可以评估 95×95 即 9 025 个连接）。研究人员没有报告他们所描述的"基本""显著"和"重大"差异的效应量，但一位乐于助人的博客作者计算出最大的效应量大约为 0.48，所以充其量只是中等。[66] 还应该注意的是，在他们的分析中没有使用其他人口统计学信息，例如受教育年限或职业年限，所以研究还存在一个重大失误，即忽略生物性别以外已知的可能改变大脑的变量。

你可能认为，在这种批评的重压下，这样的论文会消失得无影无踪。然而并没有，媒体对此进行了广泛而热情的报道。《独立报》宣称："男性和女性大脑之间固有的差异可以解释为什么男性'更擅长读地图'"；《每日邮报》刊登了《男人和女人的大脑：真相》

和《揭示为什么男女大脑真的不同的影像：这种联系意味着女孩是为多任务处理而生》。[67]这是第一批将测量连接神经通路的新技术应用于性别差异问题的论文之一，因此它似乎没有受到早期fMRI研究的一些批评。它支持诸多刻板印象，如多任务处理和地图阅读方面的性别差异，并公开支持男女互补的说法。

随着这篇论文受到媒体的关注，当时都在伦敦大学学院的克里奥德娜·奥康纳和海伦·乔夫（Helen Joffe）抓住机会，追踪、分析其在出版后对新闻文章、博客和网络评论的影响。[68]这就像传话⁹⁹游戏中的话。一些新出现的误解可以归咎于研究人员，他们没有测量扫描仪中的任何行为，但肯定进行了参考，在新闻稿中他们谈到了"关于对男性和女性行为的普遍看法"。因此，这篇论文被当作科学证据用以证实现有的关于行为性别差异的看法。约1/4的传统文章、超过1/3的博客和近1/10的评论采用了"生物性就是命运"或"固定"的观点，其中大多数显然忽略了研究论文中报告的差异只出现在老年组的事实。

然而，是读者的评论让我们对性和性别的观点有了令人担忧的见解，其中混杂着刻板印象和厌女症情绪，一些人对同性恋嗤之以鼻，还有一些谁更擅长什么的无聊评论：

来吧，女士们，尽管我爱你们，但让我们面对现实。
男性发明你使用和享受的一切［原文如此］，电话、计算机、
喷气发动机、火车、汽车等不胜枚举。没有我们，你仍然

会在洞穴里四处摸索，所以别再胡说八道了，把注意力都放在你的手提袋上。

正如奥康纳和乔夫严肃指出的："评论没有受到限制传统媒体和（在某种程度上）博客的微妙政治的影响，暴露了潜在的厌女症情绪，这种情绪表明公众接受显示性别差异的科学信息。"确实如此！

这篇论文被广泛引用（上次我看它在发表的5年后被引用了500多次），并且并不总是被批评家用来说明神经胡诌（在我2017年检查的79篇引用文献中，有60多篇引用了这篇论文来支持关于某种大脑结构或功能的性别差异的假设）。这种新的、更复杂的跟100踪大脑神经通路的技术似乎已经被轻松采用，取代了旧的、现在经常被嘲笑的fMRI生物"证据"。只要有某种东西能够对长期存在的刻板印象提供科学的证实，那么误传和曲解的小细节显然就可以被忽略。

神经成像的出现确实为回答关于女性大脑和男性大脑的问题提供了更好的答案。但是其早期阶段也同样陷入了曾破坏其他调查领域的陷阱：坚持现状决定应该问什么问题或者如何解释你的数据；不挑战正统观念（谁知道有多少没有发现任何差异的影像研究没有发表）；事实上，就是强调寻求差异。在这个阶段，该领域缺乏对神经垃圾、神经性别歧视和神经胡诌的质疑。启蒙运动的斜坡还没有到来……

第二部分

第五章
21 世纪的大脑

大脑是推理机器，根据验证的感官数据产生假设和幻想。简而言之，大脑是一个奇妙的器官〔奇妙的：来自希腊语幻影（*phantastikos*），即创造心理意象的能力〕。

卡尔·弗理斯顿[1]

正如我们在第一章中看到的，使用 fMRI 来检测大脑结构和功能改变了公众对大脑中正在发生的事情的了解途径（无论是好是坏）。将与测量大脑中含氧血流相关的信号转换成彩色编码图像被证明是一项出色的营销工作，但也是一把双刃剑。fMRI 系统影像的"诱惑"是给神经垃圾提供者的礼物，他们紧跟大脑研究的潮流说服我们，测谎的结果、投票意图的确定、预测世界金融危机，以及——当然——确定多任务者和擅长看地图的人之间的区别现在可以在最近的大脑扫描中心随时获取。

但是，即使是最专业的大脑成像仪也反映出一个问题，尽管发现血流的差异可以解答大脑中某些"变化发生在哪里"的问题，但显示的变化太慢，无法解答"变化何时发生"和"变化如何发生"的问题。图宾根的马克斯·普朗克生物学控制研究所所长尼克斯·罗格斯提斯（Nikos Logothetis）称 fMRI 是"将我们引向真正需要的显微镜的放大镜"。[2] 这是一个很好的开端，也是迄今为止几乎所有关于大脑性别差异的材料来源。fMRI 巧妙地融入了现有的寻找差异特征的地图制作方法。这一技术被视作证据的来源，用以证明女性大脑和男性大脑是不同的，且以不同方式运转，这一观念深深扎根于公众意识中。但是模拟大脑活动的新方法表明，我们需要再次重温这个古老的假设。

通过芹菜和超导量子干涉设备，从血氧水平依赖到单个神经元连接条形码

在 21 世纪，我们在大脑中寻找的东西发生了变化。连通性在脑成像界流行起来，脑成像仪通过追踪不同结构之间的联系生成大脑的"路线图"。[3] 现在，我们可以看到大脑结构是如何连接在一起形成复杂的"集合"，这些"集合"支撑着我们行为的各个方面，让我们能够体验和理解这个世界以及（我们希望）彼此。

它们是如何联系在一起的很重要，现在我们有了能够绘制大脑神经通路的技术。一种叫作弥散张量成像的技术被广泛应用于追踪白质束，即把不同结构连接在一起的脂肪绝缘神经纤维束。[4] 这项技术的基础是测量沿着这些纤维束的水传输的简单程度（或者难度）（一位同事将此与小学科学演示进行了比较，即把一根芹菜放在蓝色、绿色或红色墨水中，并追踪墨水渗透芹菜的长度和速度）。随着技术的进步，这些"路线图"越来越详细，我们可以区分主要公路和专业公路，或者小型但仍然重要的支路。我们甚至可以利用应用于非人类动物的高度专业技术，开始观察道路建设本身，观察神经细胞突起延伸到其他神经，并开始铺设未来的交流通路。[5]

神经科学家也一直在试着理解大脑中的不同结构如何协同工作来解决我们如今面临的问题。我们已经认识到大脑是一个动态系统，总是处于活跃状态（即使假设处于"静止状态"），所以我们也需要能够测量这些公路上的"交通流量"，观察运动的方向，看流量如何根据大脑主人对大脑的要求而起伏。[6] 我们需要一些关于交通性质的想法——我们是看可能发出睡眠信号的活动中大的、慢的变化，还是特定区域中可能发出运动信号（或意图运动信号）的微小的快速变化？或者，更神秘的是，我们看到的是非常快速的活动类型，这些活动似乎能够通过非物理连接传递信号，使距离相当遥远的区域（以大脑的尺寸来衡量）突然同时启动，就像用来确保公路或铁路网络平稳运行的协调交通灯或信号系统？[7]

105

跟踪这些联系的发展表明，当我们观察大脑如何随着时间变化时，用"一起激发的神经元连在一起"和"如果不使用它的话，你将会失去它"这样众所周知的格言来描述非常恰当。这些变化巩固了我们现在对大脑终身灵活性的了解，以及大脑与外部世界之间的来往如何反映在这些连接模式中的认知。

为了跟踪这些变化，21 世纪的脑成像仪使用了不同类型的系统和测量方法。我们知道大脑中的交流发生在神经细胞或神经元之间。通过微小的电化学变化，信息通过（大约）100 万亿个连接在这些细胞之间传递，以毫秒为单位，在我们的大脑中进化出一系列精心编排的制衡机制。

为了采用无创性方法了解人脑日常如何运行，我们需要能够从头的外部跟踪这些实时变化。20 世纪使用的 EEG 提供了一些初步的认识。但是当信号通过大脑内部，穿过脑膜、头骨、皮肤和头发而变形时，我们很难得到"清晰"的信号。这时，MEG（magnetoencephalography，即脑磁图）出现了。[8] 基础物理学已经表明，无论电流在哪里流动，都会产生磁场。来自大脑的磁场不会像电流一样被扭曲，所以跟踪磁场的变化是一种更精确的"观察大脑"的方法。

和从前一样，这并不像听起来那么容易。与大脑活动相关的磁场极为微小。它们的磁场比冰箱贴大约弱 50 亿倍，比地球磁场或你在任何实验室找到的磁场都弱。它们可以被任何金属扭曲（包括眉毛文身上的金属，我在一次开放日的演示中懊恼地发现了这一点）。所以你必须使用被称为超导量子干涉设备的非常灵敏的传感器，它只能在极低的温度下工作——大约 –270 摄氏度。为了让它们保持过冷，超导量子干涉设备被放在一个头盔里，有点像老式吹风机，并以液氦覆盖。这一切必须在一个特别建造的磁屏蔽室中进行，以阻挡其他磁场。

但信不信由你，这是值得的！2000 年我第一次在阿斯顿大脑中心工作时，他们刚刚安装了英国第一个全脑 MEG 系统。阿斯顿和其他中心开发的技术不仅让我们能够准确测量大脑活动何时发生变化，还能更准确地了解它们从何而来。我们还可以测量大脑的"震颤"，即我们正在测量的信号的不同频率。事实上，这正是汉斯·伯格多年前发明 EEG 时接收到的。大多数人熟悉"α波"的频率，但是还有其他频率，有些更慢，有些更快，我们现在知道这些节奏与不同类型的行为有关。所以 MEG 让我们更接近脑成像的圣杯：知道大脑活动的地点、时间和内容。我们可以使用这些数据来观察不同大脑网络的耦合和分离，并跟踪大脑在工作时信息的来回传递。[9] 例如，在阿斯顿大脑中心，我们正在开发自闭症儿童的"连通性特征"，并将这些与他们不同寻常的行为模式联系起来。[10]

脑成像的其他进展利用 EEG 和 fMRI 等技术的结合，进一步深入活人的大脑（就是打个比方）。当然，理解大脑的最新进展并不完全归功于脑成像仪。遗传学家正在解开决定大脑连接方式和位置的代码；[11] 生物化学家和药理学家正在研究大脑中许多化学信使的

107

作用；[12] 计算科学家正在设计程序来模拟"大脑样"的动态电路和网络；[13] 生物学家正试图研究能否将 DNA 测序技术应用于神经细胞连接的识别（单个神经元连接条形码）。[14] 我们甚至可以使用荧光染料或通过对活性细胞进行基因编码让单个神经细胞"发光"来响应光。[15] 在大脑研究项目上人们进行了巨大投资，甚至最悲观的人也承认在脑成像技术领域已经取得了多大的进步。从用谷粒填满空颅骨到现在，我们已经取得了很大进步。

团队大脑

那么我们从这些尖端技术中学到了什么？他们在多大程度上改变了我们对人脑的看法？已经证实的一个发现是，除了最基本的感官处理，大脑的任何一个部分单独负责一件事是非常罕见的。大脑中几乎所有的结构都是令人印象深刻的多任务处理者，并参与各种不同的过程。

这种多任务性质的一个很好的例子是我们额叶中一个叫作前扣带回皮层的结构。[16] 它被那些寻找基于大脑的测谎解决方案的人称为"欺骗的神经回路"的一部分。但是它也被证明与语言处理（特别是单词的意思）、抑制反应（社交和认知技能的一部分）以及将认知信息与情感处理联系起来等有关。因此，如果有人声称一组人的大脑中某个特定部分比另一组人的大，这并不一定能显示关于第一组人特定技能的任何有用信息。如果民粹主义报道将大脑的一个特定部分与一项特定任务联系起来，他们要么误解了研究，要么没有展现事情的全貌（或者两者都有）。当心上帝点[①]！[17]

发生某行为时，大脑的任何一个区域都很少单独工作。正如我们在前面几章中看到的，对大脑的早期研究表明，通过研究特定区域的损伤所导致的面部识别能力、语言能力或记忆的丧失，可以将大脑分成负责特定技能的区域。这与当时的进化理论有关，于是人们提出了"瑞士军刀"模式，即大脑由专门用于不同技能的部分组成。[18] 现在我们知道，这个大脑由微小专用单元组成的说法并不符合大脑实际的运转方式。

基于对大脑动态活动的成像能力而不是产生静态图像的新模型显示，大脑的许多部分同时参与行为的所有方面，这些部分短暂地联系在一起，然后迅速地分开，用 fMRI 技术很难捕捉其时间尺度。[19] 因此，同样，如果一个群体的特征是大脑特定区域的尺寸差异，这并不一定意味着该群体拥有更好的特定技能。重要的往往是网络中的不同部分如何一起工作，而不是网络中某个部分的尺寸（反正一个部分可能与许多不同的技能相关联）。

早期的脑成像更像是地图制作探险，它寻找大脑中活动发生的地方；但是现在，我们可以更高效地解读大脑信号，把重点更多地放在大脑如何运转上，放在追踪"大脑代码"短暂的变化上，这些

109

---

① 上帝点，据称在大脑中专门负责宗教的区域。——译注

变化预示着在大脑中短暂形成了一个解决问题的网络，或者建立了与下一批数据相匹配的模式。在解码这种信息方面，人们已经取得了长足进步。相当可怕的是，现在将实验中的大脑活动数据"输入"到计算机程序中已经成为可能。这些数据来自实验中观察图片的参与者，将他们的大脑活动数据输入计算机，计算机程序就可以很好地猜出大脑的主人在看什么。因此，我们开始理解大脑是如何利用从外界获取的信息的。[20]

尽管取得了这些进步，但我承认，我们离理解所有这些活动如何转化为行为，如何解释个体之间或群体之间的差异还有很长的路要走。但是我们已经发现了更多信息，这些信息关乎我们的大脑如何运转，如何灵活地改变它们与外界的往来，以及（这一点很重要）外界如何改变大脑。

我们永久可塑的大脑

在过去 30 年左右的时间里，脑科学最重要的创新之一是理解我们大脑的可塑性。我们的大脑不仅在成长的早期，而且在我们的一生中都具有可塑性，大脑反映了我们的经历和我们所做的事，矛盾的是，也反映了我们没做的事。

这与我们早期对大脑如何发展的理解有很大的不同，我们早期的理解是基于这样一个概念，即大脑有固定的、预先确定的成长和变化模式，这些模式在固定的时间段内展开，在此期间，只

110

有相对极端的事件会导致大的偏差。[21] 我们知道，婴儿大脑中神经细胞连接大量增殖和神经通路建立的阶段是一个具有巨大潜在可塑性的时期。[22] 这里的焦点通常是如果正确的输入没有在正确的时间到达，大脑就不能建立核心能力，但是在正常情况下，在所有大脑中连接似乎都沿着相当标准的路径发展。尽管很明显，在非常年轻的大脑中有一定程度的冗余，儿童能够从大量脑组织损失中恢复过来，但我们假设，一旦结构完成生长，连接到位，我们就达到了发育的终点。大脑中的结构和联系是天生的、固定的、不可改变的。生物特性决定命运。没有升级或新的运转系统可用，任何未来的损伤都不可挽回。你出生时就拥有你能得到的所有神经细胞，没有可供替换的细胞。

终身"经验依赖可塑性"的发现引起了人们对外部世界——我们的生活、工作、运动——对我们大脑的重要作用的关注。[23] 问题不再是我们的大脑是先天形成还是后天培养，而是人们意识到，我们大脑的"本质"与生活经验导致的改变大脑的"后天培养"紧密相连。

在专家的大脑中可以找到很好的证据来证明工作中大脑的塑造过程，专家是擅长某一特定技能的人，人们可以研究专家大脑中的任何特定结构或网络是否不同寻常，或者他们的大脑是否以不同的方式处理与技能相关的信息。幸运的是，专家不仅拥有特殊的天赋，似乎也愿意成为神经科学研究者的实验对象。音乐家是受欢迎的选择，但也有柔道运动员、高尔夫球手、登山者、芭蕾舞演员、网球运动员和走绳选手（我得查一下）躺在扫描仪里，这很有帮助。[24]
与普通人相比，他们大脑的结构差异显然与他们特殊技能的要求有
关——弦乐演奏者的左手运动控制区更大，键盘演奏者的右手运动
控制区更大；精英登山者大脑中与眼手协调和纠错有关的部分更
大；在优秀柔道运动员中，将运动计划和执行区域与工作记忆联系
起来的网络更大。功能差异也很明显：专业芭蕾舞演员的动作观察
网络中的激活水平更高；在射箭专家的大脑中，促进视觉空间注意
力和工作记忆的网络更加活跃。

你可能会想，也许这些人成为专家是因为他们的大脑最初就是
不同的？尽管这样的研究很难进行，但认知神经科学家也已经想到
了这一点。在一项为期 3 个月的研究中，一组志愿者被教授杂耍，
在他们学会一个特定程序之前和之后对他们的大脑进行扫描。[25] 与
对照组相比，接受杂耍训练的人的与感知运动有关的视觉皮层部分
和负责手部动作视觉引导的视觉空间处理区域的灰质有所增加。变
化越大，杂耍玩得越好。3 个月后，之前接受杂耍训练的人（被严
格指示不要练习他们新学的技能）回到扫描仪中，他们大脑灰质的
增加正在消失，回到基线。

关于大脑可塑性最著名的例子是众所周知的伦敦出租车司机研
究，由伦敦大学学院神经学家埃莉诺·马奎尔（Eleanor Maguire）
和她的团队进行。[26] 马奎尔展示了 4 年来的"（出租车司机求职者
的）伦敦知识学习情况"，他们被要求记住在查林十字车站 6 英里
（约 9.66 千米）半径范围内大约 25 000 条伦敦街道的路线，这让

他们的海马体后部灰质增加，海马体支持人的空间认知和记忆。这并不是因为他们已经有了更大的海马体（她跟踪学习者和退休人员，绘制前者海马体的增加和后者海马体的减少），也不是因为他们必须走复杂的驾驶路线（走固定路线的公共汽车司机没有显示出同样的效果）。她还观察了课程失败的学员，发现他们没有表现出成功同事的海马体结构变化。获得这种改变大脑的专业知识似乎要付出代价，成功的出租车司机在其他空间记忆测试中的表现明显更差。然而，虽然退休的出租车司机的海马体灰质体积恢复到"正常"水平（而且以前他们特有的伦敦导航技能也有所下降），但他们在普通空间记忆中却有了更好的表现。所以，这组研究显示了大脑可塑性的消长，在获得、使用和失去某项特定技能的情况下，大脑资源分配的转变也随之而来。

理解可塑性也有助于理解日常技能中的个体差异。出租车司机的研究可以作为大脑可塑性的一个体现，但是"知识"是成年后从头开始学习获得的高度专业化技能。更多的日常技能又如何呢？为什么有些人学得比其他人好？这是否在大脑激活模式中有所体现？你能提高这些技能吗？这会改变大脑吗？

当然，有证据表明，更多的与特定技能相关的活动经验既能改善你的表现，也能改变你的大脑。心理学家梅丽莎·特莱基（Melissa Terlecki）和诺拉·纽科姆（Nora Newcombe）指出，电脑和视频游戏的使用是某些空间技能的有力预测因素。[27] 这也解释了这种特殊技能所报告的大部分性别差异——男性参与者的电脑使用和视频游戏水平要高得多，这似乎是他们拥有更高空间技能的原因。

似乎这种行为可塑性实际上也反映在大脑结构的变化中。心理学家理查德·海尔（Richard Haier）和同事们以一组女孩为实验对象，让她们在3个月内平均每周玩1.5小时俄罗斯方块，在此之前和之后绘制这组女孩的大脑结构和功能图像。[28] 与不玩俄罗斯方块的对照组相比，这些女孩大脑中与视觉空间处理相关的皮质区域扩大了。玩俄罗斯方块引起的血流量也发生了变化。在另一项研究中，连续2个月每天玩30分钟超级马里奥也被证明可以改变大脑，海马体和大脑前部的灰质体积都有所增加。[29] 有趣的是，这种大脑和表现的变化并不是特定的任务。一项研究表明，18个小时的折纸训练改善了心理旋转表现，并改变了与之相关的大脑关联。[30]

认识到大脑具有终身可塑性以及经验、训练等外部因素的作用意味着我们需要再次讨论过去固定的、天生的、生物本质决定的差异的确定性。理解不同的人大脑之间的任何差异意味着我们需要知道的不仅仅是他们的性别或年龄，我们还需要考虑这些大脑中储藏着怎样的人生经历。如果身为男性意味着你在构建物体或操纵复杂的3D模型方面有更丰富的经验（心理旋转任务中使用的图像酷似乐高说明书），那很有可能这一点会体现在你的大脑中。大脑反映了人们的生活，而不仅仅是他们主人的性别。

由于大脑终身具有可塑性，我们对其未来发展的观点也更加乐观。它可以让我们明白大脑中正在发生的事——我们的大脑能够并将如何为我们在外部世界中遇到的事情所改变，我们的大脑如何被转移注意力、受到干扰。要想更多地了解我们的大脑如何与这个世界互动意味着我们必须更加关注这个世界。

大脑是预测性卫星导航系统

我们大脑的可塑性和可变性表明，它们不仅仅是被动（尽管效率极高）的信息处理器，而且根据每天向它们输入的大量信息不断做出反应和调整。我们现在认为大脑是一个积极主动的指导系统，不断产生关于我们的世界下一步会发生什么的预测（在商业上被称为"建立先验模型"）。[31] 我们的大脑监控这些预测和真实结果之间的吻合度，传回错误信息，从而更新先验，我们被安全地引导通过这些经常轰炸我们的、持续不断的信息流。该系统的核心目标是在事件的正常进程的基础上，快速、连续地生成和更新先验，将"预测误差"降至最低。这些将利用非常少量的信息来估计下一步，确保没有意外，有效地减少认知上浪费的复查或"过度思考"的需要。鉴于不匹配的反馈，大脑随后会很快建立新的先验。因此，我们的大脑通过类似预测短信的技能和高端卫星导航的结合来引导我们走过世界。

如果去河内，你会看到一种基于流量的预测编码在起作用。道路上到处都是摩托车，好像没完没了，永不停歇，一辆接着一辆地行驶在宽阔的马路上。我第一次去那里时，绝望地在人行道上徘徊，等待着从未出现的空隙。最后，一位个子小巧的越南老太太同情我，

114

拉着我的胳膊，示意我和她一起走过去，还告诉我"不要停下来"。她盯着另一边的一个地方，把我领进了摩托车的车流中，稳步走过。摩托车平稳地绕过我们，我们成功地穿过了马路。后来有人向我解释说，"不要停下来"是关键因素——摩托车骑手似乎有一种不可思议的直觉，当他们靠近你时（建立他们的预测），他们知道你可能在路上的什么地方，并做出相应的调整绕过你。如果你停下来，没有达到他们预测的位置，你就会变成了一个即时的"预测错误"，受瘀伤之苦，这是个不光彩的结果。

115　　据称，我们大脑的"预测编码"能力不仅应用于最基本的视觉、声音和动作，还让我们进入更高层次的过程，如语言、艺术、音乐和幽默，以及通常隐藏的社会交往规则，这个能力支持我们预测他人的行为和意图并据此解释他们的行为。[32] 我们使用的准则是从我们的外部世界提取的，是事物"数据输入"的一面，并用于生成规则，以确定在生活丰富的模式中下一个最有可能的结果，什么行为与什么面部表情或言语表达相关联，什么行为标志着什么意图。提取的规则包括"这种气味通常意味着能找到好吃的东西""这种面部表情通常意味着某人很开心"甚至更抽象、更难定义的社交规则，比如理解谈话中的转折。

你可能会对这样的想法感到有点震惊，那就是帮助你理解世界的显然不是你想象中的高度进化、超高效、几乎永远正确的信息处理系统，而是更像一个神经赌博机器，即使它是一个会自我纠正的机器。的确，研究人员已经发表了题为"冲浪不确定性""随后做什么"和"进入伟大的猜谜游戏"的论文。[33] 当然，大多数时候，我们的大脑确实是超高效的——它们的最佳猜测，加上适合的精确度，几乎总是能获胜。但事实上，这个系统并不是永远正确的，这一点体现在视觉错觉等现象中。视觉错觉发生时，仅仅因为一个特定的形状配置通常与三角形的存在相关联，我们就可能会看到一个不存在的三角形。该系统可能被"误导"建立的先验所欺骗。如果大脑忙于解决一个非常具体的问题，它会忽略呈现同时发生之事的信息，并且错过这个关键的预测错误。我们对周围发生的事情的关注可能是非常非常有选择性的，我们很容易错过一些显而易见但意想不到的事情。[34]

但有时捷径会让我们更加失望。大脑的模板或"引导图像"可能过于笼统，会将几种不同的信息，特别是从外部世界获取的信息集中到一个类别中，以减少必须仔细检查和分类的数量。事实上，我们的大脑会形成刻板印象，有时会根据非常有限的数据或强烈的期望，从个人过去的经历或我们周围的文化规范和期望中非常迅速地得出结论。心理学家莉莎·费德曼·巴瑞特（Lisa Feldman Barrett）和朱莉·沃姆伍德（Jolie Wormwood）在《纽约时报》上发表的一篇文章描述了"情感现实主义"现象，在这种现象中，你的感受和期望会影响预测过程和你的感知度。[35] 毫不夸张地说，你看待每个问题的角度都是不同的。这篇文章引用了最新公布的涉及警方枪击手无寸铁的平民的数据，警方在搜查嫌疑人时，将手机或钱包等物品误认为是枪支。作者还报道了一些研究，在这些研究中，

116

当一张无情绪表达的面孔与一张下意识皱眉的面孔同时出现时，前者被认为是不可信的、没有好感的、更有可能犯罪的。所以外部数据和期望会转移和分散我们原本有用的预测指导系统。刻板印象能够且确实改变了我们看待世界的方式。

新出现的精神疾病或非典型行为模型也开始纳入预测编码的概念。我目前的研究集中在自闭症患者的大脑，上述过程中的一个错误可能会导致他们面临许多困难。无法得出令人满意的先验结果意味着生活充满了预测错误，无法得出规则，世界变成了一个混乱、嘈杂和不可预测的空间，需要不惜一切代价避免，或者通过强加严格的重复程序得到控制。[36]

这个系统可能不会歪曲外部世界正在发生的事情，但也可能非常准确地反映了这一点。2016 年，微软推出了一个名为 Tay 的聊天机器人，它以一个互动对话理解程序为运行基础，该程序在网上接受培训，通过与推特用户互动进行"随意而有趣的对话"。[37] 在16 小时内，Tay 不得不被关闭：它从开始发推说"人类是多么的酷"，很快就变成了一个"性别歧视、种族歧视的混蛋"，这是因为它被输入了多条充满偏见的推文。尽管 Tay 的一些回答只是模仿他人的言论，但也有证据表明一般规则是从共同主题中得出的，导致出现了从未有过的言论，例如"女权主义是一种邪教"，但 Tay 是通过了解邪教特征与收集关于女权主义的言论并将二者结合起来而"学到"的。

这个实验背后的过程是以一个被称为"深层学习"的训练计算

机系统为模型的。[38] 计算机的编程是从信息中提取模式和进行"自我训练",以实现对外部世界更细微的表述,而不是编程执行特定的任务。这是当今基于计算机的人工智能发展的核心,在当代大脑学习模式中也有相似之处。正如可怜的 Tay 发现的那样,如果我们大脑获取的数据来源于那个性别歧视的、种族歧视的或粗鲁无礼的世界,那么指导我们对世界体验的先验也可能是这样的。

在试图理解性别差异的出现和大脑与环境相互影响的作用方面,神经科学家发现,这些深度学习系统存在的问题之一是,如果输入的数据存在本质上的偏见,那么这就是系统将学习的规则。如果一个系统试图生成一个与厨房图像相关联的规则,它会将这些规则与女性联系起来,因为这是它在探索外部世界时发现的。[39] 当要求软件完成"男人对计算机程序员就像女人对 X 一样"的陈述时,它给出的回答是"家庭主妇"。同样,要求描述商业领袖或首席执行官也会产生白人男性的列表和图像。最近的一项研究表明,简单地将语言数据输入到一个正在学习识别图像的系统中,不仅会暴露出明显的性别偏见,还会放大这种偏见。[40] 因此,相比男性,"烹饪"在 33% 的情况下更有可能是女性参与其中,但电脑模式则会想当然地学习给烹饪图片贴上标签,上升到在 68% 的情况下将烹饪作为女性活动的标签,因为电脑发现了网络中谁"烹饪"的现象是失衡的。

研究人员"培训"了这个模型,从互联网上调查了其他可能被输入到这种学习系统中的语言例子,发现 45% 的动词和 37% 的物体有多出 1 到 2 倍的概率存在某种性别偏见;也就是说,某些动词或

118

某些物体与一种性别相关联的可能性是另一种性别的 2 倍。他们接着展示了如何约束模型以更准确地反映偏差，但他们一开始对这个结论的出现不予置评（尽管他们称他们的论文为"男人也喜欢购物"）。

因此，在今天对大脑的理解中，我们越来越意识到，我们的大脑对我们的世界做出什么回应在很大程度上取决于它从那个世界中提取的信息，它为我们生成的规则就是基于这些信息。为了确立信息的优先顺序，我们的大脑会像一个热切的"深层学习"系统一样运作。如果它吸收的信息在某种程度上具有偏见，也许是基于偏见和成见，那么不难看出结果会是什么。就像过度依赖错误信息的卫星导航的结果一样，我们可能会发现自己走上了不合适的道路或不必要的弯路（或者我们甚至可能完全放弃了旅程）。

这里的关键问题是，我们的大脑如何决定我们对世界的反应方式，以及这个世界如何回应我们，这比我们过去认为的要复杂得多。大脑的差异（及其后果）将取决于我们在世界上所遇到的任何基因蓝图或受激素影响，因此理解这些差异（及其后果）将需要密切关注我们大脑之外以及内部的变化。

21 世纪的另一个焦点转移是我们神经科学家试图解释人类行为的哪些方面。关于人脑进化的许多推测都集中在高级认知技能的出现上，如语言、数学、抽象推理和复杂任务的计划和执行，以及这些是如何促成智人成功的。但是，人们越来越关注这样一种观点，即人类的成功实际上是基于这样一个事实，那就是我们已经学会了合作生活和工作，去破译那些由面部表情和肢体语言发出信号的无形的社会规则，或者那些看起来只是被"群体内"成员理解的规则。[41] 我们需要理解谁是我们自己群体的成员，以及我们应该如何行动才能被那个群体所接受。我们还需要找出那些不是群体成员的人及原因。我们需要用心读懂我们的人类同胞，理解他们的信仰和意图、希望和愿望，从他们的角度看待事物，预测这可能会使他们如何行动，并调整我们自己的行为，从而完成或阻挠他人的目标。

　　探索我们人类如何以及何时利用大脑从而成为社会的一分子，已经导致认知神经科学、社会认知神经科学领域产生一个新分支和大脑的一个新模式："社会脑"。[42] 社会认知神经科学家探索推动我们成为周围许多社会和文化网络的一员背后的神经网络系统，并进一步展示我们的大脑与这些网络的纠缠实际上将如何塑造这些大脑。

第六章
你的社交大脑

我们天生就喜爱社交，被深层动机所驱使着的我们喜欢与亲朋好友在一起。我们天生就对别人的想法感到好奇。我们的价值观塑造了我们的身份认同感，而这又源于被称作是"我们"的群体。

马修·D. 利伯曼[1]

如果你认为理解我们作为个体如何与错综复杂的信息世界互动已经足够复杂，那么理解我们如何彼此互动就更为复杂了。除了应对我们自己的需求、需要、信念和欲望，我们还必须应对预测他人的需求、需要、信念和欲望，这通常基于一些神秘的潜规则。我们需要把联系人列表贴上"标签"，将我们的世界分为对我们有利或不利，或让我们感觉良好或不好的人、情况及事件的类型。我们的大脑会（自动且无意识地）给我们不同群体的成员一个"喜欢"的评级，鼓励我们去寻找这些人并花时间和他们待在一起。大脑还可以同样快速和自动地向那些没有被指定为我们社交网络一部分的人发出"威胁警报"，引发难以克服的"回避"反应。我们社交能力的一部分意味着我们有一种内在的倾向，它既有积极的部分，也有消极的部分。[2]

作为所有这一切的一部分，我们需要一个清晰的自我认同感，我们是谁，我们如何向他人描述自己（或者我们如何在社交媒体网站上填写我们的个人资料），以及一种我们在众多社交网络中的归属感。这里也存在情感色彩，我们需要有自尊心，并由周围人的积极反应激发一种对自己优势的自豪感，从而给我们一种归属感。对这种自尊的任何一种打击都会引发一连串的大脑和行为反应，这些反应可能会对我们的幸福感造成灾难性的后果。

从我们出生的那一刻起，我们就在寻找使我们社会化所需的信息。我们专注于面孔，我们的听力适应于熟悉的口音，我们很快将已知和未知区分开来。我们甚至可能有一个"aah"应用程序，它可以确保我们会从重要的人身上引发一些相互联系的行为，例如动人的微笑和愉快的咯咯笑（甚至当我们很小的时候，从陌生人身上也会引发这种联系行为，但是当我们开始从人群中认出自己人时，这种行为很快就消失了）。正如我们将会看到的，我们的大脑非常容易被这种数据渗透，大脑所吸收的信息会对我们的行为产生深远的影响。

　　我们强大的大脑预测能力处理我们周围的日常景象和声音，也旨在从我们的世界中提取必要的社交规则。[3]的确，社会行为很大程度上与预测有关。我们将获得一套为社交情景制定规则的脚本，并让我们可以预测这些社交情景，让我们说该说的话，做正确的事，避免失礼。这些脚本的一部分将包括模式化观念——如社交捷径，它让我们快速（如果不一定非得准确）了解人们如何行事，他人可能对我们有什么反应，他们是否善于社交、渴望社交，还是脾气暴躁、有点孤僻。这些模式化观念也会融入你的自我意识——像我这样的人应该做什么？如果我是男性或女性，我应该如何表现，我应该和谁一起玩，我长大后会做什么，我应该和谁一起工作，谁愿意和我一起工作？

122　　对这种社会脑的研究一直是 21 世纪脑成像仪的重点，它标志着研究重心从单个大脑及其技能转移到大脑及其环境之间的相互作用，实际上是一个大脑和另一个大脑之间的相互作用。[4]绘制大脑中涉及认知的区域，如高水平视觉、语言、阅读或解决问题的区域，是脑功能成像的早期目标，并且设计了许多不同的方法来测试这些过程的各个组成部分。绘制大脑中参与社会认知的部分更具挑战性，因为就其本质而言，在嘈杂且会带来幽闭恐惧症的脑部扫描仪之内，很难模仿社会任务。但是社会认知神经科学家如果没有创造力的话，那他们就一无是处。

　　自愿参加大脑成像实验有时意味着你要躺在那里，花费几个小时看着没完没了的黑白方格图案或旋转光栅。当神经学家测试他们关于视觉皮层 γ 波活动的最新理论时，你要拼命努力让自己不打瞌睡。[5]用来研究社会脑的任务肯定会更有趣。你可能会发现你要根据形容词描述自己、或你最好的朋友、或名人，甚至哈利·波特，并给这些词排序，比如"笨拙的""有条理的""聪明的""有吸引力的"和"受欢迎的"，这样研究人员就可以观察大脑是如何处理自我信息和其他信息的。[6]或者，他们可能会给你看一些人用榔头敲大拇指的照片（来了解你"分担他人的痛苦"程度），另外你已经在"可信"程度上对这一测试给出了判断。[7]

扫描仪将这种有趣的结果绘制为一个称为"社会脑"的区域网络，并且将这个区域与社会行为的特定方面联系起来。[8]社会脑网络系统包含了我们大脑进化中最古老和最新的部分。深埋其中的旧部分包括大脑中与情绪反应相关的区域，如愤怒、快乐或厌恶，以及引发威胁或给予奖励。虽然我们认为"社会化"是人类最新颖且最复杂的行为方式之一，但它仍然基于非常基本的情感反应，它可以用"接近"或"回避"来表达，或者用今天的社交媒体的话来说，即"向右滑动"（感兴趣）或"向左滑动"（不感兴趣）。

这个"评估"的过程最初与我们大脑中一个较为古老的部分——杏仁核——的活动有关。[9]杏仁核是杏仁形状的结构，在大脑左右半球的皮层下。杏仁核对情感的感知和表达起着核心作用。在社交技能方面，杏仁核似乎有助于快速处理情绪化的面部表情，尤其是潜在的威胁性面部表情。它似乎还起到了"标记"群体成员的作用，例如识别如父母或看护人这样不可或缺的成员。[10] 这种标记似乎也适用于识别外群体，因为在对其他种族的人做出反应时，杏仁核也进行了活动。

124 　　与此同时，我们大脑的最新部分——前额叶皮层——参与到控制例如自我反思和自我认同这样的抽象过程中——即一个基于"自我"的指导系统，它还指引和选取对我们有利或不利的选择，满足我们的喜恶。[11] 此外，前额叶皮层还参与了对"他人"的识别，这些人可能是也可能不是我们社交网络的一部分。这些过程延伸到我们的记忆库中，记忆库中保存着关于我们的社交世界和社交网络的信息，包括帮助我们做出群体内和群体外决策的分析。

　　该系统同行为的控制也有着密切的联系，因此可以监督与社会行为相关的行动和反应，确保我们做出正确的行为或抑制错误的行为，又或者作为我们社会世界中导航的一部分，理解他人行动背后的意图。[12] 当我们犯错时，我们需要反馈，有一个类似刹车的"停止"系统和一个帮助我们改变方向的舵柄系统。

　　这个控制机制网络中的第三个系统连接了我们头脑发热的情绪控制结构和我们高水平的社会输入输出系统。就像发动机中的限速器一样，它会监控我们的活动，会在我们踏上不适合的社交道路时咆哮着阻止我们。[13]

自我痛苦与社会痛苦

让我们来看看大脑中那些与我们的"自我"最相关的部分，我们认为自己是谁，我们想成为什么样的人，我们不想成为什么样的人。社会认知神经科学家将通过利用以下方式来研究"自我"部分，例如让你给出最能描述自身的形容词，或者思考只有你知道或对你来说特别的自传式记忆，或者报告你对不同照片的情绪反应，甚至是看名人的照片，然后决定你与蕾哈娜或丹尼尔·克雷格有多相似。[14]

从进化角度来说，前额叶皮层是我们大脑的最新部分，当我们思考不同的自我时，这种结构的中间或内侧部分最为活跃。最近对这些大脑网络读数的研究表明，这个过程是一个持续的"仍在进行中的工作"，因此即使我们的大脑处于休息的状态（没有执行任何特定的任务），我们的"自我"网络也是活跃的。就好像我们的自我认同触角在不断颤动，更新着我们的社交"世界导航"系统中发生的事情。[15]

事实证明，我们不仅要保留一份详细的自我属性目录，还需要某种让人安心的感觉来配合它。尽管有些人似乎通过"这就是我，要么接受，要么拒绝"的方式在他们的社会世界中谈判，但不管社会后果如何，我们大多数人的自尊在很大程度上取决于我们如何融入我们所处的社会群体中。打击这种自尊会在大脑中引起强烈的反应，这已经被认知神经科学家们用他们最巧妙的方式证明了。

网络球是其中一个流行的方法，这是马修·利伯曼（Matthew

125

Lieberman）和娜奥米·艾森伯格（Naomi Eisenberger）在加州大学洛杉矶分校的社会认知神经科学实验室开发的一种测试。[16] 网络球是一种在线掷球游戏，你被告知你是三个参与者之一，另外两个参与者由小卡通人物代表。该测试的托词是当你们在网上玩网络球游戏时，你们三人的大脑都正在被扫描。比赛开始，球在你们三人之间来回抛掷。但是之后另外两个人不向你扔球，你只能看着他们两个享受游戏乐趣。如果你像利伯曼和艾森伯格的大多数参与者一样，这会真的惹恼你和／或让你心烦，当有机会时，你会给自己打上"极度沮丧的"或"受伤的"烙印。

另一个打击自尊的任务是所谓的"第一印象"游戏。[17] 你和另一个参与者（实际上是一个伪装受试者，即托儿）一起参加面试评估。面试包括一些非常私人的问题，比如"你最害怕什么？""你最好的品质是什么？"你被告知当你在扫描仪中时，你录制的采访将被播放给另一个参与者，然后他将根据你对其显现的印象进行评分。评分将在一个由 24 个按钮组成的电子阵列上进行，每个按钮都带有一个形容词，如"烦人的""不自信的""明智的"或"善良的"。你可以通过鼠标在按钮上移动，每 10 秒钟单击一个新按钮，就可以看到该数组上的响应。在看到每个反馈词之后，你被要求按下 4 个按钮中的一个来表明你的感觉，1 代表非常糟糕，4 代表非常好。然而，反馈网格实际上是一个内容为 45 个形容词的录像，15 个褒义词（"聪明的""有趣的"）、15 个中性词（"实用的""健谈的"）和 15 个贬义词（"无聊的""肤浅的"）以随机顺序显示。

目的是观察当你看到录像播放到形容你自己最好的品质，而光标悬停在"无聊的"按钮之时，你的大脑是如何反应的。所以从本质上来说，这是一个相当残酷的考验。

为了表明社会认知神经科学家已经掌握了文化脉搏，他们还想出了类似 Tinder 和老大哥①的场景，让你感觉不好受。[18] 接受扫描仪绑定的参与者会看到一些人的照片，据称这些人得到了他们喜欢或不喜欢的照片。之后提问参与者"喜欢或不喜欢这些照片"，并反馈他们自己的照片引发了什么样的反应。最大程度的社会排斥是当你所"喜欢的"正好是你的隐形伴侣所"不喜欢"的时候。

比上述第一印象任务还要更复杂的一个版本是基于老大哥的选择测试，该测试引导参与者相信与其他两位（无形的）参与者一同被 6 位评审评定他们是否有资格进入下一轮（名为大卫的评审将根据你的社会吸引力对你进行评价，而名为苏珊的评审将根据你的情绪敏感度对你进行评价）。[19] 正如你可能已经猜到的那样（尽管参与者显然从未这样做过），这是提前设置好的，旨在针对当你的某些社会吸引力被评为"最差"或"最好"时，你产生的大脑和行为反应。

那么，当被告知我们很无趣，或者没有人想和我们一起玩，或者看到有人在面对我们的描述时向左滑动（不感兴趣）而不是向右

---

①老大哥，英国作家乔治·奥威尔的小说《1984》中的人物，他意欲通过监视时刻控制人们的思想和行为。——译注

滑动（感兴趣），我们的大脑会有什么反应呢？这个问题的许多答案来自设计网络球任务的研究人员的工作中，他们的结果在社会认知神经科学领域引起了相当大的轰动，但也不仅限于此。这些发现将会对我们理解社会痛苦对我们真正意味着什么产生重大影响。

我们的大脑处理物理痛苦和社会痛苦的方式似乎有非常密切的相似之处。[20] 在参与大脑成像研究时，如果你的自信自尊经受了严苛的考验，有时以科学的名义，你可能会屈服于不断增加的电击或热刺激。然后，你要按照要求尽职尽责地根据经历的疼痛程度对它们进行评级，将后者的评级从相当委婉的"舒适温和"提升为"有害身体的"。

当你在经历这样的实验时，大脑的两个主要区域被激活，ACC（anterior cingulate cortex，即前扣带回皮层）和岛叶。扣带皮层是大脑中的桥接结构之一，它位于进化较早的情绪控制中心和我们较新的高级信息处理皮层之间。它围绕着胼胝体，即连接两个大脑半球的纤维桥（我们在第一章提过）。前部（或前面）藏在额叶皮层的正后方，后部（或后面）延伸回较早的情绪控制中心。因此，从结构上来看，它的位置正好将这些情绪控制区域与额叶皮层中的高级信息处理系统联系起来——这意味着 ACC 似乎是我们社会生活中的一个关键角色。

岛叶从解剖上看与 ACC 紧密相连。岛叶就藏在大脑一侧的长褶里，它似乎与一些关于情景的价值判断有关，主要是通过将它们与身体感觉联系起来（例如反胃、心跳加速、手心出汗）——当实

128

验者告诉你，她即将把你的热刺激提升到"有害"时，出现这些感觉是很正常的。

多次研究均表明，物理痛苦与社会痛苦共享的是一个神经网络。你可能会想，这和社会化有什么关系？在大多数情况下，集体活动通常不涉及电击或热刺激其他人类。但是，在我们发展社会化能力的过程中，我们的大脑似乎建立在现有的激励机制上。回避真实伤害是世界上最强大的动力之一，它是驱使我们竭尽全力回避或逃离任何伤害的源头。事实上，社会排斥的痛苦是由同样的神经网络驱动的，这些网络让我们得以体会到这种痛苦，这表明了社会化的驱动力对人类行为的中心作用。被群体排斥或被评定为无聊的人会让人像触电一样受伤。

参与社交网络似乎对我们的生存至关重要，因为我们有一个"社会痛苦"机制，提醒我们为了重新与人类同胞交往，我们需要重新思考我们的行为，改变我们的计划。

你的社会计量器

我们似乎生成了一个内部"标尺"或"社会计量器"，用来监测我们在社交游戏中的表现如何，我们是否被自己所选的社交网络或自己人接受，或者我们是否有可能被他们拒绝。[21] 由社会计量器监测，自尊是评定我们社会成功程度的一种衡量标准。如果我们度过了美好的一天，从同龄人那里得到了很多积极的反馈，那么我们的自尊水平会变高，社会计量器会显示为"满"；如果我们做的所有事都出错了，所有的责任都落在自己头上，那么我们的自尊将会直线下降，社会计量器会显示我们正处于危险区。确保我们拥有使自尊得到充分满足的强大动力，这可以在我们对平常的社会排斥情景的反应中得以体现。这意味着"社会痛苦"结构也可能是支持社会计量器的一部分大脑机制，所以我们需要更仔细地研究 ACC 及其活动。

ACC 在社交网络中发挥的作用就像信号灯系统一样。社会脑需要确保我们不会总是尽情释放那些可能被我们更古老、更无节制的电路所标记的反应。我们需要某种监管或"检查"系统来抑制过度情绪化的反应，并考虑什么样的反应最能满足我们的需求，甚至（可能更具社会相关性）其他人的需求。有时，该系统需要从外部世界中获取公开的规则，甚至可能需要解决冲突。

实验心理学家设计了两种类型的任务，以证明我们的大脑如何处理相互冲突的信息，或者我们如何设法阻止所谓的"优势反应"。一种任务是行为抑制任务，它指的是：当你看到一个信号时，你必须尽快按下按钮；但当另一个信号出现时，你不能按下按钮。[22] 这比你想象的要难。我的研究团队和孩子们玩的一个网络游戏，涉及一次星际旅行。当他们通过舷窗看到外星人时，他们必须发射火箭；但当他们看到太空人时，不得发射火箭。在设计的过程中，我们在实验室的同事身上进行了试验。可以说，我们必须对宇宙的未来抱有希望，但不要让太多的脑成像研究人员掌管任何种类的重要按钮！

另一个棘手的游戏叫作斯特鲁普任务。[23] 如果"绿色"一词用绿色写成，要求你说出这个词的颜色，你可以很快答出来。但是，如果"绿色"一词用红色写成，你回答的速度就会明显减慢。这是一种测量干扰效应的方法，引起这种干扰效应的原因是，你正在处理的不同类型的信息之间的不匹配，或者你可能从外界得到的混合信息之间的不匹配。

结合额叶中与我们自我认同相关的那部分——内侧前额叶皮层，我们发现这些冲突似乎也在 ACC 的控制范围内。你是否处于这样一种情景，即你真的很想做一些特别的事情，但是从社会角度来看，你最好不要这样做（我让你想象一下你自己的例子……）？ACC 将阻止你这么做（或不阻止！）。这呼应了它在认知控制机制中的作用，在错误被标记（错误评估）后改变策略，或者对来自外界的、可能混淆或矛盾的信息（冲突监测）做出反应。

那么脑岛呢？它记录身体感觉的技能是如何与社会行为联系起来的？它似乎在标记许多不同行为的积极和消极方面有着很高的天赋。正如一位研究人员总结的那样，脑岛的活动将与一系列广泛的活动相关联，比如"腹胀和性高潮，烟瘾和母爱，决策和突然的顿悟"。[24]（你可能会认为，这些脑岛活动中的部分活动居然很反社会，但幸运的是，社会进化也确保了身体控制系统通常会产生适合社会情况的反应。）

脑岛参与社会行为的一种表现方式是编码情景中不确定性的数量或所涉及的风险，并根据你的"直觉"做出决策。[25] 而且，结合

ACC，它确定了你应该参与的情景和最好避免的情景。由于与脑岛相关的情绪之一是厌恶，那么厌恶风险的行为，就变得很容易理解了。

加州大学洛杉矶分校的研究人员利伯曼和艾森伯格调查了ACC和脑岛成为社会计量器体系的一部分的可能性。[26] 他们用上文概述的第一印象任务来测试这一点，测量了 fMRI 对不可见同伴所做的描述性评分的反应，同时让不走运的参与者从 1—4 分来评估反馈给他们的感觉。他们发现，在这项任务中，ACC 和脑岛的活跃程度越高，显示的自尊水平就越低。

但这仅仅是由任务本身触发的吗？我们的神经社会计量器能测量所谓的"特质性"自尊，即人们在自我感觉上的个体差异吗？日本的一个团队在广岛运用"网络球"任务对这一点进行了测试。[27] 最初，受访者必须表明他们对诸如"有时我觉得自己一点都不好"或"我觉得自己是个有价值的人"等说法的感受。然后他们被分成两组，高自尊组和低自尊组。尽管两组人在任务结束后，都表现出 ACC 和脑岛激活的正常增加，但低自尊组的人在任务的排斥阶段表现出的激活更大。研究人员还表明，低自尊组与前额叶皮层的联系更紧密，这表明这种进一步的"打击他们的自尊"正被灌输到他们的自我认同系统中。

另一方面，本次运用 Tinder 型任务的其他研究表明，如果你得到一些积极的反馈，表明你受到了他人的喜欢，这会再一次被ACC 的活动所标记。但是，现在伴随着大脑另一部分的活动，该部分称为纹状体。[28] 纹状体是我们大脑中较老的部分，是奖赏处理系统的一部分，它似乎特别适合对事件的价值提供反馈。如果你之前"喜欢"过一个人，而这个人的照片在扫描仪中呈现给你时，如果那个人也喜欢你，那么你的纹状体会更加活跃。当环境中的线索提示即将发生令人愉快的事情时，例如一张迷人的脸即将出现时，纹状体也会活跃起来。当一个线索似乎被误读了，一张没有吸引力的脸出现在你面前时，纹状体也是活跃状态。这被称为奖赏预测误差，与上一章中概述的预测编码类似，最初显示在视觉或听觉等更基本的大脑过程中。[29] 这里也有一个社会因素，比方说，如果你在别人观看时赢得了一局游戏，你的纹状体会更加活跃。同样的道理，在慈善捐赠游戏中，如果有其他人观看，你可能会捐出更多的钱，而纹状体的活动也会增强。

132

所以我们似乎有一个完整的社会计量器网络。引起较低社会尊重的情景将导致 ACC 和脑岛活动的增加，以及社会计量器读数的降低，而 ACC–纹状体组合的自尊提升将使你的社会计量器读数失效。

有时，负面的自我形象并不总是与某种社会等级制度中的低"分数"联系在一起，而似乎是自我产生的。即使考虑到智商、性别和种族等其他特征，社会经济地位也可能是决定技能水平的关键因素，例如空间认知和语言能力，以及某些形式的记忆和情绪处理能力。[30] 这种影响也出现在大脑中，有证据表明负责记忆和理解情绪的部分的体积在缩小。这些大脑差异可能反映了社会经济地位不同的世界的不同方面，比如受教育的机会、语言环境的丰富度，以及与低收入、饮食不佳和医疗条件有限相关的额外压力。我们对大脑的永久可塑性有了新的认识，现在我们把所有这些因素都称为改变大脑的世界元素。

有趣的是，2007年的一项研究表明，主观社会地位低的自我报告也会影响大脑的这些部分。[31] 研究人员向参与者展示了一张社会等级阶梯的图片，其中，在金钱、教育和就业方面，"最好的"处于顶端，"最差的"处于底部。然后，他们必须在梯级上画个X，以最好地描述自己目前的状态。研究人员发现，ACC的大小——正如我们所看到的，在连接情感和认知技能方面很重要，比如犯错的影响——更多的是受参与者感知的社会经济地位的影响，而不是他们实际的社会经济地位。换句话说，你感觉自己处于优先等级的位置也与相同大脑区域的差异有关。

133　我自己实验室的一项研究表明，你对自己的消极或积极态度会反映出大脑活动的差异。[32] 参与者被要求面对"情绪化的"场景，比如"连续三次收到工作拒绝信"，并被要求想象一个自我批评的反应（"我不惊讶，我知道我从来没有机会；我是一个失败者"），或者自我安慰的反应（"我并不感到意外，竞争将会非常激烈；希望总是很渺茫"）。自我批评与ACC（再次）更多的活动相关，而与自我安慰相关的激活模式则更集中在大脑的额叶区域。

因此，在社会脑的活动中，ACC不一定是公平的调解因素，至少在某些人身上不一定是，这可能与不必要的低社会计量器读数有关。

我们和他们

就像你对"自我"的感觉可以用扫描仪测量一样，当你用形容词或描述性的语言形容你对"他人"的感觉时也可以测量。在此过程中，会涉及同样的任务，但这次你会被问到这个人是什么样的人或者会做什么。[33] 不出所料，这两种评估所涉及的区域有相当接近的重叠，其中内侧前额叶皮层是一个关键特征。但是我们大脑的这一部分对社会加工进行了非常精细的调整，研究人员已经表明，对"自我"的判断和对"他人"的判断激活了我们内侧前额叶皮层的略微不同的部分。所以社会性的这一关键部分是由一个精心调整的网络支持的，确保我们对自己以及我们如何与周围的人匹配有持续的反馈。

从进化的角度来看，鉴于群体成员似乎对我们的生存和进步至关重要，因此，我们要善于识别群体中的成员，并确保我们正在做正确的事情来保证群体的生存，这一点显然很重要。事实证明，人类和他们的大脑是根深蒂固的分类者，他们有无数种方式将自己和他人归入不同的群体——无论是按年龄、种族、足球队、社会地位，当然还有性别。[34] 这不仅仅是一个标签运用问题，"我们"和"他们"的维度可以改变各种社会过程。大脑将要建立的优先级会反映我们社会行为中似乎最重要的部分之一，可以将内群体和外群体区分开来。

一项研究表明，即使你只是把人们随机分成蓝色和黄色两个小组，并要求他们把钱分配给自己小组的成员或另一个小组的成员，与把钱分配给另一小组的成员相比，把钱分配给自己小组的成员表现出的自我认同网络更活跃。[35] 詹姆斯·瑞林（James Rilling）在亚特兰大的实验室还表明，根据模拟人格测试随机分配到红色小组或黑色小组的人，如果他们的同伴是同一小组的成员并非不同小组的成员，他们在合作游戏中表现出的大脑活动模式也不相同。[36]

在社会分类任务中被激活的大脑区域与那些涉及对"自我"和"他人"认同反应的区域高度重叠，尤其是在内侧前额叶皮层。因此，我们认为我们所属的群体与我们的个人身份紧密相连，这意味着这些群体被自己和他人感知的方式，将与我们对自己的看法紧密相连。

但是，如果我们要与他们进行社交互动，我们需要的不仅仅是一个"他人"的认同系统。作为一个个体，你很容易知道你在想什么，你对你所处的情况了解多少，你今天可能打算做什么。这被称为理解你自己的"精神状态"。理解他人的想法或意图显然要困难得多，它也是社交行为的一个基本过程。它需要你以某种方式了解别人的想法；它需要你成为一个"读心者"；它需要你可以"心智化"，换句话说，它需要你拥有所谓的"心智理论"。[37] 诸如看漫画和读笑话等观察任务，要求你通过观察别人的行为来推断正在发生的事情，甚至看你能否通过玩诸如石头剪刀布等游戏来预测别人的行为，这些观察任务将激活内侧前额叶皮层和 ACC。[38] 这些与大脑中的一个称为 TPJ（temporoparietal junction，即颞顶联合区）的区域相关联，这个区域似乎与理解和解码他人的思想活动有关，是一个"意图觉察器"。

甚至有一种说法认为，我们的社会技能中有一部分是大脑中固有的"镜像系统"。如果你看着某人做一个动作，那么大脑的同一个部分会变得和你自己做这个动作时一样活跃。[39] 这表明，如果你试图通过分析他人的面部表情或其他非语言线索来解释不同的情绪，那么你也会产生同样的情绪过程。我们自身对与快乐或悲伤相关的不同面部动作的反映，让我们能够"理解"面部的主人是感到快乐还是悲伤。[40]

这最初被认为是同理心的一般基础，但现在更多的是我们对他人感受的理解，而不是分享他们的"情感色彩"；更多的是一种"我知道你的感受从何而来"的过程，而不是"我分享你的痛苦"的过程。[41] 虽然对所谓社会脚本的理解可以通过高水平的认知技能来实现，但要使这一过程真正具有社会性，还需要一种情感分享机制。

大脑有一个镜像系统，让我们能够模拟其他人在做的事情，从而理解他们为什么这样做，或者他们的感觉如何，这一概念经证实已经吸引了许多社会认知神经学家的注意力。当你在经历一种情绪（如厌恶或悲伤）时，以及当你在观察别人的这种情绪时，大脑模式之间具有高度相似性。这一研究是镜像系统概念的有力支持来源。[42] 你可能遇到的几乎所有的社会脑模型都包含这样的系统。

这个镜像系统的大脑基础是什么？它涉及 TPJ，让我们能够了解某个人的意图可能是什么。例如，有人向我跑来——他们是来威胁我，还是因为天开始下雨了，而我刚好站在雨篷下？当你试图解决这个问题时，你的运动系统和前额叶皮层的部分会有所帮助。适当的情感编码似乎来自前脑岛、ACC（再一次）和部分额叶皮层的激活。

所以我们有一个复杂而精密的社会雷达系统，不断解码社会信号、评估错误、更新关于我们自己和周围其他人的信息、演绎社会脚本，以及解释我们所处的社会情景。我们的社会触角永远在颤动，在熟悉社会交往的规则，在外部世界中寻找指引，以确定我们属于哪个群体、不属于哪个群体，以及哪些人是、哪些人不是我们认同或希望认同的社会群体中的成员。

刻板印象

我们的社会脑筛选的信息，并不总是我们对遇到的每一个人或每一种情况的详细描述。事实上，它更有可能是"人们喜欢我"或"人们喜欢他们"的粗略概述。因此，输入到我们社会卫星导航系统的信息可能不完全准确，甚至可能具有误导性。欢迎来到刻板印象和偏见的世界。

《牛津英语词典》将"刻板印象"定义为"由于被广泛接受而变得固定不变的关于某一特定类型的人或事物的形象或思想"。假设一个特定群体的每个成员都会表现出该群体的典型特征，这些特征通常都是负面的——吝啬的苏格兰人、心不在焉的教授、头脑空空的金发女郎，这些特征有时指的是某些特定的能力，或缺乏这些能力。女性不会数学，不会看地图；男性不会哭，也不会问路。

我们的社会脑网络的活动与这些偏见和刻板印象之间的联系到

137

底有多紧密？不管你愿意与否，你都能很容易地在外界发现这种联系。这类信息在我们的系统中有多深的嵌入？这个系统是我们自我认同、群体成员身份以及我们一生中所有互动的基础。

有证据表明，大脑处理与刻板印象相关的社会类别的方式不同于处理其他更普遍的语义知识的方式。在一项研究中，在 fMRI 扫描过程中，研究人员要求参与者完成一项语义知识任务。[43] 他们给参与者出示了"特征"标签，如"看浪漫喜剧""有六根弦""在沙漠中生长"或"多喝点啤酒"。然后，参与者必须将"特征"标签与一对"社会类别"标签（比如"男人"或"女人"，"密歇根人"或"威斯康星人"，"青少年"或"投资银行家"，"相扑选手"或"数学老师"——你会觉得研究人员对此有浓厚的兴趣）或"非社会类别"标签（比如"小提琴"或"吉他"，"龙卷风"或"飓风"，"酸橙"或"黑莓"）中的一个相匹配。这个想法是为了观察非社会标签和特征所传达的信息的处理区域，是否与社会标签和特征在大脑中处理的区域相同。涉及吉他或小提琴是否有六根弦的选择，激活了颞叶和额叶的标准语言和记忆区域。这种"常识"储存的激活也可以在社会类别中看到，但是还有一些额外的加工来阐述基本事实。关于威斯康星人"有四条腿"或"饮酒时脸红"的社会选择，涉及大脑中最常被心智理论类任务激活的区域，包括内侧前额叶皮层和 TPJ，以及杏仁核对自我和他人的评估活动。因此，尽管社会信息的某些方面可能存储在"中立"的知识库中，但它会被单独处理，并被"标记"为某个特定类别的成员可能会做出什么样的推断，138

不管这是积极的还是消极的，不管这与群体内的标准是否一致，不管这与我们的自我意识的联系如何。

世界的态度会改变大脑的结构和功能。刻板印象和自我形象的交集告诉我们，我们的社会脑中发生的事情如何干扰我们的认知过程。如果我们的自我形象组合包括消极刻板印象群体的成员，那么激活这一特定事实会带来我们在第三章中提到的自证预言或"刻板印象威胁"效应。

虽然刻板印象威胁在个人层面起作用，但它也会对一个人的社会认同构成挑战，因为它提供了证据，证明他人对你所属的社会类别进行了负面评价。[44] 有人认为，人们之所以在刻板印象威胁的情况下挣扎，是因为他们开始过多考虑自己面临的问题。他们会把太多的认知资源花在自我监控和检查错误上，还会因为被评判的感觉和自己表现的负面期望所导致的压力遭受额外的影响。[45] 关于刻板印象威胁影响的脑成像研究表明，刻板印象威胁具有特定的神经关联，这与社会和情绪处理相关区域（再次包括 ACC）的参与一致，而与那些最适合任务本身的区域相反。[46]

玛丽简·瓦格（Maryjane Wraga）是美国史密斯学院的一名认知神经学家，她在一系列研究中证明了刻板印象威胁和刻板印象提升效应。[47] 她设计了一个版本的心理旋转任务，参与者要么想象在特定位置旋转一个带有式样的形状，以适应有利位置（客体旋转任务），要么想象自己"旋转"到有利位置后面的一个位置（自我旋转任务）。然后他们必须决定是否还能看到这种式样。在客体旋转任务中，描述称男性表现得更好；而在自我旋转任务中，女性表现得更好，该任务被描述为一种观点采择的形式。瓦格报告称，在任务的"中立"版本中，基本上女性的表现仍然比男性差。但是，如果告诉女性"女性通常在这些任务上表现得更好"，这种差异就消失了，显示了刻板印象提升效应。类似地，如果告诉男性这是一项男性很难完成的任务，那么他们就会犯更多的错误。

然后，她利用 fMRI 扫描仪，再一次进行了这项实验，参与者是三组女性。[48] 接受积极信息的女性比接受消极信息的女性表现得好得多，后者比接受中性信息的第三组女性表现得差。这也反映在她们的大脑激活模式中，那些接受积极信息且表现最好的成员的大脑中与任务相关的部分，即涉及视觉空间处理的区域，表现出更多的激活。接受负面信息且表现最差的那组成员在涉及错误处理的区域表现出更多的激活（我们的老朋友——ACC）。有人认为刻板印象威胁给任务增添了额外的负担——被围困的大脑中的"错误评估"系统被激活，焦虑刺激了情绪调节系统，注意力也会被转移。

有趣的是，我们可以跟踪大脑在获得或掌握刻板印象时的相关变化，也可以展示当刻板印象建立的期望与现实中发生的事情脱节时，我们的大脑做何反应。伦敦大学学院雨果·斯皮尔斯（Hugo Spiers）和他的团队进行了一项研究，在研究中，参与者得到了不同类型的关于虚拟群体的信息，有些是好的（比如"给他们的母亲一束花"），有些是不好的（比如"从商店偷了一杯饮料"）。[49] 这些片段的分布是"固定的"，因此一组逐渐获得更多好的信息，另一组得到更多不好的信息。研究人员通过一个又一个试验，追踪了人们对"坏人"和"好人"的消极和积极的刻板印象是如何形成的。

正如我们之前所知，社会刻板印象记忆库部分与颞叶的活动有关，颞叶是一个与记忆以及语言的某些方面有关的区域。如果有人问你男性还是女性"更可能喜欢浪漫喜剧"，或黑人还是白人更具"运动天赋"，那么你的颞叶会变得活跃。结果表明，我们的大脑在对某个群体建立印象时，会更多关注不好的事情；当大脑对这些新群体进行分析时，会更活跃地处理偷酒行为等负面片段。

根据我们的大脑模型，大脑通过设计与我们的生活事件相匹配的模板来引导我们的生活，当一个意想不到的片段被附加到一个群体时，强烈的反应就产生了。当这些信息不利于新出现的负面刻板印象——例如，一个坏人为他的母亲买花——与对一个好人做出某种违法行为产生的反应比起来，前者产生的反应要强烈得多。对这种"预测误差"表现出最活跃的神经网络是在大脑的额叶区域，这是社会脑网络的一部分，当一项任务涉及更新对他人行为的印象时，这一区域就会变得活跃。

因此，我们的大脑不仅仅被外界的视觉和声音的具体数据所改变，或者被非常具体的经历和事件所改变，它们实际上正在吸收和反映我们周围人的态度和期望。

我们已经了解了我们的预测性大脑如何产生模式来引导我们在外部世界生活。同样地，我们的大脑会利用从外部世界渗透的社会信息来绘制社会模板，不仅是关于我们应该期望别人做什么，而且也包括我们应该期望自己做什么。刻板印象是大脑的改变者，正如我们将看到的，它在决定我们的行为和大脑的终结点时，提供了异常强大的引导。

所以我们有一系列错综复杂的网络使我们能够成为社会人，使我们能够在一个或多个社会领域占据一席之地。这似乎是我们生存的核心部分，我们不断地参与"社会游戏"，监控我们周围发生的事情，学习和反复学习社会规则。避免被社会拒绝或确保我们做的是被社会接受的正确事情，这是我们的大脑与外部世界互动的恒定基础，并且很可能比其他更具"认知性"的活动更持久地利用大脑的处理资源。

拥有这个强大的社会脑网络被誉为我们进化成功的基础：我们合作的能力、改变自己的行为以适应所在群体的社会规范的能力，以及发展与我们周围的人相适应的自我认同的能力。[50] 但是，有一条警告：我们对社会参与规则的理解，可能是基于有偏见的信息，基于不再适用的指导方针（如果有的话）。社会参与规则决定了我们在世界上的地位，以及我们处在这个地位上的一切。研究这些规则对女孩和男孩、女性和男性来说有多么不同，可能会揭示这一重大的进化和进步并没有很好地服务于两性。

但这一切什么时候开始？我们一直都知道，婴儿时期是大脑可塑性极强的时期，这是无助的婴儿必须获得的所有必要技能的基础。[51] 婴儿从出生的那一刻（甚至更早）起，大脑中发生的物理变化令人震惊。与我们对大脑连通性的重要性的理解相一致，我们现在知道，这些变化中的大多数都与许多不同神经通路的建立有关。事实上，这些婴儿成年后需要更多的神经通路。基本生存技能来得很快，我们知道婴儿很快就学着理解他们世界中的感觉和知觉信息，并学着开始在那个世界中高效地运用那些信息。但我们开始明白，这些出生时显得如此无助的小人类，实际上是高度老练、渴求规则的追求者，他们拥有可塑性强、灵活、可塑造的大脑，比我们所了解的更加专注于学习他们世界中的社会参与规则。他们很早很早就开始了。

第三部分

第七章
婴儿至关重要——从头开始（甚至更早一点）

　　从她早年身边的玩具到小学教师的态度和期望（还有她的父母，无论他们多么努力，他们对自己的女婴都会有不同的看法和期望），从对性别和性别刻板印象的初步认识，从榜样的存在或缺失以及同龄人压力和青少年大脑变化的力量，到教育或职业选择，再到职业和/或母亲身份，这些都能反映一点：女孩和女孩的大脑不会像男孩和男孩的大脑一样遵循同样的道路。

　　透过新生儿病房的窗户看去，如果所有的婴儿都裹在中性颜色的毯子里，你很难分辨出哪些是女孩，哪些是男孩。然而，有人声称，即使我们用不分性别的毯子把它们包起来，几天之内你也能分辨出他们的性别。若将拖拉机零件制成的悬挂饰物悬挂在婴儿床上方，婴儿全神贯注的注意力会告诉你这是个男孩；另一方面，如果一个咕咕叫的婴儿看起来更喜欢你的脸，那么很可能是个女孩。[1]但是，正如我们将要看到的，这种说法有问题。而且，不管大脑组织研究小组可能告诉我们什么，这种行为差异并不能揭示他们背后的大脑。

如果我们真的想宣称男孩和女孩的大脑是不同的，难道我们不应该研究他们的大脑吗？

再一次地，多亏了最近的技术进步，我们对婴儿大脑在出生时或出生之前的模样有了更好的了解。发展心理学也取得了进展，现在有了新的模型来了解婴儿大脑以及他们所处的世界与由此产生的行为之间的关系。这让我们深入了解到婴儿和他们的大脑有多神奇。但这些了解也敲响了警钟，提醒人们这些像海绵一样的大脑及其主人正投身到这个世界中。

探索婴儿大脑的窗户

观察新生儿的大脑是我们最近才能够做的事情——大多数关于新生儿大脑的早期观察是基于那些因为极度早产而被监控的婴儿，或者那些在出生时或出生前死亡的婴儿。但现在，我们可以利用新的脑成像技术来观察足月出生且没有大脑疾病的婴儿的微小大脑结构，更令人兴奋的是，我们还可以观察神经连接和神经通路的形成。我们甚至可以问一个很重要的问题——女婴的大脑和男婴的大脑不同吗？

这里值得强调的是，婴儿的脑成像是神经科学家能够承担的最具挑战性的任务之一。如果你在任何一篇脑成像论文的字里行间读到参与者是成年人，你会注意到"由于移动过多而丢失的数据"或"由于未能完成任务而退出的参与者"和"不完整的数据集"这样的提及。这意味着，这只被认为是自愿参与的"豚鼠"无法安静地坐着；它睡着了；它中途忘记了任务，或者它因为高估了膀胱容量而按下了"请停止"按钮。所以想象一下对婴儿来说有多困难。每一次数据收集过程几乎都是在一次适应过程之前进行的，研究人员向小参与者（以及他们的成年同伴）展示让他们参与其中的目的。这可能包括额外去几次扫描室，提前播放扫描噪音光盘，或者将扫描时间安排到与睡眠时间或清醒时间一致，这取决于你要让婴儿在认知上越过什么样的层层关卡。扫描仪中婴儿身体的移动对脑成像仪来说是一个大问题，婴儿并不以合作时表现得安静而闻名。

近红外光谱的发展是婴儿脑成像的一个很有前途的发展方向。[2]这是基于与 fMRI 相同的原理，即血液流向大脑更活跃的部分，血氧水平与活跃程度同步变化。近红外光谱仪利用了这样一个事实，即光的反射不同于血管，它取决于氧合作用的水平。事实上，微型手电筒阵列安装在头盖骨中，当红外光通过头盖骨照射到大脑表面时，头盖骨内的探测器测量反射光。通过观察反射光的不同波长，可以计算出血液中氧含量的变化。这使绘制大脑功能图谱并将其与行为联系起来更加有效，给我们提供了一幅全新的婴儿和其惊人大脑的图片。

从怀孕的那一刻起，婴儿的大脑就会以惊人的速度发育。即使是非常古板的神经科学家也会使用"旺盛"和"强健"这样的术语，并引用令人震惊的统计数据，说明婴儿在出生之前，每分钟有 250 000 个神经细胞形成，每秒钟有 700 个新的神经细胞连接形成。[3] 神经细胞最显著的生长在中期妊娠结束时完成，更多的生长将在晚期妊娠甚至分娩之后发生，但是大多数的构建模块早在婴儿的大脑与世界接触之前就已经就位了。在晚期妊娠阶段，由于标志着大脑内的连接的白质有所增加，很明显，神经通路已经形成了。[4] 令人惊讶的是，脑成像的新发展意味着我们还可以观察婴儿还在子宫里时，这些微小大脑中早期网络的出现。[5] 成人的大脑被组织成一系列标准的网络或模块，每个网络都专注于特定类型的任务——因此，这些网络在婴儿出生之前就在婴儿身上显现出来，这清楚地表明了婴儿出生时的"经验准备"程度。

出生时，新生儿大脑的重量约为 350 克，约为成人大脑重量的 1/3，成人大脑的重量为 1 300—1 400 克。新生儿的大脑体积（一种更佳的大脑尺寸的测量方法）约为 34 立方厘米，也约为成人大脑体积的 1/3。男婴的大脑体积往往比女婴的大，但当你考虑到男婴出生时体重更大这一事实时，这种差异就消失了。婴儿大脑的表面积约为 300 平方厘米，由于被折叠成适应颅骨形状而形成的标志性沟壑和脊状突起与成人大脑中的惊人相似。[6]

一旦婴儿出生，这种惊人的发育速度将继续——最初每天约为 1%，然后在出生的第一个 90 天后逐渐"放缓"至每天约 0.5%，到那时，婴儿的体型已经增加了 1 倍多。整个大脑的发育速度并不相同，我们观察到那些与更基本的结构相关的区域发育更快，比如那些控制视觉和运动的区域。最大的变化发生在控制运动的小脑，在前 3 个月里它的体积增加了 1 倍多，而海马体只显示出大约 50% 的体积变化（这可能就是为什么没有人记得学走路的原因），海马体是记忆回路的重要特征。[7]

当一个孩子 6 岁的时候，她的大脑尺寸将达到成人的 90%（当然，与之相对的是，她的体型和成人的还差别很大）。这种生长的灰质部分与树突（神经元上的分支接受部位）的急剧增加有关，也与突触（神经系统中的相互连接的部位）的激增有关。所以大脑内的连接至关重要。事实上，婴儿大脑中的突触连接比成人大脑中的多，几乎是成人的 2 倍，这反映了大脑在开始连接万物时的热情。[8] 在儿童和青少年时期，突触连接在达到成人水平之前会逐渐减少。

在这种表面增长之下，更多非常短期的连接出现了，也很快消失了。一旦连接稳定，它们就会与髓磷脂绝缘。髓磷脂是环绕在神经细胞纤维周围的白色脂肪鞘，有助于加快神经活动。这时候，大脑内有许多可能的目的地和许多可能的选择点。

过去人们认为这种惊人的早期发育完全是由于神经细胞之间连接的形成造成的。与我们身体中的其他细胞不同，我们了解到的是脑细胞是不可替代的。你在一开始就得到了几乎全部的脑细胞，它们之间的连接从出生开始就急剧增长，伴随的是，脑细胞偶尔会进行整理或修复，也会因为事故或疾病导致脑细胞损失；最终，衰老

149

是永久且不可替代的。言下之意，这似乎证实了大脑的广泛固定本质。如果所有的构造模块在出生时就已经就位，那么也许这些构造模块的一些功能可以归因于外部世界，但更多的是由我们出生之前已经拥有的东西所决定的。"生物学强加的限制"是讨论大脑差异时经常引用的格言。

然而，"新生儿神经元数目与成人神经元数目相当"的说法并不完全正确。我们现在知道，婴儿大脑皮层的神经元总数在出生后的头 3 个月里增长了 30%。[9] 我们也知道，我们能够而且确实获得了新的脑细胞，尽管其数量比我们出生之初要少得多。[10] 正如你所想象的那样，考虑到从脑损伤或疾病（或只是简单的衰老）中恢复的影响，这种"神经发生"的过程正在被深入研究。[11] 但这种急剧增长很大程度上是由于神经连接的增长、通信网络的建立，尤其是在生命的头两年。区域内的局部连接首先出现，就像小村庄内的街道网络，然后出现更多的分布式网络，连接更远的结构。[12] 在出生后的头两年里，婴儿头部的周长通常会增加大约 14 厘米，这标志着她大脑中白质的激增。[13] 首先成熟的是更基本的感觉和运动功能，随着那些与更高认知技能相关的网络随后在更长的时间内相互连接，感觉和运动功能的成熟一直会延续到成年早期（在青春期有一个特殊的阶段）。[14] 但是，正如我们将要看到的，即使是这个表面上很原始的系统也能进行相当复杂的信息处理，并产生一些令人惊讶的复杂行为。

婴儿大脑的这些巨大变化，以及它们发生的顺序，对所有婴儿来说都普遍适用。但是，和大多数生物过程一样，在变化的程度和时间上存在个体差异。有些婴儿的大脑比其他婴儿的发育得快一点，有些婴儿的大脑比其他婴儿的更早或更晚结束了发育，或达到"发育终点"。发育神经科学的一个关键问题是，这对大脑的主人意味着什么。这些个体差异对以后的行为模式有意义吗？我们能发现婴儿大脑中成人差异的根源吗？如果可以的话，这是否意味着这些差异是预先确定且与生俱来的？或者，这是否意味着影响早期发育的因素非常重要？

蓝色大脑，粉色大脑？

与我们已经看到的大脑研究历史相一致，针对婴儿大脑的新发现，提出的首要问题之一是女婴大脑是否不同于男婴大脑。在脑成像的早期，这实际上是一个很难回答的问题，因为在一项研究中婴儿的数量通常非常少，所以很难对女孩和男孩进行有效的统计比较。然而，由于新的专业扫描技术和数据库的积累，尽管答案相当复杂，但我们至少开始试着回答这个问题。在这一点上，你可能认为我们已经挑战了这种"寻找差异"的方法。但在整个"埋怨大脑"的争论中，最基本的假设之一是，女性大脑不同于男性大脑，因为它们一开始就是这样的，这种差异是预先设定好的，而且在我们能测量到的最早的阶段就很明显。让我们来检验一下这个说法的根据。

和这一领域的大量数据一样，发现差异似乎是你所使用的测量

151

方法的映射。一组研究人员借助婴儿出生时的全脑体积，报告称男女婴儿之间没有显著差异。[15]另一方面，宾夕法尼亚州立大学里克·吉尔摩大脑发育实验室的研究人员坚定地认为，"新生儿大脑中存在性别差异"。他们的一项研究报告称，男婴的大脑皮层灰质比女婴的多10%，白质比女婴的多6%，尽管一旦考虑到男孩大脑体积更大，这种差异就大大缩小了。[16]经过同样的修正后，这些差异在另一篇研究文章中完全消失了。[17]

即使他们的起点大致相同，也有更佳的证据表明男孩大脑比女孩大脑长得快（每天大约200立方毫米）。这种增长会持续更长时间，最后，男孩的大脑也会比女孩的大脑长得更大。男孩的大脑体积在14岁半左右达到峰值，而女孩的大脑体积在11岁半左右就达到了峰值。平均来说，男孩的大脑比女孩的大9%。与此同时，灰质和白质峰值在女孩中更早出现（记住，在灰质生长的早期兴奋期之后，随着大脑修复的开始，灰质体积开始减少），但是，一旦对整个大脑体积的差异进行调整，这些差异就消失了。但是一篇关于大脑发育变化的综述的作者非常清楚这意味着什么：

整个大脑尺寸差异都不应被解释为功能上的优势或劣势。总体结构测量方法可能不能反映功能上相关因素（如神经元连接和受体密度）的性别差异。在这组精心挑选的健康儿童中，个体轨迹的整体体积和形状的显著易变性进一步强调了这一点。相同年龄的健康正常儿童在大脑体积

152

方面可能存在 50% 的差异，这强调了需要对绝对大脑尺寸的功能影响保持谨慎。[18]

这一警告显然被单一性别教育运动忽略了，有建议说神经学家已经表明，你应该排开男孩和女孩的课程，以考虑到他们大脑尺寸的差异（也就是说，给 14 岁男孩上课的内容和给 10 岁女孩上课的内容一样）。[19] 对于大脑尺寸的根本误解，呼应了 19 世纪幸灾乐祸的鼓吹"缺少 5 盎司"的索赔人？

那么女婴和男婴的左右脑差异呢？这些被认为是男女在语言和空间处理等技能上存在差异的基础，我们能在早期阶段发现这些差异吗？据报道，所有婴儿出生时的左右脑结构都存在差异，通常体现在大脑体积和一些关键结构方面，左脑的比右脑的大。[20] 有趣的是，这与年龄较大的儿童和成人更具特征的模式相反。这表明，这种模式并非一出生就固定不变，而是随着时间的推移而逐渐形成，这可能与不同技能的出现和 / 或不同经历的影响有关。

虽然人们大多认为这种普遍的大脑不对称现象从出生起就存在，但性别差异的存在仍然是个争议点。答案似乎再次根据所采取的测量方法而有所不同。2007 年，吉尔摩实验室在研究大脑体积时报告说，男女婴儿具有相似的不对称模式。[21] 2013 年，该实验室的研究人员使用了不同的测量方法，如表面积和脑沟深度（大脑表面由于折叠而形成的沟壑深度）。在这种情况下，不同的不对称模式似乎正在出现。[22] 例如，一个特定的"脑沟"在男性大脑的右侧 153

深度达到 2.1 毫米。然而，本着仔细研究"不同"的含义的精神，应该注意到这种差异的效应值是 0.07。如果你还记得我们在第三章中对此的讨论，它会被描述为"小得几乎为零"。虽然我们还不知道右半球皱褶更深的功能意义，但将这些发现描述为"出生时就存在的大脑皮层结构不对称的巨大性别差异"的证据，至少应该引起一些关注。[23]

测量半球不对称性性别差异动机的另一个方面是其与产前激素的联系，以及暴露于这些激素（尤其是睾丸素）的差异会对左右脑的不对称性产生不同影响。[24]吉尔摩实验室通过研究大脑的性别差异（他们报告了雄激素敏感性的遗传检测）和2D ：4D手指比率（见第二章）之间的关系，明确解决了这个问题。研究人员利用大脑不同部位灰质和白质绝对体积中非常显著的男女差异来检验这种激素效果，但是当这些测量值被校正为颅内容积时（以大脑体积作为头部尺寸——记住，男孩的头部更大），实际上这些差异消失了。虽然论文摘要中没有反映这一点，但研究人员承认，没有证据表明对雄激素的敏感性（如遗传分析所示）或暴露于雄激素（如数字比例所示）和他们对大脑性别差异的检测有关。正如研究人员自己写道："大脑皮层结构的性别差异在人的一生中以一种复杂且高度动态的方式发生变化。"[25]的确如此。

到目前为止，你可能已经知道，对于出生时或幼儿时期大脑中是否存在性别差异这个问题，可以简单地回答我们不知道。普遍的共识似乎是，一旦将出生体重和头部尺寸等变量考虑在内，

出生时大脑的结构性性别差异几乎不存在（如果有的话）。我在
PubMed 上搜索了过去 10 年里对人类婴儿大脑的结构和功能研究，
共有 21 465 个研究结果，仅 394 个研究报告了性别差异。

如今，焦点转向测量婴儿大脑的连通性（就像成人脑成像研究
中的一样），并仔细搜寻性别差异存在的证据。我们现在知道，甚
至在出生前，大脑中就有相当复杂的功能连接的证据，有证据表明
支撑成年人行为的复杂网络在早期就已形成。[26] 最近的一篇论文（同
样来自吉尔摩实验室）表明，在出生的头两年，男女大脑网络组合
的速度和效率有所不同，男孩在额顶叶网络中表现出更快和更强的
连接，之所以这样说，是因为它们在连接额区和更后顶区方面的作
用。[27] 看这些发现是否可以在不同的实验室和更大的样本量中重现
是一件有趣的事情，但同样，在行为差异中这意味着目前什么都还
不清楚。

大脑中的功能联系是如何以及何时形成的，这种动态可能会让
我们对大脑功能和外部世界之间的关系有更深入的了解，而不是痴
迷于审视对大脑更小的部分进行越来越细致的测量。了解这种联系
如何固定或变化能让我们更好地理解大脑差异的来源和意义，这些
差异属于女性还是男性，与典型或非典型行为是否有关。总的来说，
越来越多的研究关注婴儿大脑的细节、特征以及它们如何随时间变
化。将人类早期大脑发生的巨大变化纳入考虑范围，即使不是每小
时的变化，而是每天或每周的变化，都会让这些研究成为难以完成
的任务。这一定有点像试图通过鸡蛋计时器来计算沙粒的数量。几

第七章 婴儿至关重要——从头开始（甚至更早一点） | 167

乎所有被研究的婴儿群体都包括女孩和男孩，但很少有人报告性别差异。我接触过这些研究的作者，问他们是否检测过性别差异，他们的回答通常是没有找到，或样本太小，无法进行有意义的比较。即使有些研究明确探索性别差异，但没有足够的证据能证明任何一个区分处于生命旅程开始阶段的男孩女孩大脑结构的方法是可靠的。因此，为了给这场"寻找差异"运动一个公平的听证机会，也许我们需要看看差异是如何出现的，为什么会出现，这是否与这些小小的大脑中某种固定程序的内部展开有关，或者外部机构是否在发挥作用。

婴儿大脑的可塑性

我们知道，早期大脑的发育，尤其是不同神经通路的建立和神经细胞间连接的出现，都发生在大脑最具可塑性的时候。尽管成长的时间和模式可能反映了某种基因蓝图精心安排的展开，但蓝图的表达、遗漏和包含，甚至偏差，几乎总是会受到外部世界正在发生的事情以及成长中的大脑如何与之互动的影响。大脑的发育与它所处的环境密不可分——大脑对世界输入的东西有敏锐的反应，但是如果输入不足，大脑就会反映出这种不足。

有时候问题出在外部世界上。罗马尼亚孤儿的故事提供了令人痛心的案例研究。[28] 1966 年，当时的罗马尼亚共产党领导人尼古拉·齐奥塞斯库颁布了"鼓励生育"政策，旨在通过禁止避孕和堕胎以及对生育过少的人征税来增加劳动力。这个政策的实施加上日益严重的贫困和过度拥挤导致成千上万的儿童被送入国营孤儿院，其中80%以上的儿童不到1个月大。他们每天都被放在婴儿床上（有时被绑在床上）长达20个小时，每个照顾者（从孩子的状况可以明显看出，他们通常不负责任并经常虐待儿童）"照顾"10到20个孩子。3岁时，孩子们被转移到其他孤儿院；6岁时又被转移一次；有些孩子可能会在他们12岁左右可以工作时，被家人带回；许多孩子逃跑或被扔在街上。很难想象有比这更长期、更严重的大规模社会剥夺。

1989年罗马尼亚革命后，人们发现了这些情况，并努力改变现状。当时在机构中发现的许多儿童都被收养，研究人员对其中一些儿童进行了跟踪，试图评估他们受到的伤害以及他们是否有可能康复。[29]这种早期剥夺的影响可以在大脑和行为层面上看到，包括患有严重的认知缺陷，智商测试的总体分数很低，通常很少或不说话。与被诊断为多动症的儿童相似的注意力问题很常见，还有许多孩子有攻击性、易冲动。尽管孩子们（尤其是年幼的孩子）在一年内就掌握了许多认知技能，但收养家庭仍然报告说，他们的孩子有相当明显的情绪和行为问题，特别是与社会技能有关的问题。[30]罗马尼亚孤儿和许多被机构收容的儿童都有一个特殊的行为特征，这种特征被描述为"无差别友善"。孩子们会接近任何人，包括他们从未见过的成年人，抱住那些成年人的手臂想要被举起来，缠住陌生人的腿。一旦得到回应，他们通常会"关掉开关"，身子一软，要求被放下。在与外人几乎没有任何接触的历史背景下，他们似乎意识到某种社会剧本的开始，但不知道结局。

这些孩子的大脑结构和功能似乎受到了他们早期经历的影响。有几份报告显示，他们大脑中神经细胞的体积比对照组的儿童的小，这通常是这些细胞之间的通信系统受到限制的迹象。[31] 观察他们的脑白质，这是衡量大脑中神经细胞通路完整性的方法，也显示出这些通路的效率显著降低。在布加勒斯特早期干预项目最近的一项研究中，该团队报告说，与从未被机构收容的儿童相比，曾经被机构收容的儿童的大脑中的灰质体积要小得多，无论他们是留在机构里还是被收养。[32] 然而，脑白质比较的结果更加乐观，结果表明，在这种情况下被收养的儿童与对照组的儿童没有什么不同，尽管再次被机构收容的儿童的脑白质体积减小。该团队还宣称，与他们第一次开始研究儿童时所得到的测量结果相比，被收养儿童的 EEG 信号有了显著的改善，而且他们被收养时年龄越小，EEG 信号的改善就越大。研究人员用充满希望的语言解释了这一点，认为这些变化可以作为发展"追赶"可能性的衡量标准。

似乎专注于大脑中的网络而不是特定的结构可能会更好地揭示毁灭性的早期环境对发育中的大脑造成的影响。就我们对大脑在多大程度上可塑（无论好坏）的兴趣而言，这是一个有用的见解。现在，哥伦比亚大学的尼姆·托特纳姆（Nim Tottenham）和她的研究小组已经研究了无差别友善的问题，以探究他们是否能够识别这种非典型社会行为的大脑基础。在一项研究中，他们观察了 33 名年龄在 6 岁至 15 岁之间的儿童，这些儿童在被美国家庭收养之前，在海外的机构中度过了人生中最初的 3 年。[33] 这些儿童比一群在寻常环境下长大的对照组儿童表现出的无差别友善更多。在 fMRI 扫描仪中，孩子们会看到自己母亲或"匹配的"陌生人的照片，在这些照片中，人的面部表情要么是快乐的，要么是中性的。孩子们的任务是识别他们看到的人是否快乐，但是研究人员真正感兴趣的是孩子们的大脑是否对他们母亲的照片和陌生人的照片做出不同反应。他们关注杏仁核，正如我们在第六章中看到的，杏仁核是社会脑的一部分，由与社交关系相关的信息激活。他们发现，在对照组中，杏仁核对陌生人的反应比对母亲的反应小得多；但是在以前被收容的儿童中，不管他们看到的是他们的母亲还是陌生人，他们杏仁核的反应都是一样的。也有证据表明在这些孩子的大脑中，杏仁核和大脑其他部分（包括 ACC）之间的连通性降低，这表明社会脑网络没有很好地建立起来。在先前那组被收容儿童中，他们对母亲和陌生人做出的反应差异越小，无差别友善程度得分越高，他们在被收养之前在机构中生活的时间就越长。

幸运的是，像这样极端的不良事件很少发生。但是发育中的大脑具有很大的可塑性，甚至较为温和的童年逆境，如严重的家庭不和、遭受情感虐待或父母关爱不佳，都会对其产生影响，尤其是在社会脑网络中。[34] 人脑的可塑性支持其灵活性和适应性，这意味着大脑所处的世界能够影响严格预编程的发育过程，甚至改变这一过程，有时这种改变会让大脑发育的结果很难逆转。这种适应性显示出一个十分脆弱且充满可能性的世界。

婴儿的大脑能做什么？

起初，人类婴儿出生后似乎不会做很多事情。不同动物在出生时有不同的能力。一些被称为"早熟性"动物的动物，相对来说出生时就已经准备好独立生存，能够在出生后几分钟内站立和吃奶——长颈鹿就是人们最喜欢的例子。其他被称为"晚熟性"动物的动物则非常无助，可能失明、失聪、行动不便，并且在相当长的一段时间里依赖它们的看护者。人类婴儿依赖他人照顾的时间长度使得他们属于第二类动物（还包括老鼠、猫和狗等）。

有人认为，长大后你的大脑尺寸是体现出生时你（和你的大脑）发育得有多好的一个因素。随着这个因素变化的是你通过的产道。对人类来说，骨盆的改变让我们能够直立行走，而这就限制了产道的大小，所以婴儿的头只能长那么大，婴儿才能降生于世。大自然仁慈地（谢天谢地）决定，如果你热切期待的孩子成年后的头围是56厘米，那么你腹中婴儿的头围达到35厘米时，你的身体就会让孩子的头围停止增加。

不利之处在于新生儿身体上的无助，但是据称晚熟性动物的优势之一是（字面上）在出生后大脑还有发育的空间。做长颈鹿可能意味着你出生时的大脑会让你站起来，马上开始生活，但在那之后，你只是增长了年纪，并不会变得更聪敏。另一方面，人类婴儿大脑拥有巨大的发育潜力。这可能是关于长颈鹿宝宝的跑题漫谈——人类宝宝带着未发育完全的大脑来到这个世界。理解这些未发育完全的大脑改变的方式和原因，将有助于理解大脑与其所支撑的行为和个性之间的任何差异。

那么，一个未发育完全的人脑能做些什么呢？如果我们观察它主人的行为，我们可能会推断出它是一个非常基本的、可能高度集中的系统。第一个女儿的到来让我在除了阅读发展心理学书本以外拥有了自己对新生大脑如何工作的第一手体验。很快我就清楚发现，我制造了一个微小但非常喧闹的传输装置，她被编程为持续发出与她的消化系统和 / 或下半身状态的不适相关的某种信号，或者仅仅是自发展示她的发声能力。她的生物钟设定是在黑夜里进行最大量的活动，大约每 35 分钟重启一次；检查随机进行，以确保她的体力保持在稳定的就绪状态。除了一些非常有效的声音监控，例如踮起脚尖离开或试探着关门，她看起来不是一个很好的接收设备，这种感知会立即触发她的警报系统；她对外部人员保证会按下关闭开关进行控制的各种据称有自动防止故障装置的摇篮曲、音乐盒或洗衣机旋转周期都毫无反应。她似乎由一个原始而简单的程序运行，以达到所有意图和目的，这大概反映了原始而简单的大脑活动。（哦，对小长颈鹿来说！）

然而，技能更熟练（也可能更少睡眠不足）的研究人员已经设计出非常巧妙的方法来测试新生儿的技能，并检查他们是否真的只是被动的、效率相当低的接收设备，或者（他们的大脑中）是否有

160

比外表所表现出的更多的事情发生。我们现在可能有技术来获得婴儿大脑中各种微小元素的详细影像，但是她能用这个新出现的皮质组合做什么呢？这就是发展神经科学家遇到的另一个挑战：我们如何知道婴儿是否注意到她周围世界的变化？很难让她按下回应键。你怎么知道一个新生婴儿是喜欢黑白横条还是她母亲的声音，或者是否能辨别出你在用外语和她说话？你不能让她完成0—5李克特量表，0表示"不在乎"，5表示"现在更在乎"。

发展心理学家就像夏洛克·福尔摩斯一样，想方设法辨别新生儿能做和不能做的事。久而久之，他们已经收集了一系列表明婴儿正在集中注意力的细微迹象，例如呈现婴儿"喜欢"的声音或景象，及婴儿"选择"一种刺激而非另一种刺激。优先注视法是衡量婴儿"兴趣"的方法之一，即同时给婴儿展示两种刺激，并确定她注视每种刺激的时间，我们通常认为婴儿会用更长的时间看她喜欢的东西。[35]通常情况下，研究人员会设定特定最短注视时间（通常大约15秒），以确保他们不会被随机的眼球运动所欺骗。习惯化是另一种手段：通过一次又一次展示同样的东西，并测量通常会下降的注视时间，在这之后人们得出了一些不同寻常的结果——如果婴儿对新事物看得越久，那么这就越能体现婴儿正在注意并关注新事物。另一个行为标志是吮吸率，人们可以通过电子奶嘴来测量吮吸率，将吮吸率的增加视作兴趣或热情的衡量标准。现在甚至有可能观察子宫内的行为变化，嘴巴张开被视为另一种测量方式，这通常与心率变化相关。因此，甚至在人类婴儿来到这个世界之前，我们就可以获得一些线索来了解这个世界是如何影响他们的大脑的。[36] 我们也可以通过 EEG 测量"失匹配负波反应"来仔细观察婴儿大脑：大脑活动的增加与一种"我发现了一处不同"的对环境变化的反应有关。[37] 这个大脑能区分人类声音和电子声音，或者区分母亲的声音和陌生人的声音吗？这些方法充分揭示了新生儿对世界的了解和反应。她似乎生来就拥有惊人的一系列技能，这让她比最初看起来更容易融入这个世界，这也意味着这个世界对她小小大脑的影响会比我们之前假设的要大得多。

婴儿的声音世界

即使在出生前，婴儿的听觉世界也相当复杂。一项研究表明，在重症监护室中接触母亲声音（母亲的声音和心跳）的早产儿，他们的听觉皮层（主要是控制声音的大脑部位）比那些只接触到常规医院噪音的早产儿要大。[38] 因此，婴儿和他们的大脑对他们可能听到的声音已经很挑剔了。众所周知，对许多人来说，在他们出生之前就能听到包括自己母亲的声音了。[39]

一些研究人员已经能够测量 7 个月大的早产儿（大约提前 10 周出生）对声音做出反应的 EEG 信号。[40] 这些反应显示，他们的大脑已经能够区分辅音 [b] 和 [g]，以及男性和女性的声音。刚出生时，婴儿似乎能够区分激活大脑左侧的母语声音和激活大脑右侧的不同语言声音。[41] 新生儿似乎也能够区分快乐的和没有感情的

162

声音，因此他们已经获得了一些有用的社会线索。

一项研究运用失匹配负波反应来证明这一技能。播放平淡的、欢快的、悲伤的及吓人的"dada"音节给新生儿听。[1][42] 标准的音弦（平淡的"dada"音节）被"异常"音调（快乐、悲伤或吓人的"dada"音节）随机打断，研究者以此比较大脑的反应。如果"接收者"没有注意到任何差异，则不会记录不匹配响应。婴儿对平淡的音节和每个情感音节的反应有很大差异，对吓人的"dada"音节的反应最大。在这项研究中，96 名出生 1 到 5 天不等的新生儿参与其中，其中包括 41 名女婴。尽管研究人员进行了明确细致的观察，但他们在这些反应中没有发现性别差异。这很有趣，因为正如我们将在后文看到的，据称女性具有更强共情心的一个衡量标准是她们对情感信息（包括语音语调）的更强反应。[43] 因此，即使运用这一衡量方法，女性确实对情感有更高的敏感度，但这种敏感度似乎在出生时并不存在。

新生儿似乎也能很好地适应声音环境中的微妙差异。有力的证据表明，婴儿的听觉系统不仅非常精细，而且不只是被动的信息接收器。从很早开始，研究人员再次利用失匹配负波反应已经表明，

---

[1] 艰苦的工作不仅仅是由实验者完成的。婴儿必须听 2 到 3 组出现 200 次的声音，这就是众所周知的 OB 刺激序列。对于被招募参与这项研究的女性"画外音"来说，发出这些声音一定是一个相当大的品特式（指暗藏危险的寂静）挑战，她们必须记录快乐的"dada"，而不是悲伤的"dada"。事实上，对于 120 名听众来说，他们必须对所有的"dada"声进行情绪化或缺乏情绪化的评价。如果结果不是创造性的，我们神经科学家真是一事无成！

婴儿主要会对任何不同的声音做出反应，例如一系列"哔哔"声中的"击打"声（业内称为"声学异常"）。[44] 在有证据表明婴儿注意到不同声音之前，这种差异必须非常明显，但是什么样的噪音似乎并不重要——一些白噪声引发的反应与对应的哨声或鸟鸣声非常相似。但是在 2 到 4 个月大的时候，有证据表明婴儿对"环境"的声音有不同的反应，比如门铃声或狗叫声，还有言语声和非言语声。婴儿的听力系统似乎已经开始过滤哪些是值得注意的声音以及哪些是可以忽略的声音。

如果某些声音没有出现在你的声音环境中，那么你对它们的敏感性就会降低，这是对听觉系统可塑性的一种衡量。例如，如果你的母语是日语，那么你就不会接触如何区分 [r] 音和 [l] 音，而这在英语中很重要。[45] 6 到 8 个月大的婴儿（不管他们接触哪种语言，他们会说哪种语言）仍然可以区分所有这些声音；但 10 到 12 个月大的婴儿，他们将只能区分那些在他们自己的语言中不同的发音。这在行为层面和大脑层面都得到了证明，在行为层面通过摇头作为"辨别差异"的方式，在大脑层面则通过观察不同声音诱发的不同反应。[46]

因此，小婴儿除了是有辨别力的倾听者，他们似乎还能够从所能听到的东西表达的社会意义中获得相当复杂的线索，这不仅仅关于他们将要说的语言，还包括该语言的发音有多不同，例如，可以标记出情感的不同表达。

　　婴儿的视觉远不如听觉复杂。在妊娠期 30 周左右，婴儿的视网膜和视神经的基本构造就已经发育完全，但刚出生时婴儿看到的世界将会相当模糊，[47]因为眼部器官还没有发育到足以在视网膜上形成清晰的图像。新生儿的眼睛很难聚焦在 8 到 10 英寸（约 20.32 到 25.4 厘米）以外的物体上。随着来自视觉系统的信息变得更加准确和精细，发育中的大脑能够更好地利用信息，这表现在行为的变化上，例如婴儿能够在大约 3 个月的时候追踪移动的物体，或者能够到并伸手抓住它们。[48]

　　但是，在我们探索我们所谓无助的新生儿有多复杂的过程中，让我们看看婴儿视觉系统能做什么，而不是不能做什么。婴儿似乎从出生就有亮度处理能力（对应光 / 暗差异）。事实上，经证实，亮度处理能力会随着胎龄的变化而变化（这意味着早产婴儿亮度处理能力较弱），这表明它是一个预先发育技能的典例。[49]尽管他们的视力很差，但从 1 周大的时候起，他们就已经可以区分平纹和条纹，并显示出对高对比度图案的偏好，如偏好黑白条纹和水平条纹，而非垂直条纹。[50]

　　双眼协同工作，可以让你全面地观察物体，看到一个清晰的世界，包括更细致地观察面部等事物，以及更准确地抓住玩具或手指。令人惊奇的是，新生儿的眼睛有时会独立移动——如果你是新生儿的父母，有空可以试着用手指向婴儿的鼻子来印证这一点。但是到了 6 到 16 周大的时候，婴儿的双眼开始一同工作，他们对不同模式的反应以及他们更准确地跟随移动事物的能力表明他们开始使用双目视觉。[51] 有证据显示，女婴比男婴更早获得这项技能，并且据称，这种早期差异可能是女孩在处理面孔时具有的优势因素之一。[52] 我们将在下一章讨论为什么会出现这种情况。

婴儿从出生起就有基本的色觉：新生儿更喜欢彩色刺激而不是纯灰色的刺激，假如有选择的话，新生儿看红色刺激的时间最长，看黄绿色刺激的时间最少。这不仅对女婴来说是这样，对所有的婴儿也是如此（这是粉红化一族可能需要考虑的问题）。婴儿到了 2 个月大的时候，他们对各种颜色会有不同的反应，但仍然没有任何证据显示他们存在性别差异。[53]

当然，眼睛不仅仅是接收视觉信息的器官；眼睛也有社交功能。人们通常认为眼神交流或相互注视是社交和沟通的主要标志。比起闭着眼睛的脸，新生儿通常更喜欢睁着眼睛的脸，当直视他们时，婴儿不会避开你的眼睛，反而会看得更久。[54] 婴儿在 3 个月大的时候，如果母亲不看他们，他们会变得焦虑不安，经常会挥手或摇来摇去来重新引起母亲的注意。①[55]

眼睛注视似乎也是一种交流手段，这似乎是在给一些值得注意的东西做记号。人们已证明只需让 4 个月大的婴儿直视物体，他们就会学习所看到的物体，也许还会伴随着一张恐惧的脸或一张高兴

---

① 我一直使用"母亲"一词来描述主要的照顾者，因为在大多数研究中，主要的照顾者都是孩子的生母。然而，育儿方式必然存在许多不同，如果孩子出生后的主要照顾者是父亲，那么这也适用于他。

的脸。[56] 人们也证实了注视偏好是衡量新兴技能的良好方法：优先关注脸部的眼睛和嘴部区域与面孔处理效率相关，而面孔处理效率本身也与社交发展相关。

眼睛当然是用来看的，并且辨别你所看到的东西是筛选周围环境中潜在有用信息的早期迹象。另外，知道别人的眼睛在看什么对你来说意义重大，这是一个更加复杂的信息收集机制。而且，即使第一年生命还没有过半的时候，婴儿显然已经掌握了这些技能。[57]

初露端倪的社会意识？

正如我在本书前面所述的那样，在大脑网络的支持下，驱使我们社交的动力很可能是我们进化成功的秘密。那么，我们能在婴儿身上找到这些社会脑网络吗？它们何时活跃，又是怎样活跃的呢？

正如早期研究成人大脑的重点是语言和交流等核心认知技能，以及抽象推理和创造力等新兴高级技能一样，最初人们对婴儿大脑发育的好奇点主要集中在婴儿大脑的变化与感知和语言基础技能以及运动和协调能力是如何同时发生的。人们曾推测，人类新生儿大脑进化中最复杂的区域，即前额叶区域，在功能上是无声的，而其他区域则继续为生命的基础搭建脚手架。我们简直大错特错！正如我们将在下一章中看到的，婴儿的社交技能实际上可能远远领先于他们更基本的行为技能，他们的社交天线从很早就开始进行转变，以获取重要的线索。

现位于弗吉尼亚大学的心理学家托比亚斯·格罗斯曼（Tobias Grossmann）回顾了许多关于婴儿期社会脑的研究，并得出结论，"人类婴儿进入这个世界时会适应社交环境，并为社交互动做好准备"。[58]他指出婴儿社交行为的早期迹象最初是以自我为中心的，婴儿通过凝视显示屏或共享注意力场景等过程，获得与他们自身需求相关的线索。现在已知这些早期社会行为迹象的大脑基础主要涉及前额叶皮质，这是较高认知和社会功能的基础，早期婴儿模型无法预测前额叶皮层是"反应性的、反射性的和皮层下的"。[59]研究人员最近表示，"社交性"凝视的关键特征，如聚焦于面部的眼部和嘴部区域，以及积极观察社会场景关键方面的持续时间和方向，它们都有很强的遗传成分，因此从一开始就具有先天性。[60]

和以往一样，对我们如何成为社会个体的思考也包含了这样一个问题，即是否有任何证据表明支撑这一过程的大脑功能存在性别差异。也许这并不奇怪，鉴于缺乏明显的证据表明婴儿大脑结构可以简单利落地划分为女性和男性，社会行为中同样难以发现非常早期的性别差异。

有人声称，尽管实际上不可能复制这一发现，但新生女婴比男婴具有更长的目光交流时间。[61]另一项研究表明，尽管刚出生时发现不了性别差异，但如果4个月后再度观察同一群婴儿，你就会发现相当大的性别差异。男婴目光交流的次数和持续时间保持不变；而对女婴而言，其目光交流的次数和时间增加了近4倍。[62]

西蒙·巴伦-科恩的团队还注意到，12个月大的女婴目光交流的次数更多。[63] 因此，即使男婴和女婴在这一核心社交技能方面刚开始时是并驾齐驱的，但随着时间的推移，似乎出现了性别差异。没有明确的证据表明母亲会花费更多的时间与女孩而非男孩进行目光交流，但这可能是因为男孩的好动性和追逐打闹游戏阻碍了男孩花时间面对面与母亲交流，从而减少了他们的"学习机会"。[64]

任何熟悉这些"发育标志"指南的新生儿父母都应该知道，这个研究团队所展示的上述诸多可变性是任何形式的婴儿发育中最常见的特征。婴儿何时会出现社交式的笑容？可能是 4 周时，或可能是 6 周时出现，又或者可能 12 周之前都不会出现。那婴儿何时说出第一句话呢？是乐观一点地说在 6 个月时呢，还是现实一点地说在 12 个月时呢？我们知道事物发生的顺序几乎相同，但除此之外，我们往往或多或少地为专家小组（据说由资历深的家庭成员、卫生访视者、路过的陌生人和 / 或最糟糕的婴儿书作者组成）的民间智慧所控制。他们几乎总是告诉我们，男婴会在不同的时间做不同于女婴的事。婴儿到底有多少技能，这些技能真的能按照这些所谓的专家所主张的那样进行统一的性别划分吗？

目前随着神经科学的重点转向作为社会个体的人类，婴儿和成年人在社交方面的技能正在经受深入的研究。正如我们所看到的那样，尽管婴儿在刚刚出生时显得那样无助，但是他们的信息处理系统却显示出惊人的高效率，而且他们似乎很快就能意识到周围世界的细微差异。婴儿能多快和多久使用这些技能来积极参与社会系统？婴儿需要走路和说话才能开始在社会世界中占据一席之地吗？或者说事实上婴儿从一出生就已经成为社会个体，随时准备接收世界提供的任何信息？

答案可能会让你大吃一惊。

第八章
让我们为婴儿鼓掌

对婴儿能做什么（以及他们最终如何成长为功能完善的人类成员）的典型理解是众所周知的"先天与后天"争论。

从先天的角度来说，婴儿按照预先确定的路线发育，最终结果基本上由基因蓝图决定。这包括他们的大脑和大脑支持的行为。这个天生的程序会严格展开，决定一个婴儿最终会成长为什么样的成年人，任何差异都反映了这个特定的物种所需要的技能。这种"先天法则"的说法有时被称为"电车线路模型"，即目的地基本上是由起点和已经规划好的路线决定的。可以相对灵活地应对不断变化的需求，但避免剧烈波动。孩子最终成长为何样需要适应其预定的角色。生理特性即是命运。

当然，基因蓝图包括婴儿的性别。在达芙娜·乔尔（Daphna

Joel）描述的 3G 模型中，[1] 人们相信决定婴儿生殖器和性腺特征差异的基因也会决定他们大脑的差异。这些"固定的"大脑差异将定义新生男女婴儿的才智和能力，并让他们走上不同的人生道路，成年后他们会从事不同的职业，拥有不同的成就。在女婴与男婴生命早期出现的差异被视为这种差异先天或"固有"存在的证据，这些差异还很有可能被写进花里胡哨的文章里，如"这是个女孩"或"这是个男孩"，这些文章还会列出新生儿的"独特奇迹和特殊天性"。

另一方面，还有所谓的"后天派"观点，其侧重的观念是人类婴儿出生时是"白板"，出生后的经历在其上留下痕迹。基本前提是，婴儿和他们的大脑能做什么、他们获得的一套技能、他们说的语言，甚至他们如何看待世界，完全是由他们成长的环境、他们的学习经历和遇到的社会规则决定的。这种依赖经验的方法可以被视作一种"社会化"方法：婴儿通过模仿成人世界来学习成长。女孩和男孩、女人和男人行为方式以及他们所取得的成就的差异不是由某种形式的生物预编程决定的，而是由他们所处世界对他们期望的差异以及他们所拥有（或被允许拥有）的生活经历的差异决定。

这两种几乎对立的观点如今融合起来，形成的观点仍然涉及生物特性，但在这种观点中，生物特性在决定最终结果方面的影响力远不如早期的"生理特性就是命运"的观点。在这种观点下，你和你的大脑可能从一个相当标准的轨迹开始发育，但是这个轨迹可能会被安妮·福斯托－斯特林（Anne Fausto-Sterling）所说的大脑发育路径的"波纹状景观"中相当小的变化所改变。[2] 发育开始时存在许多可能的路径，不同的事件或经历可以将发育路径从一个转移到另一个。这些变化可以通过相当小的转移来实现，反映出婴儿生活中的微小变化，比如她母亲和她说话的方式，或者她被鼓励站立和四处走动的程度。

171　　福斯托－斯特林将这些早期互动和后来的能力进行了建模研究，她揭示了早期对男婴和女婴回应的差异是如何与技能差异（如早期行走）相关联的，在过去，这种技能差异被认为是天生的。[3] 关于婴儿技能差异一个相对有力的发现是，男孩往往移动得更多，更早开始走路；但还有一个相对有力的发现，即男孩比女孩得到了更多的"运动鼓励"。即使男孩其实是女孩，穿着工装裤巧妙地伪装起来，这也是事实（所以刻板印象也有它们的用处！）。[4] 正如我们在上一章中看到的，小脑是大脑中对运动控制至关重要的一部分，在出生后的头 3 个月里，它的尺寸会翻倍。我们现在知道，平均而言，男孩小脑的发育速度比女孩快得多。[5] 一个重要的问题在于，这种变化是促进了男孩运动技能的提升，还是反映出他们正在经历更大的运动体验。

　　这里的关键信息是，任何大脑的轨迹可能都不是固定的，可能会被期望和态度的微小差异改变——你可以从一条路出发，但这条路的一个小岔口可能会让你走上另一条不同的路。如果这种改变恰好有性别之分，那么你进入的山谷可能会带你进入一个粉红色公主的世界，而不是你要去的乐高王国。这种发展模式比经典的"先天与后天"观点更复杂——大脑发育的轨迹由许多紧密交织的因素决定，包括大脑本身的特征，也包括过程中的封闭部分或转向。

在第五章中，我们看到了关于大脑"终身可塑性"和"预测性"本质的发现，这已经让先天论和后天论发生了变化。可以说，"本质"观点现在已经演变成了一个概念，即固定的、由激素决定的系统。在这个系统中，神经元支持系统在人出生时就已经就位，但是外部世界被赋予了稍微大一点的作用。就像预装了某些应用程序的智能手机一样，大脑最终会做什么取决于输入的数据。然而，该系统仍然会受到"正确的"特定任务应用程序的限制，就像如果没有谷歌地图，你很难找到路。这更多的是一种"生物学强加限制"的模式，而不是将生物特性作为不可更改的命运的模式。

172

另一方面，在后天论的新演绎中，如果大脑被认为更多的是"预测发送者"，那么婴儿大脑可以被认为是新兴"深度学习"系统的第一阶段。这些类型的系统有效地从它们所接触的信息中提取规律，更高级的系统不需要任何类型的明确帮助或指导，而是使用来自成功经历或其他早期尝试的反馈来改进它们与环境的下一次接触。尽管这些系统基于大脑，且当然由生物特性决定，但它们更具流动性和灵活性，有更多临时的"软组件"来获取必要的数据并生成适当的模板，模板的输出将用于更新，并解决下一个挑战的新焦点。

每个这类模型对我们理解性别差异都有重要意义。如果你没有这个应用程序，那么你就无法解决问题 / 玩游戏 / 读懂微妙的情感信号。另一方面，你可能有这个应用程序，但外部世界没给你数据。或者你得到的数据随着你是何种"智能手机"而变化：粉色软软的手机得到一组信息，蓝色装甲的手机得到另一组信息。

但是关键问题仍然是这一切从何时开始。正如我们在上一章中看到的，我们现在可以更好地接触婴儿大脑和生命早期发生的巨大变化。但是婴儿用大脑来做什么呢？外部世界寻找输入正确数据的方法，在此帮助下，他们只是忙于获取视觉、听觉和行动的认知基础吗？他们还能做什么？他们在获得核心"认知能力"的同时，是否也很快学会了社会规则？发展心理学家和发展认知神经科学家的工作揭示了一些关于婴儿世界的惊人发现，帮助我们理解他们能做什么、何时做，以及我们能在多大程度上把我们这些渺小的人类视为预装了程序的智能手机或深度学习新手。

小小语言学家

大脑如何对语音或类似语言的声音做出反应对人类婴儿来说也许有着独特的重要作用，在大多数情况下，这让人类婴儿能够成长为通过语言或语言相关过程进行交流的社会群体的一部分。新生婴儿未发育完全的大脑拥有惊人的能力，让他们能够进行语言交流，尽管似乎只是一些咯咯声和令人震惊的高声哭喊。新生婴儿能够分辨按顺序播放和倒着播放的录音语音——从表面上来看，这也许不是一项明显有用的技能，但它确实表明大脑已经准备好对类似语音模式排列的声音做出反应，而不仅仅是随机收集的声音。[6] 她还能分辨母语和外语之间的差异。[7] 令人印象深刻的是，通过用不同力度吮吸奶嘴，5天大的婴儿证明了他们知道英语、荷兰语、西班牙语和意大利语之间有区别。[8]是否有迹象表明这种据称可靠的性别技能存在早期性别差异？到目前为止还没有任何报告。

孩子再长大些表现出的差异可能会给出语言能力的天赋或其他方面的线索？生命早期存在性别差异的报道层出不穷，如女孩说话更早，表现出更好的自发语言和词汇技能。[9]由于这类差异很多，而效应值实际上相当小，所以男孩和女孩之间有相当大的重叠。然而，虽然这种差异很微小，但在广泛的语言群体中似乎真实存在，这可能暗示着先天因素在起作用。但是通过长期追踪母婴语言交互活动，研究表明，母亲在女儿出生至11个月会与女儿说更多话，所以一些环境因素在此发挥作用。[10]这是生物因素与可变环境互动的一个很好的例子。婴儿的听觉皮层在出生后的最初几个月里发育得很快，神经细胞的生长和细胞之间联系的发展依赖于经验，婴儿所接触到的声音类型最终决定了他们所能识别和做出反应的语言。[11]如果母亲对女婴说了更多话，对女儿做出的声音回应也更多，那么她们就给了女儿一种不同的"声音经验"。正如安妮·福斯托-斯特林所言，女孩早期表现出的语言技能可能是女婴经历不同的"呼唤和回应"（或"服务和回报"）的结果。[12]事实上，女婴的语言系统可能已经存在差异，这些差异首先引发了照顾者的不同反应，但原则是一样的：决定结果的不是天性或养育本身，而是两者的共同作用。

后面我们会看到，女性具有语言优势的刻板印象经不起仔细的审视。男女成绩分布有很大的重叠，进行不同的测试后，许多差异都消失了。在这件事上，不同寻常的是，在语言习得的某些方面，性别差异似乎存在于人类生命早期，但是它们的存在以及对它们的探索，都基于成年女性和男性之间存在差异的观念，而这种差异实际上似乎已经消失了。

婴儿科学家

如果你被要求对人类在各领域取得的优秀成绩进行排名，你可能会将数学和对物理定律的理解放在第一位。你也可能认为这样的成绩只有经过多年的教育才能获得，而且无论有多少机会，都是许多人力所不及的。所以你可能会惊讶地发现，非常小的婴儿已经掌握了高科技的基本原理。在出生后的 2 天内，他们可以分辨出大数字和小数字的区别，将短促的哔哔声与只有几个笑脸的图片相匹配，将长长的哔哔声与有许多笑脸的图片相匹配。[13] 两三个月后，如果他们看到一个球滚进了一根管子，却没从末端滚出来，他们会表现出惊讶；[14] 5 个月后，玻璃杯中看起来像液体的东西变成固体时，他们会感到不安，因为他们的条状吸管停留在它被放入的假水的表面。[15] 所以，在出生后的 5 个月内，婴儿已经表现出对基本数学（或算术）和直观物理的掌握、对物体通常如何移动以及物质基本特征的掌握。拥有所谓的"核心知识"，又一次证明人类婴儿并非无助或被动的接收者，他们能够进行令人惊讶的复杂观察并与这个世界互动。

当然，对我们来说，关键问题在于，这些内在的能力在孩子出生时是否存在性别差异。女性在 STEM 学科中的代表性不足，我们的小科学家所展示的物理和数学技能至关重要。也许，无论是否政治正确，我们可能会寻找证据证明存在某种先天的性别差距？如果在"系统化"方面，对基于规则的物理系统及其特征的兴趣存在性别差异，这些差异是否会反映在从出生时就展现出的"无经验的物理"技能上？

在上面概述的所有"婴儿物理学"研究中，没有一项报告有性别差异。以后研究科学中性别差距这一不断出现的问题的基础时，我们应该记住这一点。但是，也许在生命早期存在更普遍的差异，男孩只是表现出对非社会信息的偏好？

事实证明，早期关于这点在新生儿身上得到证明的说法一直存在争议。西蒙·巴伦－科恩实验室的珍妮弗·康纳兰（Jennifer Connellan）的一项研究被广泛引用，作为男性天生偏爱机械物体而非面部的证据。[16] 在康纳兰的研究中，给新生儿展示的要么是实验者本人，要么是扁平的脸型手机，手机上贴着实验者面部不同部分的杂乱照片。对每种刺激的注视时间量被视为偏好的量度。这里有必要详细说明实际的发现，这样你就会明白为什么这些说法有些令人惊讶。在 58 名接受测试的女婴中，近一半（27 名）对脸部和手机没有偏好；在剩下的女婴中，21 名看脸的时间更长，10 名看手机的时间更长。在接受测试的 44 名男婴中，14 名男婴

176

没有表现出偏好，11 名男婴偏好面部，19 名偏好手机。因此，尽管 40% 的婴儿实际上根本没有表现出偏好，但解释实验结果的主要重点在于偏好手机的男孩和女孩的比例差异——分别为 25% 和 17%。这被解释为男性偏好机械物体（表现为"物理机械运动"）的证据，而不是脸部（特征是"自然的、生物运动"）。研究人员声称，由于婴儿刚刚出生，这种差异必然与生理特性有关。这被誉为重要发现，因为它似乎提供了证据，证明所谓的社会技能的性别差异，或者你在世界上对可能注意到的东西的偏好，从出生就存在。

这项研究和引用该研究的文章几乎一样受到广泛的批评。例如，实验者并不是不知道她测试的婴儿的性别；刺激是单独呈现的，而不是像标准做法那样一起呈现。[17] 鉴于这些问题和其他问题，研究没有被再现就不足为奇了。也有其他研究提出了同样的问题（脸和物体），他们使用玩具作为物体在大一点的婴儿身上进行了实验（5个月及以上的婴儿），但我们将会看到这也带来了其他问题。[18] 实验在方法上是合理的，它确实是一个有说服力的案例研究，说明了明显清晰的发现是如何隐藏一个不太清晰的故事的。

但这并不是说没有证据表明科学相关技能的早期性别差异。众所周知，受到广泛关注的一个领域是"心理旋转"物体的能力，这种能力提供了一种空间操作技能，这种技能被认为是理解科学和数学中关键概念的基础。[19] 心理旋转能力经常被认为是可测量的最强有力的性别差异之一，男性的表现（平均而言）一直优于女性，对这类研究的元分析报告了小到中等的效应值。[20]

那么，这种技能在生命的早期是否很明显？记住，你很难向1个月大的婴儿解释你希望他或她"想象操纵一个三维物体的二维表达"。对婴儿的研究倾向于使用"惊奇"或"新奇"的方法，比如，在重复几对相同的图像（比如，不同角度的数字"1"）后，显示一对图像测试，其中一个图像实际上是与另一个图像匹配的镜像。当婴儿对新事物表现出偏好时，如果他们注意到这种变化，他们会花更长时间来观察这对不协调的图像。

在一项调查3到4个月大婴儿心理旋转研究的假设中，使用了这种新奇的偏好测量。[21] 研究结果报告称，男孩62.6%的时间会看这对新奇的图像（高于随机水平的差异），相比之下，女孩只有50.2%的时间会看这对图像。稍大一点的孩子（6到13个月大）执行类似的任务时，男孩和女孩在镜像刺激下看这对图像的时间比随机水平长。性别差异很小，男孩看镜像对的时间比女孩长3.4%，但分数有很大的重叠。因此，普遍的共识是，小男孩看那些通过旋转其中一个成分而变得新奇的图像的时间会更长。但这并不一定意味着女孩不看镜像，可能只是因为她们没有像男孩那样给予它同等的关注；也可能没有报告性别差异的研究会使用更"有趣"的刺激，比如运动物体的视频或现实生活中的3D物体。所以，也许女婴就是不喜欢数字或乐高形状的黑白图片。然而，（目前）性别差异很小。

关于更高层次的认知技能，如语言和科学概念，婴儿从很小的时候就出奇地熟练。记住，语言流利性、空间认知和数学能力早在20世纪70年代就被埃莉诺·麦考比和卡罗尔·杰克林确定为最

178

可靠的证明性别差异的三项核心能力，你可能会期待这些能力差异从孩子很小时就清楚表现出来。但证据不足，尽管不是因为缺乏尝试。哈佛大学发展研究实验室的负责人伊丽莎白·史培基（Elizabeth Spelke）几十年来一直在研究婴儿的能力，2005年，她发表了一篇关于数学和科学天生能力的重要评论。这篇评论将她自己和其他人在新生儿和婴儿科学技能方面的工作都纳入考虑。她坚定地认为，在这个阶段没有证据可以证明性别差异："30多年来，我们对人类婴儿进行了数千项研究，没有证据表明男性在感知、学习或推理物体、运动及机械相互作用方面有优势。"[22]

然而，鉴于社会中一直存在性别差距，也许我们应该把注意力转向社会技能，看看女婴和男婴在社会中的地位是否有不同之处，以及这些是否可能决定他们最终成长轨迹的不同。

婴儿与面孔

正如早期处理类似语言的声音的能力可能会为未来的社会化奠定基础一样，早期处理面孔的能力被认为是新生儿的一项基本技能。如果婴儿要成为社会个体，他们需要尽快有效发展这种技能，这需要婴儿一出生就能合理地进行 "面孔处理"，以及／或能建立基本的神经支架来获得必要的专业知识，以及／或能非常快地学会识别面孔，但是有些面孔比另一些面孔更有帮助。这些面部表情也可以成为其主人行为的实用线索。

首先，什么是面孔，婴儿如何识别面孔？你可能会以为这个问题不难回答，只用给婴儿看一张有面孔的照片和一张有其他东西的照片，然后看婴儿更喜欢哪一张就可以了。但是，正如任何发展认知神经科学家所说的那样，"我想你会发现事实要稍微复杂一点"。面孔是"特殊的"吗？有专门用于识别面孔的大脑网络吗？这将使识别面孔和面部表情更像是一种社交活动，所以擅长识别面孔的人就是"善于社交的人"吗？还是面部结构只是特定形状的集合，这种集合通常形似三角形，顶部有两个圆形，底部是平直的（学术界称为"上下非对称性结构"）。这意味着可以将面孔处理归类为一种更高级的视觉处理形式，并且可以由我们用来处理任何视觉信息的系统来管理。[23] 擅长于此并不一定会提升你的社交能力。新生儿会因为认出你（以及你也许对她很重要）而心率上升，吮吸率上升，同时张嘴吗？从而你可能会心跳加速，并且（聪明地）确保你会继续努力让婴儿认出你吗？或者是因为她只是对一组以倒三角形排列的特定形状做出反应，这可能会在母系纽带中更难体现？

这可能看起来是一种相当不起眼的争论，但是从理解婴儿是如何"社会化"以及从多早开始"社会化"这方面来看，这种争论就显得相当重要了。伦敦大学伯克贝克学院的马克·约翰逊（Mark Johnson）提出的一个理论是一个非常好的案例。这一理论说明了一个尚未充分发育的新生儿系统是如何通过外部世界的输入而得以快速调整和完善，从而获得复杂且高度专业化的技能。在这个案例中，这是一种基本的社会技能。[24] 他认为新生儿天生就倾向于注视

180

类似面孔的刺激，所以你不必呈现一张真实的脸——只需要在脸型轮廓内有 3 个眼睛状和嘴状的亮色斑块就可以了。他称支持这种理论的大脑机制为 "ConSpec" 机制（在这种情况下，它最终会帮助其主人辨别同类）。这个机制的运行原理是通过聚焦于特定种类的刺激，输入偏向正在发育中的视觉系统，并通过第二阶段的过程（称为 "ConLern" 机制），这将"指导"该系统的相关部分，这一部分从而变得越来越有选择性。在这个阶段，我们的大脑不断重复着之前建立的预测性先验。最终，这个面孔系统将开始只对特定类型的面孔做出反应，并且能够识别熟悉和不熟悉的面孔、男性和女性的面孔、自己和其他种族的面孔之间的差异。此外，它可以生成更微妙的特征，如不同的情感表达。这一切都发生在出生后的 3 个月内！[25]

从出生开始，比起随机排列的 3 个斑块，婴儿对以类似脸部形状排列的 3 个斑块会更敏感。[26] 就在你认为参与发展心理学研究必须有最低年龄限制的时候，一些最近的研究甚至表明，事实上通过透过子宫壁照射特定类型的光，你可以在妊娠晚期向胎儿展示直立和倒置的这 3 个斑块。[27] 使用四维超声波技术，研究人员能够证明胎儿会明显地把头转向直立（脸状的）的斑块，而不会转向倒置的斑点。因此，即使在出生之前，人类婴儿似乎已经准备好去注意最重要的社会刺激之一了。这是一项需要进行更多实验的小规模研究（不足为奇），但它提供了一个有趣的视角，让我们了解婴儿在出生前是如何做好经验准备的。

平均而言，据称成年女性在面孔处理的某些方面比男性出色，比如识别和记忆能力。[28] 那么，对于儿童，尤其是对于婴儿来说也是如此吗？我们是着眼于某种总出现在发育中的儿童身上先天的、与经验无关的机制，还是至少为其新兴技能提供了基础？或者是人们因为相信女性比男性更适合扮演安慰者及顾问的角色，所以更多地教育女孩学会善于与人相处？

关于面孔识别，许多研究已经证实女性在这一技能上普遍具有优势，尽管一些研究表明，这可能仅限于对女性面孔有更好记忆的女性（称为"自身性别偏见"）。[29] 瑞典卡罗林斯卡研究所的心理学家阿格涅塔·赫利茨（Agneta Herlitz）和约翰娜·洛文（Johanna Loven）对从近150项不同研究中获得的数据进行了一项元分析，结果证实，平均而言，女性更善于识别和回忆面孔，其中不仅是成年女性，儿童（3至11岁或12岁）和青少年（13至18岁）也是如此。[30] 尽管我们从上文看到，婴儿很早就能极好地识别面孔，但在这个阶段并未显示出性别差异。这项元分析还表明相比男性，女性、甚至是女童都更善于记住其他女性的面孔。有趣的是，这两个观察结果都与大脑中的发现相类似。在 fMRI 的面孔识别研究中，女孩和女性在面孔处理网络中表现出更强的活跃性，而且对女性面孔的反应也比男性更强烈。[31]

那么这种特殊技能从何而来？为什么在这方面，尤其是看到同性别的面孔时，女性要比男性更强（当然，平均而言）？对女性具有出色识别面孔能力的一种说法基于注视双眼的作用，即目光交流在建立人际交往中所起的作用。你注视的时间越长，你储存的关于你注视的人的信息，尤其是他们的面部的信息就越多。正如我们之前看到的，尽管似乎没有很充足的证据表明新生儿的眼睛注视存在性别差异，但是到了 4 个月大的时候，女婴的眼睛相互注视时间比男婴长，次数也更多，这很可能是她们日益成熟的面孔处理技能的基础。[32] 因此，也许我们现在看到的是预先设定好的结果，女性在关键社交技能方面的优势很早就显现出来，并为以后开放输入数据奠定了基础。

女性面孔处理技能还有另一个优点，据说女性更擅长解码情感表达。女性不仅能解码诸如绝对的"惊恐"和"狂喜"的面部表情，还包括"相当失望"和"可能不错"的面部表情模式。[33] 研究表明，女性更擅长"通过眼神了解内心"，这是西蒙·巴伦－科恩的实验室设计的一项测试，旨在评估识别情感的能力，以此作为共情的衡量标准，尽管这项测试并没有持续跟进。[34] 2000 年，心理学家艾琳·麦克卢尔（Erin McClure）对婴儿、儿童和青少年面部情绪加工中的性别差异研究进行了大量的研究，以便尝试回答关于这种技能来源的同种问题。[35] 女性天生擅长解析情感表达吗？女性是通过后天训练学会的还是生来就有这种技能？通过追踪时间轴的变化，你可以预测到在面孔处理方面女性优势的每一条合理路径，麦克卢尔可以调查这种差异可能的源头所在。

值得注意的是，她的研究表明，所有年龄段中的女性在面部情绪加工方面都有一定的优势，但她也指出，针对婴儿（其中最小的只有 3 个月大）的研究很少。但从婴儿期到青春期，效应值的变化相对稳定。所以，这到底是生物学，还是社会化，又或是二者之间的相互作用呢？

有一些证据表明，支持面部情绪加工的大脑结构，特别是杏仁核和部分颞叶皮层，存在早期性别差异。这可能与激素对这种结构的影响有关（杏仁核具有高密度的性激素受体）。[36] 在提供麦克卢尔所说的与学习理解面部表情相关的"情感支架"方面也有明显的差异。看护者在与婴儿互动时，常常伴随着夸张的面部表情（灿烂的笑容、惊讶的表情、夸张如小丑般的哭脸）。[37] 一些研究表明，这取决于孩子的性别，一般来说，母亲面对女儿时的表现力更强。[38] 这种早期的额外指引可能是小女孩对来自母亲的情感线索反应更灵敏的原因。这也是另一个很好的例子，说明早期的差异不能被称为是先天技能差异的纯粹证据，而似乎是数据准备系统与其世界输入的数据之间来回转换的产物。

在一项研究中，1 岁大的孩子和他们的母亲快乐地坐在地毯上，他们得到了一些陌生的玩具，比如猫头鹰机器人，它的眼睛闪烁着灯光，爪子有节奏地敲击着基座。[39] 母亲们按指示表现出开心（面露笑容，发出愉快的声音）或是恐惧（面露恐惧，犹豫不决）。发展研究人员对"社会参照"、孩子靠近玩具前看或不看母亲的次数、母亲向婴儿发出的信息强度以及孩子离玩具的实际距离进行了评级。且不说对母亲在传达恐惧情绪时普遍地进行冷嘲热讽（抛开这并不是皇家戏剧艺术学院的面试，这些母亲很可能一直在考虑在孩

183

子身上建立猫头鹰恐惧症的长期后果），人们注意到母亲们向她们的孩子发出了更强烈的恐惧信息。

然而，女婴对母亲提供的线索反应最为强烈。所以，即使在1岁大的时候，尽管男婴并未留心这些实际上更不易察觉的社会信号，女婴却正在接收社会信号。

麦克卢尔对这些和许多其他研究的综述得出了结论：女婴在面部情绪加工方面的优势源于早期基于生物学的对面部表情的敏感性，这种敏感性随后由她出生的世界提供的面部情绪加工"支架"得以维系。这与缺乏新生儿研究的证据有些许出入，但3个月内出现的巨大差异显然表明，要么女婴在生理上已经具备了更强的技能，能够胜任这一核心社会任务，要么来自她们出生的世界的压力确保了她们能够获得有效的培训机会。

作为人类的婴儿

成为人类世界的一员不仅仅是对视觉和声音做出反应，还需要一些社交技巧：我们需要能够与他人进行互动。有证据显示，我们对一些特定面孔和声音、对类似语言的声音而非门铃声或狗吠声、对快乐或悲伤的面部表情会做出早期选择性反应，这表明新生儿有一套很好的"入门工具"来帮助他们成为社会个体。

模仿他人的动作或表情被视为是婴儿或是任何人存在"社交参与系统"的有力凭证。模仿除了是最高层次的奉承形式，它还表明了对"他人"的一种意识：你的世界里除了你之外还有其他人，他们做的事情对你来说也可能有用。无论是学习打板球还是理解社会规则，你都需要了解如何与他们的行为相匹配，从而学习他们已经具备的技能。

据称，模仿行为已经在婴儿身上得到了证实，研究人员俯身躺在婴儿床上，伸出舌头，摇动手指，像金鱼一样张开和合上嘴巴，和／或不停地眨着眼睛。[40] 许多报道称，刚出生几个小时的婴儿就会模仿所有这些行为。[41] 新生儿的模仿行为被视作是天生具有专门系统的证据，是由生物学决定和编程的，旨在确保你做必要的事情，在社会世界中赢得一席之地。作为社会脑的一部分，早期发育的镜像神经元系统被认为是支撑这一技能的遗传性大脑系统。[42] 后来，诸如读心术或共情等社交技能的缺陷归咎于镜像神经元系统功能失调。相信这种方法的人被称为"模仿人"群体或"先成论者"，他们相信新生儿来到这个世界时，已经具备了获得认知或社交技能所必需的技能的预成知识。[43]

还有一些人声称，看起来像是模仿的动作，实际上是新生儿的随机动作与研究人员热情地吐舌头和张口之间的偶然巧合。或者说，伸舌头只是婴儿在新世界发生有趣事情时所做的事情，可能包括有人向他们伸舌头，或者是播放《塞维利亚的理发师》序曲的一小段（千真万确）。[44] 一项对 37 种不同研究进行的综述试图证明新生儿会模仿多达 18 种不同的手势，随后得出结论，事实上，伸舌头是唯一经常做的动作。[45] 这一学派认为，真正的模仿行为直到第二

185

年才真正出现。支持这一观点的人指出，如果你观察母婴之间的互动行为，你会发现其中很多都涉及行为的模仿，但母亲模仿婴儿的可能性是婴儿模仿母亲的 5 倍。[46]

所以这里实际上是一个互动的学习过程，婴儿的行为引发了个人训练，最终形成了适当的认知或社会表现。母亲 / 父亲 / 看护者有点像婴儿的第一面镜子——当你伸出舌头，摇动手指，张大嘴巴时，这就是你的样子。这可能很有效果，也可能没什么影响。遵循这一思路的研究人员是"激进者群体"或"先成论者"。人生伊始，你就有巨大的社会和认知发展潜力，但在很大程度上决定你如何发展的是生活所能带给你的体验。[47]

186

这一切与性别的关系呢？邓迪大学心理学家埃梅斯·纳吉（Emese Nagy）的一项研究报告称，新生女婴模仿简单手指动作的速度更快、准确性更高，并且她认为这种早期的社交技能可能会引发我们前面提到的更多个人训练，为与你认为重要的其他人进行不同类型的互动设定场景条件，即使这种互动是以他们热情地模仿你而非你模仿他们的方式进行的。[48]

"模仿游戏"争论是另一关于婴儿是否天生就具有足够经验，并预先准备好以适应外部世界的辩论。婴儿通过展示"你能做什么，我也能做什么"，很快就能在群体中占据一席之地。又或者，婴儿是否具有依赖经验的能力，能够看、听、学，但最初需要通过他们的看护人，然后通过世界提供的一切来逐渐吸收由他们的世界塑造的东西。我们将看到，世界以输入的方式提供的东西可能会存在很大差异，这取决于世界的普遍机会和期望以及特定的文化差异，对这些差异的定义引出了对成长中的人类来说什么是适当的行为的问题。

　　有研究表明，婴儿实际上是积极主动的社交达人：作为他们与生俱来的技能的一部分，他们知道如何操纵周围的人与他们互动（我们不只是在谈论婴儿在凌晨两点哭闹要求食物或玩耍的互动，这一点众所周知）。爱丁堡大学的资深心理学家科尔文·特雷瓦瑟尔（Colwyn Trevarthen）一直认为，婴儿能够引发社交反应，他们通过以微笑回应微笑，以咕咕声回应轻柔细语，主动与看护者互动。[49]无论是否接受过培训，大部分与婴儿有关系的人都知道，用几分钟不符个性的傻笑换取婴儿灿烂的笑容似乎的确能给自己带来回报。并且最重要的是，这将增加此类往复行为发生的可能性。但是，无论如何，婴儿都可以迅速且明显轻易地学会令人印象深刻的社交技能，这将使他们牢固地融入自己的文化和社会中。

　　目光注视和面孔处理的研究表明，婴儿差不多从出生开始，就接收社交圈中重要人物的信息，快速构建"联系人列表"模板。但与他人的互动不仅仅是监控即时信息；你还需要核实背景故事，考虑其他提示信息和线索。为什么这个人要这样说？为什么他们要那样说？我该如何做？他们为什么要那样看我？我又该如何做呢？你需要了解意图，做出预测，从反应机制中做出选择（或者做出一些新选择）。由于女婴似乎对传入的社会信息更加敏感，也许她们更关注自身社交世界的这一方面。

第八章　让我们为婴儿鼓掌｜203

很早就有迹象表明，婴儿同成人一样都是观察者。如果你坐在一个大约9个月大的婴儿面前，并盯着你左边的什么东西看，不久这个小婴儿也会朝左边看。[50]那么用手指东西又会发生什么呢？

　　乍看之下，将你的手指指向远处的一个物体不像是复杂的社会信号，但事实上它是。你给出的可能是一个随意的信号，表明你想要吸引别人的注意力，如果他们愿意将目光投到你指的地方，那么他们也会分享你的兴趣。所以这是一个相对复杂的社会交流行为，但9个月大的婴儿就已经学会了，他们不仅会看你指的是哪里，而且很快就把这行技能运用到他们"想要那个/得到那个"的意图中去。[51]此行为中并未存在有性别差异的证据，因此双方似乎都存有这种体现共同注意力的特定行为。

　　我们之前在第六章已经提到，心智理论何时产生、怎样产生，是衡量婴儿社会技能发展水平的良好方法。正如我们之前所看到的，目光注视是衡量实现共同注意力的早期方法，尽管这一点很难让人信服，但如果婴儿的目光没有注视着你，那么婴儿可能在看比你更有趣的东西。除此之外，你还应该看看这个。心智理论的最初阶段之一即为这种信息共享。值得注意的是，无法实现共同注意力可能是自闭症谱系障碍的早期征兆，这是一个主要以社会行为中心缺陷为特征的发育性问题。[52]要想成为一名完全合格的读心者，你还需要明白，人们"头脑中"的东西会驱动他们的行为，有时人们会从你那里获得不同的信息，这也许是因为你知道有一些信息是你知道他们不知道的（很难一下子就讲清楚）。你究竟该如何测试那些只会讲几句话或者根本不会说话的小孩子呢？

　　像以往一样，极其聪明的发展心理学家有办法找出这些问题的答案。他们设计了"似/仿佛"任务，其目的是衡量孩子是否有心智理论。其中一个任务是"错误的信念"任务，虽然它使用了玩偶或故事书中的人物，但实际上非常复杂。[53] 有一个公开的故事，通常涉及两个角色，观察者可以看到故事的双方。这个故事会出现情景的改变，但只有其中一方知悉。

　　一个很好的例子是"马克西和巧克力"任务。场景一：马克西把他的巧克力放进橱柜，走了出去。场景二：马克西的妈妈（马克西还在外面）把巧克力从橱柜里拿出来放进冰箱。场景三：马克西进来拿巧克力。马克西会去哪里找巧克力？如果你有心智理论，你会说去橱柜找，因为你知道马克西认为它在那里（即使你知道它已经被移动了）。所以你知道马克西对巧克力的下落有一个错误的信念，这将指导他的下一步。如果你没有心智理论，你会说去冰箱找，因为那是你最后看到它被放置的地方。你认为你的想法和别人的想法一样。这感觉像是一种相当高水平的社会技能，但这是一项几乎所有的 4 岁儿童（为数不多的 3 岁儿童）都能成功完成的任务。[54]　189

　　因此，眼睛注视和共同注意力测量向我们表明，即使是非常小的婴儿也有简单的读心术，他们可以跟踪别人感兴趣的东西，同时也知道还有其他的观点/视角存在。正如我们上面所看到的，有新的迹象表明，早期在眼睛注视和对不同情绪的反应方面存在性别差异，平均而言，女孩似乎对这些社会输入方面的"数据"准备得更充分。到 4 岁时，孩子们似乎是非常老练的读心术者，他们很容易完成"错误的信念"任务，这表明他们意识到别人可能对自己有不同的看法。[55] 然而，在这方面，没有确凿的证据表明发育正常的儿童存在性别差异。因此，尽管女婴似乎对一些社交规则的使用技巧更敏感，如（可能）模仿和眼睛注视，并且在一些有用的社交技巧上更有优势，如识别面孔和感知情感差异，但这并不一定转化为成熟的读心术优势。

但是社交也意味着理解你生活的世界的规则和规范。我们早些时候注意到，在认知技能方面，婴儿不仅仅有简单的视觉和听觉意识，他们还展示出掌握数字和科学基本原理的证据。我们的小数学家们也显示出理解社会规律的迹象了吗？

小型地方法官

想象一下这个场景：一名法官正在观看三个人表演迷你道德剧。一位身着黄色套头衫的演员正试图打开一个盒子的盖子，盒子里放着一份令人垂涎的奖品，但是他费了很大劲也无法靠他自己打开盖子。在一部道德剧中，一位身着红色套头衫的演员帮助前者打开盖子并获得了奖品。还有一部道德剧中，第二位身着蓝色套头衫的演员跳到盒子的盖子上，阻止身着黄色套头衫的演员打开盒子。然后，法官被要求指出她更喜欢身着红色套头衫的演员（帮助者）还是蓝色套头衫的演员（阻碍者）。法官选择身着红色套头衫的演员！不

190

同的场景还包括帮助者把挣扎中的演员推上山或者找回丢失的球，与阻挡任何好事发生的阻挡者相对。经过不同法官的反复推敲（以及仔细权衡谁穿了什么颜色的套头衫），很明显法官几乎总是站在好人一边。令人惊讶的是，法官们实际上是 3 个月大的婴儿，他们看着身着套头衫的玩具兔子，并在有选择的时候伸出手去拉这只好撒玛利亚兔子，以示对它的认可。[56]

这些婴儿道德剧是由现在英属哥伦比亚大学的心理学家保罗·布鲁姆（Paul Bloom）和凯伦·韦恩（Karen Wynn），以及耶鲁大学的基利·哈姆林（Kiley Hamlin）带领他们各自的研究团队共同设计的。他们深入研究了婴儿的道德评估技能的存在，以及婴儿在发现文明社会的社会规则方面的专长。[57] 除了更直接的好人和坏人的选择外，他们已经能够在婴儿认为怎样的人是好人的决定中发现新的微妙之处。这些研究者选取了 5 个月大和 8 个月大的婴儿，首先让婴儿看打开盖子与关上盖子的道德剧，然后让婴儿看帮助者（利社会目标）或阻碍者（反社会目标）玩球，再看是谁丢了球。再让婴儿看球是被给予者归还还是被索取者拿走。随后，"小法官们"必须对"给予者"和"索取者"表示赞成还是不赞成。5 个月大的婴儿更喜欢给予者，无论是利社会目标的一方还是反社会目标的一方获得了帮助。8 个月大的婴儿在评估时更明智。如果利社会目标的一方丢了球，他们会选择给予者；如果反社会目标的一方丢了球，他们会选择索取者。也就是说，不到 1 岁的婴儿不仅会对眼前发生的事情做出反应，他们还会考虑之前的"好"或"坏"的行为。[58] 也许我们应该降低担任陪审员的年龄！

　　发表的研究中没有一项公布了任何性别差异的存在。我问研究人员，这是因为它们根本不存在，还是因为它们的数量太小，无法进行适当的比较（或者是因为他们想避开那个特别的麻烦！）他们回答说，在对这些婴儿进行的所有研究中，他们从未发现任何性别差异。所以，无论如何，在他们人生的这个阶段，男性女性似乎同样擅长掌握社会行为的基本规则，至少在做好兔子／坏兔子的决定并确保坏兔子得到应有的惩罚的时候。

　　除了对社交细节的认知型理解外，大多数社交技能也有情感成分，我们需要分享他人的感受，了解他们的意图和动机。再一次，我们可以找到婴儿有这种行为能力的证据。

年幼的社会工作者

　　同理心（也称"共情"）尤指理解他人的情绪，以及他们的想法和意图，是成为并保持一个成功的社会群体成员的关键技能。一个真正有同理心的人不仅仅"理解"他人的痛苦，他们还会积极分享自己的感受，可能自己也会变得痛苦。所以同理心既有认知成分，也有情感成分。[59]

　　如前几章所述，西蒙·巴伦－科恩提出共情和系统化是人类思维的两个基本特征，并且二者还是性别差异的基础。他坚定地表示女性更善于共情，女性大脑天生具有共情能力。尽管正如我之前指出的，他也确实说过要成为一个好的共情者，或者拥有女性大脑，你并不一定要成为女性。所以，如果这是真正的性别差异，确实是"本质的"性别差异，而且是与生俱来的，你可能会认为它在出生时就存在，或者在出生后很早就出现。

如果你让一个婴儿听另一个婴儿的哭声，那么很快他们就会一起哭。[60] 这种现象被称为"传染性哭泣"，该现象可能表明你对哭泣的朋友有某种程度的同情。但也有人认为这只是一种自我压抑的形式（"我真的不喜欢那种哭声"），而不是对另一个婴儿真正的关心。因此，对于婴儿的同理心在男女之间的存在，并没有一致的看法。

大多数研究招募 8 到 16 个月之间的年龄稍大一点的婴儿，一旦他们早期有了手势和面部表情，研究人员就会对这些手势和面部表情进行"编码"，以证明他们有同理心。在这类研究中，母亲通常会被拴在孩子身边，她们假装用玩具锤敲打自己的拇指或撞到家具上，然后大胆地走开，伴随着"呜呜"声。[61] 那么她的孩子会做什么呢？有眉头紧锁的迹象吗？这是对"关心的影响"的一种测量方法。当我们的小共情者看着她妈妈敲打自己的拇指时，她是揉揉自己的拇指还是焦虑地看着房间里的其他成年人？其他在场的孩子有呜咽或哭泣的迹象吗？这些反应会帮助小共情者在苦恼量表上得到高分。最后，她会轻拍"受伤的"父母，还是会"重复利社会的言语表达"（婴儿版的"那里，那里"）？这将帮助她在"利社会行为"量表上得到 4 分。根据"共情线索"（如眉头紧锁）的测量结果，有一些证据表明，性别差异在 2 岁左右开始显现。还有一些身体测量方法，比如当遇到涉及他人的"负面情景"时所表现出的痛苦的迹象（心率变化、瞳孔放大、皮肤电导反应），这样的"负面情景"诸如有个人的手被车门狠狠夹了一下。但这些性别差异似乎在出生时并不存在，所以这种与生俱来的同理心所赋予的优势不会在很早就显现出来，至少在 2 岁前不会显现出来。

这与西蒙·巴伦－科恩团队的说法不一致，但他们的说法基于不同的测量方法。其中之一是，与男婴对手机的偏好相比，女婴对人脸的偏好，正如我们所知，仅限于"肯定可以做得更好，需要多做几次"这一类。眼神交流被认为是一种早期测量同理心的方法，1979 年的一项研究发现，新生女婴注视看护者的时间比男婴更长，这被用来支持这一观点；尽管正如我们之前了解的，在较大（13 到 18 周）的婴儿中发现了女孩的眼神交流时间更长，但 2004 年的一项研究并没有得出相同的结论。[62] 2004 年的这项研究的作者得出的结论是："我强调的社会学习［我的重点］可能是生命最初几个月中相互凝视行为中性别差异发展的主要动力。"

据称，眼睛凝视检测（即辨别某人是在看你还是在看其他人或物）也是共情的一部分，或者至少是对理解的一种测量方法，这种理解指"面部表情可以反映社会伙伴的内心"。[63] 有证据明确表明新生儿更喜欢直视而不是转移目光，但没有证据表明存在性别差异。[64]

然而，在对年龄较大的婴儿和儿童进行的研究中，毫无疑问，在同理心方面存在性别差异。巴伦－科恩的研究小组报告称，在儿童版的共情商数量表和系统化商数量表中，4 至 11 岁女孩的共情得分较高，而男孩的系统化得分较高。[65]（重要的是要记住，正如我们之前已经提到的，这些量表的分数是基于父母对孩子行为的评分，所以这可能不是一个客观的衡量标准。）

最近，大脑反应已经被添加到一系列的测量方法内，fMRI 测量方法发现大脑中与"疼痛矩阵"相关的部分的活动增加。[66] 加利福尼亚大学的发展神经学家卡琳娜·米哈尔斯卡（Kalina Michalska）和他的同事比较了 65 名 4 至 17 岁儿童的自我报告情况、瞳孔放大情况和 fMRI 活动情况。在自我报告的测量方法中，出现了一个有趣的模式。虽然在 4 岁的时候，同理心的得分没有什么不同，但是随着年龄的增长，男性的得分显著下降，而（你可能已经猜到了）女性的得分却有所上升。但在瞳孔放大和大脑活动这两个隐性测量方法中，都没有显示出任何性别差异，尽管女孩们称观看视频片段时，她们明显比男孩们更沮丧。

因此，在早期的共情迹象中，性别差异似乎并不存在，后来，只有自我评估才符合"共情女性"模型。一项没有发现早期共情存在性别差异的研究推测，"随着儿童通过社会学习过程内化社会对性别角色和性别认同的期望，并按照这些期望行事，共情上的性别差异可能会在过渡到童年中期后变得更加突出"。[67] 包括填写一份问卷来证明他们有多共情？

194

这一切背后的大脑？

关于成年人，我们对使他们成为社交者和合作者的技能以及支撑这些过程的大脑网络有所了解。我们知道，这些技能需要与环境相协调，这将为除此之外的其他事件的重要程度提供数据。例如，我们需要有能力发现面部特征和情感表达上的细微差异，或者获得关于我们应该关注谁或关注什么以及为什么要关注的非语言线索。我们已经看到，非常小的婴儿至少拥有这些技能的初级版本——支撑他们的大脑网络和成年人的一样吗？环境如何微调或校准这些网络？追踪发育中婴儿的这种校准过程的大脑基础，可以让我们深入了解这一社会大脑支架的建立时间有多早，以及它的构造可能如何反映出世界对发育中婴儿的影响。

正如我们所见，婴儿的面部处理能力从一开始就很明显。新生儿一来到这个世界，比起其他类型的刺激，他们更喜欢面孔和
195 类似面孔的模型。马克·约翰逊提出的内置面孔偏好系统的想法是基于这样一个事实，即这种偏好似乎先于视觉系统的成熟（换句话说，先于婴儿的眼睛完全协同工作），所以这种偏好不仅仅是对常见视觉模式的反应。但是很快，婴儿和他们的大脑显示出相当复杂的皮质反应，与成年人的反应相匹配。3 个月大的婴儿对面孔和类似面孔的刺激表现出与成年人相同的大脑反应，而且他们的大脑中涉及面孔处理的部分与成年人的相似。[68]

约翰逊指出，追踪大脑中与年龄相关的变化和婴儿的面部处理能力，可以让我们对这一重要社交技能的微调有更深入的了解。

婴儿确实喜欢面孔，一般来说，他们最喜欢自己母亲的面孔，但一开始，当面对其他面孔时，他们会愉快地不加区分；与异族面孔相比，新生儿并没有表现出对本族面孔的偏好，但在 3 个月大的时候，他们开始表现出这种早期的内群体 / 外群体歧视。[69] 研究人员还表明，这种本族效应是环境输入的一个有力衡量标准，因为这种效应并没有表现在那些在不同于自己的种族环境中长大的婴儿身上。[70] 因此，似乎不存在任何对"像我这样的人"的内在偏好，这是我们学到的东西。

除了种族差异之外，儿童在出生后的第一年会对熟悉和不熟悉的面孔有更多的辨别能力，但是有证据表明，即使在 8 到 12 岁时，他们对面孔的处理方式也与成人不同，伴随的是他们大脑中的面部特定处理区域被更广泛的类似面孔的刺激所激活。[71] 因此，社会行为的一个关键方面尽管很早就存在，但在社交世界中获得很多经验之后，仍未达到其终点。

另一个微调的例子是在眼睛注视和面部处理之间建立和断开联系。我们知道眼睛注视是社会交流的重要组成部分，如果说话者之间没有相互注视，对话很快就会中断。新生婴儿似乎意识到了这一过程，当眼睛直视他们时，他们更喜欢面孔；如果看到他人的目光从自己身上移开，他们很快就会感到痛苦。[72] 在成人中，大脑中的眼睛注视控制系统不同于面部处理网络，它们与心智理论网络有更密切的联系，这表明，随着年龄的增长，眼睛注视在读心术和解释意图中的作用变得更为普遍。[73] 但是在 4 个月大的婴儿中，眼睛直视引发的大脑活动与面部处理区域之间的联系更紧密。[74]因此，我们举了一个例子，说明幼儿表现出的目标明确的社交技能正逐渐适应更广泛的社会需求。或者，换个角度来看，一个初级的社交应用程序需要根据经验进行升级，以适应更复杂的活动。

人脸发出的情感处理是从人脸本身的识别开始的。当涉及发展读心术的关键部分时，婴儿小小的大脑有多复杂？早期研究表明，大约六七个月大的婴儿对恐惧面孔的反应比对笑脸的反应强烈，大脑活动产生于额叶区域，包括我们的朋友ACC。[75]这是否意味着婴儿只是对消极情绪而不是积极情绪做出反应，也许因为前者对其生存更有帮助？但是，如果你让婴儿大脑将另一种消极情绪——愤怒的面孔与笑脸进行比较，在这种情况下，笑脸会得到大脑的青睐。[76]也许婴儿只是更习惯笑脸（假设我们新兴的社交名流主要被微笑包围）？但很明显，在1岁之前，婴儿就有正确的神经能力来判断他们是在看一个悲伤、快乐、害怕还是生气的人，这是一项非常有用的社交技能，他们这么早就学会了。

分享体验是社会交往的核心特征。在成年人的层面上，这可能是对能引起扬眉、冷笑、啧啧声甚至微笑的某种外部事件所做出的反应，比如在肋骨上轻轻一碰，或者托着下巴。你如何吸引一个非常小的婴儿对某物的注意力？这时，眼睛注视再次派上用场。例如，当一个成年人先看向一个婴儿，然后看向显示一个新物体的电脑屏幕时（一个未说出口的"嘿，看这个"指令），你可以监测婴儿的大脑反应。来自莱比锡的认知神经学家特里西亚·斯特里亚诺（Tricia Striano）使用这种范式发现，婴儿大脑额叶区域的活动有所增加。[77] 正如我们在上一章中所提到的，婴儿大脑的前额叶区域似乎并不像人们以前认为的那样在功能上不起作用。

正如英国认知神经学家弗朗切斯卡·哈普（Francesca Happe）和乌塔·弗里斯（Uta Frith）所做的那样，追踪社会认知出现的时间轴证实，人类从很小的时候就具备了高水平的社会技能及其神经基础。[78] 对社会和他人的理解的明显探索似乎先于认知技能的出现。

在心理学和神经科学领域，通常情况下，你可以通过研究一个基于大脑的过程是如何随着时间的推移而发展的，或者是何时从一个阶段过渡到另一个阶段的，来了解此过程。研究婴儿大脑的更佳方法的出现，加上发展心理学家在设计巧妙的婴儿技能测试方面的不断创新，使我们对成为社会人背后的强大过程有了非常深刻的了解。

所有这些都应该让我们停下来思考一下这些具备探索性的大脑所面临的世界。婴儿是微小的社交海绵，渴望体验，准备好参与他们的新世界所提供的一切。但是这个世界到底为他们准备了什么呢？

第九章
蓝色和粉色：社会对我们的不同期待

孩子们积极寻找方法在周围的社交世界中获得意义，他们在社会提供的性别线索的帮助下理解他们目睹、听闻的一切。

卡萝·林恩·马丁和黛安·卢布，2004[1]

尽管人类婴儿出生时似乎相当被动无助，而且他们的大脑显然仍处于发育的早期阶段，但很明显，他们实际上已经拥有相当成熟的皮质层。他们拥有像海绵一样吸收周围世界信息的能力，这意味着我们需要特别注意这个世界给予他们的信息。他们会遇到什么样的规则和指引？不同的婴儿会遇到不同的规则吗？什么样的事件和经历可能决定他们最终的成长？

当然，婴儿首先接收到最响亮、最持久的社会信号之一是男孩和女孩、男人和女人之间的差异。关于性别的信息几乎无处不在，从婴儿的衣服和玩具，到书籍、教育、就业和媒体，再到日常"随便的"性别歧视。快速搜索超市可以得到一份毫无意义的性别产品清单——沐浴露（如果你是女性，用热带阵雨款；如果你是男性，用肌肉疗法款）、润喉片、园艺手套、什锦果麦盒（男人的能量混合款和女人的活力混合款）、圣诞巧克力套装（男孩的是工具包，女孩的是珠宝和化妆品套装）。在确保主题一致的情况下，即使我们只想着喉咙痛或修剪玫瑰，我们也需要用性别标签来标记产品，以确保"真正的男人"不会使用"错误的"园艺手套，或者"真正的女人"不会因给男性使用的肌肉疗法款沐浴露意外窒息。

1986 年 6 月，我在产房生下了第二个女儿。那一晚，加里·莱因克尔在世界杯上演了帽子戏法。那晚这所医院里共有 9 个婴儿出生，8 个男孩和 1 个女孩（我女儿），据说除了我女儿，所有孩子都叫加里（我被诱惑了）。我和我的邻居交换意见（不是关于足球）时，我们意识到一列"蒸汽火车"正在靠近，声音越来越大：我们的孩子被推过来了。我的邻居收到了她的蓝色包裹，上面写着赞许的话："加里来了。哭声好大！"护士把包裹在黄色毯子里的孩子递给了我（这是女权主义者来之不易的早期胜利），她明显哼了一声，"这是你的孩子。哭声最大，不够淑女！"就这样，才刚刚出生 10 分钟，我的小女儿就第一次遇到了性别化的世界。

在世界的许多方面都存在着刻板印象。如果我们被问到，毫无疑问，我们可以列出一些人（或地方、国家或工作）是什么样的。将这样的调查结果与同事或邻居的调查结果进行比较，我们会发现它们高度一致。刻板印象是认知捷径，是我们脑海中的画面，我们遇到人、情况或事件或准备做某事时，它会让我们的大脑继续发送预测性信息，填补空白，迅速产生有用的先验知识来指导我们的行为。刻板印象是我们社交语义库和社交记忆的一部分，我们与所处社交网络的其他成员有同样的刻板印象。

20 世纪 60 年代末，一组心理学家设计了一份刻板印象问卷。[2]他们要求大学生列出他们认为的典型男性或女性的行为、态度和个性特征。典型的女性特征被归入一个标题下，典型的男性特征则归入另一个标题下。这些大学生在 41 个条目上达成了 75% 或更高的一致意见，这些条目被认定为刻板印象型标签。"女性"的条目包括将女性描述为"依赖""被动"和"情绪化"，而男性则是"好斗""自信""冒险"和"独立"。这就是罗森克兰茨刻板印象问卷，该问卷衡量了受访者对所列条目的认同程度，并将这些条目作为衡量受访者刻板印象思维程度的指标。另外一个关键问题是，学生被要求对他们认为最适合社交的特质进行评分，所有学生都认为刻板印象中的男性特征更理想。

距离第一次进行调查已经过去了 30 年，人们就调查问卷上原有的条目进行了重新测试。[3]有一些证据表明，刻板印象思维发生了转变，被确定地评为典型男性或典型女性的条目变少了。所有与体验或表达情感有关的条目仍然被归为女性特质，但人们不再认为典型的女性缺乏逻辑，不够直接或没有野心。典型的男性仍然被认为更具侵略性，更强大，更不温柔。其中存在一点重大转变，即"新的"女性特征被认为更符合社会需求，该研究论文的作者因此推测"人们在更大范围内接触女性"是性别刻板印象观念变化的原因。

但是另一项独立研究表明情况并非如此。[4] 研究人员比较了1983年和2014年同样的调查问卷的结果，该调查问卷要求受访者指出典型的男女特征（类似于罗森克兰茨的研究），以及不同性别的典型行为、身体特征和职业。30年来，唯一转变的观点是典型的女性行为，在这方面，性别刻板印象观念实际上有所增加，因为唯有"处理财务事项"是男女平等承担的任务。"代理"或行动仍被视为男性的核心特征，包括能力和独立性等特征，而"交流"或人际关系仍被视为女性的核心特征，与温暖和关爱他人联系在一起；同一组职业仍然被视为典型的男性或女性职业（例如，政治家和行政助理）。人们仍然认为男性和女性在相同的身体特征（比如身高和力量）上存在差异，这或许不那么令人惊讶。因此，性别刻板印象因社会变革而减少的最初报告可能过于乐观。

有人认为，有两个主要过程可以预测刻板印象是在变化还是稳定存在。如果性别刻板印象是基于对男女的实时观察，那么社会上正在发生的变化应该会引起刻板印象的变化。但是如果刻板印象更加根深蒂固，那么它们就不会被社会变化所改变。"确认偏差"等过程的运行让人更有可能重视或相信支持现有信念的证据，甚至出现"反弹"，即强调克服先前存在的刻板印象的负面后果，这会让刻板印象更牢固地扎根于社会心理中。[5]

正如我们已经看到的，我们的社会脑热爱收集规则，它寻找我们社会系统的规律，以及我们应该具备的"必要的"和"理想的"特征，让我们适应确定的群体。这不可避免地包括关于"像我们这样的人"应该是什么样子、我们应该如何表现、我们能做什么和不能做什么的刻板印象。在自我认同这方面，刻板印象似乎可以轻易被触发或发挥作用。我们已经看到，导致刻板印象威胁响应的行为十分寻常。[6]你不需要太多人提醒你是个表现不佳的女性，你就会变成这样的女性。甚至只是提醒你你是女性，你就会在不知不觉中表现欠佳。这甚至表现在 4 岁的女孩身上，在一张女孩玩洋娃娃的照片上着色与空间认知测试的较差表现有关。[7]

负责处理和存储社交标签相关联的大脑网络，与负责处理和存储更多常识型内容相关联的大脑网络是不同的。[8]处理刻板印象的大脑网络与自我处理和社交身份相关联的大脑网络存在重叠。因此，要挑战刻板印象，尤其是那些与自我概念相关的刻板印象（"我是男性，所以……"；"我是女性，所以……"），需要的不仅仅是快速调整普通知识储存（无论对这些知识有多熟悉）。这种信念深深根植于社会化的过程中，而社会化是人类的核心。

有些刻板印象有其固有的强化系统，一旦被触发，它们会让人做出可归因于刻板印象特点的行为。例如，考虑到刻板印象威胁对空间表现的影响，心理旋转任务的表现可以通过唤起积极或消极的刻板印象来改变。[9]接下来我们会看到，"给女孩"或"给男孩"

的玩具的刻板印象会影响他们获得的技能，认为乐高适合男孩的女孩在关于建筑的任务上反应比较慢。[10]

有时刻板印象是认知线索或替罪羊，表现不佳或缺乏能力完全可以归因于刻板印象描绘的缺陷。例如，正如我们在第二章中看到的，经前综合征已经被用来解释或归咎同样可以归因于其他因素的事件。一项研究表明，女性可能会将消极情绪归咎于与月经有关的生理问题，即使环境因素同样可能是问题的根源。[11]

有些刻板印象限制了人的权利，还对一个群体进行了描述。除了强调某群体能力或性情的消极方面，刻板印象似乎还"规定了"什么样的活动适合或不适合这一群体。更重要的是，它们强化了持久观念，即一个群体在关键活动上优于另一个群体的持久观念，且一个群体的成员有一些"不能"做并且应该避免的事情，出发点是"优/劣"的角度。女性不能从事科学的刻板印象导致她们真的不从事科学，这使得科学成为一个充满男性科学家的男性领域（在一些相当坚定的守门人的帮助下）。今天的刻板印象可能比双头大猩猩的说法更微妙，但正如安吉拉·萨伊尼在她的书《逊色》中详细描述的那样，有许多例子表明，女性从出生到老年的健康、工作和行为都被描述为不如男性适应能力强或对社会缺乏助益。[12]

这与1970年的一项研究相呼应，当时临床心理学家（有男有女）似乎在典型健康成年人的特征和典型健康女性的特征之间做出了明确的区分。最令人担忧的是，他们列出的典型女性的特征（依赖、

203

顺从）并不是这些心理学家认为心理健康的人的特征。他们的结论将低期望的生活描绘成了相当令人不寒而栗的样子："因此，从适应的角度来看，一个女人想要健康，就必须适应并接受自己性别的行为规范，尽管这些行为通常不太符合社会需求，而且被普遍认为对有能力且成熟的成年人来说不太健康。"[13]

去年，英国慈善机构女童军的一项调查报告称，年仅 7 岁的女孩感到被性别刻板印象束缚住了。[14] 在调查了大约 2 000 名儿童后，他们发现近 50% 的人认为刻板印象降低了她们畅所欲言和参与学校活动的意愿。一名调查评论员指出："我们教导女孩取悦他人是最重要的美德，而良好的行为取决于是否安静精致。"[15] 显然，这些成见并非无害，对女孩（和男孩）以及他们为自己的生活所做出的决定产生了切实的影响。我们必须记住，孩子处于发育过程中的社会脑一直关注着成为社交网络成员所需要的规则和期望。很明显，性别刻板印象让女孩和男孩接受了迥乎不同的指导，而那些被灌输给小女孩的性别刻板印象似乎并没有给她们自信以明确地追求可能到达的成就巅峰。

204　**初级性别侦探**

鉴于 21 世纪社会和文化媒体对性别的无情轰炸，相关的性别刻板印象可能会更频繁地被灌输、输入到我们对被认同的社会性别"要求"的理解中。令人震惊的统计数据表明，非常年幼的儿童可以随时接触到性别信息来源。25% 的 3 岁儿童每天上网，28% 的 3 至 4 岁儿童使用平板电脑。[16] 美国 2013 年的数据显示，80% 的 2 至 4 岁儿童使用移动媒体，高于 2011 年的数据：39%。[17]

"性别编码"或"性别信号"是世界的一部分，从出生的第一天开始，孩子渴望数据的大脑就会陷入其中。婴儿和幼儿会接受这种信息吗？他们会注意不同颜色的玩具、性别游戏以及谁可以在温迪之家玩吗？当然会！

我们早就知道，即使很小的孩子也热衷于调查性别，积极寻找关于性别的线索，谁做什么、谁能和谁一起玩以及和什么一起玩。发展心理学家监测幼儿使用性别语言的情况，观察他们玩耍，或要求他们将图片或物体分为"男孩的东西"或"女孩的东西"。他们报告称，四五岁的儿童对男女之间的差异有很好的认识，不仅表现在外表和穿着上，而且表现在他们将这些差异与不同性别可能做的事情联系起来：男人是消防员，女人是护士；男人烧烤、割草，女人洗碗、洗衣服。他们还可以把日常用品标为男性用品（锤子）或女性用品（口红），将玩具标为"男孩"的玩具或"女孩"的玩具。[18]

但是这些初级性别侦探会比我们想象的更早开始理解这种差异吗？据推测，一旦孩子开始学习说话和社交，这类社交技能就出现了。无论如何，很难测试非常年幼的孩子发展早期性别"图式"的程度，性别"图式"是关于男性和女性的联系信息网络。但是，一旦前两章中描述的"婴儿观察"方法被应用到这个问题上，我

205

们在小法官和婴儿科学家身上看到的早期复杂性在这个问题上也显而易见。

我们的小"深度学习者"很早学到的一个规则是关于男性和女性的主要身体差异之间的联系——声音有高有低，这些声音通常与不同性别的脸相匹配。使用注视偏好范例，6个月大的孩子会花更长时间注视与男性面孔相匹配的高音演唱者，或者与女性面孔相匹配的低音演唱者，这表明他们关于谁有高音或低音的先验被打破。很早以前，孩子就注意到，通常有两组人可以明确地区别开来。[19] 语言的出现为初级性别侦探的线索收集活动提供了清晰的见解。使用性别标签，例如"女孩"，而不是"孩子"，在语言发展时间表中出现得很早。一个纽约心理学家小组跟踪调查了一组9到21个月大的孩子使用这种标签的情况，几乎没有发现17个月之前的孩子使用性别标签的证据，但是到了21个月大，大多数孩子都恰当地使用了多个标签，如"男人""女孩"和"男孩"。这包括自我标记（"我，小女孩"），以及对外界的人和事物进行标记。[20]

研究人员还指出，女孩比男孩更早使用这样的标签。他们认为社会化可能是原因之一，指出"女孩"的衣服和装饰品更有特色〔"PFD"现象——你当然知道，它代表"粉色褶边连衣裙（pink frilly dress）"〕，因此女孩能更早地得到关于哪些人是女孩以及这些女孩应该穿什么的可见线索。该团队的一些成员后来进行的一项研究显示，3至4岁的女孩更有可能在外表上经历"性别僵化"

阶段，表现为她们坚决拒绝穿除裙子、短裙、芭蕾舞鞋以及粉色褶边连衣裙以外的任何衣物。[21]

我们年轻的侦探们得到的线索不仅仅关于他们自己。令人惊讶的是，孩子们还表现出对一般性别知识的初级掌握水平，他们将外部世界的物品或事件标记为"性别合适"。如果你给 24 个月大的孩子看一张涂口红的男人或打领带的女人的照片，你肯定能吸引她的注意力。[22]

除了能够准确识别不同的性别类型及相关特征，儿童似乎也有很强的动力去适应他们自己性别的偏好和活动，"PFD"现象研究已经表明了这一点。一旦他们知道自己属于哪一个群体，在成为什么样的人、和谁玩这方面，他们的选择会非常僵化。他们也会非常无情地排斥群体外的成员，就像新加入排他性社会的成员一样，他们确保自己盲目地遵守规则，并且严格确保其他人也遵守规则。他们会确定地指出女孩和男孩能做什么、不能做什么，有时似乎故意忽略反例（我有一位女性朋友是儿科医生，她 4 岁的儿子坚定地说"只有男孩才能成为医生"），当他们遇到一些例子时，比如女战斗机飞行员、汽车机械师或消防员，他们会表现出惊讶。[23] 到 7 岁左右，孩子们关于性别特征的观点相当顽固，他们会顺从地遵循他们的性别观为他们设定的成长路线。

后来，孩子们可能会更容易接受不遵循性别规则的例外，比如谁更擅长或不擅长某项特定活动，但令人担忧的是，他们的信念可能只是"转入地下"。从它的定义就可以看出，人们很难获取这种"隐性"信念，但人们已经找到了方法。这已经通过我们在第六章中提到的一种斯特鲁普任务得到证明。回忆一下，如果"绿色"这个词是用绿色写的，你可以很快说出它的颜色。然而，如果"绿色"这个词是用红色写的，你的反应就会大大变慢。这用于衡量正在处理的不同类型信息之间不匹配所导致的干扰效果。在一个巧妙的听觉测试中，听众需要识别说出特定单词的人的性别，其中一些单词关乎成见中的男性（足球、粗野、士兵）或女性（口红、化妆品、粉色）。8岁的孩子听到"错误搭配"（比如说"口红"的男声或者说"足球"的女声）时，他们的回应速度变慢，犯的错误也更多。[24] 因此，虽然孩子们很小，但在他们的大脑中似乎已经产生了某种内化的关于男性或女性相关事物的概念，这种概念可能存在于他们的潜意识中，引导他们到达预定的终点。

我们的初级侦探很快就发现了性别刻板印象，即认知捷径或"脑海中的图片"，它们将许多所谓的性别特有的品质分成两部分，并附上完全不同的内容标签。

粉红行动

如果说21世纪性别差异的社会信号有什么特征的话，那就是越来越强调"女孩适合粉红色，男孩适合蓝色"，而针对女性的"粉红行动"可能传达了最尖锐的信息。衣服、玩具、生日卡、包装纸、派对请柬、电脑、电话、卧室、自行车——所有一切，营销人员似乎都准备把它们"粉红化"。"粉红问题"在过去10年左右的时间里一直是人们关注的讨论话题，现在还常常获得"公主"的大力帮助。[25] 记者兼作家佩吉·奥伦斯坦（Peggy Orenstein）在2011年出版了《灰姑娘吃了我女儿：萌女文化最新观察》，在书中，她对这种现象进行了评论，指出市场上有超过25 000种迪士尼公主产品。[26] 在这本书和其他书籍中，盛行的粉红行动的话题经常受到尖锐批评。所以我想我可能不必再探讨关于粉红色的问题了。但不幸的是，对我们所有人来说，这是另一个打地鼠问题，几乎没有迹象表明它会很快消失。

在我最近的一次演讲中，我在网上寻找那些可怕的粉红色的写有"这是个女孩"的卡片，这时我发现了更可怕的东西："性别揭晓"派对。[27] 如果你还没听说过这种派对，它是这样举办的：怀孕大约20周时，通常可以通过超声波扫描来判断孩子的性别，因此很显然，这就产生了举办昂贵派对的需要。有两种类型的派对，它们都是营销幻梦。在第一种派对中，你不知道结果，让你的超声波技术人员把这个令人兴奋的消息放在一个密封的信封里，然后发给你选择的性别揭晓派对的组织者。在第二种派对中，你已经知道结果，并决定在派对上宣布。然后你邀请家人和朋友参加派对，请柬上写着问题，比如"一个活泼的小男孩还是一个漂亮的小女孩？""手枪还是亮片？"或"步枪还是花边？"在派对上，你可能会摆出一个白色的糖霜蛋糕，切开后露出蓝色或粉色的馅料（也可以用"男孩或女孩？切开才知道！"的字样来装饰）。

或者有一个密封的盒子，打开后会释放一串粉红色或蓝色的充氦气球；或者最近的母婴商店里购买一套包好的衣服，打开后看它是粉红色还是蓝色，以后给婴儿穿；或者是一个皮纳塔，你和客人可以捶打它，直到它释放出大量粉色或蓝色糖果。有些猜谜游戏似乎涉及玩具鸭（是摇摇摆摆地走吗？）或大黄蜂（会是蜜蜂吗？），或者某种抽奖活动，到达派对时，你将自己的猜测放入一个罐子中，一旦谜底揭晓，你会赢得一个奖品。或者（最无聊的一个）给你一个装有塑料婴儿的冰块，在"羊水破了"比赛中，你试着找到融化冰块的最快方法来揭晓婴儿是粉红色还是蓝色。为了避免你认为这是我编造的，我会直接引用某网站的一句话，看它建议如何举办这样的派对："简单点，用粉色和蓝色的鸡尾酒、蜡烛、盘子、杯子、餐巾——随便什么。（我甚至把粉色和蓝色的客人毛巾放在浴室里！）用婴儿性别揭晓派对代替超级碗。"[28]

由此，在孩子降生之前的 20 周，世界已经可以把他们牢牢地塞进粉色或蓝色的盒子里。从油管视频可以明显看出（是的，我沉迷于此），在某些情况下，粉色或蓝色的消息中有着不同的价值观。一些视频展示了姐姐们观看"揭晓"的激动人心的场面，很难不去好奇这三个小姐妹在伴着飞舞的蓝色彩纸尖叫"终于"时在想什么。"性别揭晓"派对也许只是一点无害的乐趣，当然也是营销上的胜利，但这也是对"女孩"/"男孩"标签蕴藏的重要性的一种衡量。

甚至追求公平竞争的努力也被粉红浪潮淹没了——美泰已经生产了STEM芭比娃娃来激发女孩成为科学家的兴趣。我们的芭比工程师能制造什么？粉色洗衣机、粉色旋转衣柜、粉色珠宝转盘。[29]

你可能想知道，究竟为什么这些都很重要。[30]归根结底，这是一场争论，争论的焦点在于粉红化是标志着一种自然的生物分化（固定的、天生的、不受干扰的），还是反映了一种社会构建的编码机制（可能与过去的社会需求有关，也有可能根据不断变化的社会需求进行重构）。如果这真的是一种生物学上的迫切需要，那么它也许应该得到尊重和支持。如果我们看到的是一种社会结构，那么我们需要知道相关的二元编码是否仍然很好地服务于这两个群体（如果曾经是这样的话）。除了确保男性不会不经意使用薰衣草和洋甘菊沐浴露这一性别信号外，我们的女孩大脑是否会因为远离组装玩具和冒险书籍而得到帮助，而男孩大脑是否会因为远离烹饪用具和玩偶屋而得到帮助？

也许我们应该先看看粉红浪潮的力量是否有某种生物基础。正如第三章所提到的，女性对粉红色的偏爱已被纳入进化的范畴。2007年，一个视觉科学家小组表示，他们发现这种偏好与很久以前的一种需求有关，即雌性物种需要成为高效的"浆果采集者"。[31]对粉红色的反应将"有助于识别成熟的黄色果实或嵌入绿叶中的可食用红叶"。由此延伸出的一个观点是，粉红化也是同理心的基础——帮助我们的女性看护者捕捉那些与情绪状态相匹配的细微的肤色变化。记住这项针对成年人进行的研究使用了一个简单的强制性选择任务，该任务涉及彩色矩形①，这的确只是一种延伸，但它显然引起了媒体的共鸣，他们纷纷称赞这项发现证明女性"天生更喜欢粉红色"或"现代女孩天生喜欢粉红色"。[32]

然而，3年后，同一个研究小组对4到5个月大的婴儿进行了类似的研究，他们用眼球运动来衡量婴儿对同一彩色矩形的偏好。[33] 结果，他们根本没有找到任何性别差异的证据，所有的婴儿都更喜欢光谱的红色端。这一发现并没有像第一个发现一样引起媒体的共鸣。作为对"生物学倾向"概念的支撑，这项针对成年人的研究已经被引用了近300次。而没有发现性别差异的这项针对婴儿的研究，被引用的次数不到50次。

当父母们发现，尽管他们尽了最大的努力采用"性别中立教养法"来教养女儿们，但所有的一切都被上面提到的粉红公主潮席卷一空时，他们仍然会惊叹，这种对粉红色的偏爱一定有某种根本的原因。3岁大的孩子就会根据玩具动物的颜色来决定它们的性别，粉红色和紫色的是雌性动物，蓝色和棕色的是雄性动物。[34] 那么，在如此早地形成并决定了这种偏好的背后，一定有生物学的驱动因素在起作用吗？

211　　　但美国心理学家瓦内萨·罗布（Vanessa LoBue）和朱迪·德

---

①强制选择意味着你要比较条目，并且必须选择一个，不能选择如"不介意""不在乎""不知道"的选项。在这种情况下，你会看到两个矩形，你必须指出你更喜欢哪个（你可能确实两者都不喜欢，但更不讨厌其中的一个）。

罗切（Judy DeLoache）的一项颇具说服力的研究更深入地追踪了这种偏好出现的时间。[35] 近 200 名年龄在 7 个月到 5 岁的儿童得到了成对的物品，其中有一件总是粉红色的。结果很明显：直到 2 岁左右，男孩和女孩都没有表现出任何对粉红色的偏好。然而，从那以后，情况发生了很大变化，女孩对粉红色的东西表现出了极大热情，而男孩却积极地拒绝它们。从大约 3 岁开始，这一点变得尤为明显。这与一项发现相符，即一旦儿童学会了性别标签，他们的行为就会改变，以适应他们逐渐收集到的有关性别及其差异的线索。[36]

众所周知，大脑是"深度学习者"，渴望找出规则并避免"预测错误"。因此，如果它们的主人和它们新获得的性别认同冒险进入一个充满强大粉红色信息的世界，这些信息有助于标识你能做什么和不能做什么、能穿什么和不能穿什么，那么就需要其他真正引人注目的路径来改变这种特别的潮流。所以我们确实可以看到一个基于大脑的过程，但是这个过程是由它所处的世界触发的。

那么，"粉蓝分界"作为一种由文化决定的编码机制的证据呢？粉红色与女孩联系在一起，蓝色与男孩联系在一起，这为什么（以及从什么时候开始）一直是一个相当严肃的学术争论问题。一方声称，过去情况正好相反，直到 20 世纪 40 年代，蓝色实际上仍被视为适合女孩的颜色，可能是因为它与圣母玛利亚有联系。[37] 心理学家马尔科·德尔·朱迪切（Marco Del Giudice）批评了这一想法，通过书籍词频统计器对档案进行详细的搜索后，他声称几乎没有证据支持"蓝色适合女孩、粉色适合男孩"的说法。他将其称之为"粉色和蓝色的反转"（Pink-Blue Reversal），自然，一个首字母缩略词（PBR）就应运而生了。他甚至将其称为"科学都市传奇"。[38]

但在文化的普适性方面，粉色作为女性颜色并没有那么强的证据。德尔·朱迪切的评论中的例子表明，任何一种与性别相关的颜色编码都是在 100 多年前建立的，并且似乎随着时尚而变化，或者取决于你读的是 1893 年的《纽约时报》（"婴儿服饰：哦，男孩穿粉色，女孩穿蓝色"）还是同年的《洛杉矶时报》（"最新的育儿时尚是新生婴儿的丝绸吊床……首先在网上放一条丝绸绗缝毯，女孩用粉色，男孩用蓝色"）。更令人困惑的是，《埃尔帕索先驱报》在 1914 年发表了这封信——"亲爱的费尔法克斯小姐：你能告诉我男孩用什么颜色吗？焦虑的母亲"。这引发了这样的反应："男孩适合粉色，女孩适合蓝色。过去情况相反，但这种安排似乎更合适。"几乎没有一致的定论（不幸的是，当时没有心理学家来了解相关的蓝色褶边连衣裙现象）。

因此，就粉红化的生物学起源与社会起源而言，对先天与后天差异的重新塑造仍存在争议。那些质疑女孩和粉红色之间存在某种本质联系的人，可能会发现自己受到了严厉的批评。2009 年，乔恩·亨利（Jon Henley）在《卫报》上发表的一篇文章讲述了两姐妹发起粉红色臭臭运动的故事，强调了支持消极刻板印象的消费文化。对此，文章下面的评论建议姐妹俩穿上写着"我是一个试图给女孩洗脑的左翼疯子"的 T 恤。[39]

在理解粉红化对我们大脑的重要性方面，关键问题当然不是粉红色本身，而是它代表什么。粉红色已经成为一种文化标志或符号，一个特定品牌的代号：成为女孩。问题是，这一代号也可能成为"性别隔离的限制因素"，引导其目标受众（女孩）达到极其有限和有限制性的期望，此外还排除了非目标受众（男孩）。"让玩具成为玩具"的倡导者特里西亚·洛瑟（Tricia Lowther）指出，现在被认定是"适合女孩的粉红色"玩具几乎普遍与打扮（如此强调外表的重要性）或家庭活动（如烹饪或吸尘，照看毛茸茸的宠物或玩偶）联系在一起。这没有问题，但这也意味着这些小公主不是在玩有创造力的组装玩具，也不是像超级英雄那样冒险。[40]

213

"社会化的代理人"，比如臭名昭著的芭比娃娃，能向女孩传递限制职业发展的信息。奥罗拉·谢尔曼（Aurora Sherman）和伊萨琳恩·苏尔伯根（Eileen Zurbriggen）表明，与玩中性玩具的女孩相比，玩"时尚芭比娃娃"的女孩不太可能选择男性主导的职业，如消防员、警官和飞行员等，作为自身职业发展的方向（而且无论如何这两类女孩都表现出很低的职业抱负）。[41]

矛盾的是（公平地说，争论的另一方），有时粉红色似乎是一种社会标志，"允许"女孩们进入原本被视为男孩主宰的领域。但是，正如我举的 STEM 芭比娃娃的例子，粉红化往往与一种居高临下的暗流联系在一起，即你无法让女性享受工程或科学的刺激。除非你能把 STEM 学科与"外表和口红"联系在一起，最好是通过一副玫瑰色的眼镜来观察它们。

玩具故事

男孩和女孩间这种非常清晰的界限，从一开始就以颜色区分，当然也包括玩具。孩子们玩什么样的玩具，会对他们的技能发展或喜欢的角色扮演产生重大影响，所以任何缩小男孩或女孩选择范围的过程都应该引起警惕。

玩具性别化程度的提高及其对刻板印象的持续影响是近年来备受关注的焦点，甚至到了白宫在 2016 年召开特别会议讨论这一问题的程度。[42] 玩具的选择是我们大脑的主要障碍吗？或者在出生前大脑就已经被设定在这条路线上了？玩具的选择是否反映了大脑的活动？还是它们决定了大脑的活动？

该领域的研究人员对儿童行为这一方面的现状相当确定："女孩和男孩对玩偶和卡车等玩具的偏好不同。这些性别差异在婴儿中存在，在非人类灵长类动物中也存在，并且在一定程度上与产前接触雄激素有关。"[43] 这一陈述简洁地概括了儿童对玩具选择的信念，所以让我们来探究玩具的故事，以及谁玩什么玩具，为什么玩这种玩具（以及它是否重要）。

玩具偏好问题具有与粉红色 - 蓝色辩论同等的重要性。从相当小的年龄开始，可能只有 12 个月大，男孩和女孩似乎就已经对不同种类的玩具表现出偏好。如果有选择的话，男孩更有可能走向卡车或枪盒，而女孩则更有可能走向玩偶和 / 或烹饪锅。这被视为几个不同论点的共同证据。由激素游说团体支持的本质主义阵营会声称，这是大脑遵循不同神经通路从而产生不同组织方式的迹象，例如，早期对"空间型"玩具或组装型玩具的偏好是固有能力的体现。社会学习阵营声称，性别化的玩具偏好是儿童行为以适合性别的方式被模仿或强化的结果，这可能源于父母或家人的送礼行为，也可能是强大的营销游说团体决定和操纵目标市场的结果。认知建构主义阵营会指出一个新兴的认知模式，在这个模式中，新的性别认同会锁定在"属于"自己性别的物品和活动上，并在所处的环境中搜寻参与规则，这些规则指定谁该玩什么玩具。这表明性别标签的出现和性别化玩具选择的出现之间存在联系。[44]

这些都是关于玩具偏好原因的争论，玩具偏好对那些试图理解性别差异的人意味着什么，无论他们是父母还是认知神经科学家（或者两者兼而有之）。但也有其他关于玩具偏好后果的争论。如果你在童年时期一直玩玩偶和茶具，这是否会让你不具备玩建筑工具包或基于目标的游戏可能带来的有益技能？还是这些不同的活动只是在增强你的固有能力，为你提供合适的培训机会，并奠定了你将来的职业选择？尤其是在 21 世纪，如果你玩的玩具传达的信息是外表，而且往往是性感的外表，是你所属群体的决定性因素，那么这与玩那些能让你有英雄行为和冒险经历的玩具有不同的结果吗？[45] 就我们在这一领域的特殊追求而言，早期玩具选择的这些后果，是否不仅存在于行为层面，还存在于大脑层面？

一如既往，因果问题都是纠缠不清的。如果性别化的玩具偏好是生物学事实的表现，那么人们的解读往往是，这不可避免且不应受到干扰，以及那些质疑它的人应该被送走，耳边回响着"让男孩

215

成为男孩，女孩成为女孩"的咒语。特别是对研究人员来说，这意味着玩具偏好上的性别差异可能是潜在生物学上性别差异的一个非常有用的指标，是一种真正的大脑行为联系。另一方面，如果性别化的玩具偏好确实是对不同环境投入的衡量，那么就有可能衡量这种投入的不同影响，或许更重要的是，衡量改变这种投入的后果。

然而，在我们开始讨论与玩具偏好相关的各种理论的利弊之前，我们需要看看这些差异的实际特征。这是一种存在于不同时间、不同文化（甚至是不同研究）中的明显差异吗？谁真正决定什么是"男孩玩具"和什么是"女孩玩具"？是孩子们自己挑选玩具，还是大人给他们提供？换句话说，我们真正关注的是谁的偏好？

216　　**"我当然会给我儿子买个玩偶"**

在成年人中，对于什么是男孩玩具、女孩玩具和中性的玩具，似乎有相当广泛的共识。2005年，印第安纳州的心理学家朱迪思·布莱克莫尔（Judith Blakemore）和林恩·森特斯（Renee Centers）要求近300名美国本科生（191名女生，101名男生）把126种玩具分成"适合男孩"的玩具、"适合女孩"的玩具和"适合男孩和女孩"的玩具3个类别。[46]根据这些评级，他们得出了5个类别：强烈男性化、中度男性化、强烈女性化、中度女性化和中性。有趣的是，男性和女性对玩具的性别有着相当普遍的共识。仅有9件玩具的评级存在分歧，其中手推车的评级差异最大（男性对其的评级为强烈男性化，女性对其的评级为中等男性化）；同样地，在马和玩具仓鼠（男性对其的评级为中度女性化，女性对其的评级为中性）的问题上也存在分歧，但没有发生跨性别的情况。因此，"玩具分类"似乎在成年人的头脑中相当清晰。

孩子们同意这些评级吗？是不是所有的男孩都会选择男孩玩具，所有的女孩都会选择女孩玩具？考虑到这一点，让我们看一项关于此问题的基于实验室的研究。正如我们在许多其他案例中所看到的那样，问什么问题、怎么问以及怎么解释答案，这些都能让我们在评估"玩具偏好是心理学家发现的最明显的性别差异之一"这一观点时停下来思考。

伦敦城市大学的心理学家布伦达·托德（Brenda Todd）研究儿童游戏。她的小组对"性别化的"玩具偏好的出现很感兴趣，所以他们首先调查了92名男性和73名女性，年龄在20岁到70岁之间，和上述研究一样，目的是确定成年人可能如何对玩具进行性别区分。[47]参与者被问及想到一个小女孩或小男孩时，首先想到的是哪个玩具。对男孩来说，最常见的回答是"汽车"，其次是"卡车"和"球"。对女孩来说，是"玩偶"，其次是"烹饪用具"。泰迪熊被认定为女孩的玩具，但研究人员随后指出，男孩也有泰迪熊，所以他们同时选择了粉色泰迪熊和蓝色泰迪熊。（你可能会想，为什么研究人员在正确地认识到需要获得一些外部信息来确定如何给测试的玩具贴上标签之后，决定推翻他们得到的答案。此外，还要把整个粉红色–蓝色场景混入其中。）尽管如此，在最后的选择中，

217

玩偶、粉色泰迪熊和烹饪锅被贴上"女孩"标签，而蓝色泰迪熊、汽车、挖掘机和球被贴上"男孩"标签。

一旦这些成人贴了标签的玩具在儿童身上进行了测试，是否所有的小男孩都乐于走向汽车／挖掘机／球／蓝色泰迪熊，所有的小女孩都乐于走向玩偶／烹饪锅／粉色泰迪熊？这些玩具被分发给3组儿童：一组9至17个月大（被确定为儿童第一次开始独立玩耍的年龄），一组18至23个月大（当儿童表现出获得性别认同的迹象时），一组24至32个月大（当性别认同变得更加牢固时）。该测试包括一个"独立玩耍"的场景，在这个场景中，被挑选出的玩具排成半圆形，且每个儿童周围都有一个实验者鼓励他们玩任何想玩的玩具。一个精心设计的编码程序给出了衡量玩具选择的标准。

男孩们更乐于让研究人员挑选"男孩玩具"（男孩们在挑选"男孩玩具"时更乐于接受研究人员的意见），这表明他们玩汽车和挖掘机的时间随着年龄的增长而稳步增加。如果（正如你应该做的）你想知道蓝色泰迪熊和球怎么样了，研究人员决定（事后）剔除前者，因为"在玩耍中没有明显的性别差异"。他们还决定剔除粉色泰迪熊，因为年龄稍大的儿童都不玩泰迪熊。然后他们注意到这两类玩具的数量不均衡，所以他们也剔除了球（尽管它实际上显示出性别差异，男孩比女孩玩得多）。所以现在是汽车和挖掘机对玩偶和烹饪锅。你应该还记得，在上面提到的调查中，这是每一组的前两名。因此，现在报告的数据只是来自最具刻板印象的玩具之间的选择（没有中性或性别不明显的玩具可供比较）。实际上，在研究报告的"汇报"

218

部分，研究人员声称这是他们研究的一个优势，是"为了避免玩具选择中的性别差异被第三种选择冲淡而做出的决定"的结果。[48]

因此，在报告的研究结果中有自证预言的成分，研究结果是：在各个年龄段，男孩玩标有"男孩玩具"的玩具时间更长，而女孩玩标有"女孩玩具"的玩具时间更长。有趣的是，整体情况出现了微小变化。对男孩来说，玩男孩玩具的人数稳步上升，而玩女孩玩具的人数却有所减少，但对女孩来说，情况就不同了。尽管年龄较小的女孩对女孩玩具的兴趣似乎比男孩对男孩玩具的兴趣更大，但这种兴趣并没有在中间那一组持续下去，在中间那一组，她们花在女孩玩具上的时间实际上减少了。随着年龄的增长，女孩玩男孩玩具的时间也增加了。这项研究的作者们这样解释了这一点："虽然女孩最初更喜欢女孩玩具，但这种偏好只不过是强烈的偏好。"[49]所以，尽管研究人员愉快地承认他们所使用的玩具的性别标签存在差异，但他们的小参与者并没有表现出预期的那种整齐的二分法。考虑到人们强调玩具选择是社会性别差异本质的有力指标，再加上当前性别化玩具营销游说团体坚持认为玩具选择仅仅反映了男孩和女孩的"自然"选择，[50]整个玩具故事中的这种细微差别应得到更多关注。

也许这一问题可以通过最近的一篇研究文章来解决，文章结合了对该领域一系列研究的系统回顾和元分析，以及对关键变量的影响的分析，例如各种研究中儿童的年龄、父母是否在场，甚至研究所在国家的性别平等程度。这篇文章涵盖了 16 项不同的研究，包 219

括 27 组儿童（787 名男孩和 813 名女孩）。[51] 如果有什么可以证实玩具偏好的可靠性、普遍性和稳定性，这可能吗？

总的结论是，男孩比女孩更喜欢玩男孩玩具，女孩比男孩更喜欢玩女孩玩具。成年人的存在（从而控制了"劝说"因素）、研究环境（家或托儿所）或地理位置（因此在不同的国家似乎都是如此）都没有影响。但我们没有得到任何关于这些玩具是什么或者是谁决定了它们的"性别"的细节。这篇评论的作者们将自己的研究囊括在内，就是我们刚刚看到的那项研究，在那项研究中，玩具的性别分类可能被描述得远不如人们所希望的那么客观。公平地说，作者们自己也提出了这个问题，比如，拼图玩具在一项研究中被归类为"女孩"玩具，而在其他研究中被归类为"中性"玩具。我们也没有得到任何关于孩子们是否有兄弟姐妹以及在他们的家庭环境中会发现什么样的玩具的信息。因此，我们不知道是谁或什么东西把玩具分成了不同的类别，也不知道孩子们在自愿参加这些研究之前对玩具有什么样的体验（无论标签如何）。在考虑该评论的总体结论之一时，请记住这一点，即"在儿童对根据自身性别分类的玩具的偏好中发现性别差异的一致性，表示了这一现象的强度以及它存在生物起源的可能性"。[52]

我们还应该考虑一下我们的性别小侦探收集到的关于他们"被允许"玩什么玩具的信息，因为我们在上述研究中假设孩子们可以自由选择玩具。但真的是这样吗？女孩们走向玩具卡车？没问题！男孩们在衣橱里挑选芭蕾舞裙？等一下。

即使有公开的平等主义信息，孩子们也很善于发现真相。南卡罗来纳州的教师教育专家南希·弗里曼（Nancy Freeman）所做的一项小范围研究清楚地说明了这一点。[53] 3 至 5 岁儿童的父母接受了关于他们对养育孩子的态度的调查，并被要求表明他们同意或不同意诸如"为儿子支付芭蕾舞课费用的家长是自找麻烦"或"应该鼓励女孩玩积木和玩具卡车"这样的说法。然后，他们的孩子被要求将一堆玩具分为男孩玩具和女孩玩具，并指出他们认为父亲或母亲希望他们玩的玩具。双方就哪些玩具按照可预见的性别划分达成了一致，并在父母许可玩的与性别匹配的玩具上进一步达成了一致，女孩玩茶具，穿芭蕾舞裙；男孩玩滑板，戴棒球手套（是的，有些孩子只有 3 岁）。他们之间的分歧在于，这些孩子非常清楚地知道，如果他们玩的是"跨性别"的玩具，他们会得到多少赞成票。例如，只有 9% 的 5 岁男孩认为他们的父亲会赞成他们玩玩偶或茶具，而 64% 的父母声称他们会给儿子买玩偶，92% 的父母认为男孩上芭蕾课不是个坏主意。拥有凭借寻找性别线索搜集规则的大脑，这些孩子要么误读了信息，要么就像弗里曼在论文标题中宣称的那样，善于发现"隐藏的真相"。

如果你特意给玩具贴上"男孩专用"或"女孩专用"的标签会发生什么？这是在另一组 3 至 5 岁儿童身上进行的测试，包括 15 个男孩和 27 个女孩。[54] 将玩具随机分为"女孩专用"或"男孩专用"，把这些蓝色或是粉色的玩具如鞋成型器、胡桃夹子、挖球器以及压蒜器送给孩子们，并问孩子们是否喜欢这些玩具以及认为谁会和他们一起玩。男孩受到标示或颜色的影响要小得多，他们认为无论什么颜色及标签都一样有趣。然而女孩在某种程度上更符合性别标签，她们明显抵触蓝色的男孩玩具，而更爱玩粉色的女孩玩具。但人们发现，如果所谓的"男孩玩具"被涂上粉色，那么女孩的态度就会发生显著改变，比如说，女孩们认真地说到，假如"男孩"玩具压蒜器能做成粉色的话，那她们就会愿意玩了。作者将此描述为一种"女孩得到许可"效应，在这种效应下，男孩的标签影响会因女孩喜爱的颜色而抵消。这对玩具营销业来说可是梦幻般的结果！

所以在这种情况下，至少就玩具而言，女孩对带有语言和颜色的性别标签做出的选择似乎更多地受到社会信号的影响。为什么对男孩来说情况可能不一样呢？如果男孩拿到蓝色的玩具挖球器，为什么不会同样被"女孩玩的"挖球器吸引呢？有没有可能是，女孩一般不会被阻止玩男孩玩的玩具，而且有时会拿起不常玩的玩具锤（当然，只要有粉色的软手柄），而男孩的情况则不是这样，有证据表明，如果男孩选择女孩玩具，他们会受到干预，尤其是来自父亲一方的干预？

在21世纪，人们越来越关注市场在决定玩具选择方面的作用。既然我们知道孩子们渴望融入他们的社交圈，而且他们总是在查看社交圈的规则，那么他们就会对"适合性别的"玩具的信息产生强烈共鸣（当然，鞋子、午餐盒、睡衣、自行车、T恤衫、超级英雄、书包、墙纸、万圣节服装、贴纸、书本、羽绒被、化学用品、牙刷和网球拍——你可以随意添加不区分性别的产品！）。

221

作为最近出现的一种现象，玩具的极端性别化受到了广泛关注。我们这些在 20 世纪 80 年代和 90 年代生过孩子的人认为，现在面向孩子的玩具营销比当时更具有性别色彩。但是，根据伊丽莎白·斯威特（Elizabeth Sweet）对玩具营销历史的详细研究，这可能是因为我们当时正在经历第二波女权主义运动的影响。[55] 她指出，在 20 世纪 50 年代，有明确的证据表明，玩具营销是性别化的，当时的重点是让儿童适应他们的既定角色——为女孩提供玩具地毯清洁器和厨房用具，为男孩提供建筑用具和工具箱。在 20 世纪 70 年代到 90 年代之间，性别刻板印象观念受到了更频繁的挑战，这反映在更为平等的玩具上（当然，这对于任何扭转性别玩具营销趋势的尝试来说都是好消息）。但近几十年来，斯威特认为这种观念似乎已经不复存在，部分原因是对儿童影视的管制放松使儿童节目商业化，并作为营销机会推动了对动画《彩虹仙子》或《非凡公主希瑞》或下一个《超能战士》的"需求"。

222

像"让玩具成为玩具"这样的草根运动反映出人们越来越关注性别玩具营销的潜在力量，尤其是在鼓励强调外表对女性自我建构至关重要的这一方面。研究表明，这种完美主义存在的风险与饮食失调等心理健康问题有关。[56] 此外，如果这些刻板印象的玩具所传达的信息限制了任何一种性别进行选择，那么这就是我们可以摆脱的刻板印象的来源。

因此显然男孩和女孩确实会玩不同的玩具。但另一个问题应该是——为什么？为什么男孩喜欢卡车而女孩喜欢洋娃娃？是因为他们顺从地遵守家庭、社交媒体和营销巨头施加给他们的社会规则吗？我们知道，男孩和女孩从他们的父母那里得到了不同的玩具，男孩的玩具柜很可能从他们5个月大的时候就不同于女孩的玩具柜。所以，如果你在寻找社交规则，那么玩具的选择是相当重要的信号。我们这些小小的"性别侦探"对人们对他们的期望深有感触，人们声称玩具选择实际上是不可避免的，就像喜欢粉色一样，它忽略了社会信号的力量，而这些信号是我们高度敏感的深层学习者在生命的早期阶段就早已大量接收到的。

但也许这些玩具是服务于某种天生需求，某种训练机会，以确保你为你的生物命运做好了充分的准备。如果是需要"轻抚"的玩具，你也许会玩洋娃娃，因为一些原始驱动力（社会优先构造）知道这会让你做个合格的母亲？如果你选择的是需要进行"操纵"的玩具，那么这是对你"工程"基因的反应吗？[57]

或许让我们回顾一下采集浆果和狩猎时期？社会规则是否已经进化到将玩具纳入其中，以确保男性和女性获得未来社会角色所需的独特而"适当"的技能？为了检验这个命题，我们需要看看在玩具偏好背后是否有某种先天的驱动因素。我们需要研究那些没有接触过社交影响的幼儿的玩具选择，甚至研究动物幼崽，同样也是基于我们不需要考虑社交因素的假设。

别再是那些该死的猴子了

新生儿什么都够不到，什么也抓不到。他们被看护者所赠予的玩具左右。这些看护者对自己照顾的小小婴儿有自己的想法，即使只是为了确认由即将到来的访客送出的玩具。

我们知道，人们普遍否认且不宣扬新生男婴偏好移动物体及新生女婴偏好面孔这样的观点。加州大学洛杉矶分校的吉莉安·亚历山大（Gerianne Alexander）对 4 至 5 个月大的婴儿注视洋娃娃和卡车的时间和频率进行了测量，频率测量结果表明女婴更喜欢洋娃娃。[58] 但正如上文所提到的，已经有证据表明，婴儿在 5 个月大的时候，他们的玩具环境就存在性别差异，因此很难对是否从出生起就存在玩具偏好这个问题得出一个明确的答案。再把一些年长的兄弟姐妹、或多或少有些性别意识的祖父母或保姆算在一起，就很难找到得出这一论断所需的证据。当然，这个想法是，应该提供给新生儿一个机会来观察社会化前的行为，尽管那些性别揭晓派对暗示着婴儿即将进入一个备受期望的世界。

但是，还有另一种方法来找出"非社会化"个体可能会选择什么样的玩具。根据我的经验，每当人们讨论孩子们对玩具的"先天"偏好时，总会有人说："那猴子的表现如何呢？"这是因为有引人注目的"猴子神话"，在某些情况下还伴随着令人信服的小视频片段，这已经进入了公众的意识，证明玩具偏好不是社会建构的，而是真正有生物学基础的。我曾出现在英国天空新闻台的早餐节目中，跟进了一则通过让男孩玩洋娃娃可以"治愈"缺少看护者问题的声明。[59] 他们让我进行试音，就在这时主持人在我的耳机里宣布他们将在我发声之前播放这个猴子视频片段。所以在天空新闻台的某个档案中有一段录音记录了我的愤怒，而且显然可以清晰地听到，有人大声喊道："别再是那些该死的猴子了！"

在不同版本的视频中，雄性猴子急切地抓着带轮子的玩具，几乎像小男孩拿着玩具卡车一样在地上"扑哧扑哧"地抓着它们，而雌性猴子则抱着洋娃娃一样的玩具。正如有人宣称的那样，猴子不可能处于性别社会化过程中，这种"明显"的性别差异证明，玩具偏好是某种生物偏见的反映，是"操纵"或"怀抱"性别倾向的"自然"表现，对生活方式的选择和未来的职业有一系列的后续影响。

有两项经常得以引用的研究试图将"自然"和"培育"区分开来。其中一位是现任剑桥大学性别发展研究中心主任梅丽莎·海因斯教授。[60] 她和吉丽安·亚历山大一起研究了印度灰叶猴的玩具偏好。提供给一大群猴子（包括公猴和母猴）6种不同的玩具，一次给一种（警车、球、洋娃娃、平底锅、图画书和毛绒玩具狗），并记录猴子与每种玩具的接触时间。调查结果按照玩具的性别分类进行了汇报，警车和球是"阳性"，娃娃和平底锅是"阴性"，其他两个玩具则是中性。这种"性别化"显然对研究人员有利，有人认为，猴子不熟悉炊具的概念，或者，至少不熟悉警车的概念。

结果发现，雄性猴子在其中一种中性玩具（毛绒玩具狗）身上花费的时间更多，而对"阳性"玩具球及警车和"阴性"玩具平底锅花费的时间差不多相同。雌性猴子在玩具平底锅和毛绒玩具狗身上花费的时间最多，次之为洋娃娃，花费时间最少的是玩具球和警车。因此，猴子的"性别"与它们接触的玩具并不完全一致。但是，虽然从统计上讲是正确的，但总体的研究结果却掩盖了这一事实，即简单的整体比较表明，雌性猴子在阴性玩具上花费的时间更多，雄性猴子在阳性玩具上花费的时间更多。这项研究没有提到最终的获胜者，究竟是中性性别的玩具狗，还是吸引雄猴的玩具平底锅。[61] 该文还附带了两只猴子的图片：一只母猴子抱着娃娃（尽管那不是它们最喜欢的），一只公猴子抱着警车（同样不是它们最喜欢的）。当玩具按照非性别特征，根据玩具是动物状（狗、洋娃娃）还是物体状（锅、书、车）重新组合时，猴子对玩具的偏好没有性别差异。

第二个例子是在后来为"自然"阵营辩护而进行的一项研究，这次研究的对象是恒河猴，涉及一个较为简单的比较，即让猴子在毛绒（或软毛）玩具和带轮子的玩具之间进行选择。[62] 此案例中，有一个更明确的假设，即玩具偏好可能的表现形式，目标是"主动操纵"或是"怀抱"。雌性猴子似乎并没有把毛绒玩具和带轮子的玩具区分开来，而雄性猴子却表现出了明显的偏好，很明显地为玩带轮子的玩具的机会而摒弃毛绒玩具。值得注意的是，虽然雌性猴子玩带轮子的玩具次数比雄性少（雌性平均触碰次数为 6.96 次，而雄性为 9.77 次），但得分上有相当大的重合（中等效应值为 0.39）。还应该特别注意的是，最初有近一半的雄性猴子和近 2/3 的雌性猴子实际上对玩具根本不感兴趣，很少与它们互动，因此它们被排除在研究之外。

226

在总结他们的研究结果时，作者指出，"雄性猴子和雌性猴子对带轮子的玩具而非毛绒玩具的偏好程度存在显著差异"。[63] 然而，尽管这在统计上再次正确，但它掩盖了这样一个事实，即雄性猴子和雌性猴子对带轮子的玩具的兴趣水平差不多相同（并且尽管雄性对毛绒玩具的兴趣最小，但这种效应有很大的可变性，因此一些雄性对小熊维尼和破烂娃娃非常感兴趣）。

这两项研究的作者都着重强调，雄性猴子比雌性猴子"对男孩的玩具更感兴趣"。但正如我们所看到的那样，第一项研究中的差异反映了一个事实：雌性印度灰叶猴并不热衷男孩玩具（警车），而第二项研究中雄性恒河猴不喜欢女孩玩具，但雌性恒河猴对两种玩具都很满意（尽管本着完全公开的精神，但需要注意的是其中一个带轮子的玩具是超市的手推车）。

你现在可能会翻翻白眼，想着"猴子已经够多了"。这不难理解，但这些猴子不会消失的。一则新闻的内容是，鼓励男孩玩洋娃娃是否会增加英国看护人数量？推广"猴子与玩具"的剪辑视频吧。英国广播公司地平线系列推出了一期关于你的大脑性别的栏目。抱着一堆玩具快速参观猴子保护区看来必不可少。在伊丽莎白·史培基和斯蒂芬·平克（Stephen Pinker）关于女性自然科学能力（或缺乏科学能力）的辩论中，对猴子的发现是平克引用的证据之一，证明了科学能力方面的性别差异存在生物学基础。

因此，我们对前社会化个体（无论是人类还是猿猴）玩具偏好的明确研究，尚未揭示出一个合理的依据，即这是一个很好的衡量潜在先天性别差异的指标。所以，与其从"玩具选择"角度来看生物性即命运这个等式（又名洋娃娃 VS 卡车），不如让我们更仔细地从生物学角度去研究。

激素风暴

到目前为止，为了寻找玩具偏好的先天证据，我们对人类婴儿和猴子进行了研究。这项研究的第三个方向是研究产前激素的影响，特别是产前接触雄性激素的影响。正如在第二章中所述，雄性激素的影响不仅限于生殖器官的发育，还包括大脑结构和功能的组织塑造以及由此产生的行为。[64] 通过操纵激素水平并观察其结果来探索人体内激素的因果关系显然有悖人伦道德，因此研究人员转而研究这类信息的"自然"来源，即接触了高水平异性激素的胎儿，如患有 CAH 的女孩。研究人员认为这些患者是研究生物力量强于社会压力还是社会压力强于生物力量的"完美"契机。这些女孩是否表现出，接触"雄性"激素会战胜使她们"女性化"的社会力量？与未患病的姐妹相比，CAH 女性患者在玩不同的玩具时有什么不同吗？越来越多的证据表明，她们在这一方面的行为并未受其性别影响。[65]

剑桥大学的梅丽莎·海因斯及其团队最近的一项研究对基于生物的发展过程和社会化压力的潜在不同提供了一些有趣的线索。[66] 她研究了自我社会化过程中的玩具选择，通过给孩子们贴上标签，或者让孩子们观察其他女性和男性的选择，操纵那些可能会告诉孩子们哪些是给女孩的玩具，哪些是给男孩的玩具的线索。

这项研究涉及 4 至 11 岁的 CAH 男女童患者，以及男女童对照组。中性玩具上贴有性别标签——绿色气球、银色气球、橙色木琴和黄色木琴。孩子们得知一种颜色的气球和木琴是给男孩的，另一种颜色的气球和木琴是给女孩的，并且让他们玩这些玩具。期间对孩子们花在每个玩具的时间进行计时，随后孩子们告诉研究人员他们最喜欢哪一种气球和木琴。

这些儿童还参加了一项"模仿"计划。他们观察了 4 位成年女性及 4 位成年男性从 16 对中性物品（如玩具牛或玩具马、钢笔或铅笔）中选择一个的过程。在此过程中，女性总选择同一对中相同的物品，而男性选择同一对中的另一物品。随后问这些儿童他们喜欢这 16 对中的哪一个。

不出所料，对照组儿童展现出其受标签和模仿的影响，女孩们玩那些标记为女孩的物品，或者选择那些成年女性选择的物品，男孩们也是如此。而对那些通过标签或模仿被认定为"适合女孩"的玩具，CAH 女童患者对这些玩具的玩耍时间和偏好程度明显下降。

海因斯及其团队解释道，这些发现反映了激素对自我社交过程，特别是对女孩自我社交程度的影响。CAH 女童患者下降的偏好程度反映了她们对社交压力敏感度较低，这种压力通过玩具标签或对"性别匹配"成年人行为的感知突显。

这是对我们之前研究的一个补充，之前的研究认为，粉色对女孩的跨性别影响表明，女孩更加遵守社会规则，将粉色玩具解读为"许可"而选取它，即使作为一种性别适合的选择，这也只是暂时性的。也许可以从对社会规则的不同敏感度中找到根本的性别差异，还有更深层的驱动因素让她们遵守这些规则吗？或者这反映了女孩们更大的社会压力？还是与其他因素有关？先缓一缓——我们将在第十二章回到这个话题。

这个模型对早期简单的、单向的大脑组织过程进行了重大的反思，并承认了外部因素的中心作用（就像表观遗传学改变了我们对基因蓝图和表型结果之间关系的理解一样）。这给了我们一个更灵活的理论视角来解释迄今为止的发现，并使我们不仅了解非典型激素活动在与性别有关行为中的可能反映形式，而且还使我们了解这种行为起初是如何产生的。

玩具选择的后果

如果玩具的选择不是一个预先设定过程的表现，不是通往一个适当终点的旅程的一部分，而是终点本身的一个决定因素，那会发生什么呢？你玩的玩具，或许是由性别世界的代理人强加于你的，这真的能引导你走上一条特定的人生道路吗？或者，更令人担忧的是，它们会让你偏离人生轨迹吗？

男孩早在四五岁时就表现出优越的视觉空间处理能力，[67]

这种能力似乎是我们讨论过的所有（非常少的）性别差异中最强的，[68] 尽管这种能力正显示出一些正逐渐减弱的迹象，若用不同方法测试，这种能力可能会彻底消失。[69] 但正如我们稍后将看到的，人们关注这种特殊能力（或缺乏这种能力）是因为女性在科学学科中处于边缘化。因此，如果我们希望自家的小女孩长大后成为一名科学家，我们应该检查大脑的这条路径是否仍然清晰。

我们知道大脑的特定部分参与了空间处理——但是体验空间任务（可能涉及建筑玩具和视频游戏）是否改变了大脑的这些部分？答案是肯定的，正如我们在第五章看到的俄罗斯方块和杂耍任务中看到的那样，"先前的研究表明，空间认知中明显的性别差异实际上是由视频游戏体验造成的"。[70] 当把游戏体验作为主要因素重新分析数据时，差异更加明显了（有趣的是，这种差异与性别差异无关，所以玩游戏的女孩和玩游戏的男孩一样优秀）。

心理学家克里斯汀·谢诺达（Christine Shenouda）和朱迪思·达诺维奇（Judith Danovitch）表明，乐高积木也参与到这场辩论中，乐高积木的建造任务与人们对女孩应该玩什么的刻板印象有关。[71] 正如本章之前所述，如果女孩之前接触过"性别激活"任务（在一个女孩拿着一个洋娃娃的图片上着色），那么 4 岁大的女孩在完成任务时明显比其他女孩慢。在另一项实验中，研究人员朗读一篇关于一个性别不详的孩子在街区建筑竞赛中获胜的故事，然后要求女孩们复述这个故事，研究人员记录下孩子们在提到这个竞赛获胜者时使用的代词。结果是，3/5（59%）的情况下使用阳性代词，是中性代词的 2 倍多（27%），是阴性代词的 4 倍多（14%）。如果这么小的女孩从建筑玩具的有益体验中遭到排挤，那么这种性别暗示的存在值得关注。当在俄罗斯方块这样的游戏中进行训练可以显著改变大脑和相关行为时，对我们的大脑来说，错过这些体验才会真正改变大脑的路径。

未选择的道路

现在外界具有的强烈性别信息也许比以往任何时候都更有影响力。甚至在婴儿出生之前，性别信号就出现了，它们最早的体验就像指示路标一样，指示哪条道路可行，哪条不可行，哪些训练机会可用，哪些不可用。

我们已经探索了大脑与世界相遇的最初起点。我们已经看到婴儿的大脑是多么出乎意料的复杂，尤其是在支持社会行为像成人一样的网络方面。比方说，目光注视体现出婴儿从很早就开始将目光调整到也许是重要的成员身上。同时，我们也见证了小婴儿对社会交往规则的高度理解——打倒阻碍者，帮助者万岁！我们已经看到，关于自然还是培育、先天还是后天的争论并没有准确表达出大脑所遇到的多种复杂因素。在这场混战中，始终如一的观点是，大脑会遇到非常明确的性别信息，这些信息是关于"什么样是女性的""什么样是男性的"，并分为"女性就是女性""男性就是男性"的信息类型。这些信息可以通过外部或内部的刻板印象，关于男性和女

第九章 蓝色和粉色：社会对我们的不同期待 | 253

性能力和"适当"角色的性别信念来传达，牢固地根植于从第一天（如果不是从出生前算起）就开始构建的自我意识中。我们对粉色和玩具的关注有助于我们了解这一过程是多早开始的。有趣的是，女孩可能更容易受到这种性别划分的影响，更容易将自己融入社会的女性模式中。而对男孩来说，尽管父亲们声称要买芭蕾舞裙，但男孩很清楚如果自己够聪明的话就不应该穿着芭蕾舞裙戴着皇冠。因此，在我们发育中的大脑所接触到的世界中，从一开始就存在着性别化的路标，名目繁多，且影响深远。

232　　　但是随着年龄的增长，我们并没有摆脱刻板印象的影响，它们会在我们一生中继续塑造我们的大脑和行为。

第四部分

第十章
性别与科学

在发达的西方世界中，人们最为关注和惊叹的性别差异质疑是，在 STEM 学科中女性比例偏低。许多不同科学水平和不同国家的统计数据可以说明这一点。联合国教科文组织统计研究所 2018 年报显示，全球只有 28.8% 的科学研究人员是女性。英国（38.6%）、北美和西欧（各 32.3%）的数据表明，即使在更发达的国家，女性也只占科研劳动力的 1/3 左右。就全球行业而言，STEM 学科领域仅有 12.2% 的董事会成员是女性。2016 年一项报告指出，英国所有 STEM 学科劳动力中，女性数量略多于 45 万人；如果性别平等的话，该数据则会是 120 万。[1]

最近一项对全欧洲的科学态度的评估报告称，按照目前女性担任科学教授的比例，英国必须等到 2063 年才能实现学术教授的性别平等，而意大利则要等到 2138 年。[2] 在大学一级上看，2016 年，15% 的计算机科学和 17% 的工程与技术的本科一年级学生是女性（相比之下，进入医学相关学科的女性比例略高于 80%，这表明理科能力不是问题）。在所有的公立学校中，44% 的学校根本没有女生学习 A 级物理（尽管 65% 的女生在英国普通中等教育证书课程中的前四个年级学习物理）。[3] 另一方面，最近英国工业联合会的一份报告显示，只有 5% 的小学教师（其中 85% 为女性）持有某种科学或与科学相关的学位。[4]

这些性别差异对大多数人来说不是什么新鲜事，但我们仍然无法回答为什么会存在性别差异。为什么在大学及更高级别的 STEM 学科中女性数量较少？这些差距什么时候开始出现在我们的生活中？这些差距对于女性和男性的能力、兴趣，尤其是大脑意味着什么？STEM 学科职业中缺少女性的案例是我们一直在关注的所有问题的有力佐证。关于女性大脑能（或不能）做什么的本质主义观点，与对科学和科学家的性别歧视和刻板印象糅杂在一起，而这种观点会使大脑分散思想、转移注意力。女性在 STEM 学科中代表性不足问题不仅在社会层面上令人担忧（据估计，英国每年大约有 4 万名 STEM 学科毕业生短缺），而且还显示出关于科学和科学家、科学和大脑以及科学和逐步产生的性别差异方面的成见，并且更重要的是，他们很明显抵制企图减少性别差异的努力。科学是什么？谁能参与其中？谁不能参与其中？

性别科学——女性不适合科学

如果让我们去定义科学，我们会想到什么？科学委员会将其定义为"遵循基于证据的追求和应用自然世界和社会世界知识的系统方法"。[5] 证据尤为重要，它强调科学活动与数据之间的关系，科学活动是寻找进行客观测量的方法来观察我们周围世界正在发生的事情，以帮助我们去理解。科学是一个系统（请牢记这个词），它应该让我们摆脱那些往往互相矛盾，带有偏见、先入之见或某些个人或政治意图的人所讲的各种轶事中的困惑。

作家兼科学家艾萨克·阿西莫夫提出了一个更易理解的定义："科学并不提供绝对真理，科学是一种机制。这是一种试图提高你对自然的认识的方式，这是一种测试你的思想与世界是否匹配的系统。"[6] 一般来说，科学被视作是提出问题、产生和检验理论的系统方法。它可以用来解释现状（是什么引起了潮汐？天空为什么是蓝色？），或是关于发现（重力、放射性、DNA 双螺旋结构），还可以被视为一种向善的力量（抗生素、癌症治疗），也可以被视为一种潜在的、干预自然的有害力量（转基因作物、杀虫剂、克隆）或者带来灾难性的破坏（核武器、化学战）。[7]

在某种程度上，科学知识与常识不尽相同，因为科学知识是通过应用既定的规律和原则获得的，这一概念可以追溯到亚里士多德。我们现在所知的现代科学始于 17 世纪，但即使在那之前，修道院和大学等机构中也总是有公认的科学活动。许多这样的机构只为男性开设，很少有女性接受任何形式的正规教育，因此尽管科学本身常常被拟人化为女性，但它几乎完全是一项涉及男性的活动。[8]

从历史上看，女性参与科学随着科学财富的变化而变化，即科学从最初作为一种时尚爱好的表现形式，到确立为一个备受尊敬、广受认可、相当精英化（而且往往极其有利可图）的职业。科学开始从一种无门槛的知识参与，即任何有能力和受过教育的人都可以参与从事科学，转变为一种制度化的职业，即明确把女性排除在外的排"她"性团体。英国皇家学会成立于 1660 年，是一个由"自然哲学家"和医生组成的学术团体，但直到 1901 年才首次开放女性会员的申请，直到 1945 年才真正选出第一批女性会员。[①][9]

但当女性开始接受教育或有能力参与自己感兴趣的学术时，我们通常会发现她们是科学领域的专家。天文学是一个备受青睐的领域，1786 年出版了一本专门讨论女天文学家的书。[10] 尽管书中仍有一丝性别歧视的味道，对女性来说地质学和天文学更加"安全"，因为经典著作和历史可能会鼓吹政治活动。但总的来说，在那个阶段女性参与科学是寻常且没有异议的。[②]

---

① 物理学家赫莎·埃尔顿（Hertha Ayrton）于 1902 年获得提名，但由于她已婚，在法律上她不能被认定为"人"，因此被认为不具备获奖资格。

② 在 17 世纪和 18 世纪，对科学的兴趣和追求科学在那些有钱悠闲的女性中相当普遍。没有证据表明她们被认为是劣等的。她们不仅是卓越的天文学家，还被誉为优秀的数学家。史宾格描述了《英国女性日记》（出版于 1704—1841 年）演变成杂志的过程。最初，该杂志有相当广泛的职权来教授"写作、算术、几何学、三角学、球体学说、天文学、代数及其从属学科，即测量、计量、拨号、导航和所有其他数学科学"，之后演变为仅有"谜题和算数问题"的杂志，以此来回馈读者的热情。1718 年，杂志编辑写道，女性有"像我们一样的清晰判断、敏捷才智和敏锐天赋，像我们一样洞察入微，具有精通事理的能力。据我所知，女性能够解决最困难的问题"。

正如我们在这本书中多次看到的，19 世纪兴起的"本质主义"运动认为，男性和女性有着不同的生理素质基础，而女性的素质绝对不如男性，当然也使她们无法进行高水平的科学思考。因此，在天文学或数学等领域表现出任何兴趣和能力的女性，当时更有可能被形容为双头大猩猩，而不会因"聪敏机智、天赋过人"而受到称赞。[11]

女性陷入了两面夹击的境地。现在人们不仅认为她们的整个身体，特别是她们的大脑不适合任何形式的繁重脑力活动，而且她们被有意地排除在那些正在建立科学家这一新兴职业的机构之外。

除了将女性排除于这些科学机构外，另一种将女性排除于科学之外的方法是，人们根据科学的定义特征和成功实践的要求得出一些世界观，而后证明这些世界观与女性的能力、才能和偏好不相符。一种说法是，女性在理科领域的代表性不足是因为她们的兴趣在别处。比起物，女性对人更感兴趣，因此女性不会选择 STEM 学科，而 STEM 学科则正属于"物"的范畴。[12]

如果你还记得的话，我们在第三章对人与物之间的关系变量进行了衡量。尽管这个衡量标准具有缺陷，但它仍然流行于女性与科学的领域中，并且是关于 STEM 学科中众多性别差距的原因（和对策）争论的核心所在。正如下文所示，当这联系到某一生物学论点时，即女性对似物的职业缺乏兴趣同与产前激素相关的大脑组织有关，这可能会导致产生顺其自然、不再试图解决这些性别差异的建议。

这同样让我们想到西蒙·巴伦－科恩提出的系统化和共情概

念。根据系统化的定义，不难看出它是如何对应到衡量科学特征（尤其是工程、物理、计算机科学和数学等学科）和科学家的人格特征上的。"物与人"这一维度最初并不是为了应用于一般的科学领域，也不是为了特定的 STEM 学科。同样，共情－系统化理论不是简单地针对科学与艺术。然而，系统化行为与"硬"科学特征之间的密切对应（根据硬科学的定义标准，这并不奇怪）产生了这种联系。

240

巴伦－科恩实验室的研究发现，"系统化"风格能有效预测学生能否进入物理学科学习，但性别本身却不能。[13] 考虑到巴伦－科恩提出的性别与 E–S 理论之间具有的明确联系，这多少让人有些惊讶。也许这篇论文的作者也感到不可思议，因为他们的研究结果表明，事实上性别的确是一项相关变量："因此，系统化得分低的个体（主要是女性）可能不太会参与理科学术学科，这可能是因为在处理系统化领域时遇到了困难。"[14] 因此，我们仍应引以为戒，即这是为了维持一种刻板印象，而非反映一个更微妙的现实。

共情－系统化维度的另一个方面，和在科学中对性别差异本质主义进行解释的作用，两者都牢牢对应不同的大脑类型。那些共情力比系统化力强的是 E 型；那些系统化力比共情力更强的人属于 S 型；而那些系统化力和共情力差不多的人则属于"平衡型"或 B 型。[15] 巴伦－科恩在他书中开头就打上了性别色彩的烙印："女性大脑主要具有天生的共情力，男性大脑主要具有天生的理解和构造系统力。"[16] 这对读者明确指出了对大脑的刻板印象，而这正是对性别的刻板印象。

当你看到男性大脑、系统化和科学之间的联系，再加上生物特征是固定不变的这一额外断言时，很容易得出这种刻板印象的产生规律，这种关于性别和科学之间的刻板印象是天生的，甚至是必要的。我们必须承认，你不必非得是一个女人／男人才能拥有一个女性／男性大脑，但我们探索、寻找规则的指导体系可能不会在"男性大脑"而非"男人的大脑"的语义细节停留太久。值得注意的是，241在性别／社会性别差异方面，尤其是当它们符合之前的刻板印象时，往往比不易察觉的条件更明白、更清晰。

科学关乎才华

关于科学，这种根深蒂固的刻板印象的另一方面在于人们相信，要在任何理科学科中脱颖而出，都必须具备"天生的才能"。普林斯顿大学的萨拉－简·莱斯利（Sarah-Jane Leslie）在一项研究中觉察到了这一点，该研究通过对 30 个学科的 1 800 多名学者进行调查来衡量一种"能力信念"。[17]这项研究要求参与者对如下观点进行评价，比如"成为一名顶尖的［某学科］学者需要一种特殊的能力，而这种能力是无法进行教授的"（衡量一个人对某种先天能力的信念），或者"只要付出适当的努力和奉献，任何人都可以成为［某学科］的顶尖学者"（衡量一个人对勤奋工作能带来成功的信念）。然后将不同学术领域的能力信念得分与各学科女性博士生所占的百分比进行比较（作为性别差距的实际测量）。结果不难预料，越是相信某一学科需要先天的才能，该学科的女博士生数量就越少。

莱斯利及其团队在一份声明中影射了性别歧视的因素："尽管这么说在政治上不正确，但男性往往比女性更适合在［某学科］做高水平的工作。"那些认为成功是建立在某种天赋上的学科（包括男性和女性）的成员更有可能同意这种说法。在理科学科中，特定领域能力信念得分最高的学科是工程、计算机科学、物理和数学，换句话说，即核心 STEM 学科，这些领域的女性比例过低的事实令人担忧。因此，我们认可现状（科学实际上并不是女性的工作），并据此做出了基于生物学的解释。

242　　莱斯利将这种原始的、与生俱来的能力与科学研究领域的"光束"概念联系起来。[18] 这是一种只有少数几个人拥有的特殊天赋，他们似乎拥有一束激光般的、看不见的才能之光，能够照亮别人长时间以来一直在努力解决的问题，并且几乎立刻就能找到解决的办法。她通过比较《X 档案》"桀骜不驯的天才"福克斯·穆德和勤奋努力、循规蹈矩的黛娜·史考莉来说明这一点。有些人看电视找的好借口是，他们可以在《犯罪现场调查》或《犯罪心理》等许多刑侦剧或司法连续剧中找到相似之处，同时注意"老黄牛"与天才的性别。

与此相关的是科学界流行的"灵光一现"或"电灯泡时刻"的比喻，即灵感闪现，突然醒悟找到了解决方案。[19] 尽管阿基米德洗浴发现浮力和牛顿被苹果砸到发现重力的这两个故事很可能是虚构的，但也存在更可靠的故事，包括亚历山大·弗莱明发现青霉素（发现污染他的抗生素试验的霉菌本身就是一种抗生素）和笛卡尔发现笛卡尔坐标系的概念（通过参照苍蝇到两堵墙之间的距离来跟踪苍蝇爬过天花板的位置）。

归因于灵感闪现或电灯泡时刻的发现对该发现质量的评估有何影响？这是否有助于将发明家视作天才，而非埋头苦干的老黄牛？克里斯汀·埃尔默（Kristen Elmore）和迈拉·露娜－卢赛罗（Myra Luna-Lucero）对这些想法进行了一系列测试，这些测试着眼于用"灵感"和"努力"来比喻艾伦·图灵在计算机方面的成果。[20] 其中一组参与者阅读了一篇用电灯泡时刻形容图灵研究成果的文章，"这个想法就像灯泡变亮的那一瞬间触动了他"，而另一组参与者阅读了一篇主题是"扎根成长"的文章，即"种子最终长成并结出了果实"。当问到这些参与者如何评价图灵研究成果的独特性时，显而易见，前一组比后一组的评价要好得多。

第二项研究引入了性别层面。这里介绍的发明是在无线通信技 243术领域，讲述了好莱坞电影明星海蒂·拉玛（代表作《参孙和达莉拉》）的故事。她和作曲家乔治·安太尔设计了一种"跳频"技术，可以控制无线电频率，防止机密信息在被截获时遭读取（这是当今移动设备加密技术的基础）。研究人员简要地将这个故事描述为或是电灯泡时刻般的"一个跨越多频率信号的灵感"，或是努力钻研般的"一个跨越多频率信号的奠基理念"。前者配有一幅插图，画有海蒂·拉玛或乔治·安太尔，以及一个点亮的灯泡；后者同样也包括两名发明者，但内容却是一颗发芽的种子的图片。这项研究要求每组参与者评价发明家及其理念的天才性和独特性。

结果发现，这些评价取决于读者看到的是女性还是男性发明家。种子标识显然提高了人们对海蒂·拉玛作为天才的评价，而降低了人们对其男性伙伴的评价。而另一方面，灯泡标识并未让看到海蒂·拉玛的人印象深刻，反而倒是提高了对乔治·安太尔作为天才的评价。研究人员认为，这反映了人们对男性如何成功的期望的一致性，即与女性的成功之路相比，男性更有可能通过天生的额外"东西"而凭空想出解决方案，而女性则要通过更多不懈的努力和艰苦的工作才能成功。

这里的关键之处是在伟大理念中对"努力"的看法。通常来讲，人们似乎认为天才的成果与灵感有关，而非努力，但这与天才的性别有关。要被誉为天才，一个人必须要毫不费力地在一个灵感瞬间迸发出想法。任何关于辛勤工作或努力的迹象都会使这一成就贬值。对女性来说，她们的成就几乎总是与培养和坚持联系在一起的，当这一切得到回报的时候，她们应该得到鼓励。在这里，任何灵光一现的迹象都可能被视为昙花一现，只不过是运气使然。

这对科学界的女性意味着什么？如果有一种世界观认为，通往顶峰的道路遍布着灵感时刻，顺便说一句，女性显然不太可能有那种与这些时刻有关的"某些东西"，那这能给女性灌输多少信心，从而让她们相信自己在科学上和男性一样有可能取得成功？同样，如果努力和决心（在下文看到的那些"辛勤努力"般的形容词，更可能出现在针对女性的推荐信中）被视作是产生成功想法的附带品质，那么作为一名女性，你可能会想在这个特定的机构里你到底能带来什么有价值的东西。

萨拉–简·莱斯利的团队也对此进行了研究，他们用假想的实习广告操纵"才华信息"，并衡量这些信息对女性对职位兴趣的影响，评估她们认为自己在职位上的焦虑程度，以及他们是否认为自己属于这个职位。[21] 在工作描述中，强调的是才华横溢（"满腹经纶""才思敏捷"），或奉献精神（"高度专注""坚定不移""永不放弃"）。一个重要的发现是，关于才华的信息对女性有负面影响，但对男性没有。相比要求"才华横溢"的实习岗位，女性对要求"奉献精神"的实习岗位更感兴趣，她们表示前类实习会让自己更加焦虑。男性的兴趣和焦虑程度在两者之间并无差异。相关的操作表明，女性高度重视她们对归属感和与他人相似感的需求，她们对潜在不匹配的担忧是由于她们将自己与他人进行了不利的比较。因此，无论有意或无意，女性自己都认同这样一种观点，即某些工作、行业和职业需要某种天生的才华，而作为女性，她们不太可能拥有这种天赋。

为科学而生？

245

就对性别和科学的刻板印象而言，我们遇到的另一问题是，我们可以很早就注意到这些影响，也可以追踪它们对我们大脑的影响结果。我们发现，教师对小学生的才能和能力的看法和期望方面存在性别差异，更可悲的是，这些小学生对自己的看法和期望也存在性别差异。

我们已经看到，非常年幼的儿童表现出相当复杂的科学技能，例如对数字、数量和运动规律的认识，同时，没有一致的证据表明婴儿在数学和科学类能力方面存在性别差异。然而，正如第八章所提到的，最近的发现表明，有证据证明在一项特定的与科学相关的技能——心理旋转中，存在早期（而且微小）的性别差异。[22]在建筑、工程和设计等一系列以科学为基础的活动中，心理旋转被视为成功的关键技能，因此这方面的任何优势都可以给你带来便利。[23]

我们还探索了幼儿在玩具选择上存在性别差异的证据（尽管这些差异的特点是不明显且重复的），很早就有人将男孩引向诸如组装玩具等可以增强空间认知的物体，或者引起男孩对系统型物体的兴趣，如拼图或机械玩具。当然，关于这些行为差异从何而来的争论仍在继续，其中既有生物学原因，也有社会原因，但不管是什么原因，结果是男孩在幼年时期有更多与科学相关的"训练机会"。

因此，考虑到男孩在某一特定空间技能上的微小优势和更高层次的空间经验，他们很可能在科学世界里占得先机。然而，仔细研究现有的各种统计数据就会发现，性别差距在幼儿园阶段并不存在，只是在6至7岁时才开始出现，然后逐渐扩大。[24]正如我们将看到的，很明显，这并不完全是由于某种固有技能的出现，而是与强大的外部力量有关，这些力量由谁适合从事科学工作（谁不适合）的刻板印象所驱动。它不仅可以来自那些负责培养各种天赋的人，也可以来自那些天赋的拥有者。

你可能会认为，只有在经历了多年对女性智力的负面刻板印象之后，你那永远有用的预测性大脑才会发现，总的来说，女性不从事科学研究，或者认为从事科学研究的女性不会取得很大成就。无论如何，如果你将自己置身于科学环境中，你会感到非常孤独和孤立。然而，可悲的是，这些信念的雏形似乎很早就在生命中形成了。在莱斯利小组的另一项研究中，他们调查了对 5 至 7 岁儿童智力能力的性别刻板印象。[25] 通过讲故事和搭配图片的方法，他们发现，5 岁时，儿童倾向于将最积极的"特别特别聪明"的评价给予与自己性别相同的楷模（"同一性别的才华"分数）；但是，到了 7 岁，无论描述如何，女孩们明显不太可能将才华与女性相提并论。这些看法会影响儿童的行为吗？另外，研究者向 6 至 7 岁的儿童介绍了两个不知名的电子游戏。他们向儿童告知规则后，告诉儿童这两个游戏要么适合"特别特别聪明的孩子"，要么适合"特别特别努力的孩子"。然后问他们是否喜欢这个游戏，是否有兴趣玩这个游戏。与男孩相比，女孩对为聪明孩子准备的游戏明显不感兴趣，这与她们自己的性别才华分数有关。她们通常越不相信女孩是聪明的，她们自己就越不可能表现出对适合"聪明"人做的事情的兴趣。如果你之前的经验是，你根深蒂固的女性性别模式没有包含"特别特别聪明"这一标签，那么为了避免令人不安的预测错误，你需要剔除那些被贴上只适合"特别特别聪明"的人这一标签的事物。

数学通常被认为是适合"特别特别聪明"的人的事物之一，在　247
我们的脑海中，它并没有被贴上"适合女孩"的标签。"数学是男性主宰的领域"这一刻板印象在成年人身上得到了很好的体现，不仅在显性层面上如此，在隐性层面上也同样如此。[26] 例如，在配对联想测试中，"数学"一词与"男性"一词配对的速度更快，与"语言"和"男性"这类组合比，前者被认为是衡量这些词之间心理联系更强的一种方法。这样，即使参与者明确否认任何刻板的观念，但也有可能证明这些观念的存在，即使他们的主人没有意识到。

心理学家梅拉妮·斯蒂芬斯（Melanie Steffens）和她的同事用这种方法研究了 9 岁的孩子。[27] 对男孩和女孩普遍存在的性别刻板印象已经在 6 至 8 岁的孩子身上得到了证明，而这项研究的目的是调查是否有证据表明，在诸如数学或科学等更具体的主题中存在性别刻板印象。她们还收集了关于这些孩子在数学和科学科目上的表现的数据，此外，还询问孩子们是否认为他们可能会继续学习更高等级的数学。结果显示，女孩对"数学"和"男性"这两个词之间的联想要强烈得多，对"女性"和"数学或数学类词汇"之间的联想要低得多，对放弃数学的意愿也要强烈得多。这是否仅仅反映了她们学习数学的困难？不——事实上，孩子们的成绩并没有表现出性别差异。因此，可悲的是，9 岁的女孩认为数学不适合她们，她们可能会放弃数学，即使她们的表现和同龄的男孩一样好。

有趣的是，男孩们并没有表现出任何数学上的性别刻板印象，所以他们显然没有得出女孩们的那种联想。就像我们在研究玩具偏好和粉红色的力量时注意到的那样，这可能是女孩更了解社会"规则"的另一个例子，在这个例子中，是关于谁适合数学的刻板印象。

造成这一现象的另一个因素可能是父母的态度，他们认为数学对儿子比对女儿更重要，而且更有可能鼓励男孩而不是女孩上更高248等级的科学课。[28] 而且，正如我们在第九章中看到的，通过观察很小的孩子对父母可能对他们选择的玩具的赞同程度，我们可以看出，不管这些父母说什么，孩子们都能很好地适应他们的期望。[29] 因此，无论公开与否，我们大脑的主人将会得到通往科学目的地不同的推荐路线。

很明显，教师在孩子们获得科学知识的过程中扮演着重要角色，但他们似乎也对那些认为自己在科学上可能取得成功的儿童有着强大的影响力。最近发表的一项针对以色列儿童的纵向研究着眼于早期"教师偏见"的影响，其计算方法是：在同一类型的考试中，外界盲改的升学考试成绩和任课教师批改的升学考试成绩之差。[30]

这里的关键发现是这种教师偏见对数学成绩评估的影响。在测试的第一阶段，女生在外部测试中的表现优于男生。就教师而言，有明显的证据表明他们更偏爱男孩，他们对男孩的能力评价过高，而对女孩的能力评价过低。研究人员分别在 2 年和 4 年后对这些儿童进行了回访。在高中成绩、大学入学考试成绩以及谁会选择选修高级课程这三个方面，存在明显的性别差异，最明显的则体现在谁会选择选修高级课程上。在选修数学方面的高级课程上，男生占 21.1%，女生占 14.1%；在选修物理方面的高级课程上，男生占 21.6%，女生占 8.1%；在选修计算机科学方面的高级课程上，男生占 13.0%，女生占 4.5%。

然后，研究人员用大量其他信息对这些数据进行建模，以了解可能导致这些差异的原因。是不是班级人数？是不是因为学生能力参差不齐？是不是教师的资格？是不是父母的教育水平？这与孩子们有几个兄弟姐妹有关系吗？所有这些因素对结果测量的影响都不如最初的教师偏见分数影响大（我们应该记住，在这个特殊的教育开始阶段，女孩的表现优于男孩）。显然，即使没有根据，性别化的期望也被证明是决定谁能成为"科学家"的强大动力，伴随的是对更高层次的就业、收入以及对谁能从事科学工作的总体印象（和刻板印象）产生的不良影响。

那么，在科学方面，似乎有一些强大的潜在力量，可以很早就将年轻女性引导到绕过科学（尤其是数学）的道路上。如果你和你的老师都认为你做不到，那么你很有可能做不到。

科学的寒冷气候

另一个因素可能是科学没有为女性提供一个非常友好的环境。即使我们已经越过了对过去的刻意约束，但无法抗拒的是，科学就其本质而言——一方面需要天生的聪明才智和绝佳的天赋，另一方面需要有系统的、有规则约束的方法（主题是事物而不是人）——不适合女性。

如果你是一个社会人，你会试着让自己与你所了解的属于你的群体相匹配，会试着选择一个你能在所属群体中找到志同道合的人的环境，会试着将你的技能与环境相匹配，希望能融入其中。如果你面临的是"寒冷的气候"，那个群体中的人认为你不属于那里，并且你自己也认为没有多少人"喜欢你"，那么总体来说，如果你避开那个群体，完全可以理解。如果你是某个大学的数学或物理开放日上唯一的女生，你可能会重新考虑你的大学入学考试选择（当然，你也可能会为这里提供的其他机会感到兴奋）。

女性似乎更注意她们可能工作的环境。美国心理学家萨普纳·谢里安（Sapna Cheryan）及其同事测试了招聘结果，他们让可能的计算机科学候选人待在一间"典型的"计算机科学教室里——到处都是《星际迷航》海报、科幻小说和"叠放的汽水罐"（大概叠放得非常整齐），或者待在一间中性的教室里——到处都是大自然的海报和水瓶。[31] 如果女性已经待在了中性教室，她们更有可能对计算机科学感兴趣。这些研究人员还操纵了虚拟引导计算机科学教室的内容，一个教室充满了与计算机相关的常规物品，另一个教室则没有。只有 18% 的女大学生选择了前一个教室，相比之下，男生的比例超过 60%。其他研究表明，操纵宣传视频中的男女比例，会影响到理科暑期学校的女生招生，如果视频中的大部分学生是男生，女生就不太愿意报名，而男生似乎并不介意这种情况。[32] 这些数据支持这样一种观点，即女性对她们可能做出的选择的社会环境更敏感，这可能是她们"属于"（或不属于）某个地方的信号。

这就引出了性别平等悖论，它正是当今的热门话题之一。2018年发表的一篇论文使用国际数据库调查了 67 个国家及地区 2012 年至 2015 年的 STEM 学科入学情况。[33] 该论文显示，获得 STEM 学位的女性普遍少于男性，中国澳门特别行政区有 12.4% 的女性获得 STEM 学位，阿尔及利亚有 40.7%（英国和美国分别有 29.4% 和 24.6%）。这些发现随后与性别平等的衡量指标——世界经济论坛的全球性别差距指数——相关，该指数基于收入、健康、议会席位、经济独立等领域的性别不平等。这就是明显出现悖论的地方：在性别平等程度最高的国家及地区，STEM 入学率的性别差距最大。芬兰（女性占 STEM 学科毕业生的 20.0%）、挪威（20.3%）和瑞典（23.4%）是这个谜题的主要例子。

251　　　对科学和数学方面的学业表现的测量结果显示，性别差异微乎其微（总体平均效应值为 –0.1）。在科学方面，最大的差异是在约旦，女孩的表现优于男孩（效应值为 –0.46）；在数学方面，奥地利的男孩表现出最大的差异（效应值为 +0.28）；但在绝大多数接受评估的国家及地区中，男孩和女孩之间的差异非常小。因此，STEM 学科高等教育中女性较少的原因并不是她们能力不强。阅读方面的数据则显示了不同的情况：在所有接受评估的国家及地区中，女孩的表现都更好。在这种情况下，一些效应值非常大（约旦为 –0.76，阿尔巴尼亚为 –0.61）；在所有情况下，性别 / 社会性别的差异都比科学和数学方面体现的性别差异大。

　　　这篇论文的作者集中讨论了男女是否拥有不同的学术能力，作为性别平等悖论的一个可能答案。他们为所有参与者编制了一个"最佳学科"指数，用于对科学、数学或阅读成绩进行排名，以确定每个参与者最擅长的学科。这里有明显的性别差异，51% 的女孩认为阅读是她们最擅长的学科，而男孩的这一比例为 20%；38% 的男孩认为科学是他们最擅长的学科，而女孩的这一比例为 24%。因此，尽管女孩通常和男孩一样擅长科学，但她们可能更擅长人文科学。

这一特别论点的下一个环节是，在欠发达国家及地区，经济需求以及承认 STEM 学科教育在未来就业和收入方面可能更有价值等因素，将在女孩和男孩选择的职业道路上占据优先地位。然而，在性别平等程度更高的国家及地区，女孩可以自由选择她们认为最适合自己的学科，也就是她们擅长的学科。总体生活满意度可以优先于经济需求。报纸的新闻报道提供了"绘画和写作"作为可能的选择。我是否察觉到了一丝陈旧的"互补陷阱"的味道？

252

在某种程度上，一个未经检验的脚注是，也存在关于科学能力和科学享受的自信程度的测量数据。总的来说，男孩对他们的科学能力更有自信，对此你可能不会感到惊讶；你可能会更惊讶，在性别平等程度更高的国家及地区尤其如此——正是这些国家及地区的女孩不会选择从事科学工作。这些男孩对他们能力的评估有多准确？将这些评估与他们的成绩进行比较后发现，在调查的 67 个国家及地区中，有 34 个国家及地区有证据表明男孩高估了他们的科学能力，而只有 5 个国家及地区有证据表明女孩有这种倾向。同样，在性别平等程度更高的国家及地区，这种过度自信也会在男孩身上表现出来。

想象这样一个场景：你可以选择追求一个你的自信心在很小的

时候就被削弱的学科，在这个学科里，刻板信息（和现实）是你的内群体成员不会做一些事情，因为她们缺乏所需的"基本"技能（即使你的成绩应该表明不是这样）。你对可能等着你的"寒冷气候"的信息很敏感。你会选择做什么？那些指责女孩不想从事科学工作的人可能只是想到了科学本身。

科学家的性别

但是科学界的人呢，科学家们自己呢？即使这种文化让人感到相当不友好和排斥，而如果你拥有合适的技能、个性和气质，那么你肯定会有一席之地？在这个时代，科学界必须由受过教育、有见识、开明的人组成，它对女性科学家应有清晰、中性的看法，不是吗？

但是当然，对科学的成见的另一个方面是对科学家的成见。你可能会惊讶地发现，据称，最初人们创造了"科学家"一词来描述一位女性——苏格兰博学家玛丽·萨默维尔。[34] 科学的倡导者以前曾把自己描述为"科学的男人"，他们意识到，一旦出现了女人也能发表科学论文这一令人惊讶的现象，他们必须找个不同的术语来称呼她们。

这个早期的词汇创造似乎没有影响现代人对科学家的工作、形象的印象。早在1957年，研究人员就对系统测量美国高中生心中科学家的形象产生了兴趣。[35] 他们对35 000多篇关于科学和科学家的论文做了抽样调查，这些论文回答了一些开放式问题（这些问题本身就当时关于职业选择的性别思维给出了惊人的见解）。研究的既定目标包括以下内容（你可能会猜到，斜体①部分是我强调的内容）：

（1）当美国中学生被要求讨论科学家时，如果不具体提及他们自己的职业选择，或者，在女孩中，不具体提及她们未来丈夫的职业选择，她们会想到什么，她们的想法是如何用图像表达的？

（2）当美国中学生被要求把自己想象成科学家（男孩和女孩）或嫁给科学家（女孩）时，他们想到了什么，他们的想法是如何用图像表达的？

学生们被要求进行陈述，内容包括"当我想到一个科学家，我想到……"和"如果我要成为一个科学家，我想成为……的科学家"。令人震惊的是，对于研究中的"女性参与者"来说，这个问题有一个单独的版本——"如果我要嫁给一个科学家，我想嫁给……的科学家"。

那么，从这几万篇论文中研究人员总结出了什么样的形象呢？ 254
研究人员从这些回答中总结出以下特征：

---

①原著中此处斜体表示的文字，在本书中此处使用了仿宋字体。——译注

科学家穿着白色外套，在实验室里工作。他已经年迈或正值壮年，戴着眼镜……他可能留着胡子，可能没刮胡子，蓬头垢面……他被设备包围着：试管、本生灯、烧瓶和瓶子、放吹制玻璃管的格子铁架和带刻度盘的奇怪机器。他整天都在做实验……他非常聪明——天才或者近乎天才……有一天，他可能会站起来大喊：我发现了，我发现了！[36]

当然，那是 1957 年，但从提出的问题和给出的答案来看，刻板印象早就存在了，不是吗？

追踪这个问题答案的一种方法是进行一个非常简单的测试，该测试涉及绘图。你可能会觉得这些并不算是数据，但它们在获得个人心智模型和揭示个人信念方面被证明是非常有用的，而且是一种在儿童中进行测量的实用方法，让人们可以洞察关于科学家的早期刻板印象可能会如何发展。

心理学家大卫·钱伯斯（David Chambers）在 20 世纪 80 年代设计"科学家画像测验"的目的就在于此。[37] 他请儿童"画一位科学家"，然后对这些画进行分析，看看它们在多大程度上包含了所谓的科学家标准形象。这些标准特征是：实验服（通常是白色但不一定是白色）、眼镜、面部毛发（包括胡须、小胡子或异常长的鬓角）、象征研究的符号（任何种类的科学仪器和实验室设备）、象征知识的符号（主要是书籍和文件柜）、技术（或科学的"产品"），最后是相关的说明文字（公式、分类、"我发现了！"的典型表现等）。这项研究持续了 11 年以上，对 186 个班级中 4 807 名 5 至 11 岁儿童的图画进行了分析。最小的孩子画出了令人耳目一新的、不存在刻板印象的画。"决定性"特征在 6 至 7 岁儿童的图画中出现，最常见的是实验服和设备，还有胡子和眼镜。对于 9 至 11 岁的孩子来说，即使不是所有的特征都出现了，也有一些特征出现在他们的图画中。但是，引人注目的是，在 4 000 多张图片中，只有 28 张中有女性科学家，这些图片都是由女孩画的（所以另外 2 327 个女孩画的是男性科学家）。

这个测试在世界各地已经进行了很多次，关于刻板印象中科学家的性别的发现普遍相似：科学家是男性，长胡子、秃头。[①][38]

随着时间的推移，情况似乎没有太大变化（尽管越来越多的女性出现在各种科学领域，但她们的代表性严重不足）。2002 年的一项研究表明，正如研究人员所说，科学家被描绘成男性这一现象在很大程度上得以延续（显然，面部毛发的存在是一个关键的决定性特征）。[39]男性画像比例下降主要是因为"性别不明"的画像的增加，这也许会带来一线希望！这项任务显然没有时间限制，有人认为它以不公平的方式诱导刻板印象。

也许今天，我们已经在不知不觉中进入了一个没有刻板印象的

---

①该测试已在澳大利亚、玻利维亚、巴西、加拿大、智利、中国［中国大陆（内地）、中国香港特别行政区、中国台湾］、哥伦比亚、芬兰、法国、德国、希腊、印度、爱尔兰、意大利、日本、墨西哥、新西兰、尼日利亚、挪威、波兰、罗马尼亚、俄罗斯、斯洛伐克、韩国、西班牙、瑞典、泰国、土耳其、英国、美国和乌拉圭进行。

科学世界，而我们还在付出巨大的努力来克服实际上已经消失的障碍？2017 年的一项研究对这一说法进行了验证，该研究的新版本被称为间接科学家画像测验。[40]这次测验包含以下说明："想象一下科学研究是如何进行的。用图画呈现您的想法，在下面添加简短说明。"在这次间接测验中，研究人员认为以女性代表科学家的频率发生了巨大变化，他们为此十分兴奋，然而，我却感到失望，因为比例不过是从 7.8% 增加到了仍然微不足道的 15.8%。

然而，通过媒体对法医科学家、计算机科学家、病理学家、野生动物生物学家的描述，当代人肯定对不同类型的科学家有更多了解，或许测验能够证明这一点？测验使用了同样的画图实验计划，但要求更确切地表明你对哪种科学家感兴趣，该实验的确表明女性被描绘的次数（女性画像出现的次数）有所增加，但仍然比男性少得多。在 2004 年的工程师画像测验研究中，61% 为男性画像，39% 为女性画像；[41]在 2003 年的环境科学家画像研究中，22% 为女性画像；[42]在 2017 年的计算机科学家画像测验研究中，71% 为男性形象，27% 为女性形象。[43]诚然，这些比例都比 30 年前第一次科学家画像测验中的比例高，当时仅 0.06% 的画像为女性形象，这可能在某种程度上受到了研究本身性别设计的一点影响，当然，这仍然反映了这一刻板影响的持久性，即科学家首先是男性。

你如何从事科学——女性拥有从事科学的资质吗？

衡量科学性别化的另一种方法是观察哪些特定的性格特征与成功的科学家相关联，并衡量这些特征与男性或女性的性格特征之间的重叠。"代理"或"行动"特征，如"坚持、自信、能力、竞争力、野心和动力"经常与科学上的成功联系在一起，而不是"公共"特征，例如"无私、支持、了解他人的感受、以家庭为导向、需要社会认可和希望避免争议"。[44]

心理学家琳达·卡莉（Linda Carli）和同事测量了大学生受访
者在多大程度上认为男性、女性和成功科学家要么拥有"代理"特征，要么拥有"公共"特征。[45] 正如预测的那样，他们认为的成功科学家的特征与男性雄心勃勃、善于分析和代理的特征有着很大的重叠，与彬彬有礼、善于交际、被动、乖巧和（天生）健谈的女性特征几乎没有重叠。参加该研究的学生有男有女，他们来自不同的大学（单一性别或混合性别），学习不同的学科（科学、人文或社会科学）。因此，相当令人沮丧的要点是，人们认为女性没有成为成功科学家的合适的个人品质，不仅男性持这种看法，女性同样这么想——即使她们正在学习科学！因此，无论我们是看留着胡子戴着眼镜的男性画像，还是看精心制作的等级表，在我们的性别化世界中有一个清晰的信息，那就是男性拥有成为成功科学家的条件，而女性没有。

这里出现的一个关键问题是：这些刻板印象的存在是否真的会影响科学的进行和科学的从业者？如果理论上成为"好科学家"与成为"好女人"之间不匹配，这是否重要？这种不匹配指角色的形象（无论多么不准确）和有志于担任该角色（或已经担任该角色）的人的形象不一致，社会心理学家称之为"角色不一致"。[46] 最初提出这一概念是为了解释对女性领导者的偏见，刻板印象中的女性特征和领导者特征的不一致会引发对承担领导者角色的女性的行为的负面评价。如果她们做出领导者的主导、指导、竞争行为，那么她们就违背了对女性行为的期待；如果她们表现出刻板印象中与女性有关的关爱、温暖、支持的特质，那么她们就会被视作无能的领导者。[47]

258　　有人认为，这种双重打击可能也存在于科学领域。典型女性形象与典型成功科学家形象的不匹配必然导致偏见和歧视（明里或暗里）。[48] 显然，如果你将此作为一个问题与遴选委员会或任命小组进行对质，他们会强烈否认，并引用客观绩效指标和精心制作的职位描述，表明他们采取了性别平等举措以及人力资源制衡。然而，有明确的证据证明女性科学家受到不公正待遇。

　　斯堪的纳维亚半岛的一项研究报告称，在以分数为基础的博士后奖学金颁发制度中，女性的研究成果效益必须比男性的高 2.5 倍才能获得同样的分数。[49] 在观察斯堪的纳维亚国家医学研究委员会补助金申请人获得的评审人给出的"能力"分数时，人们注意到，对于影响力的关键衡量标准（发表论文的数量和质量、被引用的频率），只有影响力分数为 100 分或以上的女性申请人才能获得与男性同等的能力评级，但与她们同等的男性的影响力分数为 20 分或更少。正如作者所指出的，斯堪的纳维亚以机会均等而著称，如果这种事情发生在那里，那么你必然想知道世界上其他地方的情况。

也许这就是我们之前讨论的性别平等悖论出现的原因？

　　什么样的推荐信有助于工作申请？作为一名学者，我曾经写过、读过很多这样的文章，遴选委员会搜出几十份甚至几百份非常相似的简历时，我知道推荐信提供的增值有多重要。你尽最大努力展现出优秀学生的形象，表现非凡的天赋和毅力，说明自己能够大有所为，是不错的团队成员，能够进行创造性思考，等等。语言学家弗朗西斯·特里克斯（Frances Trix）和卡罗琳·普森卡（Carolyn Psenka）研究了300多份美国医学院教师申请中的推荐信。[50] 他们注意到，女性申请人的推荐信比男性申请人的短得多，只是勉强涵盖了基本内容（举个例子，有封信只有五行那么长，只是向读者保证"萨拉""知识渊博、令人愉快、易于相处"）。[①] 她们将这些信称为"最低限度保证书"。鉴于我之前看到的关于科学成功的刻板印象中的电灯泡观点和与之相对的种子观点，有趣之处在于，给女性的推荐信中包含了更多作者所说的"磨砺类"形容词[②]。这些词包括"一丝不苟""认真""仔细"和"小心"等等。给男性的推荐信中常有特里克斯和普森卡所说的"突出类"形容词，如"卓越""非凡"和"无与伦比"。研究人员并不认为有证据能够证明写信人带有负面意图，这样的现象反映了一种无意识的偏见，即看待男性和女性的不同方式，这可能会影响任命团队做出的决定。

---

① 10%女性申请者的信不到10行，而8%男性申请者的信超过50行。

② "磨砺类"形容词，将申请者描述成勤奋工作者的词汇，也更多地用于女性而不是男性，这意味着女性可能有很强的职业道德，但男性有能力。——译注

即使女性真的通过了这些障碍，她们似乎也很难达到科学职业的最高水平，或者获得最高水平的认可。2018 年，一篇论文研究了诺贝尔科学类奖项（物理学奖、化学奖、生理学或医学奖）提名的档案（目前可获得 1901—1964 年的档案），研究显示，在 10 818 位被提名者中，只有 98 位是女性。[51] 其中，仅 5 位获得了诺贝尔奖，分别为玛丽·居里、伊雷娜·约里奥－居里、盖蒂·科里、玛丽亚·格佩特－梅耶和多萝西·霍奇金。有的被多次提名，莉泽·迈特纳被提名物理学奖 29 次，化学奖 19 次，但她从未获奖。①

260　　这些数据不一定是歧视存在的直接证据，可能还有其他几个因素在起作用。然而，基于实验室的研究可以提供这样的证据。科琳娜·莫斯－拉库辛（Corinne Moss-Racusin）及其在耶鲁大学的团队发表的一篇论文被广泛引用，该论文提供了歧视存在的有力证据。[52]将实验室经理职位的学生申请材料发送给一流大学生物、化学和物理系的 100 余名教授，这些材料的所有细节都是一样的，一半教授收到的是署有男性名字（约翰）的材料，另一半教授收到的是署有女性名字（珍妮弗）的材料。你可能已经猜到结果了。

更多的教授（包括男教授和女教授）认为约翰更有能力，更适合雇佣（给的薪水更高），他们也更愿意为约翰提供职业指导。

---

①没有证据表明男性会如此频繁地失去获奖机会。你可能希望在之后 50 年的提名档案中看到情况有所改善。快速统计一下自 1964 年以来诺贝尔奖男性获奖者人数（350 人）和女性获奖者人数（12 人），可以发现并没有多大改善现状的希望。当然，2018 年确实又有 2 位女性获奖者。

现代性别歧视量表包括对劳动力中性别隔离的了解和解释等内容，从参与者填写的量表中，研究人员还能够看出参与者脑海中先前存在的性别歧视。这项测量表明，这种先前存在的偏见水平越高，他们就越会认为珍妮弗的申请能力更差，更不具被雇佣能力，他们准备向她提供的指导也就越少。男性和女性教授都是如此。最后，矛盾的是，团队认为珍妮弗更讨人喜欢（记住，除了名字之外，申请中所有细节都是一样的）。因此，这与针对女性的某种普遍敌意无关——虚构的珍妮弗显然是个不错的人，只是作为一名科学家，她没有太大的前途。

如果候选人的信息并非完全相同，而是包含证明不同能力的证据，这种偏见也许可以被克服？在一项实验中，学生"雇主"可以雇佣学生"雇员"来完成一项数学任务。[53] 所有的学生之前都完成了一个任务，所以他们知道任务的情况和自己的表现水平。"雇主"可以仅仅根据他们的外表（通过在线照片）或者根据他们的外表以及一些关于这些潜在"雇员"在这项任务中表现如何的信息来雇佣 ₂₆₁ "雇员"。如果唯一的信息是外表，"雇主"（男性和女性）挑选的男性是女性的 2 倍；即使他们得到的信息表明他们没有雇佣的女性在数学任务上表现更好，他们通常也会坚持自己的决定。所以，如果你是女性，即使比男性申请者更符合职位要求，也不能改变这是男孩的工作的本能反应。

我们看到的性别差距数据表明，女性不从事科学研究。当然，有历史证据表明她们确实从事科学研究，但正如朗达·史宾格记录的那样，她们逐渐被排除在外，不仅被新生科学团体的守门活动①排除在外，也被普遍认为不适合女性。也许这只是对糟糕往事的回顾。但是当代对最高级别职位的任命和成就中性别不平衡的回顾表明，某种形式的歧视，无论是有意识的还是无意识的，仍然在起作用。科学界仍然是男性的领域，充满了特征与刻板印象中的男性高度相似的人，他们具有代理性和系统性思维，天生就具有灯泡般闪光的天赋。令人沮丧的早期证据表明，不仅潜在科学家的父母和老师相信这种"只有男人"的科学和科学家形象，而且潜在科学家自己也相信。

这一论点还有另一条线索，它呼应了我们一直在讲的事情：也许科学界的不当做法仅仅反映了生物特性所导致的自然结果。不管这个"真相"带来了多少麻烦，事实是女性不从事科学研究，或者，至少在科学的高层中找不到女性。归根结底，这可能是因为她们缺乏必要的"天生"才能？

①守门活动，广义上指的是信息传播过程中作为传播者对信息进行控制的行为，并与行使不同类型的权力（例如，选择新闻、在议会委员会中维持现状、在专业群体和民族群体之间进行调解、中介专家信息）有关。——译注

第十一章
科学和大脑

性别差距数据表明，女性不从事科学研究，但这并不意味着她们不能从事科学研究。为了理解这种性别差距的本质主义原因，我们可以从"男性更大变异"假设开始。

这是另一个"打地鼠"主题，似乎是性别差异研究的特征。这一主题指的是这样一种说法，即如果你观察任何智力指标分布的上端和下端，你会发现大多数都是男性：大多数天才是男性，大多数白痴也是男性。1894 年，哈夫洛克·埃利斯首次在心理学领域提出了这一观点：他注意到，在有智力缺陷的家庭中，男性的人数多于女性；在成就显赫的领域中，男性的人数要多得多，他的结论是男性天生具有更大的"变化趋势"。[1]（你可能会注意到，这忽略了这样一种可能性，即一端成就越显赫，机会就越多，并且一端制度化率越高，可用的社会支持网络的水平就越不相同。）

或许不足为奇的是，关于这种更大变异的含义的讨论聚焦于分布的右端，即高成就者，而不是左端。这种变化趋势对男性和女性的期望有着明显的暗示：男性更有可能成为天才，而女性则更"平庸"。

在解释成就方面的性别差距时，经常会提到男性更大变异假设：即使平均来说，女性和男性在某种任务上表现相同，无论是数学、逻辑还是国际象棋，但高成就者还是会出现在分布的右端，其中更多的是男性。

"男性更大变异"这一说法背后的假设是，一个固定的、文化上的普遍现象，随着时间的推移应该是稳定的，并且在所有国家的所有群体中都是显而易见的。事实上，这些标准都不符合。2010年对国际数学技能研究的元分析显示，在美国，高端人群中的性别差距几乎已经消失；在大多数其他国家没有区别；在一些国家（冰岛、泰国、英国），成就显赫的人群中女性多于男性。[2]

即使在今天，仍有人试图证明男性更大变异假设在进化上的有效性，声称女性对自己的伴侣很挑剔，只追求某种伴侣能力排名的上半部分，结果导致该分布的上半部分非常稀疏。[3] 这就使得下半部分的人可以毫无顾忌地重复任何事情，导致高度可变的结果，其中一些结果几乎是你能想到的所有负面结果的总和。事实上，在政治阴谋论的影响下，发表这些声明的数学论文被撤回了，但一位乐于助人的数学博客作者指出，这些数学假设的质量非常可疑。[4] 但是，毫无疑问，这一迷思还会再次出现在性别差距的解释中，出现在反对多样性倡议的鞭笞中，或者出现在任何其他似乎有必要求助于一个有数百年历史的假设的场合中，即使这个假设已被证明是不可信的。

我们已经看到了几个世纪前令人震惊的厌恶女性的言论，但快进到我们的时代，正如我们所看到的，在STEM学科领域关于性别差距的讨论中，仍然存在一种普遍的"本质主义"暗流。这种暗流主要与对女性和科学的刻板印象紧密相连，与关于科学和科学家本质的其他教条相混合，也许无意识地驱动着就业决策和职业选择。

时不时地，这种"埋怨大脑"的想法会以一种非常公开的方式出现在人们的视野中。其中两个经常被引用的例子是2005年劳伦斯·萨默斯臭名昭著的演讲和2017年谷歌的备忘录。这两者的特点不仅体现了这样一种观点，即在审视科学领域的显赫成就时，女性根本就不具备所需的条件，而且也体现了这是一个基于女性生理特征的问题。

首先，时任哈佛大学校长的劳伦斯·萨默斯在一次有关"科学与工程劳动力多元化"的会议上谈到了"顶尖大学理工科终身职位中女性比例的问题"。[5]他的论点建立在男性更大变异假设的基础上，这表明，在科学的高端领域，你可能会看到那些表现出比平均值高4个标准差的人，而数据表明，高端人群中男女比例为5∶1。所以，不管你喜不喜欢，如果你的领域是高端的，不管是商业还是科学，你会发现男性多于女性。他对这种性别差距的解释之一是"高端人才的资质不同"。

萨默斯的言论引起了强烈的抗议。除了媒体对这一被视为过时和歧视的立场表达了更为普遍的愤慨外，学术界还聚在一起讨论提出的问题。[6] 萨默斯犯了几个典型的错误。例如，他估算出高端人群中男女比例为 5 : 1，这基于他所参加的同一个会议的测试数据，该测试数据被认定为"对人的能力预测不准确"。令人惊讶的是，他在自己的演讲中也提到了这一点。事实上，他所指研究的作者金伯利·舒曼（Kimberlee Shauman）和谢宇（Yu Xie）也对萨默斯对他们研究的解读提出了异议。[7] 他们一直在关注女性的职业发展，并得出了萨默斯提到的性别差距数据。他们指出，数学方面的性别差距很小，而且自 20 世纪 60 年代以来一直在缩小。谢宇在后来的一篇论文中明确指出："这种下降趋势让人怀疑一种解释，即数学成绩上的性别差距反映了先天的（也许是生理上的）性别差异。"他还补充道，"萨默斯校长没有引用以下发现：数学平均成绩或较高成绩上体现的社会性别差异都不能解释科学 / 工程专业学生的社会性别差异。"[8]（事实上，舒曼和谢宇认为他们的数据表明，女性在科学领域取得进步的主要障碍是父母的责任，于是他们创造了"泄漏管道"一词来描述这个问题。）

所以有人愉快地承认他可能在看一份"不可靠的"数据，歪曲了它所显示的内容，然后又曲解了它。他受到了产出数据的研究人员的指责，然后又受到了许多顶尖心理学家的批评，他们还批评了他的循环论证。[9] 伴随着如此强烈的重击，你可能会认为这个"地鼠"已经永远消失了。

没那么快。2017 年夏天，谷歌员工詹姆斯·达莫尔写的一份（很长的）备忘录进入公众视野。[10] 作者在参加了他显然不喜欢的多元化培训课程后，写的这份备忘录明显流露出沮丧之感。他实际上告诉谷歌，他们增加女性劳动力数量的平等机会倡议是在浪费时间（有人认为也是在浪费他的时间）。达莫尔引用了他的"内心的劳伦斯·萨默斯"，声称"男性和女性的偏好和能力的分布有所不同，部分原因是生理原因……这些差异或许可以解释一个问题，即为什么我们在科技领域和领导层中看不到女性的平等代表性"。没过多久，这份备忘录就被泄露了，员工的身份也被公布了，一场巨大的媒体风暴爆发了，随后达莫尔丢了工作。

达莫尔的攻击目标比萨默斯的更广泛，包括偏好和能力；他更加明确地提到了生物学基础，称它们具有"跨文化的普遍性"和"高度可遗传性"，并将产前睾丸素作为主要原因。他似乎瞄准的关键"偏好"维度是我们之前提过的"人物"和"事物"。他并没有明确指出哪一种"能力缺陷"对女性（以及谷歌）来说显然是个问题，但他表示，男性之所以适合编程，是因为他们的系统化技能，所以他似乎把这种系统化 – 共情维度映射到了男性与女性的二分法上，而系统化的男性具备成为一名成功程序员的条件。他将共情与他为女性保留的喜欢人的倾向联系起来。相当不同寻常的是，后来他呼吁谷歌弱化共情，认为共情可能会导致"关注趣闻轶事，偏袒与我们相似的人，怀有其他非理性和危险的偏见"的倾向。

他还聚焦于一项覆盖 55 个国家的大规模研究，主要涉及人格特质方面的性别差异。该研究报告称，平均而言，女性表现出更高水

266

平的情绪不稳定性和宜人性。[11] 这项研究的数据还显示，在越发达的国家，性别差异越大。作者解释说，这是因为男性和女性在不那么受约束的情况下，能够自然地表达真实的自我。达莫尔警告说，不要让男性变得更"女性化"，暗示这可能导致男性放弃高层次的科学和领导职位，转而扮演"传统的女性角色"（未具体说明）。最后，就他的观点应如何纳入未来的多样化方案，他提出了一系列建议。

自从劳伦斯·萨默斯的演讲之后（如果没有诸如达莫尔等人的想法的话），情况发生了很大变化。人们对这份备忘录的反应速度惊人，网络文章、博客、推特、脸书帖子几乎瞬间涌现。[12] 鉴于这份备忘录的篇幅和内容，有很多可以评论的地方。撇开对多元化培训课程和解雇达莫尔是对是错的笼统看法不谈，至少有些争论是关于他引用的科学。

267　　有人站在他这一边。进化心理学阵营的人认为他的观点是站得住脚的，这可能与他在备忘录中热情支持他们的想法有关。[13] 你可以看到他在竞争和追求地位方面的出发点，这与进化心理学中"男人是猎者"的观点一致，但很难看出外倾性、宜人性和情绪不稳定性背后的进化故事，而这些都是达莫尔认为女性在谷歌的高层中代表性不足的原因。性神经科学家、科学作家黛布拉·苏（Debra Soh）显然认为，她有权代表所有神经科学家发言，也有权在表达对达莫尔的支持时摒弃大量批评神经科学的观点：

在神经科学领域，男女之间的性别差异——当涉及大脑的结构和功能以及相关的人格和职业偏好的差异时——被认为是存在的，因为有证据（成千上万的研究）支持。这并不是有争议或需要辩论的信息；如果你试图反驳，或者纯粹为了社会影响，就会受到嘲笑。[14]

然而，另一方面，达莫尔使用的证据也遭到了许多批评。与萨默斯演讲中出现的问题相呼应的是，尽管达莫尔对这篇人格论文表现出极大的兴趣，但这篇论文的第一作者大卫·施密特（David Schmitt）认为，他的研究结果实际上并不能支持达莫尔的观点。他指出，任何差异通常都很微小，并且诸如测量地点、测量方式以及其他环境因素都需要考虑在内。施密特尖锐地驳斥了达莫尔使用他的研究成果的做法，他指出："利用一个人的生理性别来决定一群人的人格，就像用斧头做手术一样。如果不够精确，可能会造成更多伤害。"[15]

其他评论人士指出，正如萨默斯的言论一样，人们没有注意到人类大脑的可塑性，即经验在决定任何衡量指标上的潜在作用，这些衡量指标包括那些必定与科学领域的成功相关的指标。[16]他指出，即使有某种物质可以为女性明显缺乏的那种能力提供生物学基础，但它并不是像达莫尔所说的那样固定不变，不可逾越。他所宣扬的是"生物学强加的限制"，而不是"生物学提供的潜力"。

达莫尔将编码定义为"男人的事情"，这一观点很容易被以下内容推翻：在印度等国家，女性在计算机领域占主导地位；并且，女性从计算机领域的消失与一种文化现象相关，这种文化现象指20世纪80年代家用电脑的出现及其作为男性游戏系统的营销。[17]他的本质主义观点得到了相当彻底的"验证"，也对这些论点中的虚假陈述和谬误进行了系统的过滤。两位作者多年来对这一问题进行了广泛研究并发表了大量论文，他们这样总结了大家的普遍感受："我们研究性别和STEM学科问题已经超过25年了。我们可以直截了当地说，没有证据表明女性的生理特征使她们无法在任何STEM学科领域达到最高水平。"[18]

土拨鼠日①反映了一种坚定的本质主义观点，其基于不可信的数据，歪曲了引证的科学，并且似乎忽视了广泛发表的研究，这些研究强调了环境和经历对男性和女性能力和偏好的重要性。萨默斯和达莫尔的言论广为流传，还受到批评，人们得到了明确而坚定的结论，即这些关于科学界女性的公开言论所依据的假设具有误导性。这两个臭名昭著的言论和公众对它们的强烈反对反映了关于女性、生理特性和科学旷日持久的争论中几乎所有的问题。不幸的是，这似乎还包括一个问题，即这种思维长久流传，总会以几乎不变的形式再次出现。

所以，即使在今天，技术已经取得了重大进步，我们应该能够

---

①土拨鼠日，又可称为土拨鼠节，为每年公历2月2日，是北美地区的传统节日。根据传说，如果那天土拨鼠能看到它自己的影子，那么北美的冬天还有6个星期才会结束。如果它看不到影子，春天不久就会来临。此处作者是想表明通过这样的方式预测春天何时到来和本质主义观点一样难以让人信服。——译注

真正掌握大脑的个体差异，但仍然有些人仿佛来自 18 世纪，给出来自 18 世纪的答案。尽管我们明确（并反复）否认女性的生理特性导致她们不适合从事科学的说法，但事实证明，自古斯塔夫·勒庞生活的时代以来，我们一直遵循的"埋怨大脑"基本理念非常难以改变。我们来看看支持这一说法的证据的质量。

对科学大脑的刻板印象

"男性大脑"是系统化技能的必要来源，这样的技能让你有可能获得诺贝尔奖，这一观念已经进入公众意识。在西蒙·巴伦－科恩的系统化共情模型的激励下，在过去 5 年左右的时间里，人们一直搜寻这类处理过程的潜在神经关联。[19] 研究的主要动机是这可能让人们更了解自闭症谱系障碍，巴伦－科恩将自闭症谱系障碍患者的大脑描述为"极端的男性大脑"。[20] 正如他所说，男性大脑天生具有系统化的能力，女性大脑具有共情能力，性别差异自然在该领域研究的分析和解释中占据重要地位。

那么是否存在"科学大脑"？"数学大脑"呢？从对科学和科学家的刻板印象来看，它是男性大脑吗？

一次，我的一个同事给我发了漫画，内容是对一只猫进行性别鉴定。两个男人发现了一只猫，他们想弄清楚它是公猫还是母猫。在下一个画面中，他们看着猫进行侧方停车。在关于大脑性别差异的报道中，常出现这样的画面：男性举着地图自信地盯着明显正确

270

的方向，有时候还会有一位女性同伴困惑地皱着眉头，倒拿着张皱皱巴巴的地图，焦虑地指向相反的方向，你可能会想数数这样的画面出现了多少次。

科学中关于女性的讨论主要集中在空间认知上，这是一种通常与 STEM 学科的成功学习相关的技能。[①]空间认知是一种普遍的能力，包括导航的能力，制作、阅读地图和计划的能力，在脑海中使用物体、符号和抽象表示的能力，识别模式和在多维度上工作的能力（以及侧方停车）。有人声称，这种能力的性别差异是所有性别差异中最"明显"的一种。[22]从脑损伤影响的早期研究，激素操作研究，到确定支撑空间技能的神经和绘制由空间任务激活的大脑功能性网络，空间认知研究的一个关键焦点一直是为什么女性在这方面表现很差。

空间认知是一种基于大脑的固定技能，这一观点已经成为整个性别差异争论中的又一个"打地鼠"模因，特别是产前激素在多大程度上影响男性和女性大脑的构成。视觉空间处理任务的表现被认为是暴露于高水平睾丸素的大脑男性化程度的一个指标。[23]进化心理学家加入讨论，他们提出了一个观点：男性出类拔萃的空间技能与狩猎有关，男性以前需要使用投掷长矛和寻路的技能。[24]研究"空

①事实上，2009 年，乔纳森·韦（Jonathan Wai）和同事报告了一项纵向研究，研究对象为40 万名美国高中生，他们追踪了这些高中生 11 年来的学业进步。[21]他们发现了明显证据，可用于证明早期空间能力和大学水平的 STEM 科目或 STEM 相关职业的成功之间存在联系。令人惊讶的是，劳伦斯·亨利·萨默斯和詹姆斯·达莫尔都没有注意到这一点，而这可能为他们的主张奠定了更加坚实的基础。

间大脑"在多大程度上由生理特性决定（在 STEM 学科领域中，"天生的能力"或"对才华的期望"这两个主题更为常见），或者性别化训练的结果（想想乐高和电子游戏），可以提供一个真正的见解，来了解空间认知技能中的性别差异到底是什么以及它们如何产生。

高水平的空间能力可能是一种实用技能，让你擅长在陌生的地方找到路或者能够阅读地图。它还可以让你擅长那些需要理解物体不同部分之间关系的任务，比如建筑或架构。它也可以是一种理论技能，所以你可能擅长理解数学的某些分支学科。普遍来说，在不同的年代和不同的文化中，人们都宣称男性在这项技能上具有优势。即使其他方面的性别差距正在缩小，但据称这种男女差异仍然存在。它被誉为所有性别差异中最强大的差异，也许是男性优势的最后堡垒。

事实上，当你看到"空间认知"或"视觉空间处理"这两个术语时，科学家们通常真正谈论的是心理旋转任务的表现，测试心理旋转三维图形的能力，看它是否与第二个情况相匹配，这在本书中我们已经遇到过几次了。[25] 这当然是最常用来衡量空间处理能力的测试，测试表现出的性别差异最大（尽管和以往一样，我们仍在讨论分数重叠的问题），并且已经在很小的孩子身上得到了证明。此外，随着时间的推移，这个测试结果似乎表现出了最大的稳定性（尽管有证据表明这种稳定性正在下降），并且在不同文化中所做的测试得到的结果高度一致。

回忆一下，在第八章中，有一个观点是心理旋转能力存在早期的性别差异，如果一对图像中的一张进行了旋转，3 至 4 个月大的男孩观察这对图像的时间更长。[26] 有人推测，这可能反映了产前暴露于睾丸素的结果。[27] 同样，有充分的证据表明，玩具选择、运动参与和电脑游戏等体验因素会影响心理旋转表现。有趣的是，最近的一项研究表明，在男婴中，睾丸素水平和心理旋转能力之间存在正相关的关系，而这种关系在女孩身上没有显现。[28] 另一方面，父母的性别成见态度和女孩的心理旋转表现之间存在负相关的关系——父母对性别的态度越传统，女孩在心理旋转任务中的表现就越差。研究人员认为，生物因素在男孩中起作用，而社会因素在女孩中起作用。所以，空间技能早期差异的证据的确存在，但是原因的属性混杂在一起。但此处，我们仍然在研究变量之间的相关性，这些变量只是间接地与大脑过程相关联。也许在某人进行心理旋转任务时检测其大脑中正在发生的事情会给予我们更多启示。

心理旋转任务是否反映出一组有序的、被活动激活的大脑区域，其中激活的程度与表现水平密切相关？或者两组大脑区域，一男一女，符合不同的能力水平？希望你现在已经明白，几乎从来没有出现过这样的情况，但是通过对空间认知的研究，或许我们至少可以从脑成像研究中提取一些一般性的原则，这些原则应该成为所有其他需要问的问题的背景。

早期，人们对大脑损伤影响顶叶皮质的空间处理行为的现象进行了研究，顶叶皮质是位于枕叶视觉区和额叶执行区之间的那部分皮质。[29] 虽然顶叶皮质的任一半球的损伤都会引发空间认知问题，但大脑右侧损伤导致的问题最为明显。如果你还记得的话，早期的神经迷思之一是男性"整洁"的右半球给予他们比女性更大的视觉空间优势，女性的右半球也负责处理语言需求。尽管这一概念在很大程度上被摒弃，当然是在科学界，但它仍然可以在某些过时的教科书或"神经垃圾"类的作品中找到。[30]

关于心理旋转，一直以来，人们确实在右顶叶发现了活动的增加，但通常也伴随着左半球的活动。那么，我们应该聚焦于顶叶皮质，将其作为支撑这种明显性别差异的大脑结构吗？2009年的一项研究发现，男性优秀的心理旋转任务表现与他们更大的左顶叶皮质表面积有关，而女性较差的心理旋转任务表现与灰质深度较大有关，同样是在左顶叶皮质中。[31]男性较大的顶叶皮质让他们表现更好，但女性较厚的顶叶皮质似乎会妨碍她们。但是，考虑到我们在第一章中看到的"尺寸重要"争论，我们应该保持谨慎，不要把过多的解释意义归于此。和以往一样，我们需要记住，我们可能要考虑不同视觉空间经历对可塑性大脑的影响。

273

这是否意味着答案就在孩子们身上，因为他们没有多少改变大脑的经历？可以理解的是，对儿童心理旋转任务表现的脑成像研究不多，但2007年的一项fMRI研究比较了9至12岁的儿童和成人的心理旋转任务表现。[32]研究人员发现儿童右顶叶皮质的激活模式与成人的相似，尽管成人更有可能表现出左半球的激活。但有趣的是，无论是在心理旋转任务表现方面还是在大脑活动方面，孩子们都没有表现出性别差异，而成年人的大脑活动存在性别差异，女性表现出更多的额叶活动和与运动相关的大脑活动。这可能是因为这项任务对儿童更友好（实验刺激是海马和海豚等动物图像），也可能是因为儿童处于青春期前，但考虑到生物决定论者强调性别差异在早期出现以及我们现在知晓经历在塑造大脑过程中的作用，这一结果有力地反驳了空间能力是先天存在的说法。

我们经常假设每个人都以同样的方式解决问题，有些人比其他人更高效。但是一些大脑研究的发现表明事实并非如此。将男性和女性与他们的心理旋转任务表现相匹配时，平均而言，男性参与者表现出更高的顶叶皮质激活，而女性表现出更多的额叶激活。[33] 由此推断，男性以整体的方式解决问题，而女性采取线性的方式，这可能是因为计算构成需要旋转图像。（对我来说，这听起来像是一种危险的系统化方法，但也许目前我们不予追究。）后一种策略更耗时，所以任何使用它的人都需要更长时间才能找到解决方案。然而，我们仍然关注性别差异，因此，除了关注方法差异之外，我们还需要考虑其他因素，才能赞同男女在处理空间上的差异确实如宣称的那样明显。

和以往一样，有时这与问题本身无关（在空间任务上，男性的表现比女性的好吗？），但与你如何提问有关。使用经典心理旋转任务的不同版本时，据说明显的性别差异会减少甚至消失。这一点已经在测试的折纸任务和使用真实 3D 物体或照片的任务中得到了证明。[34] 在第六章中，我们研究了成见威胁对大脑活动和心理旋转的影响。[35] 一项研究表明，如果你用不同的方式描述任务，如将其描述为视角选择任务，而不是要求心理旋转的任务，会影响大脑活动和任务表现。这可能表明这种根本的性别差异并不是根本性的。

训练大脑——提示：选择玩具很重要

同样，心理旋转任务展现的差异可能不像人们设想的那样一成不变。通过相关训练，其结果会得到改善。人们已经证实，通过训练，性别差异会减少或甚至完全消除，因此，这肯定是一项可延展的技能。[36] 这表明本应稳固不变的差异可能与固定不变的生理差异无关，而实际上是受不同水平空间体验的影响。我们已知，男孩更有可能拥有建筑类玩具或者玩具有强烈空间感的射击游戏，所以也许他们体现的正是这些早期"训练"机会的益处？

275

通过观察他人玩电脑游戏可以得出行为线索。2008年的一项研究显示，通过玩仅仅4小时的俄罗斯方块，就会显著改善心理旋转任务中的表现，并且女性比男性表现得更好。[37] 2018年，多伦多大学的冯晶（Jing Feng）及其同事进行了另一项研究，他们研究了不同性别的人在玩电子游戏时的表现差异。[38] 研究表明，有经验的玩家比游戏新手在心理旋转任务测试中表现得更好，并且玩家间的性别差异非常小。表面上看，擅长心理旋转任务测试可能更多取决于你在 Xbox 游戏机上花了多长时间，而非取决于你的性别。通过让另一组学生在一款动作游戏中接受10小时的训练，再让他们在训练前后进行心理旋转任务测试，研究人员证实了这一点。男女学生的测试结果均得到显著改善，且女性比男性更为明显，显著地缩小了训练前的性别差异。

这些行为线索是否与大脑活动的变化相匹配？正如上文所述，大脑扫描仪引入了俄罗斯方块，研究表明，大脑结构和功能的显著变化都可以通过训练来实现。在一组由 26 岁女性组成的群体中，研究人员发现皮质厚度普遍增加，尤其是在左侧颞叶和左侧额叶的部分。实验前后的血流量差异表明，接受俄罗斯方块训练的女性右脑活动有所减少，这与她们在掌握一项新技能时出现的变化相一致。[39]

这些类型的研究与我们研究大脑可塑性的其他研究相符，并且我们也看到了其他空间技能（例如出租车司机所需的导航技能以及杂耍所需的手眼协调技能），尽管与大脑中特定的激活模式明显相关，但在大脑和行为层面，这些空间技能随着经验作用而发生改变。

276   **给自己定型**

我们在其他领域见识到了对刻板印象的执念（例如"天才／灯泡"因素）会如何影响个人对自身能力的自我认知以及由此可能选择的生活方式。这似乎在典型的刻板印象威胁风潮中得以体现，首先影响的是所谓"次等"类别的表现。心理学家安吉莉卡·莫（Angelica Moè）将心理旋转任务表现视为测试前需做出解释的类型函数。[40] 在从参与者（95 名女性和 106 名男性）获得基线测量数据后，她将这些参与者分为4组。每一组都被告知如下内容："本测试旨在衡量空间能力，这在日常生活中十分重要，比如在地图上找路线，在新环境中定位，给朋友描述道路。研究表明，在这项测试中，男性比女性表现更好，得分也更高。"然后，对不同的组（对照组除外）给出了不同的解释。基因组方面的解释是："研究表明，男性具有优势是由生物和遗传因素造成的。"刻板印象组的解释是："这种优势是由性别刻板印象造成的。人们普遍认为男性在空间任务上更有优势，这与是否有能力无关。"时限组的解释是："研究表明，女性通常比男性更谨慎，回答问题需要更多时间。因此，女性表现不佳是由于时间有限，与能力不足无关。"然后再衡量心理旋转任务时的表现。

经解释，那些刻板印象组和时间限制组的参与者表现出了显著的改善。不要认为这些都是"外在解释"，表现不佳与能力缺失毫无关系，但与某种成见（你可能会忽视）或某种战略选择有关。她将表现的改善归结于一种"宽慰"因素，即你在任务中的表现可以归结为外部因素，并不意味着你天生就低人一等。而"基因"组在听到"你的表现即为你天生能力的体现"后，在任务表现中有所下降。值得注意的是，在解释说明前后，都存在性别差异（男性比女性表现得更好），所以外部解释似乎并没有抵消这些差异，但这确实表明，这种表现可能会随着你对测试内容的信念而变化，这再次打破了任何"一成不变"的声明。

有趣的是，在一般刻板印象威胁和"数学焦虑症"的影响之间存在着相似之处，数学焦虑症是一种与科学成就尤为相关的问题。[41] 这也是一个女性似乎特别容易遇到的问题。有一种观点认为，数学焦虑症实际上与较差的空间处理能力有关，所以它只是对你可能表现不佳的现实评估。但如果我们观察如何衡量空间处理能力，我们会发现这通常是通过自我报告问卷，即空间形象自陈问卷。[42] 其中包括诸如"我擅长玩涉及积木和折纸的空间游戏"和"我能很轻易地想象以及心理旋转三维几何图形"这样的自我评价描述。所以它并不是一种能力的衡量，而是一种你对自己能力的信念的衡量。因此数学焦虑症能很好地表明，相信自己空间处理能力差的女性会对需要空间能力的任务感到焦虑，这是可以理解的。我们又回到了充满成见和自证预言的世界。

在大脑层面，对数学焦虑症、数学成绩和刻板印象威胁的研究表明，这些过程是多么紧密地交织在一起（以及对行为的影响）。在一项调查数学焦虑症的脑电图研究中，通过指令增加"刻板印象威胁"（"我们将比较你和其他学生的分数，以研究数学中的性别差异"）激活大脑中的情感中心，并增加了对负反馈的关注。[43] 这组学生很快也放弃了，他们并未利用提供给他们的网络课程。而且，你可能已经猜到了，他们比没有受刻板印象威胁的同龄人表现得更差。

278　　一项 fMRI 研究更直观地显示出，激活的刻板印象威胁与大脑资源的不同募集有关。[44] 在完成一项数学任务之前接受中性指令的女性，她们与数学相关的区域得到激活，包括顶叶和前额区，而那些对女性数学成绩差的性别刻板印象深信不疑的女性，她们则更多地激活了与社交和情感处理相关的领域。与没有受到威胁的那组相比，她们的表现在测试期间再次下降。

激素与空间技能

我们已经注意到人类婴儿的激素水平和空间技能之间存在些许相关性。有没有证据表明，激素水平的改变可能会导致视觉空间表现的改变？

对人体直接进行激素水平控制的研究显然十分罕见，而且很难将空间能力与社会化、经验、训练机会以及我们在本章中讲述的刻板印象之间的关系进行建模。对接受激素治疗的变性者的研究结果喜忧参半，普遍来看，接受治疗和未接受治疗的变性者参与组及其对照组在空间任务上的表现并无显著性别差异。一项更加精心设计的研究表明，尽管变性者（由男变女）的表现与男性对照组没有差异，但她们顶叶区域的大脑活动的确减少了。[45]

对发育障碍方面疾病的研究，例如对 CAH 的研究，提供了证据，即根据元分析证实，接触越高水平的睾丸素的女孩具有越强的空间能力，但有人认为，这也许是受对玩具选择和"男性"活动兴趣增加的直接影响。宾夕法尼亚大学的谢里·贝伦鲍姆（Sheri Berenbaum）带头做了一项研究，这项研究对一组 CAH 女童和男童患者进行了测试，并将其与未受影响的兄弟姐妹进行比较。[46] 通过一系列的空间能力测试，包括心理旋转任务，研究表明 CAH

279

女童患者的得分明显高于未受影响的姐妹，但低于未受影响的兄弟。这些女孩也具有更明显的男性类别的爱好，进一步的分析表明，这正是预测心理旋转任务能力的变量。因此，优越的心理旋转表现似乎确实是空间体验引发的一个结果，可能与某种早期能提供这种偏好的爱好有关。回顾一下，在正常发育的女婴中，心理旋转任务的表现受到其父母刻板印象的负面影响。[47] CAH 女童患者似乎较少受到彩色玩具带来的性别许可的影响。[48] 因此，这些研究可能会对那些影响空间能力的生理和社会综合的复杂因素提供一些新的见解。

升级 "识图" 模式

关于空间认知是性别差异证据可靠且确凿的一个领域（因此可以作为合理的情景来考虑这些差异的所有方面，特别是女性在科学中的代表性不足）的说法并未经得住进一步的审查。这是一个普遍和长期存在的刻板印象，但它看起来似乎比预想的相似程度还要大得多。差异可能起到以下这些作用，即如何评估该技能，谁有过相关经验，以及与这些因素和其他因素混杂在一起的自信和刻板印象威胁的作用。先天差异和生物差异的迹象同性别期望和性别经验是密不可分的。我们用"空间行为"来观察男性或女性大脑似乎是错误的。简而言之，"识图"模式需要升级换代。

空间认知并不是证明男女资质和能力差异归因于不同生理特性

的黄金标准，而是提供了一个详细而持续的案例研究，展现世界具有塑造这种个人技能的力量，并进一步与可能在运用这些技能的社会环境中产生复杂的联系。你可能拥有在科学上取得成功所需的大脑皮层和认知能力，但冷漠和不受欢迎的气氛可能会让你望而却步。

正如我们看到的，社会刻板印象具有自我维持的特点，即一旦它们成为个人或社会社交指导系统的一部分，它们就会根据刻板印象蕴含的信息来决定个人或其社会的行为。这进一步增强了其"真实性"以及加强了成见。刻板印象不仅是社会信仰体系的惰性反映，它们的存在也会影响那个社会成员的行为：社会总体上的行为是那些以刻板印象为特征的群体的行为，或者是这些群体本身的行为。随着我们具有前瞻性的大脑正寻找规则，刻板印象正迫不及待地充当现成的指导系统，在这一例中，即谁从事科学。一个现成的前提是，某些类型的人不能从事科学，他们认为这是因为她们没有能力做。所以，为了让她们避免会发生的错误，不让她们从事科学。如果她们面对的是科学研究，反馈过程会使人的警告系统注意力分散，对她们的表现产生负面影响。这可以成功地巩固"不可以做 / 不能从事科学"的准确性，增强预测误差信号系统的未来能力及该先验的不变性。

女性在 STEM 学科中的代表性不足是一个世界性的问题。[49]这种人力资本的损失正在对科学和科学界产生消极影响，有明确证据表明，这不是能力不足而造成的。这体现出对人类潜能的浪费，完全有能力的人放弃（或被拒绝）进入这条职业道路。从历史上看，这是生物学的一个简单结果，现如今我们明白，这种不足是由大脑和经验、自我信念和刻板印象、文化和政治、无意识和有意识的偏见等复杂因素造成的。

281   我们对这一过程的理解意味着我们会更全面地理解大脑是如何被性别化的，以及性别化世界中的指导规则是如何塑造我们的大脑的。

第十二章
好女孩不做的事

> 我们将女孩培养成完美的人，却将男孩培养成勇敢的人。

> 拉什玛·萨贾尼，编程女孩创始人

从出生的那一刻起（甚至更早），我们的大脑就面临着来自家庭、教师、雇主、媒体以及最终来自我们自己的不同期望。即使伟大的脑成像技术已经出现，人们仍然在兜售男性大脑和女性大脑的概念，称男女大脑与生俱来的差异决定他们现在和未来能做什么、不能做什么。

现在，我们更加清楚，成为社会人在我们的发展中发挥的核心作用，我们拥有预测能力的大脑不断在学习社会交往规则的方式，以及自我认同和自尊是幸福的关键。重要的是，我们同样清楚，这些因素会被负面的刻板印象或社会排斥所威胁。

这就是多年来性别差距一直是人们关注的焦点的原因。所有性别化的历程都改变了车辆的行驶轨迹吗？即使我们竭尽全力去调整路线或移除信息不足的路标，我们的大脑是否依旧无法理解我们的目的？它与外界的交往方式是否过于根深蒂固，确立已久，无法改变？

283 让我们重新审视我们对社会脑的了解，看看成为社会人的"推荐"路线中存在的性别差异是否会对大脑产生影响。

大脑中的警报系统

在基于大脑的民粹主义文献中，有大量内容涉及大脑中高度发达的信息处理部分和更原始、非理性和情绪化的部分之间的差异。夏洛克·福尔摩斯式的术语可以用来描述认知系统，尤其是前额叶皮层：严格理性、逻辑严密，是目标明确的执行系统，负责计划和解决问题。更冲动、偶尔过度兴奋的情感控制系统主要由边缘系统组成，与一系列隐喻相关，如"内在的野兽"。体育精神病学家史蒂夫·彼得斯（Steve Peters）在他的著作《黑猩猩悖论》中称大脑的这一部分为"内部黑猩猩"，将其描述为一个更原始、由情绪驱动的大脑系统，通常由进化上更年轻、更理性的额叶系统控制（但如果你想不惜任何代价成为一名取得胜利的精英运动员，哪种力量可能有用呢？）。[1]

这两个系统之间常见的关系模式是，旧的、更不稳定的情感系统必须被监控、控制，在理想情况下，通常被福尔摩斯式皮层否决，后者用冷静、超然的循证方法来解决生活问题。我们现在知道，学习、记忆和行动计划等认知过程——甚至更基本的知觉过程——不会在无影响的真空中发生。我们大脑的福尔摩斯部分实际上与情感基础有更大关联，经常与它们协商，交换意见，甚至根据大脑底层相当原始的"感觉良好"或"感觉不好"的输入做出决定或改变决定。正如我们在第六章中看到的，对社会脑中的网络来说尤其如此。虽然社交的高级方面，如自我参照和他人参照以及自我认同和他人认同，集中在前额叶皮层的各个区域，但我们知道这些都与我们的边缘系统密切相关，从而交流积极和消极信息，并不断更新我们的社交编码目录。[2]这些相互联系的系统构成了我们心智理论的一部分，对我们的心理揣测能力和意图探测技能至关重要。

但这个链条的第三部分，实际上是夏洛克·福尔摩斯和我们内部黑猩猩之间的桥梁。它基于一种结构，我们分析社会脑的各个组成部分时，这种结构经常出现，即ACC。如果你还记得的话，它位于大脑前部的正后方，在结构和功能上与前额叶皮层紧密相连，也与情绪控制中心如杏仁核、脑岛和纹状体紧密相连。[3]有人认为，它不寻常的纺锤形神经细胞可能与维持社会脑活动所需的高速交流有关。[4]

那么，这个位置优越、天赋异禀的神经有什么特殊功能呢？很明显，扣带皮层的前部参与了非常广泛的任务。一方面，它在认知控制中起着关键作用，人犯错时（比如在行为抑制任务中），它会

第十二章 好女孩不做的事 | 311

被激活；另一方面，它似乎是评估机制的关键，对与任务反馈相关的不同积极或消极"色彩"做出不同的反应，如果受到损害，会表现出明显的情绪变化。[5]

2000 年，神经科学研究者乔治·布什（George Bush）（是的，他确实了解很多）、潘卢（Phan Luu）和迈克尔·波斯纳（Michael Posner）发表了一篇非常有影响力的综述，该综述对该领域一系列研究进行了详细元分析，分析结果表明，你可以大致将前扣带回的功能映射到两个区域。[6]与认知任务相关的激活都与 dACC（dorsal anterior cingulate cortex，即背侧前扣带回皮层）相关，而与情绪相关的激活更有可能在 vACC（ventral anterior cinulate cortex，即腹前扣带回皮层）区域中被发现。在此综述基础上提出的模型强调了 dACC 作为错误检测系统的作用。它与情感中心的联系让它具有评估的作用，因此错误的后果被记录下来，行为也相应地进行调整。繁忙的 dACC 也在监控与冲突响应相关的困难（如我们在斯特鲁普效应或行为抑制任务中看到的情况），此时需要确定哪种响应可能导致或可能不会导致错误。

布什和同事们认为，dACC 的"错误评估"和"冲突监控"作用非常出色地将研究结果联系在一起，但也引发了一些困惑。其中之一是，有一些研究结果显示了 dACC 中的预期活动存在的明确证据（例如，在给出任务指令之后，给出刺激之前），这一结果不符合他们提出的模型，即 dACC 监测正在进行的事件。当然，现在我们可以将扣带活动的这个方面与建立先验的作用联系起来——

dACC 是否会将事件编码为可能出错的情况？

马修·利伯曼和娜奥米·艾森伯格研究了网络球任务，他们对 dACC 的作用有一点不同的理解。如果你还记得的话，他们提出了一种测量或"社会计量器"系统，认为它是社会脑的一部分，持续不断地监控我们的自尊水平。[7]在自尊水平下降到无法维持社会幸福感的情况下，尤其是在遭遇社会拒绝和社会排斥时，该警报系统会被激活。基于他们的观察结果，即人对社会拒绝的反应和对身体上疼痛的反应一样，两者皆与 ACC 活动有关，利伯曼和艾森伯格将 dACC 中心阶段纳入社会计量器网络。[①][8]

利伯曼称 ACC 为大脑的"警报系统"，这种"警报系统"[②]包括认知检测系统和情绪发声机制。认知检测系统可以追踪需要回应的问题，评估错误并检查冲突的信息，情绪发声机制留意所有问题，并让大脑的主人打开 / 关闭 / 改变策略，或尽一切努力维持社交活动正常进行，并保持自尊。"警报系统"的工作重点是避免自尊以任何方式受到威胁。该系统与前额叶皮层相连，并在一定程度上控制着自尊受重挫带来的痛苦程度，这里进行的活动越多，面对社会

---

①在布什对 ACC 活动的综述中，他明确地将疼痛研究排除在外，因为这与他划分认知和情绪无关，但是利伯曼和艾森伯格认为疼痛反应实际上与这两个过程有关，表明了有害事件的发生和与之相关的痛苦。他们注意到，在身体疼痛研究中，那些报告了更多疼痛的忧郁的人有更多的 ACC 活动，而那些前额皮层活动更多的人报告了较少的痛苦。所以，存在一个自上而下的控制机制可以调节 ACC 活动的这一方面。
②为了使警报系统正常工作，需要两个组件：差异监测系统，用于检测与所需标准的偏差（例如，检测到过量的烟雾）；发声机制，用于发出信号，表明存在需要解决的问题（例如，警铃响了）。——译注

疼痛时的悲伤程度就越低。[9]

拉响警报会引发一连串事件。例如，假设有人建议你在工作中寻求晋升。起初，你会觉得受宠若惊，开始更新你的简历并查看晋升标准。（很明显，你并非"放手去做"的那一类员工。）然后你极度谨慎的内心批评家开始敲响警钟——哇，停下来想一想这会导致什么后果。你勾选了多少个晋升框？你会和不同的人一起工作吗？他们是你喜欢的那种人吗？如果你犯错了会发生什么（如果你在更高的职位上工作，则更有可能犯错）？这真的是适合你的工作吗？想想你对现在做的工作有多满意——工资很低（你很确定你的工资比一些同事低，但我们不要惹是生非），但你发现工作很容易，而且你已经做了这么久，很少出错。众所周知，你是信得过的人，不要将自己置于让别人认为提拔你是个错误的境地。你应该扔掉那份申请——唷，幸运逃脱。

用神经科学术语来说，主要的反应是"停止"或抑制性反应。如果错误或潜在的不匹配已经受到注意，那么正在进行的行为需要"关闭"，并寻求替代的响应。继而，另外的系统可以发挥作用；也许重新评估（涉及前额叶皮层）会抑制情感成分，防止自尊的过度流失。所以，与其像黑猩猩一样做出"面对恐惧，从容面对"的反应，不如像懦夫一样"面对恐惧，尽快离开"。那么，到底什么决定了我们是黑猩猩还是懦夫呢？

社会计量器和 "内部限制器"

在关于社会脑那章中，我们提到了内部量表或社会计量器的概念，其用来测量我们的自尊水平，如果读数过低，我们基于dACC的警报系统就会警觉。

马修·利伯曼在他关于社会脑的书中描述了他家里两个警报系统存在的问题。这些警报系统包括不响的门铃（存在故障的发声系统）和烟雾报警器（存在故障的检测系统），烟雾报警器的传感器失灵了，导致报警器在没有任何烟雾的情况下也会发出警报。[10] 本着同样的精神，我想告诉你一些在我的生活中存在的失灵报警系统，以便说明我们大脑的社会计量器中需要注意的一个可能有故障的部件。我的房子很老了，几十年来，我们的前辈一直在慢慢改造，电线系统的许多不同部分都反映了这段历史。我们搬进来后不久，在门廊再装个灯就需要另一个（非常昂贵的）电路。接下来，我们经历了数周频繁、无法解释、随时发生的断电。困惑的电工几次来访（上门费同样昂贵）后，发现问题出在新安装的跳闸开关上。这个跳闸开关满足了现代门廊灯所有细微的控制要求，但也经常被爱迪生时代电路的变幻莫测吓倒，现在它自己也与异常情况有关。有人触摸楼上卧室的那个有点僵硬的开关？有人打开通风橱门吗？也许有人考虑用熨斗？一旦有任何不寻常活动的细微迹象出现，我们的超灵敏跳闸开关都采取了最省事的措施（抱歉），将所有电源切断。因此，与马修·利伯曼的烟雾探测系统不同，该传感器并没有真正出现故障，只是过于敏感。

288

就像这个跳闸开关一样，我认为，触发我们社会计量器报警系统的起始值可能会存在明显的个体差异。我们将会看到，有些人可以运用一点高效的后设理性来摆脱求职被拒的苦恼，而有些人则会陷入绝望的深渊，他们的社会计量器迅速坠入红色地带。社会计量器被激活的结果可能不仅仅只是短暂的红灯停车事件。在你的一生中，它可能会引导你远离潜在的积极事件，或者阻止你做出积极向上的决定。

这个系统的起始值是什么？有没有某种与生俱来的内部机制，或者外部世界的规则可能被纳入这个机制吗？如果规则是性别化的，那么我们有性别化的社会计量器吗？

社会计量器是反应系统，而不是预测系统。但是它可能有类似气压计的功能(气压计的读数可以让我们预测到将要发生的事)吗？如上所述，布什和同事们评论了在一些任务中 ACC 活动的预测性本质，21 世纪大脑预测性本质的模型表明，监测系统不仅关注正在发生的事情，也关注可能发生的事情。牛津大学神经成像小组最近发表了关于 dACC 活动的一篇综述，其中明确指出了它在行为控制中的更新作用。[11] 通过关注过去的错误或回馈，它指导大脑决定继续同样的行为模式是否可取，或者是否到了尝试不同策略的时机。

在许多情况下，特别是在社交活动方面，我们可能希望通过以前甚至现在发生的事件掌握社交的规则。但我们的社交思考往往与预测未来有关：某人对你的求职申请可能做何反应；如果你换了工作、要求升职、在课堂上举手，会引发什么结果；你可能如何不适应或无法取得成功；或者可能不喜欢你被邀请参加的活动。例如，可以将我们之前遇到的对刻板印象威胁的反应看作是一种预期的反应，你的群体认同和自我认同天线在晃动，它意识到你正处于一个自尊会遭受打击的危险境地，你可能表现不佳、犯错误、让对方失望。

系统的这一部分也可能发生故障，因为预期可能与实际发生的事不匹配。压力下降并不总是预示着下雨，所以出门不带伞可能是安全的。但是，如果指标指示宁愿过于谨慎也不要冒险犯错，那么大脑就会注意抑制性警告，认为其十分必要。当然，如果未能发现现实是否与预期相符，这种回避行为会得到强化，因为预测误差不会被记录下来。如果你不出去，你就不会淋湿。此外，如果预期结果的估计成本（对自尊的打击）设定得比忽视它们的好处高得多（我可以通过去做那份工作证明每个人都错了），那么我们负责冲突监控、行为限制的 dACC 将赢得胜利。

对一些人来说，这种焦虑的期待非常强烈，导致他们不愿意、甚至无法经受日常生活中潜在的变迁，[12] 这表明他们社会计量器的预测部分过于活跃，且专注于负面结果。我们可能会想到一种在我们的社会脑网络中不太有用的社会计量器。这种社会计量器过于敏感，可能会在不必要的情况下突然让行为停止，它由预测性成本效益分析驱动，这种分析始终建立在"得不偿失"的基础上。打个比方，就好像车辆的限速器设置的速度太低了，我们的大脑甚至会保持在最低限速之下，小心翼翼地沿着一条超安全的内车道控制我们的行为。

因此，我们有一个基于大脑的系统，即内部限制器，它通常在社会脑中充当一个具有适应性的、有影响力的控制中心，但是它的设置已经被改变，它成为一种过于活跃的制动系统，负责叫停正在进行的行为。基于社会关系测量学模式，该系统的核心是dACC。因此，在自尊、焦虑和过度抑制行为的问题上，我们谨慎限制的后果显而易见。我们将看到，可以用dACC系统的过度活跃来描述社会脑过程中的性别差异，这有助于解释权力和成就上性别差距的来源。

自尊

在第六章中，我们研究社会脑时，自我或自我认同被视为社会脑活动的核心结果。这些活动的重点是尽一切努力确保自我认同是积极的，寻找保证高度自我价值和自尊的最佳方式。我们基于大脑的社会计量器会不断检查我们的自尊水平，避免被社会拒绝的危险，并防止之后疼痛机制被激活，这些疼痛机制在我们摔断手臂或腿时会很活跃。有人认为，保持或提高自尊水平几乎与充足的食物或住所一样，对我们的幸福十分重要。病态的低自尊水平与一系列心理健康问题有关，如抑郁症或进食障碍。[13] 这可能是因为自尊在许多行为领域中都发挥着核心作用，它可以说是现代社会科学中研究最广泛的因素之一。正如2016年一项关于自尊的大型跨文化研究所宣称的那样，目前共有35 000多项关于自尊或自我认同测量的研究。[14]

从这数千项研究中得出的一个几乎普遍的结论是，自尊总是存在社会性别差异，男性的得分始终较高。[15] 而且，这不仅仅发生在这些国家（当然是西方国家、受过教育的国家、工业化的国家、富裕的国家和民主的国家）。这项大型研究对 48 个国家的近 100 万人进行了在线调查，发现每个国家都存在显著的性别差距。在所有国家中，女性的自尊得分普遍较低，不过如你所料，每个国家的效应值也不尽相同。自尊差异最大的国家中，排名前十的是阿根廷、墨西哥、智利、哥斯达黎加和危地马拉（表明一些南美和中美洲国家的文化中，女性存在严重的自尊问题），紧随其后的是英国、美国、加拿大、澳大利亚和新西兰（表明这绝不仅仅是南美的问题）。自尊差异最小的国家是泰国、印度、印度尼西亚、中国、马来西亚、菲律宾、新加坡和韩国等亚洲国家。

研究人员还收集了一系列社会政治变量，如人均国内生产总值、人类发展指数数据（预期寿命、成人识字率和综合入学率）以及性别差距指数数据（经济、教育、政治参与、健康和生存方面的社会性别差异），研究人员将以上变量全部考虑在内，并评估了它们如何影响他们发现的自尊差距变化。女性自尊普遍较低这一现象可以用生物学因素来解释，但研究人员显然没有测量这些因素，同时差异范围表明，可能有一些额外的加重因素或保护因素在起作用。或许矛盾的是，出现的总体情况是一个国家越富裕、越发达、越平等，性别差距就越大。

正如作者所指出的，这与另一项大型研究的发现相一致，这项

292

研究着眼于人格差异，结果表明，在繁荣、健康和平等的文化中，性别差异更大。[16] 这里的解释是，先天差异可能会"自然分化"，性别差异的"真正生物学本质"不再被社会政治因素所掩盖。事实上，正是这项研究引起了我之前提到的谷歌备忘录的作者詹姆斯·达莫尔的兴趣，尽管进行这项研究的首席研究员大卫·施密特认为达莫尔误解并曲解了它，但施密特确实强调了研究结果的生物学基础。自尊的差异（或者更确切地说，相似之处，因为每个国家都显示出女性自尊的不足）是否与相似的因素有关？是否再一次将某种所谓的不足归咎于生物学？很少有人研究社会性别差异在自尊方面的生物学来源，尽管我们将会看到，研究人员有可能借助利伯曼和艾森伯格提出的神经社会计量器来探究这些差异，尤其是因为它可以涵盖这里所探讨的社会因素。

另一种可能的解释是"社会比较"过程。在一些文化中，你如何将自己与自己所属群体外的群体的成员相匹配，这是自我认同的一个关键特征，这是一种观察竞争的过程。这在西方发达文化中更为常见，在非西方文化中，更普遍的做法是只将自己与自己所属群体的成员相比较。在上述研究中发现，在泰国等亚洲国家，自尊差异最小。因此研究人员认为，亚洲国家的女性在文化上受到了"保护"，不会受到跨性别比较的负面影响。

因此，在自尊水平上似乎存在着全球性的性别差异。这可能是成就方面或甚至是参与的潜在成就来源方面性别差距的基础吗？到目前为止，对性别差距的解释主要集中在基于大脑的认知技能、基

293

因决定的技能、激素决定的技能、固定的技能和与环境无关的技能等方面。在 21 世纪重新审视这些所谓的技能差异会发现，这些差异要么太小，不足以解释我们正在观察的性别差距；要么正在缩小；要么可能根本就不存在。[17] 也许我们应该把注意力转向基于大脑的社会过程？与自尊相关的社会性别差异所标志的自我认同的差异是否可以提供另一种解释？

这种低自尊背后的大脑机制可能是什么？我们知道，降低自尊的真实的社会拒绝，会激活涉及情感处理系统的疼痛机制以及前额叶皮层和 ACC 的合作关系。[18] 威斯康星大学麦迪逊分校理查德·戴维森实验室的亚历山大·沙克尔曼（Alexander Shackman）和他的团队，聚焦于将 ACC 作为一个中枢，在这里，关于活动负面影响的信息可以与"行动控制中心"联系起来，而"行动控制中心"将抑制行动以避免它们带来的痛苦。[19] 因此，在 ACC 中，我们有一个社会编码系统，它可以与社会行动（或不行动）系统相联系。

关注消极事物是社会计量器正常运作的特征——我们更倾向于在自尊水平较低而不是较高时关注消极事物。但对消极事物的异常关注是临床抑郁症的特点，大量研究报告显示，对消极反馈的反应更大，对悲伤或恐惧等消极面部表情的处理能力更强，对消极画面或事件的记忆力更好。[20] 关于与低自尊相关的临床症状（如社交焦虑障碍和抑郁症），女性的发病率要高得多，自然对将自我批评或自我否定看作这种疾病的关键特征的关注也会增多。[21] 因此，除了在外部关注消极事物，这种关注也转向了内部。

自我批评是一种消极的自我评价形式，指向自我的各个方面，如外表、行为、思想和人格特质。有充分的证据表明，过度的自我批评是导致抑郁症的一个脆弱因素，与抑郁症的严重程度相关，并预示着抑郁症未来的发作甚至自杀行为的发生。[22] 一个人的"自我意识"或自我价值可能并不总是积极的，有时（或很不幸的是，很长一段时间内）我们的社会计量器读数很低或为零。我们的自尊是基于我们对很多不同事物的评价，包括我们的外貌和智力、我们过去的成就和对未来的希望、是否是"正确"的内群体成员，或者，现在与社交媒体的名人和成功故事相比较。因此，我们会发现自己在很多方面都达不到自己设定的标准，或者达不到我们认为别人期望我们达到的标准。对我们中的一些人来说，这可能会导致持续的自我批评和消极的自我判断。这种强大的自我批评占主导地位，如果事情出了差错，那显然是我们的过错，也是我们普遍自卑的一种表现。我们处于高度错误监控状态，其通常与消极情绪和反应抑制有关。换句话说，我们羞愧地摇摇头，沉默不语。心理学研究总是发现，比起男性，女性会进行更多的自我批评，更有可能低估自己的工作表现，更害怕被否定。[23]

从我们对社会脑功能的观察中得知，错误监控是 ACC- 前额叶皮层轴的一个关键特征。[24] 因此，应该有可能追踪自我批评的大脑基础，并发现这种消极的自我评价在大脑层面的反映程度。如果你还记得第六章，这是阿斯顿大脑中心进行的研究，当时我们正在研究自我批评和自我安慰的大脑基础。[25] 我们发现"批评的声音"

与错误监控和反应抑制系统的激活有关，也就是与前额叶皮层和
ACC 的激活有关。"安慰的声音"并没有激活错误监控系统，而
是和大脑中与共情行为一致的区域的激活有关。在错误监控和行为
抑制系统中，那些认为自己在日常生活中经常自我批评的参与者的
激活水平更高。

看来，高度活跃的自我批评可能会打开我们自我参照系统中那
些寻找错误的部分，不断地指出错误，并对那些可能导致我们陷入
痛苦社会困境的行为加以控制，而不是把我们引到安全之地。

拒绝敏感度和自我沉默

众所周知，社交拒绝的痛苦与身体疼痛所激活的区域相同，这
是衡量我们的归属感对我们的幸福感有多重要的一个指标。考虑到
这类经历令人厌恶的本质，我们需要一种感应机制，让我们留意拒
绝的可能性——拒绝反应。因此，避免被拒绝的愿望通常视情况而
定，但在某些情况下，这种机制似乎过于活跃。这种"拒绝敏感度"
被定义为"个体对拒绝的焦虑预期、准备性知觉和过度反应的一种
倾向"。[26]

受试者指出他们在一系列不同情况下对潜在拒绝的担心或焦虑
程度，由此拒绝敏感度问卷可以衡量出 RS（rejection sensitivity，
即拒绝敏感度）的高低，这些情况有"你在做了或说了一些让他 /
她非常难过的事情之后，会找亲密的朋友倾诉"或者"你向上司

寻求帮助，解决你在工作中遇到的问题"。[27] 对于那些 RS 较高的人来说，拒绝本身（无论是真实的还是感知的）会导致一系列不同的行为。一种常见的反应可能是攻击，衡量方式是实验室研究中有趣的"辣椒酱范式"。[28] 基本上，在基于实验室的场景中，那些刚刚经历了被未知伴侣实验性拒绝的个体，将有机会分配一定数量的"辣椒酱"给所述伴侣，以及"意外得知"该伴侣真的不喜欢辣椒酱。个体给伴侣的辣椒酱的数量用来衡量个体对伴侣的攻击性。这一方法和其他方法的使用表明，对于某些 RS 较高的人来说，拒绝之后将是攻击。

然而，对另一些人来说，这种反应更有可能导致戒断①和负面情绪，甚至可能导致临床抑郁症。社交拒绝与抑郁症的发生密切相关。与抑郁症相关的负面"内化"反应在女性中更为典型，她们患临床抑郁症的可能性是男性的两倍。这种行为被描述为一种"自我沉默"的倾向，抑制任何可能被认为会导致冲突和拒绝的想法、感觉或偏好的行为。心理学家黛娜·克劳雷·杰克（Dana Crowley Jack）在 20 世纪 90 年代提出了"自我沉默"的概念，并将其描述为与自尊下降和"失去自我"的感觉有关。[29] 它尤其与重要的关系有关，并描述了这样一个过程：如果女性意识到这些可能会引起冲突，她们就必须牺牲自己的需求，或者不说出自己的感受。

---

①戒断反应，指停止使用药物或减少使用剂量或使用拮抗剂占据受体后所出现的特殊的心理症候群，其机制是由于长期用药后，突然停药引起的适应性反跳，不同药物所致的戒断症状因其药理特性不同而不同，一般表现为与所使用的药物作用相反的症状。——译注

人们不仅广泛关注女性的自我沉默，也关注到了少数群体的自我沉默。纽约州立大学石溪分校博尼塔·伦敦（Bonita London）的SPICE（认同、应对和参与的社会过程）研究实验室，研究了少数群体和／或存在和权力失衡的机构（尤其是教育或商业机构）与社会认同威胁相关的机制。[30] 研究人员专门研究了 RS 和自我沉默之间的联系。关于女性，他们提出了一个基于性别的 RS 模型，以说明在竞争性的、历来由男性主宰的机构中，女性如何看待和应对基于性别的评价威胁的个体差异。

为了测量这种 RS 的各种表现形式和影响，他们编制了一份性别 RS 问卷。研究人员向参与者展示了各种不同的场景，比如"想象你在一家公司开始了一份新工作。第一天，经理专门安排了一个办公室会议，将你介绍给大家"，或者"想象你已经在你的工作岗位上工作了将近一年。经理的职位空缺，你去找老板要求升职"。然后，参与者必须在一个六分制的量表上标明，如果自己因为性别而被区别对待或遭受负面影响，他们的焦虑或担忧程度如何。研究人员发现，男性和女性都表示自己对问卷中描述的情况很熟悉，但女性明显更有可能焦虑地预见基于性别的拒绝，研究人员称这是一种高度警惕。通过观察其他类型的场景，比如基于种族的场景，他们证明女性在这方面没有表现出性别焦虑，所以这并不是说女性更有可能遭受所有类型的拒绝。

在研究应对拒绝的策略时，他们还发现，在学术界工作的女性倾向于自我沉默，而不是直言不讳（冒着对抗的风险）或寻求帮助，其中自我沉默是通过改编后的"自我沉默"问卷来评估的，以捕捉学术环境下的自我沉默。这一进程的一个结果是，女性逐渐脱离学术，不再参与学术活动，减少了办公时间或额外辅导。对于实验室研究往往不能反映现实生活的指责，研究人员用日记的形式，对一组刚进入一所顶级法学院的男性和女性，进行了为期 3 周的跟踪调查。他们发现，女性的 RS 水平明显高于男性，并且她们更有可能将负面事件归咎于自己的性别。从这一系列研究的总体结果来看，女性的 RS 水平要高得多，这导致了各种形式的自我沉默和回避评估机会，从长远来看，这种情况也许会危及任何她们可能获得成功的机会。这些发现与我们在上一章中看到的女性不愿从事 STEM 学科领域更具挑战性的工作相一致。

298　　　自我沉默的最终类型可能是希望匿名。2011 年进行的一项研究表明，当允许女性以假名完成一项测试时，在实验诱导的刻板印象威胁情境下，她们的数学成绩更好。[31] 研究人员正在调查刻板印象威胁是否反映了人们对自我声誉而不是所属群体声誉的焦虑。他们发现，总体来说更担忧自己在数学测试中表现不如男性而导致自我声誉受到影响的女性，在使用化名（无论男女）进行的"威胁强化"数学测试中，表现得明显好于使用真名进行测试的女性。在男性身上没有发现这种效果。因此，如果有一种方法可以在潜在的自我或群体威胁情况下"分离自我"（或者作者们戏称"隐藏自我"效应），那么女性从中受益的程度要远远超过男性。另一个迹象表明，外部评价对女性的影响更大，她们需要避免失去自尊，这就需要社会计量器发挥更大的作用。

那么，什么样的大脑机制可能在起作用？正如利伯曼和艾森伯格所表明的，前额叶皮层和 dACC 之间的相互作用不仅与疼痛的体验有关，还与疼痛程度有关。相比前额叶皮层更活跃的参与者，报告更多疼痛（社交或身体）的参与者在 ACC 中表现出更多的激活。[32] 这种类型的系统可能支持与 RS 相关的疼痛预期吗？哥伦比亚大学的研究人员借助代表拒绝或接受主题的绘画对此进行了调查。[33] 他们在观察实际疼痛反应时发现，相比代表接受主题的绘画，代表拒绝主题的绘画与较高活动水平的前额叶和 ACC 有关。但这些区域内不同的活动模式区分了低 RS 组和高 RS 组：低 RS 组个体的前额叶区域的活动水平较高，表现出与被要求下调或重新评估对厌恶性绘画的负面反应的个体相似的反应；这表明高 RS 组无法利用同样的过程，也无法重新思考他们的恐惧。

艾森伯格和利伯曼的实验室进行了一项类似的研究，观察了参与者对不赞许的面部表情的 ACC 活动，他们认为这些面部表情是潜在伤害的社交信号，而不是愤怒或恐惧的面部表情所暗示的实际伤害。[34] 研究表明，高 RS 组的参与者对不赞许的面部表情表现出更多的 dACC 活动；而对愤怒或厌恶的面部表情，没有表现出这种活动，所以他们的反应只针对社交消极表情。与哥伦比亚大学的研究相似，RS 和前额叶活动之间存在负相关的关系，再次表明高 RS 个体激活评估或下调资源的能力较低。

RS 显然对经历过它的人有深远的影响，并且似乎激活了一种

299

自我保护的关闭机制，导致不参与和自我沉默。脑成像研究的结果表明，该系统基于dACC，与其在监控自尊的作用一致。[35] 该系统显然可以通过前额叶系统的输入进行调节，从而降低与拒绝带来的痛苦相关的痛苦程度。但是，这种调节影响的有效性似乎存在个体差异，结果显示dACC的抑制能力未被抑制，就像一个超灵敏的限速器。因此，女性较高的RS能反映出非典型性dACC活动。这与艾森伯格实验室正在进行的研究一致。[36] 他们已经表明，有过抑郁经历的女孩，在经历基于扫描仪的社交拒绝情景时，dACC活动增加，抑郁情绪也随之增加。

RS显然对经历过它的人有深远的影响。对女性而言，其影响似乎是激活了一种内向和抑制性的"关闭"系统，导致退缩、无法参与和自我沉默。这种反应的极端形式是临床抑郁症的特征。[37]

300　**自尊与刻板印象威胁**

除开遭到拒绝或仅仅是害怕遭到拒绝带来的后果，我们在刻板印象威胁过程中还可以看到另一打击自尊的来源，并对表现和行为带来影响。[38] 刻板印象威胁效应在男性和女性身上都有体现，[39] 因此，有必要证明女性自尊水平较低不仅与她们更容易受到刻板印象威胁和／或对刻板印象威胁的不同反应有关。心理学家玛丽娜·帕夫洛娃（Marina Pavlova）进行了一系列研究，[40] 目的是在先前的常规任务中设置刻板印象威胁，并衡量包括性别差异在内所产生的任何影响。让参与者完成一个简单的故事卡片排列任务，其中一组明确告知他们积极信息，比如"男性通常更擅长此任务"（隐含意为"所以女性通常不擅长"），另一组明确告知他们消极信息，比如"男性通常不擅长此任务"（隐含意为"所以女性更擅长"）。

其结果是男女之间存在明显差异。在"女性不擅长"情境下，女性表现明显比对照组差，而男性的表现明显好得多。在"女性擅长"情境下，女性的表现有一些提升，而这组的男性变化却不大。在"男性擅长"情境下，男性表现得到了大幅提升，但女性的表现却相当糟糕，因为她们收到的隐含信息是她们在这项任务上可能会做得不好。而收到"男性不擅长"信息时，却展现出了一个自相矛盾的结果。尽管事实理应是，男性会表现得不好，女性会积极地回应该信息从而表现得更好，但结果却是男性和女性都表现得不好。

总的来说，男性对显性信息的反应和预期一样，即男性在任务中会表现得更好或更差，但他们对隐性信息的反应较弱。另一方面，女性受隐性信息的负面影响更强因而表现不佳，这是受隐形消极指令（这是一项男性做得更好的任务）的影响，但同样也可能是受男性通常表现不佳所推断出的积极信息的影响。研究人员认为，女性可能会将此解释为，如果男性在这项任务上做得不好，那么她们（作为女性）可能会做得更糟。研究人员并未询问参与者来证实这一点，但在男性身上看不到同样的效果，因此女性显然对不同的"关键讯息"做出了反应。事实上，在这 4 个情景中，女性的表现表明她们

301

从其中 3 个情景中接受了负面信息，只有明确的"女性更擅长这一点"信息导致了微小的改善。这些发现与博尼塔·伦敦关于女性 RS 的发现相一致，表明女性对性别背景下的潜在负面评价高度警惕。除非对该信息进行非常清晰地阐释，否则男性似乎对失败的可能性一无所知（或者至少不那么容易受到影响），而女性似乎一直在寻找失败，甚至到了重新解读可能是积极的信息的程度。

正如上文中看到的那样，刻板印象威胁所造成的后果之一是大脑参与到了那些与任务无关的网络中，这些大脑网络同情绪识别和自我参照有关；换句话说，即熟悉的边缘区和前额叶 –ACC。[41] 我们在上一章对数学焦虑症的大脑基础阐释时发现了这一点。当告知参与者即将进行的数学任务是"对你的数学智力的诊断"时，他们的反应与那些被告知该任务是首选解决问题策略的衡量标准所显示的测试结果大相径庭。并且他们对负面反馈的反应更加强烈，更快地从潜在支持资源中剥离。这十分符合与 RS 相关的行为结果以及与此过程相关的大脑活动模式。

302　　　　　因此，在刻板印象威胁和相关情况下的大脑活动与某种类似更新脸书个人资料的行为是一致的，尤其是与错误相关的负面反馈。无论是真凭实据还是臆断推测，再加上女性更易受到 RS 的影响，有证据表明，女性更易受到负面刻板印象威胁，这表明女性拥有更活跃或更敏感的抑制或"内部限制器"系统。众所周知，这些活动集中于 ACC 周围，作为强大的以社交行为为中心的控制系统的一部分，ACC 识别外部世界中积极和消极的价值观。过度活跃的错误评估系统，以及过于谨慎、规避风险的生活态度，还可能与行为的哪些方面有关？

糖和香料以及一切美好的事物

自我认同的发展与你对自己某些方面行为的理解有关，这些方面会得到积极的认可，对你所属的群体来说是"合适的"。保持这些行为模式会继续确保你被重要的内部群体内接纳，并且避免社交拒绝带来的真实伤害。

早期衡量儿童"良好行为"的标准是自律的能力，即他们是否有能力将行为和注意力集中在手头的任务上。[42] 这也许包括注重规则以及抑制例如到处乱跑、大吵大叫等不恰当的行为。这通常与入学准备有关（所以你应该在很小的时候就做好准备），也与刚入学后的表现有关。通过教师及家长的汇报，得出这种能力在女孩身上出现得更早，而且女孩在课堂上的表现比男孩好。

但我们都知道，自我报告不总是可靠的。一组美国教师通过《身体部位歌》设计了一种更直观的衡量自律行为的方法。[43] 他们告诉参与其中的孩子们，如果研究人员喊"摸你的头！"，你必须摸你的脚趾，反之亦然，如果告诉你要摸你的膝盖，你必须摸你的肩膀。其缩写为 HTKS，意为听到头就要摸脚趾，听到膝盖就要摸肩膀（for Head touch Toes, for Knees touch Shoulders.）。这个测试旨在让孩子们集中注意力，记住规则，抑制第一反应做相反的动作（就

303

像英国的儿童游戏"西蒙说"一样）。在密歇根州研究人员进行了一项研究，他们观察记录了秋季和春季学期幼儿园 5 岁儿童这项自律任务的表现。[44] 女孩在两个测试阶段的表现都比男孩好，这也证实了同期教师给出的评价。在比较美国、韩国、中国大陆及中国台湾自律行为的跨文化调查时，也使用了 HTKS 法。[45] 选择亚洲国家或地区的部分原因是，这些国家或地区有特定的性别角色期望行为的历史，即期望女性更加顺从。这项研究显示，尽管老师们认为女孩更自律，但在直接衡量行为的 HTKS 测试中，女孩们并没有比男孩表现得更好。因此，教师间普遍认为，女孩更加自律，却总没有支持这一点的事实。但我们得知，教师的期望本身就可能对行为产生强烈偏见，并留下明确的信息，即女孩表现良好，擅于自律。

自律的一个方面是，你将一直抑制一些可能与自发性与冲动性有关的行为模式，并专注于那些能为你个人赢得最多好感的行为模式，从而提升你的自我认同感，并给你所属群体一个积极的形象，增强你的群体认同感。这肯定会帮助你避免可能引起不满的负面或不愉快的事件。

心理学家杰弗里·格雷（Jeffrey Gray）早在 20 世纪 70 年代就提出了人格心理学中一个长期存在的概念，即 BIS（behavioural inhibition system，即行为抑制系统），该系统对外界的负面事件非常敏感，能够抑制那些与惩罚或非奖励相关的行为模式。类似 BIS 的行为可通过自我报告问卷进行评估，包括"当我认为或知道有人在生我的气时，我感到非常担心或不安"和"我担心犯错"等陈述。这与 BAS（behavioural activation system，即行为激活系统）形成了对比，BAS 是一种寻求奖励的系统（"我渴望刺激和新的感觉"），通常与冲动行为有关。BIS 的作用是处理威胁并制止可能导致负面后果的持续行为，因此，用当代前瞻性大脑术语来讲，我们要事先建立"预警"先验。女性表现出较高水平的 BIS 型行为，这也与女性较高比例的焦虑症和抑郁症有关。[46]

你可能已经猜到了，这些 BIS 功能和已被确定为 dACC 特征的冲突监视、执行中断和自律功能相一致。研究显示，越高的 BIS 分数的确与做 / 不做任务的大脑反应以及害怕犯错有关，其来源就在于此。[47] 因此，越来越多的证据表明，在女孩中更常见的抑制性自律过程与基于 ACC 的自尊监测系统中活动的增加有关。但这种自律性从何而来？女孩是天生就行为规范，希望讨人喜爱，会规避风险还是沉默安静？她们是在一出生就得到内心的指示，指引她们谨慎地走上更安全的道路吗？或者她们的世界里有什么东西在推动她们沿着这些路线前进？

作为基层科研人员，我担任了几年本科心理学课程的招生导师，这可不是什么美差。这意味着我必须仔细阅读成千上万份的英国高校联合招生申请，并且回复同意或拒绝。这也意味着，我必须仔细审查这些申请所附的个人陈述和推荐信，后者往往能让我比申请人更深入地了解推荐人（我个人最喜欢的一句话是"我需要您来帮我脱离困境"）。当然，最主要的是，推荐人向我保证，申请人是我们招生老师所期待的具有所有品质的典范。但还有一个重要的因素，叫作"明褒暗贬"，你得到的印象是推荐人没法直接告诉你不用烦恼，但你却找不到任何有学术价值的东西来帮助你做决定。对我来说，"总是表现得很好""对小孩子有帮助"或"工作总是很好"都属于这一类。而且（我举双手发誓——这只是我个人的印象，也是事后诸葛亮的结果）我相信我只在给女孩的推荐信中见过。尽管这与我们在第十章中所做的研究是一致的，在医学院的申请中，"最低限度保证书"（"萨拉很容易相处"）在女性申请者中更为常见。

和男孩相比，女孩会因为不同事情得到表扬吗？鉴于社会反馈在社会自我认同中所起的作用，了解这种反馈是否分布不均十分重要。在教育领域确实存在着一些不平等的表扬体制。男孩因做对事情而受到更多表扬，而女孩因表现好而受到更多表扬。[48]同样地，女孩因犯错而受到更多批评，而男孩因不良行为而受到更多批评。这就是说，总体上看，人们更重视女孩的良好行为而非学术能力（与男孩相反）。

斯坦福大学的心理学家卡罗尔·德韦克（Carol Dweck）提出了一种理解人类动机的"心态"模式。[49]从广义上讲，"固定心态"指的是一种确定性的信念，即你的所有技能，包括你的双手都是与生俱来的。这将在很大程度上决定你在人生挑战中所取得的进步，而你对此几乎无法做出改变。而另一种模式是"成长心态"，它是指你的能力是可以发展的，你会接受挑战，接受批评，并总是乐于学习。固定心态或成长心态的发展与在成长的关键阶段所获得的赞扬有关。尽管这一理论尚有争议，并且在评估教育环境下所建议的干预策略时遇到了困难，但背景研究仍为女孩和男孩获得表扬的不同方式提供了一些见解。

德韦克认为，强调工作的非智力方面，例如"整洁干净""表达清晰"，可能会贬低对工作本身结果的赞扬（如果有的话）。仅仅说某样东西整洁并不能让你深入了解你有多好地掌握了数学问题或历史作业的基本原理。男孩和女孩在接受这种反馈时存有很大的不平衡，女孩得到的关于整洁等方面的积极反馈要多得多，而对男孩来说，对他们工作中的这些非智力方面的关注要少得多。关于工作的实际内容，与上文提到的教育观察相呼应，女孩更易因犯错而受关注，而男孩在做对事情时更容易得到表扬，所以女孩和男孩得到了不同的信息。对女孩来讲，成绩好并不是一种能力的衡量标准，而是字迹工整、笔记规范。她们得到的关键信息是，她们"精心完成的"家庭作业能够抵消其基本能力的不足，这一点得以体现在老师们不得不集中注意力来发现错误。另一方面，只要有可能，男孩们就会收到"你很有天赋"的信息，偶尔还会有一丝轻叹，指出他们的粗心。

教育心理学家注意到的另一个问题是，"表扬个人"（"你一定很聪明"）和"表扬表现"（"你一定很努力"）对失败造成的结果截然不同。[50] 当某人做对什么事情时，表扬个人似乎很有激励作用，但是如果他们开始把事情做错了，他们就更有可能失去动力，放弃手头的工作（一种"我好像失去了运气"的反应）。另一方面，

第十二章　好女孩不做的事　| 335

那些因表现得到表扬的人会更好地应对失败，并且可能会坚持下去。对此的解释为，表扬个人比表扬表现更强调自我认同的各个方面，因此如果让你自我感觉良好的因素来自他人的表扬，那么失败就意味着你的自我价值会遭受打击，或者让你觉得这项工作显然是你不擅长的。另一方面，具体来讲，表扬表现与手头的任务更相关，所以多一点努力可能就能把工作完成。

在 9 至 11 岁的儿童中，不同类型的表扬所产生的效果存在性别差异，这一点已经得到了证实。[51] 在一项研究中，在经历不同拼图游戏的成功或失败后，孩子们在活动结束时会得到一个他们没能拼起来的拼图作为免费礼物。比起得到表扬过程的女孩，拼图成功并得到个人表扬的女孩更有可能拒绝没成功拼起来的拼图。而另一方面，男孩更可能想把没拼成功的拼图带回家，尤其是当他们的拼图表现得到了个人表扬。

因此，即使男孩和女孩受到类似的表扬，当女孩遇到失败时，带有自我参照成分的表扬也会对她们产生负面的后果。有趣的是，研究人员对 4 至 5 岁的学龄前儿童重复了这项研究，并没有发现性别差异。所以，这种对表扬的不同敏感性在早期并不明显。[52]

如果我们观察社会行为中的性别差异和社会尊重的衡量标准，我们就会发现男性和女性的情况非常不同。这显然与不同的行为模式有关，而这些行为模式是由基于大脑的内部限制机制中的不同敏感性引起的。该机制驱动着一个自我设置、自我组织的过程，其阈值和触发点基于它所理解的社会参与规则。其界限将根据它在外界遇到的奖惩、赞成和反对的计划表来设定和重置。它将对所接收到的不同社交信息、所遇到的性别化的世界极其敏感，并将相应地调整其设置。

这对那些刚刚出生的人类来说意味着什么？除了身体上的生殖器官不同，他们的认知技能水平相似，没有什么显著的区别。如果灌输明显不同的信息或数据，这可能会导致明显不同的一系列反应。如果你的世界对你的表现进行了不同的限制，那么你的内在限制可能会驱使你走上一条截然不同的道路。

308

第十三章
在她那漂亮的小脑袋里——21 世纪的更新

很明显，距离古斯塔夫·勒庞提出"女性更接近儿童和野蛮人，而非成人和文明人"的观点已经有很长时间了；20 世纪和 21 世纪，fMRI 等技术上的突破，让我们对大脑的工作方式有了更复杂、更精细的了解。fMRI 的出现为人们更好地了解大脑的活动提供了机会，也本应该对解决一个由来已久的问题产生影响，该问题是"女性大脑是否不同于男性大脑"。在第四章中，我们从对一个技术成熟度曲线的追踪中发现，对激动人心的新图像的误读意味着 fMRI 并没有成功地推翻刻板印象或挑战现状。神经夸大论和神经垃圾的浪潮将脑成像的希望冲进了泡沫化的低谷期，而神经成像的新技术的出现，加上心理学家和神经内分泌学家的支持，使刻板印象非但没有消除，反而继续发酵。也许在几年以后的今天，我们终于到达了稳步爬升的光明期？

正如我们在本书中看到的，神经成像已经经历了一个自我改进 310
的过程，现在有了大脑如何工作和与其世界互动的新模型。在过去
10年左右的时间里，认知神经科学领域一直致力于解决"神经愚蠢"
的问题，这一问题给他们的活动带来了一定程度的负面影响。[1]认
知神经科学家们广泛尝试对自己和听众进行教导，并提供一定的信
息，而且现有技术的质量和数量以及如何解释其产出都有了显著的
改进。

那么，关于生物性别、社会性别和大脑的研究，在这次改进中
进展如何？到目前为止，关于男性和女性大脑的古老问题，应该有
更好的机会找到新答案——不是吗？

我们把神经垃圾清理了吗？

我们知道，我们的神经垃圾供应者热情地、经常错误地调整性
别差异的早期脑成像研究结果。这常常与研究人员的实际发现不符，
但有时候恰恰就是因为这些错误的研究结果，早期的神经夸大论由
可以理解但不合时宜的热情所助长，后来新闻发布"夸大"大学或
研究中心研究结果的做法又助长了这种夸大论。随着批评浪潮将我
们带到泡沫化的低谷期，研究人员现在更加意识到，无论是在他们
发表的论文中阐述自己的发现，还是在他们许可的其他地方阐述研
究发现，都需要谨慎对待。例如，如果他们的数据中的效应值很小，

那么诸如"基础""重要"或"深刻"之类的术语就不应该使用。

为了验证我们是否做到了，让我们看一项 2014 年发表的研究。该研究探究了大脑连接模式中的性别差异，我们知道，这已经成为神经科学家关注的一个新领域，他们不再提及过去关于"尺寸问题"的争论。[2] 研究人员使用的技术意味着他们可以进行 34 716 次比较；其中，只有 178 次比较显示男性和女性之间存在差异，而且（正如研究人员所指出的）效应值很小（0.32）。也就是说，他们测试的差异中只有 0.51% 揭示了男性和女性之间的差异。

然而，令人惊讶的是，作者们仍然将这些差异描述为"显著的"差异。他们确实在论文中指出，"总体来说，男性和女性的大脑的相似点比不同点要多"，但论文的标题和列出的关键词都包含了"性别差异"一词——因此，这篇论文很有可能成为"已证实"的性别差异证据，尽管实际证据在很大程度上与此相反。根据一组惊人的数据得知，实验共有 1 275 名参与者，唯一的排除标准是医疗条件、扫描问题或已经收集到的行为数据，而由此产生的 722 名参与者的唯一附加信息是他们的性别和年龄（312 名男性，410 名女性，年龄在 8 岁至 22 岁之间）。没有关于受教育年限、职业或社会经济地位的额外信息。因此，这当然不是我们所希望的稳步爬升的光明期。

即使没有研究人员主动讨论这个问题，但有时媒体会行动得更快，他们会编造自己的说辞。一个没有提到大脑的性别差异的故事？这很容易补救！

以 2014 年发布的一项最新调查为例，该调查追踪了几十年来欧洲几个不同地区在某些认知技能方面的性别差异变化。[3] 有证据表明，随着时间的推移，技能总体上有所提高，这可能与 20 世纪 20 年代至 50 年代期间教育机会的扩大有关。在某些技能方面，你可以看到社会性别差异在减少或消失；在其他技能（如情景记忆）方面，你可以看到随着时间的推移，女性人数逐渐增加，从而导致这一特殊技能的社会性别差异越来越大。这项研究的作者将其归因于社会的变化，得出以下结论："我们的研究结果表明，发生这些变化的原因是，随着时间的流逝，女性从社会进步中获得的收益比男性要多，从而使她们的总体认知能力比男性更高。"还有证据表明，男性在计算能力方面的优势依然存在，但正在缩小。

但你猜怎么着？《每日邮报》关注的正是这种差距的存在（而非缩小）。他们的标题是："女性大脑确实不同于男性大脑，女性的记忆力更好，男性的数学更出色。"[4] 假设他们的读者可能不会回顾最初的研究，他们对这一特殊发现做出了如下解释："人们认为，不同的优势可以通过大脑生物学的差异以及社会对待两性的方式来解释。"然而，浏览原文后发现，"大脑"和"生物学"两个词都没有出现。这让我们超越了曲解，接近于虚构，一切都是为了维持现状。

"口传失真"问题

即使是可靠有效的研究结果，也会与"口传失真"问题相冲突。科学记者传递的科学信息并不总是准确无误——有时会因新闻官员、期刊编辑以及记者能够收集评论的专家产生偏差。加上在线科学"拖网捕捞"系统（这些系统搜集热门话题的头条新闻，并将自己的观点加入其中），以及浏览人数众多，故事可能会变得完全混乱，最终版本有时与它的最初版本毫无关系。

引人注目的标题可以让不经意或粗心的人看不到真相。2016年《神经科学新闻》上的一篇文章鼓吹道："大脑调节着男性和女性的社会行为差异。"[5] 这篇文章借助两个包含大脑的人类头部的经典截面图进行了有力阐释，其中一个头部为粉红色，另一个为蓝色（为了防止你没有看到颜色编码，还添加了男、女性别的符号标识）。最初的研究表明，不同的影响神经系统的化学物质，对女性和男性的攻击性和主导行为有不同的影响。文章提到了这对于了解和改善女性的抑郁症、焦虑症和男性的自闭症、多动症的"显著性别差异"具有重要意义。

313

直到文章的第四段，我们才知道这项研究实际上是在仓鼠身上进行的。他们可能确实患有仓鼠版本的创伤后应激障碍或多动症，但他们与人类状况的相关性至少是具有争议的。

从期刊到网络资源的发展历程也说明了这一问题。一篇名为《腹内侧下丘脑的腹侧分支包含控制女性攻击行为的 $Esr1^+$ 细胞》的期刊文章对雌性小鼠攻击行为的大脑基础进行了研究。[6] 研究结果表明，雌性小鼠的大脑基础可能与雄性小鼠的大脑基础（未测试）不同。一名记者联系了一位顶级神经科学研究人员，询问这项研究对"人类"的潜在意义。作为回应，该研究人员写了一份细致而深思熟虑的回复，并抄送给同事们，以核实她的谨慎观点是否代表了该领域。[7]她提出的两个关键点是，这项研究只在女性身上进行（因此谈论性别差异有点牵强附会），并且参与者是老鼠，因此对人类的意义可能是有限的。到目前为止还不错。

因此，几周后看到标题"科学解释了为什么有些人喜欢BDSM，而有些人不喜欢"时，多少有些让人吃惊。另外，还配有一幅引人注目的图片：一对衣着暴露的（人类）夫妇，他们被一条可能是皮带的东西绑在一起（我过着一种受保护的生活），附随一句开场白："你喜欢卧室里的暴力行为吗？最近的研究表明，性和攻击性可能在人类的大脑中是密切相关的！"[8]溯其根源，我们发现，这与我们在前文中仔细评论过的老鼠和下丘脑的研究完全相同。这又是一个科学在进入公共领域的过程中如何被搅乱的例子。

神经垃圾和"打地鼠"问题

更糟糕的是，即使是已经被明确认定为神经垃圾的资源，仍在男女大脑之争中占有一席之地。就在你认为可以安全地对大脑中的性别差异可能存在于何处、为何存在，以及它们对大脑主人可能意味着什

314

么等问题进行充分研究和广泛讨论时，旧的神经垃圾却冒了出来。

你可能还记得我对露安·布里森丁的《女性的大脑》一书所作的不那么善意的评论，该书通常被认为是关于性别差异的不准确和／或不可追踪的断言的丰富来源，而现在它又成了一部电影（目前"烂番茄"影评网站上的正面评价比例显示为31%）。

《新闻周刊》的一名记者联系了我和我的一些同事，请我们就这部电影发表评论，并提供了影片中一些神经科学方面的主张，以供证实。其中一些"事实"特别令人费解。例如，"八卦对于建立社会联系至关重要，因此女性的大脑对八卦有一种'固定'的多巴胺奖赏系统"（这似乎可以追溯到旧石器时代的英国 *Hello!* 杂志，有人认为，旧石器时代内分泌学家的发现为这本杂志提供了有益的支持）。我恐怕会放弃这种说法："所以，我知道我说过女性寻求共识，但是如果她的杏仁核被激活，她的肾上腺素能给她足够的信心来战胜合作的本能。"我在谷歌上搜索了这种说法，试图弄清楚它到底指的是什么，结果转入了一个关于"色情图片的精神药理学"网站和另一个关于骑跨行为的网站。我觉得这已经说得很清楚了（两者听起来都比电影有趣多了！）。[9]

这部电影不会单凭一己之力破坏所有为了获得神经科学真相而做出的严肃尝试，但它是对那些不加批判地传播神经科学尝试的又一个小小呼应。看来我们还没有彻底清除掉这些神经垃圾。

神经性别歧视还存在吗?

你可能还记得科迪莉亚·法恩创造了"神经性别歧视"一词,以引起人们对神经科学本身有问题的做法的注意,这些做法可能有助于维持刻板印象以及更加相信"与生俱来"。[10]我们在这方面进展如何?

一些早期的脑成像研究侧重于探求大脑特定结构的大小方面的性别差异,如胼胝体或海马体,并将其作为特定行为和能力方面差异的潜在来源(事实上,这与19世纪早期的"缺少5盎司"的方法相呼应)。但是,更复杂的计算大脑大小相关方面的方法,例如它的体积映射了其主人的头部大小,简单地说,这揭示了决定大脑内部不同结构大小的是大脑的大小,而不是性别。[11]最近,不同结构之间的神经通路证明了这一点。简单地说,尺寸更大的大脑有更长(也可能更强)的神经通路来应对额外的距离。如果你比较尺寸较大的大脑(男性或女性的)和尺寸较小的大脑(同上),你会发现最重要的是大小,而不是性别。[12]因此,那些对比较男性和女性感兴趣的神经成像者,需要在他们的分析中加入额外的计算,更重要的是,要证明他们已经这样做了。

我说过,我们仍然不清楚大脑的结构和功能之间的关系。拥有更大的杏仁核会让你更好斗吗?灰质和白质的比例越高,你就越聪明吗?如果我们不知道这些问题的答案,在新颅骨学任务中,继续使用越来越复杂的脑成像技术来观察大脑不同部位的尺寸是否值得?

第十三章　在她那漂亮的小脑袋里——21世纪的更新　┃ 345

一方面，从前与尺寸相关的观点正在消失，尤其是面对详细的大脑或头部尺寸校正时，这些观点更站不住脚（如我们所见，尽管使用哪种大脑尺寸校正仍有争论）。最近的两项元分析显示，一旦进行这种校正，以前人们相信的存在于杏仁核和海马体（大脑中的两个关键结构）中的男女差异就消失了。[13] 另一方面，这种说法的新版本似乎正在出现，部分原因在于人们可以接触到现有的大型脑成像数据集。

爱丁堡大学的心理学家斯图尔特·里奇（Stuart Ritchie）领导
316 的团队最近发表了一篇论文，报告了 2 750 名女性和 2 466 名男性之间存在的性别差异。[14] 关于这项研究很有趣的一点是论文和随后的公众评论中报告这些发现的方式。这篇论文的摘要提到男性大脑具有更高数值的原始体积（即未校正的体积）、原始表面积和白质连通性，而女性大脑具有更高数值的原始皮质厚度和更复杂的白质束。这些差异在文本中用独特的粉色和蓝色钟形曲线进行呈现，并用相当大的效应值数据进行注释。大脑总容量、灰质体积和白质体积的差异尤其引人注目。然而，一旦作者校正了这些数据的测量方法，许多差异就消失了，剩下的差异也显著减少。论文充分证明了这一点，但对粗心大意的记者来说，最初的印象很可能是这些差异非常显著（从这个词的通俗意义和从统计意义上来说）。

一篇题为《为什么女人不能更像男人》的文章对这篇论文进行了评论，这篇文章将该论文称为"实际检验"，提醒那些相信男女大脑不存在差异的人面对现实。[15] 文章作者还提到了"脑容量和智商之间的既定联系"，更奇怪的是，作者还引用了一篇论文作为支撑，而实际上，该论文的作者称最突出的发现之一是"大脑尺寸并非人类智商差异的必然原因"。[16] 因此，对该领域不了解的记者在阅读原始论文时不够严谨，继而撰写出一个热门标题，将该论文称为神经实际检验。

在最近一个更令人担忧的事件中，也明显出现了这种迅速抓住性别差异证据的做法。威斯康星大学麦迪逊分校的一篇论文报告了对143名（73名女性，70名男性）1个月大婴儿大脑结构的研究结果。[17] 这是一项以健康的足月婴儿为研究对象的大规模研究，使用了高精度扫描仪，因此该研究为这一领域提供了重要的数据集。我们知道，过去有人声称男女差异在出生时就很明显，这有力地支持了生物决定论的观点，但重要的是，没有对普遍发育中婴儿的大规模研究来支持这一观点。也许这项研究将起到决定性作用？

这篇论文的作者报告了在大脑总容量、灰质和白质中的显著性别差异。通过一个在线研究综述来源，这一点再次迅速传播到公共领域，该来源称这份报告为寻求男女行为差异形成原因的一个重要突破。该来源总结道，"假装大脑中不存在这些早期的性别差异并不会让社会更加公平"。[18] 问题在于，报道的发现实际上是错误的。尽管研究人员声称他们已经校正了大脑的尺寸，但一位观察敏锐的神经科学家指出，论文中的数据与这一说法不一致。这位神经科学家联系了作者，随后作者进行了快速检查和重新分析，所有声称的

317

显著差异都消失了。

期刊和研究摘要的网站都很快发布了更正。[19] 但其中有 2 个月的间隔，而社交媒体之前已经抓住机会进行了报道。脸书上已经出现了对该论文的引用，其中有一条评论很生动："事实上，我最近和一个自称拥有该领域学位的人就此发生了争执。用这个打了她的脸让我很开心。"这条评论仍然可以在拼趣上找到。[20]

在受到意识形态回声室影响的这些日子里，即使这个假新闻（在这件事上，是假的神经科学新闻）后来被证明是错的，却仍然在传播。

冰山问题

有证据表明"抽屉问题"或"冰山问题"仍然存在。如第三章所提到的，这是报告偏见的老问题了，只有那些发现差异的研究才会被发表，那些没有发现差异的研究则被放入抽屉。[21] 检验这个的方法是，考虑你正在研究的差异的已知效应值，计算研究领域中报告的显著和非显著差异的预期比例。然后你可以把这个预期比例和你实际得到的比例进行比较。

在与冰山问题的斗争中，斯坦福大学医学、健康研究、政策和统计学教授约翰·约阿尼迪斯（John P. A. Ioannidis）在过去 10 年左右的时间里，一直在临床研究中进行严谨统计实践，他的研究说明了科学需要更加注意自我校正的必要性，对不可重现的发现或已公布数据集中的异常情况要保持时刻警惕。2018 年，他和他的团队将注意力转向性别差异的神经成像研究。他们查看了报告有差异的论文与报告有相似之处或无差异的论文的比例。[22] 在他们查看的179篇论文中，只有2篇论文在标题中强调了他们没有发现差异。总体而言，88%的论文报告了某种显著差异。正如作者指出的，这个"成功率"高得令人难以置信。该团队还研究了样本量（一项研究的参与者数量）和每项研究中发现性别差异的大脑区域的数量之间的关系。这两个因素之间应该有关联，因为按照预期，规模较小、能力不足的研究通常会发现较少的重要激活区域。然而，无论研究人员多么努力，他们都无法找到这种预期的统计关系。在小规模研究中，似乎有比你预期的更多的"积极"发现，这些研究报告的重要区域的数量与大规模研究报告的相同。这一现象背后可能存在多种原因，比如研究者只提交有积极发现的论文，或者期刊只发表有重要发现的论文，或者研究者少报了消极发现。

鉴于生物决定论最狂热的捍卫者也完全承认性别差异之小，寻求性别差异的研究不应该显示出如此高的"成功率"。由于出现了 319 "大脑差异"报告（如约阿尼迪斯团队研究的那些报告），人们更加相信性别差异"与生俱来"。因此，当这些研究工作被证明以这种方式存在偏见时，我们所有人都为之担忧。[23] 对于大脑在世界影响下的相关刻板印象的维持以及我们收集规则的社会脑对自我和其他人印象的编录等方面，神经科学类的证据都能发挥强大的外部影响。因此，如果我们接受了一个扭曲的观点（也许是事实但不是全部事实），那么我们自己和我们的大脑都会被误导。

可塑性，可塑性，可塑性——和性别的固定问题[24]

我们已经看到，早期脑成像假设健康成人的大脑结构和功能在大脑中通常是"固定的"，并且稳定不变。这意味着，无论何时你让参与者尝试语言任务、视觉范例或决策练习，你都应该得到相似的（即使不是完全相同）激活模式和图像，这些模式和图像可以在任何时间点进行测量，在必要的情况下很容易复制。所以，如果你要比较男性和女性，除了确保你的参与者没有不寻常的神经病史，没有服用任何改变大脑的药物，并且大体上在相似的年龄范围内，那么关于男性和女性参与者，你真正需要知道的事情就是他们是男性还是女性。

你假设所有女性参与者都代表了你标记为"女性"的群体，所有男性参与者都代表了你标记为"男性"的群体。例如，如果你测试女性的语言技能，你会假设你今年选择的"随机"样本（通常是从你的本科生或研究生中选择的）与你第二年选择的相似样本几乎相同（如果你决定要重复自己的研究），然后你会解释你在男性和女性中发现的任何群体差异。基于他们的"本质"差异，你选择了这两组参与者，如果他们有不同的表现或他们的大脑看起来不同，那一定是因为男性和女性不同。

我们已经发现人类大脑具有终身依赖经验的可塑性，这意味着在研究大脑中的性别差异时，我们关注的不应仅仅是参与者的性别和年龄。"可塑性的聚光灯"是一种越来越有力的证据，表明大脑如何被一生中的经历所塑造，然而，它的灯光似乎很少被转到大脑性别差异的争论上。

我们现在知道，获得不同类型的专业知识，玩电子游戏，甚至对我们可能取得的成就有不同的期望，都会改变我们的大脑。例如，如果你对空间认知的差异感兴趣，你可能需要知道研究的参与者有哪些相关经历。他们经常玩电子游戏吗？他们做运动吗？有涉及某种空间技能的爱好吗？他们的工作涉及某种空间意识吗？正如我们在观察大脑所接触的性别化的世界时所看到的，这很有可能与我们是女性还是男性有关。因此，在设计研究、分析和解释神经成像结果时，需要考虑到这一点。我们需要承认，我们的大脑不可避免地与它们运行的世界纠缠在一起，所以为了理解大脑，我们也需要观察大脑所处的世界。

研究人员审查现在可用的大量神经影像数据集时尤其如此。世界各地的实验室为确保他们收集到了所有脑成像仪都可获取的大脑结构和功能测量结果的主要数据，检验他们自己的理论或检验发现的一般性，他们正在合作分享在研究过程中收集的测量结果。我们现在看到的不是十几或二十几个参与者，而是数百甚至数千次大脑扫描。

一篇论文报告了对 1 400 多名参与者的大脑静息态数据（静息 321态数据即参与者只是躺在扫描仪中而不必执行任何特定任务时的大脑活动数据）的分析。[25] 通过观察这些大脑中连通性的测量结果，研究人员报告称，在比较大脑连通性的各种方式中，年龄和性别是关键区别因素，他们用粉色和蓝色的钟形图表对此进行了说明。这些数据实际上表明了女性和男性的数据的重叠程度——但是没有效应值。虽然人口统计数据（如受教育年数或工作年数）可以从中央数据集获得，但作者在进行比较时没有考虑这些数据。因此，这篇论文看起来像是从大型数据集的角度支持了生物决定论观点。然而，关键的可塑性相关特征没有被考虑到。所有参与者的年龄都在18岁到60岁之间，所以他们都有足够的时间让性别化的生活经历影响他们的大脑和行为。

如果还是以同样的心态来问同样的问题，即使我们有更好的科技手段和数据集，那么答案也不见得会变得更好。如果我们只关注二元生物特征，继续忽视心理、社会和文化因素，对越来越大的数据集进行越来越多的比较，这将不会让我们进一步了解我们的大脑。我们的研究对象中，可能不会有太多玩杂耍的出租车司机，或者会拉小提琴的走钢丝的人，但你大可放心，在1 400名或更多数量的人中，会有各种各样教育经历、职业、运动和其他爱好的人。

并且大脑本身似乎不仅只反映其运转的世界，新发现的证据表明我们还需要认识到，激素活动与我们人类所处的世界有着什么样的复杂关系。[26]大脑的发育并不是一个单向展开的既定模板，而是一个反映与环境相互作用的动态变化过程，显然激素水平的波动同样反映了我们周围的情况。与睾丸素等激素的"生物学掌握主导权"的特征不同，显而易见，参与社交活动可以影响激素水平。

令人诧异的是，父亲的睾丸素水平会随着他们照顾孩子的时间长短而变化，这也同样反映了文化期待。在一项针对坦桑尼亚两组

322

不同人群的研究中，其中一组认为父亲理应照顾孩子，他们的睾丸素水平低于持相反意见的另一组。[27]

神经内分泌学家萨里·范·安德斯（Sari Van Anders）用哭闹的婴儿玩偶和三组毫无防备的男性巧妙地证明了这种"智能"睾丸素效应。[28]（我真想亲自站在单向镜前参与研究，这些单向镜常在发展心理学实验室或电视上犯罪片里的审讯室中出现。）该实验没有其他干涉性因素，参与者被分为三组，其中一组只能听到婴儿的哭声；另一组可以与玩偶进行互动，但不管做什么，玩偶都会哭（我很熟悉表现出相同特征的人类婴儿）；第三组很幸运，玩偶最终会对几种"哺育"活动中的一种（给婴儿喂奶、换尿布、轻拍婴儿背部使其打嗝等）做出回应。在实验前后对参与者唾液中的睾丸素水平进行测量。"成功让婴儿安静下来"这组的睾丸素水平出现了明显下降，而"只能听婴儿哭声"这组的睾丸素水平明显上升。与婴儿玩偶互动失败的这组在实验前后的睾丸素水平变化不大。范·安德斯认为，由于每组的刺激相同，睾丸素水平的变化反映了社会环境，及是否可以采取某种行动"解决问题"。因此，就像我们可塑的大脑一样，我们的激素水平并不像以前人们认为的那样固定不变。

对我们人类来说，还有其他方面是不能假定为固定不变的吗？ 323
事实证明，随着时间的推移，我们的性格特征也会发生变化。即使人们能够接受个性问卷所测试的结果通常足够清楚，或者接受任何一种只要能给你最积极答案的个人档案所带来的 "社会赞许性"效应，人们也普遍认为，所谓的"大五"人格（开放性、尽责性、外倾性、宜人性和神经质性）不会改变。人称"美国心理学之父"的 19 世纪思想家威廉·詹姆斯（William James）甚至把人 30 岁之后的性格描述为"像石膏一样固定"。[29]

这种与性格特征，当然是与成人的性格特征巧妙结合起来的模式是我们（固有）生理特征的反映。但最近有一项研究结合了 14 项纵向研究数据，并至少在 4 种不同场合对近 5 万人进行了测试，研究结果显示，性格的本质根本不会"像石膏一样坚硬不变"。[30]在所有研究中，除宜人性之外，所有的特质都随着时间的推移而显著减少（在一些研究中，宜人性显得越来越偏执；而在另一些研究中，宜人性则显得越发具有吸引力）。对此的解释包括一种务实的"展现最佳面貌"效应，在这种效应下，作为年轻人，你可能会自荐自己是"最佳"尽责和外向的人，但随着年龄增长，你会平静下来（美其名曰享乐效应）。也有明确的证据表明，并非每个人转变的速度或方向都是相同的。

总的来说，我们的性格，我们人生中对外展现的一面似乎并不会始终如一，而是会发生变化。当然，这一发现可能只是反映了评估人格的各种方式的变化，但也同样反映了我们想让人们思考我们与复杂的社会因素之间产生关联的方式，例如"谁在问""你为什么问"或者"什么时候问你"。因此，就像我们有可塑的、灵活的身体一样，我们有着可塑的、灵活的性格。

缩小差异？

评估性格特征只是心理学对性别差异辩论的贡献之一，我们在第三章已经有所了解。心理学另一核心贡献是对认知技能进行详细分类，据称这些技能是区分男女的可靠依据。这份清单经受住了时间的考验吗？还是我们应该重新审视它？

对行为中性别差异的心理学研究引起了一定程度的批评，从20世纪初海伦·汤普森·伍利对心理学的贡献遭受尖刻的蔑视，再到21世纪伊始科迪莉亚·法恩的法医鉴定检查研究遭受到几十年的误释、误解和歪曲。二人并不反对正在进行的研究，而是反对研究方法：双方都认为该领域的科学研究缺乏科学实践，从而对许多结论产生疑问。

正如第三章所述，在认知技能方面，埃莉诺·麦考比和卡罗尔·杰克林在20世纪70年代对这一领域进行了一番出色的梳理，使我们从语言能力、视觉空间能力、数学能力和好斗性区分男性和女性。在此阶段，除了生理性别之外，几乎没有人关注其他的因素，假设你只需要知道你的参与对象是男性还是女性，那么其他一切（也许年龄除外）都无关紧要。

但随着环境变量不再是替代因素，而是作为同一过程的一部分，需要与生物变量一同看待，这一点逐渐开始改变。甚至通过比较贺黛安（Diane Halpern）于1987年到2012年之间出版的著作《认知能力中的性别差异》中的四版不同序言，都能追踪这种观念的出现轨迹。[31] 贺黛安指出，在认知神经科学技术领域的投入在不断增加，包括环境事件改变大脑本质的证据，以及研究领域日益政治化的证据。在劳伦斯·萨默斯发表了那次臭名昭著的演讲后（其演讲内容为女性科研不如男性），贺黛安还带领了一个心理学家小组，该小组对科学和数学领域中性别差异的研究现状进行了权威性的总结。[32] 因此，作为一个对这类研究有全面了解的人，她注意到一个特殊之处，在不同的文化中，这些差异正在逐渐缩小或消失，或甚至发生了倒转。诸如此类的证据使人们越来越难以坚持认为这些差异是由生物学决定的、由基因或激素或两者共同决定的。

2005 年，珍妮特·海德（Janet Hyde，威斯康星大学麦迪逊分校海伦·汤普森·伍利心理学与女性研究教授）回顾了 46 项经过元分析的此类研究，连同对一些"心理健康"测量（如"自尊"和"生活满意度"）和一些运动行为（如投掷或跳跃）的许多社会和人格调查结果。[33] 正如你现在所知的，每一项元分析本身就已经审阅了几十篇甚至上百篇不同的研究论文，显然，"性别差异心理学"成果斐然。

海德得出了一个惊人的结论，即与当前强调男女之间近乎二态性差异的"差异模式"相反，这些数据表明，虽然不是全部，但大多数男性和女性在心理变量上是相似的。在元分析揭示的 124 项效应值中，78% 的效应值很小或接近于 0，其中有一些与传统偏好相关，例如数学能力（+0.16）和帮助行为（+0.13）。很少有大效应值出现（大于 0.6）。

考虑到大多数关于性别差异的研究都是为了证明为什么男性会

处于权力和影响力的地位（而女性则不能），对于未来的行业领袖来说，在大部分职位描述中将找不到展现男女之间最大差异的特征。这些特征包括自慰（显然这是"社会和人格变量"，其效应值高达+0.96）、投掷速度（+2.18），以及投掷距离（+1.98）。

如果你认为海德收集的46项元分析是心理学在这个问题上的一个令人印象深刻的输出指标，那就错了，因为仅仅10年后，伊森·泽尔（Ethan Zell）和他的同事们收集了106项元分析来进行更高层次的效果值评估（成为综合集成法）。[34] 事实上，这是专门用来评估海德的性别相似性假说的。据他们计算，他们的数据包括超过20 000项的个人研究以及超过1 200万的参与者，这项详细的研究的确令人印象深刻。

326

他们发现了什么？涵盖所有不同特征的总体效应值为+0.21，其中85%的男女差异极小或很小。他们发现，男性特征和女性特征之间最大的差异效应值大小为+0.73，考虑到受测特征的性质，因此该结果并不极端。结论是他们的综合集成法为性别相似性假说提供了"令人信服的"支持论据。

这两个例子说明，在对更多数量人群进行更细致的研究后，心理学中认知技能和性格特征差异列表中的项目似乎正迅速消失。那些由麦考比和杰克林发现的在数学表现中存在的可靠差异呢？早已消失殆尽了。还有女性在语言技能上的可靠优势呢？在包括词汇、阅读理解和文章写作在内的许多不同衡量标准中，这种差异几乎为零，语言流利性是唯一可能产生差异的因素，但其效应值仅为–0.33，并不是一个很大的预测变量。公平地来说，心理旋转能力研究确实超出了平均水平，但也只是中等水平，其效应值为 0.57。但正如我们所见，这可以随着用来测量它的测试类型变化，也可以随着相应训练消失。

因此，心理学关于男性与女性差异的可靠指标，不仅支持了一个已有数百年历史的信仰体系，而且在某些情况下，为实验室的前沿研究议题提供了依据，但这些指标似乎亟须进行彻底的革新。

事实上，我们过去对性别的认识难道一直是错误的吗？

第十四章
火星、金星还是地球？——在性别这方面，我们一直以来都错了吗？

我们对生物性别和社会性别了解得越多，这些属性似乎就越存在于一个范围内。

阿曼达·蒙塔尼兹[1]

如我们所看到的，长久以来，人们用尽所有技术，为寻找男女大脑差异而不懈努力。男人和女人是不同的，这是和生命一样古老的事实。女性富有同情心，感情丰富，表述流利（擅长记住生日）；男性拥有系统化思维，举止理性，掌握熟练的空间技能（擅长地图）；他们几乎属于不同的群体。

到目前为止，我们一直在研究的说法是，人类包括两个不同的群体，他们的思考方式、行为和成就都不同。这些差异从何而来？

我们已经研究了过去的观点，即男性和女性的"本质"，以及生物学上决定性的、先天的、固定的、不变的过程，这些过程支持男女的进化适应性差异。我们还研究了最近的一些说法，即这些差异是由社会建构的，由于环境给予男女特定的性别化的态度、期望和由角色决定的机会，从出生起，男女就学着做出不同的行为。我们还思考了更近的观点，这些观点承认大脑和大脑所处的文化之间的关系错综复杂，理解我们的大脑特征可能既是社会结构的影响，也是基因蓝图的输出。

但是，不管是什么原因，基本前提都是差异需要解释。因此，无论我们是在空的头骨中填充谷粒，还是追踪通过大脑通道的放射性同位素，或者测试同理心或空间认知，我们都会发现这些差异。几个世纪以来，心理学家和神经科学家一直在分别探索或合作探索这样一个问题：是什么让男人和女人不同？答案已经被广泛传播、报道，人们或是相信或是严厉批评。

但是在 21 世纪，心理学家和神经科学家开始质疑这个问题。在行为层面，甚至在更基本的大脑层面，男人和女人到底有多大不同？我们花了这么多精力去研究两个不同的群体，而他们实际上并没有那么大差别，甚至可能不是不同的群体？

重新定义性别

用达芙娜·乔尔的话来说，长期以来，我们一直假设将个体分"女性"或"男性"是基于 3G 模型，人类可以根据基因、性腺和生殖器的构成被分为两个清晰的类别。[2]性染色体为 XX 的人会有卵巢和阴道，性染色体为 XY 的人会有睾丸和阴茎。这一规则的例外情况（如出生时性器官不明或后来发育出与其指定性别不一致的第二性征）被视为双性异常或性发育异常疾病，需要进行医学治疗，可能包括非常早期的手术干预。[3]

2015 年，科学记者克莱尔·安斯沃斯（Claire Ainsworth）在《自 329然》杂志上发表了一篇文章，文章提请人们注意这样一个事实，即"性别可能比最初看起来的更复杂"。[4]她报告的案例表明，个体可能有多组染色体（有些细胞携带 XY 染色体，有些细胞携带 XX 染色体），新出现的 DNA 测序和细胞生物学技术表明，这绝非罕见情况。有证据表明与生殖腺有关的基因的表达会在出生后继续下去，这破坏了核心生理性别差异固定不变的概念。也许应该对不同类型的性别发育有一个更广泛的定义，包括精子生成的变化，激素水平的变化，或者阴茎结构更细微的解剖学差异？这可能揭示了生理性别的表现形式发生在一个范围内，包括细小和适度的变化，而不是直至今日仍占主导地位的"二元结构"。因此，这种方法是包括而不是排除性别发育异常，并不再给他们贴上例外的标签。[5]

然而，正如《卫报》记者瓦内萨·海格（Vanessa Heggie）指出的，这个观点并不像看起来那么具有开创性。[6]在 1993 年的一篇文章《五种性别》中，安妮·福斯托－斯特林已经提出（正如她论文的标题所指出的），我们至少需要 5 种性别来涵盖双性人的存在。[7] 她认为这种分类应该包括有睾丸和一些女性特征的男性、有卵巢和一些男性特征的女性，以及有睾丸和卵巢的"真正的"两性人。福斯托－斯特林的观察具有政治背景，她认为社会需要摆脱这样的假设，即"在区分性别的文化中，人们只有确定自己属于两种公认性别中的一种，才能获得更多幸福，达到最大工作效率"。

她在 2000 年重新审视这些想法时，她注意到，尽管在当时这些想法有争议，但在接下来的几年里，关于"双性人"的许多想法都发生了变化，医学界对明显异常的性别发育采取了更加谨慎的态度。[8] 甚至有人提议，性别不应该由生殖器决定，而应当承认，世界上存在着两种以上的性别（无论如何定义）。

因此，我们在争论链最基本的层面遇到了挑战。人类能否被明确区分为两类——男性和女性，每一类的成员由基因、性腺和生殖器决定，他们之间的差异是否可以明确定义且易于识别？基因型似乎混杂可变，并且有可能将出现的表型从其原始目的地转移。神经生物学家亚瑟·阿诺德（Art Arnold）教授已经证明，你可以将染色体的影响与性腺区分开，染色体和性腺可以独立变化，对身体特征和行为产生全然不同的影响。[9] 激素水平在群体内部和群体之间大幅度波动，也会因不同的环境和不同的生活方式而变化。即使生殖器可以清楚地识别为阴唇或阴茎，但也可以以多种形式出现。《科学美国人》上的一篇文章对确定性别的复杂性进行了精彩的说明，这会让你怀疑我们到底有没有找到一种方法可以将人划分为两类。[10]

330

大脑呢？

下一个论点是，正如男性和女性可以在解剖学上进行区分，那他们的大脑也可以。无论是尺寸、结构还是功能，一定有可能找到那些能区分男人和女人大脑的特征。如我们所看到的，几个世纪以来，人们一直在寻找这些差异，从颅骨隆起的读数到脑血流的测量，这当然不是一个线性发展的故事。1966年，唯一被确定为与理解性别差异相关的大脑区域是下丘脑。[11] 在那以后，情况发生了很大变化。在过去10年里，人们已经进行了近300项关于人类大脑中性别差异成像的研究，还有数百份关于大脑几十种不同特征中性别差异的报告。

如我们在第四章中所看到的，尽管检查大脑所使用的技术显然比隆起和铅弹更先进，但许多论点仍然未变。要在大脑中建立差异，首先需要就如何测量不同的结构达成一致，而这点共识至今仍未完全达成。例如，有一种共识是有必要进行某种尺寸校正，以便比较男性大脑和女性大脑，但是如我们已经看到的，这些修正的依据仍然存在争议。应基于总脑容量还是颅内脑容量，身高、体重或头部尺寸，基于以上所有的因素还是其中几个因素？我们知道，有一个流传已久的大脑区域列表，其中列出了已经发现了"可靠的"性别差异的大脑区域。这份列表显示，男性大脑中的两个关键结构（杏仁核和海马体）更大。2014年的一项元分析证实了这一点，该分析研究了150多项研究。[12]

但是，在脑成像领域，更新频繁而迅猛，越来越多的巧妙技术让我们能够重新探讨过去关于大脑差异的定论。昨天，人们讨论理解性别差异的候选区域；今天，人们可能重新讨论海马体。在进行了上述回顾后的 4 年里，新的研究也对其中一些结论提出了质疑。芝加哥罗莎琳德富兰克林医科大学的莉丝·埃利奥特（Lise Eliot）团队分别于 2016 年和 2017 年对海马体和杏仁核的结构数据进行了元分析。[13] 在两次元分析中，他们都证明了最初的说法（男性大脑中的这些结构比女性的大）没有事实根据，此外，在对颅内脑容量的测量进行校正后，差异显著减小或消失。

越来越清楚的是，大脑中的结构是根据大脑尺寸的功能仔细调整的，很可能是为了优化新陈代谢的需要或细胞间通讯。这意味着如果关于大脑结构性别差异的任何报告没有进行某种形式的容量调整，那么实际上并不能给出准确的描述。

如今，人们不再关注不同结构的尺寸，而对理解大脑 – 行为联系的关联模式更感兴趣。在第四章中，我们探讨了鲁本·古尔和拉奎尔·古尔实验室的一项研究，该实验室是第一批将结构连接性测量应用于性别差异研究的实验室之一，并且称他们发现男性大脑半球内的连接性更强，而女性大脑半球间的连接性更强。[14] 但是，如我们在神经胡诌和神经性别歧视的讨论中所说的，这项研究存在困难，特别是作者（或新闻稿作者）过分强调了发现的重要性，而这些发现并没有准确反映出这些差异的程度。同样清楚的是，"尺寸至关重要"也适用于此：苏黎世的卢兹·约格克实验室的发现表明，大脑越大，大脑半球间的连接性越强，重要的是，这与大脑所有者的性别无关（当然，大部分更大的大脑确实属于男性）。[15] 同样，我们可以将其视为测量的问题。随着大脑尺寸的增大，关键的处理中心之间的距离也会增加，因为需要一种机制来确保处理速度不会受到影响。就像更大的国家需要更好的道路。

另一个需要考虑的关键问题是大脑的可塑性。如我们已经看到的，生活的经历和态度可以塑造、重塑大脑。将大脑中的结构当作固定的端点进行测量，而不考虑大脑可能经过的被改变的经历，这样的测量充其量只具有有限的价值。如上所述，发现杏仁核和海马体尺寸／性别差异的研究人员确实承认这一点，并指出，这两种结构受经验和生活方式影响的程度众所周知。我们需要知道这些大脑经历过什么样的生活——它们的主人可能会因为他们的社会经济地位而受到不同程度的教育、从事不同的职业或过着不同的生活。

333

你可能会想，人们已经花费了数十年来寻找大脑结构和神经通路上的性别差异，经过这么多时间和努力，差异的寻找是否应当告一段落。达芙娜·乔尔和玛格丽特·麦卡锡提出了一个更好的解释性别差异的框架，这可能会推动这一领域的发展。[16] 她们还提出了4个问题，对于发现的任何差异，我们可能都需要提出这些问题。首先，这些差异在人的一生中是持续存在还是短暂存在的——我们讨论的是一直存在的差异还是另一种差异，比如随着不同的激素水平变化的差异，或者出现在童年但在青春期后消失的差异？第二，它们是依赖于环境还是与环境无关，它们只在特定的环境或特定的文化中出现，还是具有普遍性？第三，它们是明显的二态性（没有重叠）吗？是有许多重叠，还是在一个群体中表现得更明显？最后，它们能否直接归因于生理性别（通过染色体或激素），还是因为间接的影响而产生？比如（对人类来说），间接影响即是社会期望和文化规范，它们根据你是男性还是女性而变化。所以，我们需要问的不仅仅是是否有差异，还有可能是什么样的差异。

这个框架肯定会为这个长期存在的问题提供一个更加微妙的答案。"大脑中的性别差异是什么？"，当你以"嗯，这取决于你所说的差异是什么意思……"开始你的回答时，可能会遭受较少惯常出现的白眼。

或者，也许我们应该完全停止寻找差异？

大脑嵌合体

在探寻大脑性别差异时，人们会想当然地做出一个潜在假设，即女性大脑不同于男性大脑。也许，就像电视连续剧里的侦探似乎能够辨认出所发现的人体部位一样，会不会存在某种能区分是女性还是男性大脑的可靠线索？

2015 年，由特拉维夫大学的达芙娜·乔尔带领的一个研究小组进行了长期且细致的研究，研究样本包括来自 4 个不同实验室的1400 多个大脑，并根据此次研究结果得出了报告。[17] 他们对每个大脑中 116 个区域的灰质体积进行了检查。在他们的一组扫描样本中，他们从这 116 个区域鉴别出 10 种特征，用以显示男女大脑之间最

334

显著的差异；然后经过进一步考量，这些数据分别以粉红色和蓝色表示。他们将那些在男性中最为一致的特征称为"男性终端"，那些在女性中最为一致的特征称为"女性终端"。当他们将这些带有颜色标记的特征与其原始数据的一组进行对照时，其中包括 169 个女性大脑与 112 个男性大脑，结果立刻变得清晰明了。结果显示，每个大脑都不折不扣地是这些男性终端和女性终端特征以及介于二者之间的特征组成的嵌合体。只有不到6%的样本始终显示为"男性"或"女性"，也就是说，这 116 个特征的绝大部分都分别来自男性终端或女性终端。其余的特征则在不同的大脑中表现出了很大的差异性，在不同的大脑中，男性特征和女性特征的组合方式普遍是"重合的"。在其他数据集中也发现了这种分布，在结构通路上也发现了类似的结果模式。这项研究的结论是，我们应该"从认为大脑应分为两类（一类是男性大脑，一类是女性大脑）转变为认识到人类大脑是多变的嵌合体"。

　　这篇论文对研究性别差异的领域产生了重大影响，乔尔团队为展示男性和女性大脑数据多样性提供了令人信服的图像，并且坚决表明，按性别划分的群体之间几乎不存在内部一致性，因此应该放弃男性或女性大脑的概念。尽管人们对这些数据的多变性普遍达成共识（并且在这个领域没有大脑成像仪能够对此提出挑战），但对 335 这种使用稍显繁杂的分类手段的技术存在些许疑虑的声音。例如，一篇论文将类似技术运用于不同种类猴子的面孔时，这项技术就无法进行辨认。[18] 所以乔尔无法将其数据归为两类不是因为数据的功能不对，而是因为她试图整理数据的方式出现了问题。另一些人运用自动模式识别技术，并报告称在 65%—90% 的情况下他们能够正确地识别出大脑的"性别类型"。乔尔为自己的方法辩护，她强调关键在于大脑数据集中的可变性范围是如此之广（而猴子的面孔则没有那么明显的可变性），以至于在个人层面上，仅仅根据性别就不可能可靠地预测出某人的"大脑状况"。所以，你不可能对着一个大脑，在 116 个勾选框中填上是"女性"或"男性"的答案。

乔尔还指出这种生物嵌合现象也与可塑性问题有着复杂的联系。例如，某些神经细胞的典型女性或男性特征可能会随着外部压力的变化而发生改变，分别变得更像男性或更像女性，[19] 因此不同模式的大脑嵌合体可以很好地反映其所接触到的不同生活经历。

既然这样，在性别故事的最后，我们似乎越来越难以将越来越多的证据与干脆的二元划分法概念联系起来。关于大脑，4 个新出现的问题表明，也许是时候从纯粹的"男性大脑／女性大脑"划分中走出来了。几十年来，人们通过越来越复杂的成像技术所得出的研究结果都未能在"男性大脑"与"女性大脑"可能存在什么不同这一问题上达成共识。在你可能感兴趣的行为方面，很难知道大脑的结构差异究竟意味着什么。可塑性问题意味着在研究任何大脑结构或功能的指标时，我们必须要考虑广泛的心理 – 文化因素，这也意味着，我们所观察到的任何大脑活动模式，充其量只能被视为大脑的"快照"，只能反映其当前状况。乔尔的最新研究成果引起了人们对单个大脑在基本结构层面上巨大多变性的关注，以至于有

336

一种说法是，最大的谎言是判定我们的大脑是"男性的"还是"女性的"。[20]

那些失衡的激素？

那么激素呢？激素是控制我们身体大部分功能的化学信使，人们长期以来认为激素在决定男女差异方面起到非常特别的作用。确实，我们在第三章中看到，"性"激素包括两组，雄激素和雌激素。尽管睾丸素和雌二醇都存在于男性和女性体内，但前者作为最广为人知的雄激素，是一种雄性激素，而后者是一种雌性激素。最近的一项研究指出，男性和女性体内的雌二醇和黄体酮的平均水平，即所谓的"雌性"激素，并没有什么差别。[21] 因此，就像大脑一样，一个看似简单的能衡量男女差异的二元标准根本经不起推敲。

可塑性问题也与此相关。长期以来，人们一直认为激素是行为的驱动因素（或"推动行为的因素"，正如我们在第二章中看到的，这就是它们名字的含义），这意味着它们是各种行为的原因。但 21 世纪的研究着眼于社会环境对激素水平的影响，这意味着我们必须重新思考这种因果关系，并承认人类激素和人类大脑一样，与他们的世界所发生的事情有复杂关联，并将对此做出反应。[22] 在上一章，我们看到或多或少成功应对哭闹的婴儿玩偶时的男性睾丸素水平的变化，成功让玩偶镇定下来的男性，他们的睾丸素水平明显下降。这也反映在现实生活中，父亲的"亲力亲为"会导致睾丸激素水平的变化。

正如我们注意到社会力量和社会期望充当了改变大脑的因素一样，显然，在激素方面这种同样的效果显而易见。社会内分泌学已经表明，"雄激素和雌激素并不是两种截然不同的性激素——一种是针对女性的，一种是针对男性的——而是存在于所有人类体内的激素……此外，这些激素的水平不是一成不变的，而是可变的，会受到性别化社会经历的影响"。[23]

但我们需要回忆这一切的起点，以前的状况是男性和女性拥有如此广泛的不同技能、气质、个性、才能和兴趣，以至于人们误以为男人和女人是不同的物种甚至是不同星球的居民。并且"是什么让男人和女人不同？"这个问题是长期以来大脑科学运动的意义所在。对于得到的令人困惑的答案，我们一直摸不着头脑。但也许就像大脑和激素一样，我们是不是应该关注这个问题本身？

黑白分明还是模糊不清：减少差异和消除二分法

心理学列出的性别差异，连同诸如语言或空间能力以及共情或系统化等认知性因素，长期以来被视为公认的性别差异。但我们在第十三章看到，这些自信的断言正开始遭到挑战，由珍妮特·海德在 2005 年和伊森·泽尔及其同事在 2015 年进行的元分析[24]表明，数十年来对数以百万计参与者的研究得出的大量信息是，女性和男性的相似之处多于不同之处，而且随着时间的推移，这些不同之处

| 大脑的性别

逐渐消失。

现在，让我们从男人和女人分别来自不同星球的过去中跳脱出来吧。甚至性别相似假说也是基于这样一个论点，即男性和女性这两类人究竟有多么不同或相似。但是假设我们在一开始就犯 338
了存在两种人这样的基本错误呢？就我们一直进行元分析的所有认知技能、个性特征或社会行为而言，男女并未因为他们身体结构上的不同（尽管比当初设想的更加复杂）而让我们相信男女是两组不同的群体。

由纽约州罗切斯特大学的哈里·赖斯（Harry Reis）和圣路易斯华盛顿大学的鲍比·卡罗瑟斯（Bobbi Carothers）合著的两篇具有吸引力标题的论文引发了这种思考，一篇题为《男女都来自地球：审视性别的潜在结构》，发表于 2013 年；[25] 另一篇题为《黑白分明还是模糊不清：性别差异是分类的还是维度的？》，发表于 2014 年。[26] 两篇论文都回到了“差异”这个根本问题，他们指出，比较两组首先要假设存在两组。如果你要将人（或任何东西）分成不同的组，你需要了解“分组变量”的基本规则，在此基础上你可以决定谁或什么属于哪个组（称为建立一个“分类单元”）。为使一个类别或分类单元有意义，其成员应该具有通常可识别特征（内部一致性）。总的来说，这些特征加起来应该构成一个与其他特征构成的明显不同的类别。这就意味着，只需要知道每个类别的固定标签（暂且称它为框），它就会给你一个重要线索，告诉你这个框内是什么。当然，这正是刻板印象所起的作用，它提供了假定的标签，其他的一切都随之展开。

卡罗瑟斯和赖斯分析了 122 项被认为是区分男女的指标数据。其中包括众多衡量男性化或女性化、共情、对成功的恐惧、对科学的兴趣以及例如神经质性的大五人格特征。他们对这些数据进行了 3 种不同类型的分析，这些分析旨在显示这些数据指标是分类的（属于离散组）还是维度的（属于单一尺度）。他们观察到的几乎所有比较数据都是单一维度的。显然詹姆斯·达莫尔（因在谷歌内部发表争议性言论备忘录遭解雇）并没有看这几篇文章！

为确保这不仅仅是他们分析方法的问题，如果合适的话可以将数据分为不同组，他们做出了一份单独报告，该报告使用的确实是整齐划分成组的数据，包括身体测量和运动成绩。这些数据按性别刻板印象活动进行了可靠划分，例如喜欢打拳击、看色情片、洗澡和讲电话，并将其归类到合适的组别（至于哪些活动是性别刻板印象的，留给你们猜猜看吧）。因此，我们在大脑中寻找性别差异的根源，即女性和男性的行为、资质、性情、好恶等方面存在明显差异，而这些根源似乎需要彻底革新。

除此之外，达芙娜·乔尔及其团队还使用了"马赛克"方法来研究心理变量，[27] 他们从两个大型公开数据集中收集数据。此外，卡罗瑟斯和赖斯的数据集明确体现了最显著的性别差异。他们从每组显示出最大性别差异的变量中进行选取，例如"发愁体重""赌钱""做家务""有建筑爱好""擅长与母亲沟通"或"热衷于看色情片"等特征。然后，他们研究了这些明显具有高度区分性的变量在每个参与者中的分布情况。有多少人有明显的男性特征或女性特征"匹配集"？如果你发愁自己的体重，你是不是也更喜欢看脱口秀和做家务？如果你喜欢赌钱，你是否也喜欢拳击或有建筑类的爱好？答案是"不"。在这些研究所测试的 3 160 名女性及 2 533 名男性中，只有略多于 1% 的人始终是喜欢拳击和看色情片的人，或者是既发愁体重又爱洗澡的人，而另外几乎 99% 的人，比方说，是善于和母亲沟通的老赌徒。

340

因此，就像大脑一样，不存在典型的女性行为特征或典型的男性行为特征——我们每个人都是不同技能、资质和能力的综合体，将我们主观划分为两个类别的尝试，会无法捕捉到人的变异性的真正本质。

我们越多地研究关于男性和女性的各种不同的测量方法，不管是基础生物学、大脑特征、行为还是人格特征，我们发现这些测量方法来自两个确实可以区分的人群的可能性就越小。这显然对我们所有根深蒂固的刻板印象，以及有意或无意地基于这些刻板印象的各种歧视做法都有影响。

超越二元——性别认同的意义

摆脱简单的男女二分法的潜在可能性的一个明显辅助因素是，这如何与性别认同的整个概念相关联。正如我们所看到的，性别差异辩论的起源是，假设你的生理性别（你与生俱来的基因、生殖器和性腺）和你的社会性别（你如何认识自己，"像你一样的人"在社会中扮演了什么角色）存在牢不可破且单向的因果关系。据说有确凿的证据证明这一点，该证据指大脑存在性别差异，是这些差异导致了资质、技能、人格和身份方面的性别差异，而这反过来又解释了成就、地位和权力地位上的性别差异。

但是一旦这一证据链开始瓦解，过去的确定性就会受到挑战，包括一种看法，即你出生时被赋予的性别在某种程度上与你的自我认同有关。因此，在 21 世纪，对性别的重新思考不仅仅意味着我们对大脑和行为的理解。我们觉得自己是男性还是女性，是因为我们有男性或女性的大脑吗？如果没有男性或女性的大脑，那么我们的性别认同又从何而来？

341

与这一领域的许多其他东西一样，我们需要明确的定义。性别认同指的是我们对自己是男性还是女性的认知，指的是我们会将自己看作男性还是女性。如果有人在街上拦住你，请你完成一项调查，你会如何描述自己？它不同于性别偏好或性取向，后者通常指的是你可能选择谁作为性伴侣。这两者可以同时存在，但事实证明它们相互独立。

我们知道，孩子们是初级的性别侦探，他们从一开始就在观察。到大约 3 岁的时候，他们就已经弄清了自己的性别，以及该性别对他们的行为举止、穿着打扮以及可以玩的玩具有什么意义。这个性别几乎总是与他们对解剖学差异的感知有关——男孩有阴茎，而女孩则没有。基于这一点，当他们"有证据"或根据头发长度、名字等线索做出判断时，他们会将自己社交圈里的人根据性别归类，并坚定地陈述与每个性别相关的基本规则。[28] 任何违反者都要遭殃——孩子们自己就是最顽固的性别警察！

这在生命的早期就开始了，有一个学派认为性别认同是先天生理因素的表现引起的。正如与基因和激素有关的生物性别被认为是大脑和行为方面的性别差异的原因一样，生物学过程被认为是性别认同出现的基础。[29] 你"感觉"自己是男性还是女性，是因为你有一个男性或女性的大脑，其由基因和激素的作用来组织和控制。有报道称，患有 CAH 的女孩对自己被赋予的女性性别的满意度较低，这被认为是性别认同的生物学依据。[30] 我们在第二章中提到了被当作女孩抚养的男孩大卫·利马，他的案例同样表明，非常坚定的社会化努力显然不足以确立与生物学上的性别认同不符的性别认同。[31]

尽管证据确凿，尽管你所处的文化强烈地告诉你，你的生理机能反映的东西和你认同的性别是有联系的，但是假设你觉得这两者存在脱节呢？甚至到了你发现自己极其不快乐，准备诉诸包括手术在内的极端医疗手段来改变你的生理性别，以符合你所认同的性别的地步呢？如果你沉浸在这样一种文化中，即生物学一直被认为是性别差异的主要"原因"，那么这个选择或许是可以理解的。 342

性别认同是当前的一个热门话题。2012 年，英国平等和人权委员会对 1 万人进行了一项调查，结果显示，大约有 1% 的人表示存在这种脱节。[32] 虽然这并不总是导致医疗干预，但采取这一途径的人数却急剧增加。2017 年，美国整形外科协会报告称，变性手术（总共 3 250 例）比上一年增加了 19%。[33] 在英国，很难获得完整的统计数据，因为尽管国民医疗服务体系确实开展了一些手术，但大部分是私人提供的；英国下议院女性与平等委员会在 2015 年发布的一份报告称，前往性别认同诊所的人数正以每年约 25% 至 30% 的速度增长。[34]

引起议论的另一个原因是，声称自己性别恒定的儿童数量急剧增加，而这种情况发生的年龄却有所下降。2017 年英国《每日电讯报》的一篇报道称，在过去 4 年里，前往国民医疗服务体系唯一的跨性别儿童服务中心就医的 10 岁以下儿童的数量翻了两番，从 2012—2013 年的 36 人，增至 2016—2017 年的 165 人。[35] 报告还指出，2016—2017 年有 84 名 3 至 7 岁的儿童被转诊，而 2012—2013 年，只有 20 名。其中一个有争议的方面是，有一种治疗方法涉及使用青春期荷尔蒙阻断剂，有时随后使用跨性别激素，以便发展儿童或青少年希望认同的性别的第二性别特征。

343　　　2015 年，奥运会十项全能运动员布鲁斯·詹纳被曝正在变性为凯特琳·詹娜，这无疑让这个问题成了公众关注的焦点。[36] 而她关于"相比男性化，我的大脑更女性化"的断言，概括了变性人经常说的一句话，即他们觉得自己拥有男性的大脑，却长着女性的身体（反之亦然）；或者更通俗地说，他们出生在"错误的盒子"里。他们觉得自己的生理 – 性别联系出了问题，所以他们希望通过改变自己的生理特征来重置性别，使之与他们认同的性别一致。但也许我们应该挑战这种联系？也许我们应该挑战任何一种预先贴上标签且人类置身其中的盒子的概念？

我们已经看到，女性面临的困难与一种不可动摇的信念有关，即她们的生理特征决定了她们的兴趣、资质、人格、职业等等。也许这也适用于那些质疑自己性别身份的人。无处不在且持续不断的性别营销、社交媒体和娱乐渠道对性别的无情轰炸以及不断出现的性别展示，这些都会让我们对男性或女性的定义产生一种比以往更为死板和僵硬的刻板印象。如果"以上都不是"你作为男孩或女孩应该具备哪些特征的答案，那么问题可能就在于是什么造就了男孩或女孩，而不是你的答案。打破男性大脑或女性大脑的迷思，应该会对跨性别群体产生影响，这一影响有望被视为积极的。

性别仍然很重要——不要射杀信使！

如果你将头伸出火星/金星的矮墙，并指出男女在大脑和行为上的"既定"差异实际上并没有得到确认，甚至可能根本就不是差异，这样做的一个后果是，你可能会招致或许被礼貌地称为"负面评论"的东西。

我珍藏着克里斯蒂娜·奥登（Cristina Odone）在《每日电讯报》上发表的一段话："可怜的科学家。她被关在实验室里，手里拿着装满有毒液体的瓶子，周围都是小白鼠和白大褂——难怪她有时会失去常识。吉娜·里彭似乎就是这样。"[37] 我还因为支持一种"带

344

有女权主义和平等崇拜色彩"的理论而进一步受到指责。我将在《每日邮报》的一个评论帖里对另一个关于我"满嘴鲤鱼"（我假设这是拼写错误，而不是批评我吃鱼的习惯）的描述进行润饰。再加上"脾气暴躁的老泼妇"和"绝经后的平权行动失败者"，你就开始明白了。

希望到目前为止，我们在性别差异研究及其发现的讨论中，有两点是清楚的。第一，充分理解已存在的任何性别差异，更重要的是理解差异的来源，这一点是至关重要的，尤其是涉及大脑的时候。这是因为基于大脑的不完整的解释，经常误导人们相信某种现状必然会发生，无论是谁在科学上取得了成功，还是谁能看懂或谁看不懂地图。这可能会导致无益的刻板印象、一知半解的有意或无意的偏见，并可能造成人力资本的巨大浪费。

第二，这些批评并不是否认任何性别差异的存在。鉴于正确进行这类研究的必要性，重要的是要精心设计有关性别差异的任何研究、仔细选择要考察的因变量和自变量、适当选择参与者群体，并缜密分析和解释数据。一旦这些都具备了，那么我们将开始积累真正有用的发现。那些把像我和我的同事这样的人称为"反性别差异者"或"性别差异否定者"的人似乎没有抓住要点。同样，有人指责说，我们阻止对性别差异的研究是将女性的生命置于危险之中，这种说法令人费解（也不准确）。[38] 正如我们在这本书中看到的，性别差异研究依然存在，而且进展顺利。因此，让我感到震惊的是，我所属的这场"女权主义神经科学"（或"女权纳粹"）游击运动并没有取得巨大成功！

有明确的迹象表明，生理和心理健康问题的发生率存在明显的性别差异。显然，确定一个人的性别或者社会性别对此有多大影响至关重要。关键问题是要超越简单的性别范畴，不要在它可能成为影响因素时止步不前，而是要看看还有什么其他因素可能与之相关。患抑郁症的女性比男性多，这是因为与性别相关的遗传或荷尔蒙因素，还是因为与高度性别化的生活方式相关的"自尊缺失"？还是两者兼而有之？如果我们能处理好这些问题，我们将会看到性别差异领域的巨大进展。

我们在这一章中探讨的发现表明，从生理性别所引起的分类差异来看生理性别，将会歪曲事实。更好的办法是将其视为一个连续的维度变量，该变量可能会对我们试图理解的过程或试图解决的问题产生深远、适度或微不足道的影响。从我们目前的研究来看，"影响"一词似乎更准确地反映了生理性别在我们大脑的生命历程中所扮演的角色。

性别绝对重要，这不是一个"麻烦的事实"，而是一个需要仔细揭示的真相。我们需要"超越二元对立"，停止对"男性大脑"或"女性大脑"的思考，将我们的大脑视为充满过去事件和未来可能性的综合体。

结语：
培养勇敢的女儿①（和富有同情心的儿子）

我们已经看到，我们具有可塑性的大脑陷入了这个性别化的世界，几百年来，这个世界一直以不同的方式对待男性和女性。认为杰出女性和双头大猩猩一样稀少的时代或许已然远去，但即使在21世纪，我们仍然可以找到证据，证明这个世界根据与能力、气质和偏好有关的长期刻板印象为男性和女性提供不同的机会。从出生的那一刻起（甚至更早），我们渴求规则的大脑就面临着来自家庭、教师、雇主、媒体以及最终来自我们自己的不同期望。即使伟大的脑成像技术已经出现，并且我们已经找到差异缩小和消失的证据，仍有人兜售男性大脑和女性大脑的概念，这决定男女能做什么、

---

① 参见 www.dauntlessdaughters.co.uk

不能做什么，他们能够以及无法取得的成就。所有一切都遭受了神经胡诌的冲击。

但是，脑科学家能够并且正在推动争论的进行，大脑中性别差异的问题正受到挑战。如果存在性别差异，那么它们从何而来？这对大脑的主人意味着什么？我们已经看到，我们的大脑是寻求规则的系统，根据它们运行所处的外部世界产生预测，以引导我们在世界上生活。因此，为了理解不同的大脑如何遵循不同的轨迹发育（因为它们的发育确实不同），我们已经意识到，我们需要更清楚地知道外部世界中什么样的社会规则（对或错）会被吸收。对大脑终身可塑性的新理解意味着我们还必须考虑到大脑在此过程中会遇到什么样使大脑发生变化的经历。

大脑可塑性不仅仅关乎出租车驾驶和杂技（它们所提供的见解确实很有趣），而且关乎态度和信念对我们灵活大脑的影响。将我们的大脑理解为深度学习系统意味着我们可以看到，一个有偏见的世界会产生有偏见的大脑，就像微软不幸的聊天机器人 Tay 一样。我们需要记录来自社会媒体、文化媒体以及家庭、朋友、雇主、教师（和我们自己）的性别轰炸，并了解它们对我们大脑的真正影响。

发展认知神经科学向我们展示了婴儿和婴儿大脑的复杂程度。我们过去相当轻蔑地认为，他们仅仅是"反应式的"和"皮层下的"生物。但是从出生的第一天起（甚至可能在此之前），这些完全配备了"皮质启动工具包"的小型社交海绵就开始融入社交网络，并探索世界上的社交规则。所以我们需要警惕他们可能会遇到的一切。

我们刚刚开始意识到，我们有第二个"时机之窗"来观察大脑网络的构建和分解，以及（最终）成年社会人的出现。青春期是大脑网络的动态重组时期，这是一个"系统级重组"，从局部的、系统内的联系转变为大脑不同部分之间更广泛的整体联系。[1]这些变化几乎和我们在婴儿大脑中追踪的变化一样巨大。由于青少年（通常）比新生儿更容易接近且顺从，神经科学家有可能跟踪他们大脑组织中的这些变化以及伴随而来的行为变化。

你不需要成为神经科学家就能知道青少年在情绪调节和冲动抑制方面有困难，而且似乎非常容易受到同伴压力和社会拒绝的影响。[2]众所周知，所有这些过程都是社会脑活动的核心特征，可以通过扫描仪进行建模研究。对社会脑活动的理解似乎是理解大脑如何与世界互动的核心，也是理解新兴的自我意识如何在大脑和行为中得到反映的核心，因此关注青少年时期的这些过程可以提供一些见解，如社会规则和有影响力的其他因素如何决定大脑皮层的相关过程。[3]

社会认知神经科学把自我放在中心位置，由此我们意识到，成为社会人也许是大脑进化最强大的胜利。很明显，理解社会脑可以为我们提供一个非常有效的视角来研究性别化的世界如何产生性别化的大脑，性别刻板印象如何成为非常真实的基于大脑的威胁，它会让大脑偏离它们应该达到的终点。理解自尊的重要性和自我沉默等过程让我们更好地应对性别差距和成就较低的大脑基础。[4]如果我们知道"内部限制器"是如何构建的，我们就有更好的机会将其校准为社会脑的有用组成部分。

既然我们知道，对各种性别差距的解释混杂了基于大脑和基于世界的过程，我们就必须意识到，解决这个问题需要解开每一条线索，看我们是否能得出更好的答案。

大脑很重要——不要责怪水?

有这样一种说法：如果管道漏水，那就不要责怪水①。更换整个管道可能需要很长时间，但有时找到阻止泄漏的方法会有所帮助。 349

我们将女性在科学领域的代表性持续不足作为一个案例进行研究，正是不同因素组成的复杂网络导致这一现象的延续。这可能包括将科学视为男性领域的世界观，科学家几乎都是男性，这导致未来的女性科学家在这一领域中遇冷；或者认为女性（通常女性自己也这么想）缺乏必要的资质和性格，没有能力，将她们隔绝于科学界，对她们不抱希望。想想 2017 年夏天臭名昭著的谷歌备忘录事件。[5]

面对科学领域的排他性特征，女性会屈服于刻板印象威胁的自证预言，因此这种循环仍在继续。在性别平等程度最高的国家，科学领域的性别差距最大，这个"矛盾的"发现真的能支持女性拥有更多选择自由时会自然而然地为非科学职业所吸引的观点吗？[6] 还

---

①作者将女性比喻成水，将科学、技术行业比喻成管道。如果将水（即女性）倒入管道中，水会慢慢漏出管道（即女性离开科学、技术行业），最后只有很少的水留在管道中（即只有少数专业的女性留下来）。——译注

是女性拥有更多选择自由时，会自然而然远离那些不欢迎她们的工作？尤其是她们的行为训练和皮质训练灌输给她们一种信念，即这些工作不适合她们。

显然，需要对科学文化采取一些措施，以提高科学文化对那些目前没有参与其中的人或随着时间的推移从这个行业中消失的人的吸引力。[7]这也更有利于家庭中性别平等的政策取得长足的进步，但高层中持续存在的性别差距表明，还有很长的路要走。[8]

另一种方法是可以寻找一些措施来增强那些内部限制设置得太低（或者可能反映了一生的低期望值）的人的能力。自我沉默和脱离接触的问题需要解决。[9]如我们已经看到的，数学焦虑问题为表现不佳背后存在的许多错综复杂的原因提供了有用的见解，显示了情绪调节过程是如何干扰正在进行的处理过程的。[10]但是我们也可以确切地说明问题出在哪里——焦虑患者收到的负面反馈影响力极大，并且能够吸引患者的注意力（这从她大脑中"错误评估系统"的明显激活可以看出），她的注意力如何从可能的支持来源转移开，并促使她很快承认失败。[11]

有一些方法可以让我们的大脑更具耐挫力，并消除可能导致失败和脱离的消极抑制过程。印第安纳大学的心理学家凯蒂·范·洛（Katie Van Loo）和罗伯特·莱德尔（Robert Rydell）已经证明，一个非常简单的"给予能量"过程可以让女孩免受刻板印象威胁的影响。[12]他们证明，让女孩想象自己身居要职，例如，作为首席执行官按照个人价值对员工进行排名，可以缓解刻板印象威胁对后续数学测试的影响。这种影响在大脑中也有所体现，在大脑中，"高能量启动"可以降低大脑中与认知干扰相关部分的激活水平。[13]

有时候"给予力量"可以用非常简单的方式实现。社会心理学家已经证明，用希拉里·克林顿或安格拉·默克尔等强大女性的照片作为背景可以帮到紧张的女性发言人。[14]在建立自我认同或消除对自我认同的质疑中，榜样发挥了重要作用，这一点已经在社会心理学和社会认知神经科学中得到了很好的证明。[15]在所有年龄段和许多情况下，榜样也可以在增强负面自我形象和降低自尊方面发挥重要作用。

同样，有证据表明，加入团体能够获得强烈动力，在制定鼓励女孩（或任何代表不足的个人）的举措时可以利用这一点。一个很好的例子是由女性科学与工程协会发起的倡议。"像我这样的人"在职业选择中利用了"适应"议题，展示了不同个性的人如何在不同类型的科学职业中找到适合自己的工作。[16]此次活动不仅是为女孩举办的，向她们展示了如何将自己的个人特征与不同类型的科学家相匹配，也是为女孩的父母、教师和雇主举办的，以确保他们意识到这些个体差异，并相应地调整他们的科学鼓励。

基于文化的问题显然需要通过改变文化来解决，但是赋予那些参与文化的人力量可以让采取的解决方案得到支持并加速改变进程。理解是什么因素推动人参与或脱离活动可以为矛盾的性别差距提供答案，在这种情况下，显然有能力的个人似乎会拒绝社会提供的不平等机会。

351

这不仅与性别有关

本书传达的关键讯息在于，自19世纪初以来，对大脑研究议题的持续关注，实际上是人们认为有必要解释按生理性别划分的两类人之间的差异造成的。我们在上一章已经看到，我们才刚刚开始意识到，目前还没有充分的证据表明这两类人的大脑或这些大脑支持的行为实际上存在任何相关的差异。当然，这两类群体之间存在平均差异，但其效应值非常小，并且平均值会抵消任何有趣的个体差异。甚至基础生物学层面上的性别差异概念也遭遇了挑战。[17]

也许是时候重新思考一下，脑科学是如何通过观察个人来了解其长处和短处、能力和资质以及"大脑历史"的。早期脑成像技术和目的都涉及对我们所有人的语言区、语义记忆存储区和模式识别区的普遍描述。个体差异被视作干扰因素，对参与者数据取平均值以消除这种可变因素。从个人经验来看，一旦产生了群体平均值，对单个参与者显著差异的有趣发现就会随之消失。早期的数据形式和数据分析过于粗糙，无法对个体差异提供任何见解，但我们已经从那时开始改进了。现在，大脑有可能生成功能性连接模式，即与任务或休息相关的同步活动模式，据称这些模式就像指纹一样，对每个人来说都是独一无二的，足以具有区分度，可通过高达99%的准确度与其所有者联系起来。[18]所以我们可以在个人层面上研究大脑。并且关于什么会影响大脑，什么时候影响大脑的证据表明我们应该这样做。我们需要真正理解形成这些个体差异的外部因素，

352

包括社交网络参与度和自尊等社会变量，体育、爱好或电子游戏体验等机会变量，以及教育和职业等更标准的衡量方式。它们中的每一种都可以改变大脑——有时与性别无关，有时又与性别有很复杂的关系，但我们现在知道它们将构成几乎独一无二的大脑嵌合体，这是每一个大脑的特征。[19]

认知神经科学家露西·福克斯（Lucy Foulkes）和莎拉－杰恩·贝克摩尔（Sarah-Jayne Blakemore）在研究青少年大脑的文章中，也敦促我们应该关注个体差异。[20]她们指出，社会经济地位、文化和"同龄群体环境"等社会因素，包括社交网络规模或遭受欺凌的经历，都存在着显著的个体差异，已经证实这些因素对大脑活动状况有着显著的影响。

随着功能强大的、能提供大数据集的脑成像系统目前正在开发的分析协议方案以及基于机器的模式识别程序的展开利用，我们完全有可能研究多个变量的影响，其中生理性别是我们所能研究的变量因素之一。[21]

这项提议绝没有否认性别差异的重要性。我们知道，在抑郁症和自闭症等心理健康状况以及阿尔茨海默病和免疫紊乱等身体健康状况方面都存在性别失衡。[22]但要了解这些，我们需要承认，为解开性别失衡的谜底，我们不应该假设仅仅关注生理性别就可以提供答案。

美国国立卫生研究院最近出台的一项授权称，所有基础研究和临床前研究都应该把性别作为一个生物变量纳入试验，特别是为阐

353

释病理条件下性别失衡的试验。[23] 这将为生物性别对这种情况的影响提供有价值的数据补充。但关于大脑嵌合体和行为衡量维度的数据显示，将性别作为一个笼统的类别可能会忽略关键的影响因素并产生误导。

风险和陷阱——神经性别歧视和神经垃圾

认知神经科学正被视作从基因到文化的各个层面建立人类行为图景的关键角色。其成果比一些更复杂的表观遗传或神经生化研究更容易获得，而且往往与公众的日常经历更密切相关，但随之而来的是责任。正如亚特兰大埃默里大学的心理学教授唐娜·曼尼（Donna Maney）所指出的那样，性别差异的报告存在风险和陷阱，过分强调研究结果的本质主义方面会强化毫无根据的生物决定论观点。[24] 在影响很小的时候使用"深刻的"或"基本的"这样的词语是不负责任的，忽略性别以外其他变量的贡献会产生误导。"相信生物学"使我们产生了一种特定的思维方式，认为人类活动是一成不变的，而忽略了这样一种可能性，即我们能理解人类灵活的大脑在多大程度上与这个不断变化的世界产生复杂联系（并且可能导致像詹姆斯·达莫尔这样误传信息的人给自己的雇主写具有误导性的备忘录）。

同样值得注意的是，一些特别糟糕的科普文章，尤其是自助书籍，往往漏洞百出、逻辑错乱。无论人们怎样奉承那些伪科学是能

354

够解决所有关系问题的读心术，神经科学家都必须警惕那些可能渗入公众意识的、具有误导性的标题。神经垃圾使神经科学实验室正在开展的真实而重要的研究成果失信。当我们的世界已经有这么多改变大脑偏见的来源时，剔除那些不实信息只会帮助你（或者只在附有"有益大脑"的警示下才允许其进入公共领域——阅读这些垃圾会损害你的大脑）。

婴儿很重要——照顾好小小的人类

长期以来，神经科学家一直认为，在大脑发育的所有阶段中，早期阶段的可塑性最强。发展认知神经科学家的全新发现揭示了世界究竟在多早就对这些稚嫩的大脑产生了影响，这应该让我们停下来思考这个世界。因此，像"让玩具成为玩具"这样的草根运动真的很重要——我们知道小婴儿会找出任何的"隐藏真相"，所以我们可能需要在"公主化"问题上采取更加坚定的立场。[25] 如果我们想培养勇敢无畏的女儿和富有共情心的儿子，也许她可以拥有一座粉色童话城堡——但她必须自己建造。不要再对男孩说"爷们一点"了。这些事情的确很重要。

2017 年，英国广播公司的一项名为《男女不再有别》的栏目调查了 7 岁女孩和男孩的性别刻板印象的程度，并对他们进行了为期 6 周的追踪调查，了解当他们试图从课堂上消除尽可能多的刻板印象影响时会发生什么。[26] 这是否改变了他们的自信与行为？本片的开场白引人深思，小女孩们强调漂亮的重要性，而男孩们则认为"自己可以成为总统"。还有很多其他发人深省的时刻：女孩的自尊水平（7 岁时）远低于男孩；男老师不知道他给学生贴上了性别标签（称男孩为"伙计"，称女孩为"小甜心"），但却欣然加入了自我提升机制；在大力锤游戏时，女孩们大大低估了自己的能力（得了高分会开心地大叫），而男孩们则过于高估自己（排名垫底时发了好一通脾气）。我们遇到了一位母亲，她让自己女儿的衣柜里塞满了公主装扮的衣服；另一位母亲则承认她不大乐意让自己的女儿穿着印有"天生就低薪"的粉色 T 恤衫（尽管有几例"天生就当足球太太"的 T 恤类型）。在仅仅 6 周的时间里就发生了一些变化：女孩们变得自信起来，男女混合足球的主意最终大获成功。

但最令人关注的或许是一开始就暴露出来的现状。现在我们知道，7 岁时，儿童（以及他们的大脑）已经在性别探索上花费了超过 3 年的时间，他们筛选性别标记的碎片以确定其意义所在，这不仅是为了当下，更是为了未来做准备。学校在发现性别刻板印象以及在必要时消除性别刻板印象方面起主要作用，尤其在学校可能产生的低期望值方面。

别不以为然——我们在性别的水域中畅游

有一则关于鱼的笑话，两条鱼正游着，遇到了第三条鱼。第三条鱼问："水怎么样啊？"第一条鱼说："额……挺好的。"又往前游了一会，第二条鱼问它的同伴："什么是水？"这个故事的寓意是我们对正经历的世界一无所知。在 21 世纪，性别刻板印象比以往的任何时候都更加普遍，抨击持续不断，以至于我们很可能会置身事外，声称它与我们的生活方式无关，认为它是有序的，或者认为努力解决这个问题仅仅是出于政治正确，因而不予理会。

我们必须记住，刻板印象是有目的的——它们是认知捷径，使世界协商得更快。它们可以进行自我强化，要么是因为它们被证实有用，所有的女孩子都安静地坐在那里完成贴纸书，而男孩们则在外面踢足球；要么是因为它们包含了一种自我实现的要素："女性不擅长数学，女孩面对数学任务时不是都表现不佳吗？"它们为我们预测性大脑的目的服务，为建立先验知识提供输入，并且极少出现预计误差，忠实地反映了大脑运行的方式。

当把刻板印象与自我认同联系在一起时，它们会根植于社会脑的运作中，甚至有人暗示它们有自己独立的大脑皮层存储。[27] 性别刻板印象的确如此。对这类刻板印象提出抨击无疑是对一些人自我形象的抨击，因此会得到他们的大规模辩护。即使有考虑到推特圈会有很多疯狂言论，我在参与完《男女不再有别》后还是收到了一些恶毒的推特私信，指责我支持英国广播公司的社会工程议题，以及更有甚者将我和"干预儿童"联系在一起。

我们需要不断挑战性别刻板印象。我们可以看到性别刻板印象是如何塑造幼儿的生活，是如何充当权力、政治、商业、科学等高层的看门人，以及可能如何导致抑郁或进食障碍等心理健康状况。

神经科学对此大有作为。它可以帮助弥合先天和后天争论之间的鸿沟，并展示我们的世界如何影响我们的大脑。神经科学家可以引导人们摆脱那种固定的思维模式，即你被大自然赋予你的生理特性所束缚。我们可以确保大脑所有者意识到他们头脑中的资产是多么的灵活和可塑，同时也让我们的社会意识到任何类型的负面刻板印象都会在本质上改变大脑，这会导致沉默、自责、自我批评以及自尊心下降。尽管刚开始出现了胡话连篇的神经学浪潮，但神经科学的解释可不是诱人的胡言乱语。

357　　　对性别刻板印象观念提出质疑，可能并不像看上去那么简单。经证实，引起人们注意的种族偏见证据会很轻易导致负罪感，人们出于未来考虑会决定减少偏见；性别偏见的证据可能会引起完全不同的反应。"被告"可能否认偏见（"我认为女性很伟大"），为偏见辩护（"无论如何女性都不属于科学"）或批评申诉人过于敏感或试图忽视"麻烦的事实"。

这些质疑声有多重要？我们不是在讨论一些营销泡沫吗？我们可以漠视推特带来的回声室效应吗（回声室效应指在人际交流过程中，只承认或接受与自己的观点相近的回应）？但仍有一些问题需要解决。性别差距依然存在；解决科学和技术领域女性缺乏问题的努力成效有限，这导致了急需的人力资本浪费；女性的抑郁症、社交焦虑和进食障碍发病率更高，这可能是对人类生命的浪费。

另一个令人担忧的问题是，刻板印象甚至可能会成为某种生物社会性的桎梏，成为"束缚大脑"的一种形式。进化论的发展可能对我们思考刻板印象的局限性具有重大意义。[28]一个老生常谈的观点是，性别差异反映了根深蒂固的、由基因决定的差异，这些差异本来无害，但在公平竞争的努力中依旧存在。也许社会和文化因素在看似不变的生理差异中扮演着更重要的角色；也许这些差异看起来是一成不变的，因为它们反映了该环境中确定的分层需求；也许这种稳定性的来源（或者取决于你的观点缺乏变化）来自"一成不变的环境"。正如本书所述，通过带有成见的玩具、服装、名字、期望和榜样，人类婴儿经历了漫长而又密集的社会化过程，其中充满了对性别差异的强调。并且我们知道，我们的大脑会对这种输入产生印象。刻板印象可能会束缚我们灵活、可塑性强的大脑。所以，质疑刻板印象确实很重要。

偏见进则偏见出。最后，让我们回顾一下自带深度学习系统的聊天机器人 Tay。人们热情地将 Tay 引入推特，观察她是否能通过与推特用户互动来学会"轻松有趣的对话"。在 16 个小时内，Tay 从称赞"人类超级有趣"变为发推文称"人类是性别歧视、种族歧视的混蛋"。[29]接触到充满束缚的刻板印象世界后，我们的大脑也会产生同样的效果。

"我会比现在更好"，Tay 注销前发布的最后一条推文这样说道。[30]

同样，我们的大脑也会变得更好。

致谢

　　如果你打算创作一本关于大脑性别差异的书籍，你一定会意识到，就像"打地鼠"一样，许多人在你之前就已经写过类似的书籍了。其中有几位对本书的贡献尤其突出，他们对本书的论点做出了反馈，也对我所不熟悉的领域提供了见解。其中科迪莉亚·法恩的《性别的错觉》（英国图标书局，2010年）和《荷尔蒙战争》（英国图标书局，2017年）给我提供了很大帮助，启发我如何能使内容既严谨又易于理解（甚至有趣），以及如何追踪神经科学研究发现背后的故事。我还受益于丽贝卡·乔丹－杨的《大脑风暴》（哈佛大学出版社，2011），该书随处可见作者对荷尔蒙和大脑研究背后未被探索的故事的详尽见解。当然，安妮·福斯托－斯特林的各种著作多年来一直是我的灵感来源，但《性别神话：关于女性和男性的生物学理论》（基础书籍出版社，1992年）、《赋身以性——性别政治和性的建构》（基础书籍出版社，2000年）和《性别：社会世界中的生物学》（劳特里奇出版社，2012年）都为我的思想提供了借鉴，尤其是关于重新思考先天／后天的鸿沟。朗达·史宾格的《心智无性别？》（哈佛大学出版社，1989年）让我看到了早期科学中隐藏和被遗忘的女性传统，为今天仍然存在的相似之处提供了框架。莉丝·埃利奥特的《粉色大脑，蓝色大脑》（一世界出版公司，2010年）是我们需要关注人类大脑早期阶段的模型。埃利奥特对单一性别教育的尖锐批评，有力地证明了我们需要密切关注神经科学家正在进行的研究如何转化为教育实践。作为一名神经科学家，我大部分时间都花在了脑成像数据的技术层面，马修·利伯曼的《社交天性》（牛津大学出版社，2013年）让我大开眼界，它介绍了认知神经科学研究的社会意义——它为我努力拼凑的故事提供了许多缺失的环节。

个别研究人员也迅速周到地回复了我冒昧发送的涉及他们研究内容的电子邮件，他们甚至进行了进一步的分析，以提供更详细的信息。西蒙·巴伦–科恩、萨拉–杰恩·布莱克莫尔、保罗·布鲁姆、凯伦·韦恩和蒂姆·达格利什在这方面对我帮助颇大。克里斯和乌塔·弗里斯也孜孜不倦地回答了我反复的询问，甚至抽空对章节草稿提供了反馈——他们对社会脑的研究及其对典型和非典型行为的影响一直激励着我。乌塔作为英国皇家学会多样性委员会主席所做的工作，也表明了这一领域的研究可以（也应该）付诸实践。

神经衍生网络成员的投入和支持也让我受益匪浅，他们关于性别研究问题发表的发人深省的文章和讨论，无疑拓宽了我有限的视野。他们无私地分享了关键材料，并对早期草案提出了有益的意见，这些都是无价之宝。也感谢他们对封面设计的贡献。特别感谢科迪莉亚·法恩、丽贝卡·乔丹－杨、达芙娜·乔尔、安妮莉丝·凯瑟和焦尔达纳·格罗西，她们与我分享了她们的批判性思维和写作技巧，在此过程中，我们成了朋友和同事。无须多说，在《大脑的性别》中出现的任何错误或遗漏都是我的责任。

虽然这本书只有一个作者，但还有很多人以不同的方式对此书做出了贡献。我的经纪人凯特·巴克发掘了我的潜力，并一直支持着我。她比我应该得到更多的支持——我的书籍能够由鲍利海出版公司出版，我意识到我是多么幸运，我也知道凯特在促成这件事上发挥了重要作用。安娜－索菲亚·沃茨肩负着为一名初出茅庐的科普作家编辑的重任，最终作品反映了她辛勤的投入。乔纳森·沃德曼的编辑非常有见地，在某些方面也很有趣，最终得以使这项艰巨的任务圆满完成。我还要感谢鲍利海出版公司的艾莉森·戴维斯、索菲·佩特尔和其他优秀成员，以及玛丽亚·戈德弗格。

在朱莉亚·金教授的支持和鼓励下，我开始了对性别研究和评论领域的特别尝试。朱莉亚·金教授当时是阿斯顿大学的副校长，现在是剑桥市的布朗女爵。她对多元化议程的不懈支持为我的学术生涯提供了发展空间和机会。尽管她的工作非常繁忙，但她还是通过令人愉悦的明信片和短信一直鼓励着我。英国科学协会帮助我完成了这本书，我要特别感谢凯思·马西森、伊沃·莫迪努、艾米·麦克拉伦和路易丝·奥格登，尽管我知道在这个了不起的组织中还有很多幕后的热心助手。也要感谢乔恩·伍德和安娜·撒迦利亚，以及皇家研究院的马丁·戴维斯，我通过他们参加了科学怪人，实际上是他们负责开启整个过程。

阿斯顿大学为阿斯顿大脑中心的发展提供了支持，这不仅使该中心拥有最先进的脑成像设备，也使我的同事和朋友成为我学术生涯的核心。他们是多学科团队如何合作的典范，我非常感谢他们给予我、我的研究生、同事和访问者的耐心和支持。举几个例子，加雷斯·巴恩斯、阿德里安·伯吉斯、保罗·弗隆、阿尔扬·希勒布兰德、伊恩·霍利迪、克劳斯·凯斯勒、布莱恩·罗伯茨、斯蒂芬诺·塞里、克里什·辛格、乔尔·塔尔科特和卡罗琳·威顿，他们都在我成长为脑成像专家和批判性神经科学家的过程中扮演过不同的角色。我还想特别感谢安德里亚·斯科特，在我在阿斯顿大学研究的后期阶段，她总是兴致勃勃地支持各种纪录片制作人和电影摄制组进入我的实验室，这远远超出了她的职责范围，也常常超出了她的工作时间。

我还要感谢我学术圈外的家人和朋友，他们谨慎地询问我的进展情况，耐心地倾听我冗长而悲观的回答，这些帮助我走出了困境，其程度可能超出了他们的想象。我的两个女儿安娜和埃莉诺忍受着一个精神上（如果不是身体上）经常缺席，而且肯定永远心不在焉的母亲。她们对这本书的投入，无论是通过她们迄今为止的生活方式，还是对内容的实时反馈，都起到了不可估量的作用。我无法和我的孙子卢克一起踢足球和打棒球，也无法为他做柠檬蛋糕，但他没有（太多）抱怨，但当他说我该休息的时候，他总是对的。我那些骑马的朋友们帮了我很大的忙，他们分散了我的注意力，确保我的生活不会完全被大脑研究所占据。非人类的同伴也有帮助，感谢约瑟夫、尼克和我们马群中的其他成员，还有鲍勃和它的前辈们，它们确保无论下雨、晴天、冰雹还是下雪，我都能得到充足的新鲜空气。

几乎无一例外的是，与一个正在写书的人生活在一起，会让那些不得不与她打交道的人付出代价。现在我在阳光下眨着眼睛，最重要的是要感谢丹尼斯，他接管了一切，让我们的生活继续进行下去。他不仅继续担任园丁和厨师（我仍然在清洗瓶子），而且他的耐心、建议和支持似乎是无限的，他选择让我享用世界上最好的杜松子酒和滋补品的时机总是那么无可挑剔。没有他，就没有这本书，所以所有的感谢都应归功于他。

参考文献

第一章　在她那漂亮的小脑袋里——搜寻开始了

1. F. Poullain de la Barre, *De l'égalité des deux sexes, discours physique et moral où l'on voit l'importance de se défaire des préjugés* (Paris, Jean Dupuis, 1673), translated by D. M. Clarke as *The Equality of the Sexes* (Manchester, Manchester University Press, 1990). The importance of Poullain de la Barre has been detailed in Londa Schiebinger's wonderfully comprehensive history of women and science, *The Mind Has No Sex? Women in the Origins of Modern Science* (Cambridge, MA, Harvard University Press, 1991).

2. F. Poullain de la Barre, *De l'éducation des dames pour la conduite de l'esprit, dans les sciences et dans les moeurs: entretiens* (Paris, Jean Dupuis, 1674).

3. 'Si l'on y fait attention, l'on trouvera que chaque science de raisonnement demande moins d'esprit de temps qu'il n'en faut pour bien apprendre le point ou la tapisserie.' ('If one paid attention, one would see that every rational science requires less intelligence and less time than is necessary for learning embroidery or needlework well.' (Poullain de la Barre, *The Equality of the Sexes*, p. 86.)

4. 'L'anatomie la plus exacte ne nous fait remarquer aucune différence dans cette partie entre les hommes et les femmes; le cerveau de celles-si est entièrement semblable au notre.' (Poullain de la Barre, *The Equality of the Sexes*, p. 88.)

5. 'Il est aisé de remarquer que les différences des sexe ne regardent que le corps … l'esprit … n'a point de sexe.' ('It is easy to see that sexual differences apply only to the body … the mind … has no sex.' (Poullain de la Barre, *The Equality of the Sexes*, p. 87.)

6. L. K. Kerber, 'Separate Spheres, Female Worlds, Woman's Place: The Rhetoric of

Women's History', *Journal of American History* 75:1 (1988), pp. 9-39.

7. E. M. Aveling, 'The Woman Question', *Westminster Review* 125:249 (1886), pp. 207-22.

8. C. Darwin, *The Descent of Man and Selection in Relation to Sex*, 2nd edn (London, John Murray, 1888), vol. 1.

9. G. Le Bon (1879) cited in S. J. Gould, *The Panda's Thumb: More Reflections in Natural History* (New York, W. W. Norton, 1980).

10. G. Le Bon (1879) cited in Gould, The Panda's Thumb.

11. S. J. Morton, *Crania Americana; or, a comparative view of the skulls of various aboriginal nations of North and South America: to which is prefixed an essay on the varieties of the human species* (Philadelphia, J. Dobson, 1839).

12. G. J. Romanes, 'Mental Differences of Men and Women', *Popular Science Monthly* 31 (1887), pp. 383-401; J. S. Mill, *The Subjection of Women* (London, Transaction, [1869] 2001).

13. T. Deacon, *The Symbolic Species: The Co-evolution of Language and the Human Brain* (Allen Lane, London, 1997).

14. E. Fee, 'Nineteenth-Century Craniology: The Study of the Female Skull', *Bulletin of the History of Medicine* 53:3 (1979), pp. 415-33.

15. A. Ecker, 'On a Characteristic Peculiarity in the Form of the Female Skull,

and Its Significance for Comparative Anthropology', *Anthropological Review* 6:23 (1868), pp. 350-56.

16. J. Cleland, 'VIII. An Inquiry into the Variations of the Human Skull,Particularly the Anteroposterior Direction', *Philosophical Transactions of the Royal Society*, 160 (1870), pp. 117-74.

17. J. Barzan, Race: *A Study in Superstition* (New York, Harper & Row, 1965).

18. A. Lee, 'V. Data for the Problem of Evolution in Man–VI. A First Study of the Correlation of the Human Skull', *Philosophical Transactions of the Royal Society A* 196:274-86 (1901), pp. 225-64.

19. K. Pearson, 'On the Relationship of Intelligence to Size and Shape of Head, and to Other Physical and Mental Characters', *Biometrika* 5:1-2 (1906), pp. 105-46.

20. F. J. Gall, *On the Functions of the Brain and of Each of Its Parts: with observations on the possibility of determining the instincts, propensities, and talents, or the moral and intellectual dispositions of men and animals, by the configuration of the brain and head* (Boston, Marsh, Capen & Lyon, 1835), vol. 1.

21. J. G. Spurzheim, *The Physiognomical System of Drs Gall and Spurzheim: founded on an anatomical and physiological examination of the nervous system in general, and of the brain in particular; and indicating the dispositions and manifestations of the mind* (London, Baldwin,

Cradock & Joy, 1815).

22. C. Bittel, 'Woman, Know Thyself: Producing and Using Phrenological Knowledge in 19th-Century America',*Centaurus* 55:2 (2013), pp. 104-30.

23. P. Flourens, *Phrenology Examined* (Philadelphia, Hogan & Thompson, 1846).

24. P. Broca, 'Sur le siège de la faculté du langage articulé (15 juin)', *Bulletins de la Société d'Anthropologie de Paris* 6 (1865), pp. 377-93; E. A. Berker, A. H. Berker and A. Smith, 'Translation of Broca's 1865 Report: Localization of Speech in the Third Left Frontal Convolution', *Archives of Neurology* 43:10 (1986), pp. 1065-72.

25. J. M. Harlow, 'Passage of an Iron Rod through the Head', *Boston Medical and Surgical Journal* 39:20 (1848), pp. 389-93; J. M. Harlow, 'Recovery from the Passage of an Iron Bar through the Head', *History of Psychiatry* 4:14 (1993), pp. 274-81.

26. H. Ellis, *Man and Woman: A Study of Secondary and Tertiary Sexual Characteristics*, 8th edn (London, Heinemann, 1934), cited in S. Shields, 'Functionalism, Darwinism, and the Psychology of Women', *American Psychologist* 30:7 (1975), p. 739.

27. G. T. W. Patrick, 'The Psychology of Women', *Popular Science Monthly*, June 1895, pp. 209-25, cited in S. Shields, 'Functionalism, Darwinism, and the Psychology of Women', *American Psychologist* 30:7, (1975), p. 739.

28. Schiebinger, *The Mind Has No Sex?*, p. 217.

29. J-J. Rousseau, *Émile, ou de l'éducation* (Paris, Firmin Didot, [1762] 1844).

30. J. McGrigor Allan, 'On the Real Differences in the Minds of Men and Women', *Journal of the Anthropological Society of London,* 7 (1869), pp. cxcv-ccxix, at p. cxcvii.

31. McGrigor Allan, 'On the Real Differences in the Minds of Men and Women', p. cxcviii.

32. W. Moore, 'President's Address, Delivered at the Fifty-Fourth Annual Meeting of the British Medical Association, Held in Brighton, August 10th, 11th, 12th, and 13th, 1886', *British Medical Journal*, 2:295 (1886), pp. 295-9.

33. R. Malane, *Sex in Mind: The Gendered Brain in Nineteenth-Century Literature and Mental Sciences* (New York, Peter Lang, 2005).

34. H. Berger, 'Über das Elektrenkephalogramm des Menschen', *Archiv für Psychiatrie und Nervenkrankheiten*, 87 (1929),pp.527-70; D. Millett, 'Hans Berger: From Psychic Energy to the EEG', *Perspectives in Biology and Medicine*, 44:4 (2001), pp. 522-42.

35. D. Millet, 'The Origins of EEG', 7th Annual Meeting of the International Society for the History of the Neurosciences, Los Angeles, 2 June 2002.

36. R. S. J. Frackowiak, K. J. Friston, C.

D. Frith, R. J. Dolan, C. J. Price, S. Zeki, J. T. Ashburner and W. D. Penny (eds), *Human Brain Function*, 2nd edn (San Diego, Academic Press, 2004).

37. Friston et al., *Human Brain Function*.

38. A. Fausto-Sterling, *Sexing the Body: Gender Politics and the Construction of Sexuality* (New York, Basic, 2000).

39. R. L. Holloway, 'In the Trenches with the Corpus Callosum: Some Redux of Redux', *Journal of Neuroscience Research* 95:1-2 (2017), pp. 21-3.

40. E. Zaidel and M. Iacoboni, *The Parallel Brain: The Cognitive Neuroscience of the Corpus Callosum* (Cambridge, MA, MIT Press, 2003).

41. C. DeLacoste-Utamsing and R. L. Holloway, 'Sexual Dimorphism in the Human Corpus Callosum', *Science*, 216:4553 (1982), pp. 1431-2.

42. N. R. Driesen and N. Raz, 'The Influence of Sex, Age, and Handedness on Corpus Callosum Morphology: A Meta-analysis', *Psychobiology* 23:3 (1995), pp. 240-47.

43. Cleland, 'VIII. An Inquiry into the Variations of the Human Skull'.

44. W. Men, D. Falk, T. Sun, W. Chen, J. Li, D. Yin, L. Zang and M. Fan, 'The Corpus Callosum of Albert Einstein's Brain: Another Clue to His High Intelligence?', *Brain* 137:4 (2014), p. e268.

45. R. J. Smith, 'Relative Size versus Controlling for Size: Interpretation of Ratios in Research on Sexual Dimorphism in the Human Corpus Callosum', *Current Anthropology* 46:2 (2005), pp. 249-73.

46. Ibid, p. 264.

47. S. P. Springer and G. Deutsch, *Left Brain, Right Brain: Perspectives from Cognitive Neuroscience*, 5th edn (New York, W. H. Freeman, 1998).

48. G. D. Schott, 'Penfield's Homunculus: A Note on Cerebral Cartography', *Journal of Neurology, Neurosurgery and Psychiatry* 56:4 (1993), p. 329.

49. K. Woollett, H. J. Spiers and E. A. Maguire, 'Talent in the Taxi: a Model System for Exploring Expertise', *Philosophical Transactions of the Royal Society B: Biological Sciences* 364:1522 (2009), pp. 1407-16.

50. H. Vollmann, P. Ragert, V. Conde, A. Villringer, J. Classen, O. W. Witte and C. J. Steele, 'Instrument Specific Use-Dependent Plasticity Shapes the Anatomical Properties of the Corpus Callosum: A Comparison between Musicians and Non-musicians', *Frontiers in Behavioral Neuroscience* 8 (2014), p. 245.

51. L. Eliot, 'Single-Sex Education and the Brain', *Sex Roles* 69:7-8 (2013), pp. 363-81.

52. R. C. Gur, B. I. Turetsky, M. Matsui, M. Yan, W. Bilker, P. Hughett and R. E. Gur, 'Sex Differences in Brain Gray and White Matter in Healthy Young Adults: Correlations with Cognitive Performance', *Journal of Neuroscience* 19:10 (1999), pp.

4065-72.

53. J. S. Allen, H. Damasio, T. J. Grabowski, J. Bruss and W. Zhang, 'Sexual Dimorphism and Asymmetries in the Gray–White Composition of the Human Cerebrum, *NeuroImage* 18:4 (2003), pp. 880-94; M. D. De Bellis, M. S. Keshavan, S. R. Beers, J. Hall, K. Frustaci, A. Masalehdan, J. Noll and A. M. Boring, 'Sex Differences in Brain Maturation during Childhood and Adolescence', *Cerebral Cortex* 11:6 (2001), pp. 552-7; J. M. Goldstein, L. J. Seidman, N. J. Horton, N. Makris, D. N. Kennedy, V. S. Caviness Jr, S. V. Faraone and M. T. Tsuang, 'Normal Sexual Dimorphism of the Adult Human Brain Assessed by In Vivo Magnetic Resonance Imaging', *Cerebral Cortex* 11:6 (2001), pp. 490-97; C. D. Good, I. S. Johnsrude, J. Ashburner, R. N. A. Henson, K. J. Friston and R. S. Frackowiak, 'A Voxel-Based Morphometric Study of Ageing in 465 Normal Adult Human Brains', *NeuroImage* 14:1 (2001), pp. 21-36.

54. A. N. Ruigrok, G. Salimi-Khorshidi, M. C. Lai, S. Baron-Cohen, M. V. Lombardo, R. J. Tait and J. Suckling, 'A Meta-analysis of Sex Differences in Human Brain Structure', *Neuroscience & Biobehavioral Reviews* 39 (2014), pp. 34-50.

55. R. J. Haier, R. E. Jung, R. A. Yeo, K. Head and M. T. Alkire, 'The Neuroanatomy of General Intelligence: Sex Matters', *NeuroImage* 25:1 (2005), pp. 320-27.

第二章　激素失衡

1. C. Fine, *Testosterone Rex: Unmaking the Myths of our Gendered Minds* (London, Icon, 2017); G. Breuer, *Sociobiology and the Human Dimension* (Cambridge, Cambridge University Press, 1983).

2. C. H. Phoenix, R. W. Goy, A. A. Gerall and W. C. Young, 'Organizing Action of Prenatally Administered Testosterone Propionate on the Tissues Mediating Mating Behavior in the Female Guinea Pig', *Endocrinology* 65:3 (1959), pp. 369-82; K. Wallen, 'The Organizational Hypothesis: Reflections on the 50th Anniversary of the Publication of Phoenix, Goy, Gerall, and Young (1959)', *Hormones and Behavior* 55:5 (2009), pp. 561-5; M. Hines, *Brain Gender* (Oxford, Oxford University Press, 2005); R. M. Jordan-Young, *Brain Storm: The Flaws in the Science of Sex Differences* (Cambridge, MA, Harvard University Press, 2011).

3. J. D. Wilson, 'Charles-Edouard Brown-Sequard and the Centennial of Endocrinology', *Journal of Clinical Endocrinology and Metabolism* 71:6 (1990), pp. 1403-9.

4. J. Henderson, 'Ernest Starling and "Hormones": An Historical Commentary', *Journal of Endocrinology* 184:1 (2005), pp. 5-10.

5. B. P. Setchell, 'The Testis and Tissue Transplantation: Historical Aspects',

Journal of Reproductive Immunology 18:1 (1990), pp. 1-8.

6. M. L. Stefanick, 'Estrogens and Progestins: Background and History, Trends in Use, and Guidelines and Regimens Approved by the US Food and Drug Administration', *American Journal of Medicine* 118:12 (2005), pp. 64-73.

7. 'Origins of Testosterone Replacement', Urological Sciences Research Foundation website, https://www.usrf.org/news/000908-origins.html (accessed 4 November 2018).

8. J. Schwarcz, 'Getting "Steinached" was all the rage in roaring '20s', 20 March 2017, McGill Office for Science and Security website, https://www.mcgill.ca/oss/article/health-history-science-science-everywhere/getting-steinached-was-all-rage-roaring-20s (accessed 4 November 2018).

9. A. Carrel and C. C. Guthrie, 'Technique de la transplantation homoplastique de l'ovaire', *Comptes rendus des séances de la Société de biologie* 6 (1906),pp. 466-8, cited in E. Torrents, I. Boiso, P. N. Barri and A. Veiga, 'Applications of Ovarian Tissue Transplantation in Experimental Biology and Medicine', *Human Reproduction Update* 9:5 (2003), pp. 471-81; J. Woods, 'The history of estrogen', menoPAUSE blog, February 2016, https://www.urmc.rochester.edu/ob-gyn/gynecology/menopause-blog/february-2016/the-histo-ry-of-estrogen.aspx (accessed 4 November 2018).

10. J. M. Davidson and P. A. Allinson, 'Effects of Estrogen on the Sexual Behavior of Male Rats', *Endocrinology* 84:6 (1969), pp. 1365-72.

11. R. H. Epstein, *Aroused: The History of Hormones and How They Control Just About Everything* (New York, W. W. Norton, 2018).

12. R. T. Frank, 'The Hormonal Causes of Premenstrual Tension', *Archives of Neurology and Psychiatry* 26:5 (1931), pp. 1053-7.

13. R. Greene and K. Dalton, 'The Premenstrual Syndrome', *British Medical Journal* 1:4818 (1953), p. 1007.

14. C. A. Boyle, G. S. Berkowitz and J. L. Kelsey, 'Epidemiology of Premenstrual Symptoms', *American Journal of Public Health* 77:3 (1987), pp. 349-50.

15. J. C. Chrisler and P. Caplan, 'The Strange Case of Dr Jekyll and Ms Hyde: How PMS Became a Cultural Phenomenon and a Psychiatric Disorder', *Annual Review of Sex Research* 13:1 (2002), pp. 274-306.

16. J. T. E. Richardson, 'The Premenstrual Syndrome: A Brief History', *Social Science and Medicine* 41:6 (1995), pp. 761-7.

17. 'Raging hormones', *New York Times*, 11 January 1982, http://www.nytimes.com/1982/01/11/opinion/raging-hormones.html (accessed 4 November 2018).

18. K. L. Ryan, J. A. Loeppky and D. E. Kilgore Jr, 'A Forgotten Moment in Physiology: The Lovelace Woman in Space Program (1960-1962)', *Advances in Physiology Education* 33:3 (2009), pp. 157-64.

19. R. K. Koeske and G. F. Koeske, 'An Attributional Approach to Moods and the Menstrual Cycle', *Journal of Personality and Social Psychology* 31:3 (1975), p. 473.

20. D. N. Ruble, 'Premenstrual Symptoms: A Reinterpretation', Science 197:4300 (1977), pp. 291-2.

21. Chrisler and Caplan, 'The Strange Case of Dr Jekyll and Ms Hyde'.

22. R. H. Moos, 'The Development of a Menstrual Distress Questionnaire', *Psychosomatic Medicine* 30:6 (1968), pp. 853-67.

23. J. Brooks-Gunn and D. N. Ruble, 'The Development of Menstrual-Related Beliefs and Behaviors during Early Adolescence', *Child Development* 53:6 (1982), pp. 1567-77.

24. S. Toffoletto, R. Lanzenberger, M. Gingnell, I. Sundström-Poromaa and E. Comasco, 'Emotional and Cognitive Functional Imaging of Estrogen and Progesterone Effects in the Female Human Brain: A Systematic Review', *Psychoneuroendocrinology* 50 (2014), pp. 28-52.

25. D. B. Kelley and D. W Pfaff, 'Generalizations from Comparative Studies on Neuroanatomical and Endocrine Mechanisms of Sexual Behaviour', in J. B. Hutchison (ed.), *Biological Determinants of Sexual Behaviour* (Chichester, John Wiley, 1978), pp. 225-54.

26. M. Hines, 'Gender Development and the Human Brain', *Annual Review of Neuroscience* 34 (2011), pp. 69-88.

27. Phoenix et al., 'Organizing Action of Prenatally Administered Testosterone Propionate'.

28. M. Hines and F. R. Kaufman, 'Androgen and the Development of Human Sex-Typical Behavior: Rough-and-Tumble Play and Sex of Preferred Playmates in Children with Congenital Adrenal Hyperplasia (CAH)', *Child Development* 65:4 (1994), pp. 1042-53; C. van de Beek, S. H. van Goozen, J. K. Buitelaar and P. T. Cohen-Kettenis, 'Prenatal Sex Hormones (Maternal and Amniotic Fluid) and Gender-Related Play Behavior in 13-Month-Old Infants', *Archives of Sexual Behavior* 38:1 (2009), pp. 6-15.

29. J. B. Watson, 'Psychology as the Behaviorist Views It', *Psychological Review* 20:2 (1913), pp. 158-77.

30. G. Kaplan and L. J. Rogers, 'Parental Care in Marmosets (*Callithrix jacchus jacchus*): Development and Effect of Anogenital Licking on Exploration', *Journal of Comparative Psychology* 113:3 (1999), p. 269.

31. S. W. Bottjer, S. L. Glaessner and A. P. Arnold, 'Ontogeny of Brain Nuclei Controlling Song Learning and Behavior in

Zebra Finches', *Journal of Neuroscience* 5:6 (1985), pp. 1556-62.

32. D. W. Bayless and N. M. Shah, 'Genetic Dissection of Neural Circuits Underlying Sexually Dimorphic Social Behaviours', *Philosophical Transactions of the Royal Society B: Biological Sciences*, 371:1688 (2016), 20150109.

33. R. M. Young and E. Balaban, 'Psycho-neuroindoctrinology', Nature 443:7112 (2006), p. 634.

34. A. Fausto-Sterling, *Sexing the Body.*

35. D. P. Merke and S. R. Bornstein, 'Congenital Adrenal Hyperplasia', *Lancet* 365:9477 (2005), pp. 2125-36.

36. Jordan-Young, *Brain Storm.*

37. Hines and Kaufman, 'Androgen and the Development of Human Sex-Typical Behavior'.

38. P. Plumb and G. Cowan, 'A Developmental Study of Destereotyping and Androgynous Activity Preferences of Tomboys, Nontomboys, and Males', *Sex Roles* 10:9-10 (1984), pp. 703-12.

39. J. Money and A. A. Ehrhardt, Man and *Woman, Boy and Girl: The Differentiation and Dimorphism of Gender Identity from Conception to Maturity* (Baltimore, Johns Hopkins University Press, 1972).

40. M. Hines, *Brain Gender.*

41. D. A. Puts, M. A. McDaniel, C. L. Jordan and S. M. Breedlove, 'Spatial Ability and Prenatal Androgens: Meta-analyses of Congenital Adrenal Hyperplasia and Digit

Ratio (2D:4D) Studies', *Archives of Sexual Behavior* 37:1 (2008), p. 100.

42. Jordan-Young, *Brain Storm.*

43. Ibid., p. 289.

44. J. Colapinto, *As Nature Made Him: The Boy Who Was Raised as a Girl* (New York, HarperCollins, 2001).

45. J. Colapinto, 'The True Story of John/Joan', *Rolling Stone*, 11 December 1997, pp. 54-97.

46. M. V. Lombardo, E. Ashwin, B. Auyeung, B. Chakrabarti, K. Taylor, G. Hackett, E. T. Bullmore and S. Baron-Cohen, 'Fetal Testosterone Influences Sexually Dimorphic Gray Matter in the Human Brain', *Journal of Neuroscience* 32:2 (2012), pp. 674-80.

47. S. Baron-Cohen, S. Lutchmaya and R. Knickmeyer, *Prenatal Testosterone in Mind: Amniotic Fluid Studies* (Cambridge, MA, MIT Press, 2004).

48. R. Knickmeyer, S. Baron-Cohen, P. Raggatt and K. Taylor, 'Foetal Testosterone, Social Relationships, and Restricted Interests in Children', *Journal of Child Psychology and Psychiatry* 46:2 (2005), pp. 198-210; E. Chapman, S. Baron-Cohen, B. Auyeung, R. Knickmeyer, K. Taylor and G. Hackett, 'Fetal Testosterone and Empathy: Evidence from the Empathy Quotient (EQ) and the "Reading the Mind in the Eyes" Test', *Social Neuroscience* 1:2 (2006), pp. 135-48.

49. S. Lutchmaya, S. Baron-Cohen, P.

Raggatt, R. Knickmeyer and J. T. Manning, '2nd to 4th Digit Ratios, Fetal Testosterone and Estradiol', *Early Human Development* 77:1-2 (2004), pp. 23-8.

50. J. Hönekopp and C. Thierfelder, 'Relationships between Digit Ratio (2D:4D) and Sex-Typed Play Behavior in Pre-school Children', *Personality and Individual Differences* 47:7 (2009), pp. 706-10; D. A. Putz, S. J. Gaulin, R. J. Sporter and D. H. McBurney, 'Sex Hormones and Finger Length: What Does 2D:4D Indicate?', *Evolution and Human Behavior* 25:3 (2004), pp. 182-99.

51. J. M. Valla and S. J. Ceci, 'Can Sex Differences in Science Be Tied to the Long Reach of Prenatal Hormones? Brain Organization Theory, Digit Ratio (2D/4D), and Sex Differences in Preferences and Cognition', *Perspectives on Psychological Science*, 6:2 (2011), pp. 134-46.

52. S. M. Van Anders, K. L. Goldey and P. X. Kuo, 'The Steroid/Peptide Theory of Social Bonds: Integrating Testosterone and Peptide Responses for Classifying Social Behavioral Contexts', *Psychoneuroendocrinology* 36:9 (2011), pp. 1265-75.

第三章 心理学呓语兴起

1. H. T. Woolley, 'A Review of Recent Literature on the Psychology of Sex', *Psychological Bulletin* 7:10 (1910), pp. 335-42.

2. C. Fine, *Delusions of Gender: How Our Minds, Society, and Neurosexism Create Difference* (New York, W. W. Norton, 2010), p. xxvii.

3. C. Darwin, *On the Origin of Species by Means of Natural Selection* (London, John Murray, 1859); C. Darwin, *The Descent of Man and Selection in Relation to Sex* (London, John Murray, 1871).

4. S. A. Shields, *Speaking from the Heart: Gender and the Social Meaning of Emotion* (Cambridge, Cambridge University Press, 2002), p. 77.

5. Darwin, *The Descent of Man*, p. 361.

6. S. A. Shields, 'Passionate Men, Emotional Women: Psychology Constructs Gender Difference in the Late 19th Century', *History of Psychology* 10:2 (2007), pp. 92-110, at p. 93.

7. Shields, 'Passionate Men, Emotional Women', p. 97.

8. Ibid., p. 94.

9. L. Cosmides and J. Tooby, 'Cognitive Adaptations for Social Exchange', in J. H. Barkow, L. Cosmides and J. Tooby (eds), *The Adapted Mind: Evolutionary Psychology and the Generation of Culture* (New York, Oxford University Press, 1992).

10. L. Cosmides and J. Tooby, 'Beyond Intuition and Instinct Blindness: Toward an Evolutionarily Rigorous Cognitive Science', *Cognition* 50:1-3 (1994), pp. 41-77.

11. A. C. Hurlbert and Y. Ling, 'Biological Components of Sex Differences in Color

Preference', *Current Biology* 17:16 (2007), pp. R623-5.

12. S. Baron-Cohen, *The Essential Difference* (London, Penguin, 2004).

13. Ibid., p. 26.

14. Ibid., p. 63.

15. Ibid., p. 127.

16. Ibid., p. 185.

17. Ibid., p. 123.

18. Ibid., p. 185.

19. S. Baron-Cohen, J. Richler, D. Bisarya, N. Gurunathan and S. Wheelwright, 'The Systemizing Quotient: An Investigation of Adults with Asperger Syndrome or High-Functioning Autism, and Normal Sex Differences', *Philosophical Transactions of the Royal Society B: Biological Sciences* 358:1430 (2003), pp. 361-74; S. Baron-Cohen and S. Wheelwright, 'The Empathy Quotient: An Investigation of Adults with Asperger Syndrome or High Functioning Autism, and Normal Sex Differences', *Journal of Autism and Developmental Disorders* 34:2 (2004), pp. 163-75; A. Wakabayashi, S. Baron-Cohen, S. Wheelwright, N. Goldenfeld, J. Delaney, D. Fine, R. Smith and L. Weil, 'Development of Short Forms of the Empathy Quotient (EQ- Short) and the Systemizing Quotient (SQ-Short)', *Personality and Individual Differences* 41:5 (2006), pp. 929-40.

20. B. Auyeung, S. Baron-Cohen, F.Chapman, R. Knickmeyer, K. Taylor and G. Hackett, 'Foetal Testosterone and the Child Systemizing Quotient', *European Journal of Endocrinology* 155:Supplement 1 (2006), pp. S123-30; E. Chapman, S. Baron-Cohen, B. Auyeung, R. Knickmeyer, K. Taylor and G. Hackett, 'Fetal Testosterone and Empathy: Evidence from the Empathy Quotient (EQ) and the "Reading the Mind in the Eyes" Test', *Social Neuroscience* 1:2 (2006), pp. 135-48.

21. S. Baron-Cohen, S. Wheelwright, J. Hill, Y. Raste and I. Plumb, 'The "Reading the Mind in the Eyes" Test Revised Version: A Study with Normal Adults, and Adults with Asperger Syndrome or High-Functioning Autism', *Journal of Child Psychology and Psychiatry* 42:2 (2001), pp. 241-51.

22. J. Billington, S. Baron-Cohen and S. Wheelwright, 'Cognitive Style Predicts Entry into Physical Sciences and Humanities: Questionnaire and Performance Tests of Empathy and Systemizing', *Learning and Individual Differences* 17:3 (2007), pp. 260-68.

23. Baron-Cohen, *The Essential Difference,* pp. 185, 1.

24. Ibid., pp. 185, 8.

25. E. B. Titchener, 'Wilhelm Wundt', *American Journal of Psychology* 32:2 (1921), pp. 161-78; W. C. Wong, 'Retracing the Footsteps of Wilhelm Wundt: Explorations in the Disciplinary Frontiers of Psychology and in Völkerpsychologie',

History of Psychology 12:4, (2009), p. 229.

26. R. W. Kamphaus, M. D. Petoskey and A. W. Morgan, 'A History of Intelligence Test Interpretation', in D. P. Flanagan, J. L. Genshaft and P. L Harrison (eds), *Contemporary Intellectual Assessment: Theories, Tests, and Issues* (New York, Guilford, 1997), pp. 3-16.

27. R. E. Gibby and M. J. Zickar, 'A History of the Early Days of Personality Testing in American Industry: An Obsession with Adjustment', *History of Psychology* 11:3 (2008), p. 164.

28. Woodworth Psychoneurotic Inventory, https://openpsychometrics.org/tests/WPI.php (accessed 4 November 2018).

29. J. Jastrow, 'A Study of Mental Statistics', *New Review* 5 (1891), pp. 559-68.

30. Woolley, 'A Review of the Recent Literature on the Psychology of Sex', p. 335.

31. N. Weisstein, 'Psychology Constructs the Female; or the Fantasy Life of the Male Psychologist (with Some Attention to the Fantasies of his Friends, the Male Biologist and the Male Anthropologist)', *Feminism and Psychology* 3:2 (1993), pp. 194-210.

32. S. Schachter and J. Singer, 'Cognitive, Social, and Physiological Determinants of Emotional State', *Psychological Review* 69:5 (1962), p. 379.

33. E. E. Maccoby and C. N. Jacklin, *The Psychology of Sex Differences, Vol. 1: Text* (Stanford, CA, Stanford University Press, 1974).

34. J. Cohen, *Statistical Power Analysis for the Behavioral Sciences*, 2nd edn (Hillsdale, NJ, Laurence Erlbaum Associates, 1988); K. Magnusson, 'Interpreting Cohen's d effect size: an interactive visualisation', R Psychologist blog, 13 January 2014, http://rpsychologist.com/d3/cohend (accessed 4 November 2018); SexDifference website, https://sexdifference.org (accessed 4 November 2018).

35. K. Magnusson, 'Interpreting Cohen's d effect size'; SexDifference website.

36. SexDifference website.

37. T. D. Satterthwaite, D. H. Wolf, D. R. Roalf, K. Ruparel, G. Erus, S. Vandekar, E. D. Gennatas, M. A. Elliott, A. Smith, H. Hakonarson and R. Verma, 'Linked Sex Differences in Cognition and Functional Connectivity in Youth', *Cerebral Cortex* 25:9 (2014), pp. 2383-94, at p. 2383.

38. A. Kaiser, S. Haller, S. Schmitz and C. Nitsch, 'On Sex/Gender Related Similarities and Differences in fMRI Language Research', *Brain Research Reviews* 61:2 (2009), pp. 49-59.

39. R. Rosenthal, 'The File Drawer Problem and Tolerance for Null Results', *Psychological Bulletin* 86:3 (1979), p. 638.

40. D. J. Prediger, 'Dimensions Underlying Holland's Hexagon: Missing Link between Interests and Occupations?', *Journal of Vocational Behavior* 21:3 (1982), pp. 259-87.

41. Ibid., p. 261.

42. United States Bureau of the Census, *1980 Census of the Population: Detailed Population Characteristics (US Department of Commerce, Bureau of the Census, 1984)*.

43. B. R. Little, 'Psychospecialization: Functions of Differential Orientation towards Persons and Things', *Bulletin of the British Psychological Society* 21 (1968), p. 113.

44. P. I. Armstrong, W. Allison and J. Rounds, 'Development and Initial Validation of Brief Public Domain RIASEC Marker Scales', *Journal of Vocational Behavior* 73:2 (2008), pp. 287-99.

45. V. Valian, 'Interests, Gender, and Science', *Perspectives on Psychological Science* 9:2 (2014), pp. 225-30.

46. R. Su, J. Rounds and P. I. Armstrong, 'Men and Things, Women and People: A Meta-analysis of Sex Differences in Interests', *Psychological Bulletin* 135:6 (2009), p. 859.

47. M. T. Orne, 'Demand Characteristics and the Concept of Quasi-controls', in R. Rosenthal and R. L. Rosnow, *Artifacts in Behavioral Research* (Oxford, Oxford University Press, 2009), pp. 110-37.

48. J. C. Chrisler, I. K. Johnston, N. M Champagne and K. E. Preston, 'Menstrual Joy: The Construct and Its Consequences', *Psychology of Women Quarterly* 18:3 (1994), pp. 375-87.

49. J. L. Hilton and W. Von Hippel, 'Stereotypes', *Annual Review of Psychology* 47:1 (1996), pp. 237-71.

50. N. Eisenberg and R. Lennon, 'Sex Differences in Empathy and Related Capacities', *Psychological Bulletin* 94:1 (1983), p. 100.

51. C. M. Steele and J. Aronson, 'Stereotype Threat and the Intellectual Test Performance of African Americans', *Journal of Personality and Social Psychology* 69:5 (1995), p. 797; S. J. Spencer, C. Logel and P. G. Davies, 'Stereotype Threat', *Annual Review of Psychology* 67 (2016), pp. 415-37.

52. S. J. Spencer, C. M. Steele and D. M. Quinn, 'Stereotype Threat and Women's Math Performance', *Journal of Experimental Social Psychology* 35:1 (1999), pp. 4-28.

53. M. A. Pavlova, S. Weber, E. Simoes and A. N. Sokolov, 'Gender Stereotype Susceptibility', *PLoS One* 9:12 (2014), e114802.

54. Fine, *Delusions of Gender*.

55. D. Carnegie, *How to Win Friends and Influence People* (New York, Simon & Schuster, 1936).

第四章　大脑迷思、神经垃圾和神经性别歧视

1. N. K. Logothetis, 'What We Can Do and

What We Cannot Do with fMRI', *Nature* 453:7197 (2008), p. 869.

2. R. S. J. Frackowiak, K. J. Friston, C. D. Frith, R. J. Dolan, C. J. Price, S. Zeki, J. T. Ashburner and W. D. Penny (eds), *Human Brain Function*, 2nd edn (San Diego and London, Academic Press, 2004).

3. A. L. Roskies, 'Are Neuroimages like Photographs of the Brain?', *Philosophy of Science* 74:5 (2007), pp. 860-72.

4. R. A. Poldrack, 'Can Cognitive Processes Be Inferred from Neuroimaging Data?', *Trends in Cognitive Sciences* 10:2 (2006), pp. 59-63.

5. J. B. Meixner and J. P. Rosenfeld, 'A Mock Terrorism Application of the P300-Based Concealed Information Test', *Psychophysiology* 48:2 (2011), pp. 149-54.

6. A. Linden and J. Fenn, 'Understanding Gartner's Hype Cycles', Strategic Analysis Report R-20-1971 (Stamford, CT, Gartner, 2003).

7. J. Devlin and G. de Ternay, 'Can neuromarketing really offer you useful customer insights?', Medium, 8 October 2016, https://medium.com/@GuerricdeTernay/can-neuromarketing-really-offer-you-useful-customer-insights-e4d0f515f1ec (accessed 13 November 2018).

8. A. Orlowski, 'The Great Brain Scan Scandal: It isn't just boffins who should be ashamed', *Register*, 7 July 2016, https://www.theregister.co.uk/2016/07/07/the_great_brain_scan_scandal_it_isnt_just_boffins_who_should_be_ashamed (accessed 13 November 2018).

9. S. Ogawa, D. W. Tank, R. Menon, J. M. Ellermann, S. G. Kim, H. Merkle and K. Ugurbil, 'Intrinsic Signal Changes Accompanying Sensory Stimulation: Functional Brain Mapping with Magnetic Resonance Imaging', *Proceedings of the National Academy of Sciences* 89:13 (1992), pp. 5951-5.

10. K. K. Kwong, J. W. Belliveau, D. A. Chesler, I. E. Goldberg, R. M. Weisskoff, B. P. Poncelet, D. N. Kennedy, B. E. Hoppel, M. S. Cohen and R. Turner, 'Dynamic Magnetic Resonance Imaging of Human Brain Activity during Primary Sensory Stimulation', *Proceedings of the National Academy of Sciences* 89:12 (1992), pp. 5675-9.

11. K. Smith, 'fMRI 2.0', *Nature* 484:7392 (2012), p. 24.

12. Presidential Proclamation 6158, 17 July 1990, Project on the Decade of the Brain, https://www.loc.gov/loc/brain/proclaim.html (accessed 4 November 2018); E. G. Jones and L. M. Mendell, 'Assessing the Decade of the Brain', *Science*, 30 April 1999, p. 739.

13. 'Neurosociety Conference: What Is It with the Brain These Days?', Oxford Martin School website, https://www.oxfordmartin.ox.ac.uk/event/895 (accessed 4 November 2018).

14. B. Carey, 'A neuroscientific look at

speaking in tongues', *New York Times*, 7 November 2006, https://www.nytimes.com/2006/11/07/health/07brain.html (accessed 4 November 2018); M. Shermer, 'The political brain', Scientific American, 1 July 2006, https://www.scientificamerican.com/article/the-political-brain (accessed 4 November 2018); E. Callaway, 'Brain quirk could help explain financial crisis', *New Scientist*, 24 March 2009, https://www.newscientist.com/article/dn16826-brain-quirk-could-help-explain-financial-crisis (accessed 4 November 2018).

15. '"Beliebers" suffer a real fever: How fans of the pop sensation have brains hard wired to be obsessed with him', *Mail Online*, 1 July 2012, https://www.dailymail.co.uk/sciencetech/article-2167108/Beliebers-suffer-real-fever-How-fans-Justin-Bieber-brains-hard-wired-obsessed-him.html (accessed 4 November 2018).

16. J. Lehrer, 'The neuroscience of Bob Dylan's genius', *Guardian*, 6 April 2012, https://www.theguardian.com/music/2012/apr/06/neuroscience-bob-dylan-genius-creativity (accessed 4 November 2018).

17. 'The neuroscience of kitchen cabinetry', The Neurocritic blog, 5 December 2010, https://neurocritic.blogspot.com/2010/12/neuroscience-of-kitchen-cabinetry.html (accessed 4 November 2018).

18. 'Spanner or sex object?', Neurocritic blog, 20 February 2009, https://neurocritic.blogspot.com/2009/02/spanner-or-sex-object.html (accessed 4 November 2018).

19. I. Sample, 'Sex objects: pictures shift men's view of women', *Guardian*, 16 February 2009, https://www.theguardian.com/science/2009/feb/16/sex-object-photograph (accessed 4 November 2018).

20. E. Rossini, 'Princeton study: "Men view half-naked women as objects"', *Illusionists* website, 18 February 2009, https://theillusionists.org/2009/02/princeton-objectification (accessed 4 November 2018).

21. C. dell'Amore, 'Bikinis make men see women as objects, scans confirm', *National Geographic*, 16 February 2009,https://www.nationalgeographic.com/science/2009/02/bikinis-women-men-objects-science (accessed 4 November 2018).

22. E. Landau, 'Men see bikini-clad women as objects, psychologists say', CNN website, 2 April 2009, http://edition.cnn.com/2009/HEALTH/02/19/women.bikinis.objects (accessed 4 November 2018).

23. C. O'Connor, G. Rees and H. Joffe, 'Neuroscience in the Public Sphere', *Neuron* 74:2 (2012), pp. 220-26.

24. J. Dumit, *Picturing Personhood: Brain Scans and Biomedical Identity* (Princeton, NJ, Princeton University Press, 2004).

25. http://www.sandsresearch.com/cokeheist.html (accessed 4 November 2018).

26. D. P. McCabe and A. D. Castel, 'Seeing Is Believing: The Effect of Brain Images on Judgments of Scientific Reasoning', *Cognition* 107:1 (2008), pp. 343-52; D. S. Weisberg, J. C. V. Taylor and E. J. Hopkins, 'Deconstructing the Seductive Allure of Neuroscience Explanations', *Judgment and Decision Making*, 10:5 (2015), p. 429.

27. K. A. Joyce, 'From Numbers to Pictures: The Development of Magnetic Resonance Imaging and the Visual Turn in Medicine', *Science as Culture*, 15:01 (2006), pp. 1-22.

28. M. J. Farah and C. J. Hook, 'The Seductive Allure of "Seductive Allure"', *Perspectives on Psychological Science* 8:1 (2013), pp. 88-90.

29. R. B. Michael, E. J. Newman, M. Vuorre, G. Cumming and M. Garry, 'On the (Non) Persuasive Power of a Brain Image', *Psychonomic Bulletin and Review* 20:4 (2013), pp. 720-25.

30. D. Blum, 'Winter of Discontent: Is the Hot Affair between Neuroscience and Science Journalism Cooling Down?', *Undark*, 3 December 2012, https://undark. org/2012/12/03/winter-discontent-hot-affair-between-neu (accessed 4 November 2018).

31. A. Quart, 'Neuroscience: under attack', *New York Times*, 23 November 2012, https://www.nytimes.com/2012/11/25/opinion/sunday/neuroscience-under-attack.html (accessed 4 November 2018).

32. S. Poole, 'Your brain on pseudoscience: the rise of popular neurobollocks', *New Statesman*, 6 September 2012, https://www.newstatesman.com/culture/books/2012/09/your-brain-pseudoscience-rise-popular-neurobollocks (accessed 4 November 2018).

33. E. Racine, O. Bar-Ilan and J. Illes, 'fMRI in the Public Eye', *Nature Reviews Neuroscience* 6:2 (2005), p. 159.

34. 'Welcome to the Neuro-Journalism Mill', James S. McDonnell Foundation website, https://www.jsmf.org/neuromill/about.htm (accessed 4 November 2018).

35. E. Vul, C. Harris, P. Winkielman and H. Pashler, 'Puzzlingly High Correlations in fMRI Studies of Emotion, Personality, and Social Cognition', *Perspectives on Psychological Science* 4:3 (2009), pp. 274-90.

36. C. M. Bennett, M. B. Miller and G. L. Wolford, 'Neural Correlates of Interspecies Perspective Taking in the Post-Mortem Atlantic Salmon: An Argument for Multiple Comparisons Correction', *NeuroImage* 47:Supplement 1 (2009), p. S125.

37. A. Madrigal, 'Scanning dead salmon in fMRI machine highlights risk of red herrings', *Wired*, 18 September 2009, https://www.wired.com/2009/09/fmrisalmon (accessed 4 November 2018); Neuroskeptic, 'fMRI gets slap in the face with a dead fish', Discover, 16 September 2009, http://blogs.discovermagazine.com/neuroskeptic/2009/09/16/fmri-gets-slap- in-the-face-with-a-dead-fish (accessed 4 November

2018).

38. Scicurious, 'IgNobel Prize in Neuro-science: the dead salmon study', *Scientific American*, 25 September 2012, https://blogs.scientificamerican.com/scicuri-ous-brain/ignobel-prize-in-neuroscience-the-dead-salmon-study (accessed 4 November 2018).

39. S. Dekker, N. C. Lee, P. Howard-Jones and J. Jolles, 'Neuromyths in Education: Prevalence and Predictors of Misconceptions among Teachers', *Frontiers in Psychology* 3 (2012), p. 429.

40. Human Brain Project website, https://www.humanbrainproject.eu/en/; H. Markram, 'The human brain project', *Scientific American*, June 2012, pp. 50-55.

41. UK Biobank website, https://www.ukbiobank.ac.uk (accessed 4 November 2018); C. Sudlow, J. Gallacher, N. Allen, V. Beral, P. Burton, J. Danesh, P. Downey, P. Elliott, J. Green, M. Landray and B. Liu, 'UK Biobank: An Open Access Resource for Identifying the Causes of a Wide Range of Complex Diseases of Middle and Old Age', *PLoS Medicine* 12:3 (2015), e1001779.

42. BRAIN Initiative website, https://www.braininitiative.nih.gov (accessed 4 November 2018); T. R. Insel, S. C. Landis and F. S. Collins, 'The NIH Brain Initiative', *Science* 340:6133 (2013), pp. 687-8.

43. Human Connectome Project website, http://www.humanconnectomeproject.org (accessed 4 November 2018); D. C. Van Essen, S. M. Smith, D. M. Barch, T. E. Behrens, E. Yacoub, K. Ugurbiland WU-Minn HCP Consortium, 'The WU-Minn Human Connectome Project: An Overview', *NeuroImage* 80 (2013), pp. 62-79.

44. R. A. Poldrack and K. J. Gorgolewski, 'Making Big Data Open: Data Sharing in Neuroimaging', Nature Neuroscience 17:11 (2014), p. 1510.

45. J. Gray, *Men Are from Mars, Women Are from Venus* (New York, HarperCollins, 1992).

46. L. Brizendine, *The Female Brain* (New York: Morgan Road, 2006).

47. Young and Balaban,'Psychoneuroindoctrinology', p. 634.

48. 'Sex-linked lexical budgets', Language Log, 6 August 2006, http://itre.cis.upenn.edu/~myl/languagelog/archives/003420.html (accessed 4 November 2018).

49. 'Neuroscience in the service of sexual stereotypes', Language Log, 6 August 2006, http://itre.cis.upenn.edu/~myl/languagelog/archives/003419.html (accessed 4 November 2018).

50. Fine, *Delusions of Gender*, p. 161.

51. M. Liberman, 'The Female Brain movie', Language Log, 21 August 2016, http://languagelog.ldc.upenn.edu/nll/?p=27641 (accessed 4 November 2018).

52. V. Brescoll and M. LaFrance, 'The Correlates and Consequences of Newspaper Reports of Research on Sex Differences', *Psychological Science* 15:8 (2004), pp. 515-20.

53. Fine, *Delusions of Gender*, pp. 154-75; C. Fine, 'Is There Neurosexism in Functional Neuroimaging Investigations of Sex Differences?', *Neuroethics* 6:2 (2013), pp. 369-409.

54. R. Bluhm, 'New Research, Old Problems: Methodological and Ethical Issues in fMRI Research Examining Sex/Gender Differences in Emotion Processing', *Neuroethics*, 6:2 (2013), pp. 319-30.

55. K. McRae, K. N. Ochsner, I. B. Mauss, J. J Gabrieli and J. J. Gross, 'Gender Differences in Emotion Regulation: An fMRI Study of Cognitive Reappraisal', *Group Processes and Intergroup Relations,* 11:2 (2008), pp. 143-62; R. Bluhm, 'Self-Fulfilling Prophecies: The Influence of Gender Stereotypes on Functional Neuroimaging Research on Emotion', *Hypatia* 28:4 (2013), pp. 870-86.

56. B. A. Shaywitz, S. E. Shaywitz, K. R. Pugh, R. T. Constable, P. Skudlarski, R. K. Fulbright, R. A. Bronen, J. M. Fletcher, D. P. Shankweiler, L. Katz and J. C. Gore, 'Sex Differences in the Functional Organization of the Brain for Language', *Nature* 373:6515 (1995), p. 607.

57. G. Kolata, 'Men and women use brain differently, study discovers', *New York Times*, 16 February 1995, https://www.nytimes.com/1995/02/16/us/men-and-women-use-brain-differently-study-discovers.

html (accessed 4 November 2018).

58. Fine, 'Is There Neurosexism'.

59. Ibid., p. 379.

60. I. E. C. Sommer, A. Aleman, A. Bouma and R. S. Kahn, 'Do Women Really Have More Bilateral Language Representation than Men? A Meta-analysis of Functional Imaging Studies', *Brain* 127:8 (2004), pp. 1845-52.

61. M. Wallentin, 'Putative Sex Differences in Verbal Abilities and Language Cortex: A Critical Review', *Brain and Language* 108:3 (2009), pp. 175-83.

62. M. Ingalhalikar, A. Smith, D. Parker, T. D. Satterthwaite, M. A. Elliott, K. Ruparel, H. Hakonarson, R. E. Gur, R. C. Gur and R. Verma, 'Sex Differences in the Structural Connectome of the Human Brain', *Proceedings of the National Academy of Sciences* 111:2 (2014), pp. 823-8.

63. Ibid., p. 823, abstract.

64. 'Brain connectivity study reveals striking differences between men and women', Penn Medicine press release, 2 December 2013, https://www.pennmedicine. org/news/news-releases/2013/december/ brain-connectivity-study-revea (accessed 4 November 2018).

65. D. Joel and R. Tarrasch, 'On the Mis-presentation and Misinterpretation of Gender-Related Data: The Case of Ingalhalikar's Human Connectome Study', *Proceedings of the National Academy of Sciences* 111:6 (2014), p. E637; M.

Ingalhalikar, A. Smith, D. Parker, T. D. Satterthwaite, M. A. Elliott, K. Ruparel, H. Hakonarson, R. E. Gur, R. C. Gur and R. Verma, 'Reply to Joel and Tarrasch: On Misreading and Shooting the Messenger', *Proceedings of the National Academy of Sciences* 111:6 (2014), 201323601; 'Expert reaction to study on gender differences in brains', Science Media Centre, 3 December 2013, http://www.sciencemediacentre. org/expert-reaction-to-study-on-gender-differences-in-brains (accessed 4 November 2018); Neuroskeptic, 'Men, women and big PNAS papers', *Discover*, 3 December 2013, http://blogs.discovermagazine.com/ neuroskeptic/2013/12/03/men-women-big-pnas-papers/#.W69vxltyKpo (accessed 4 November 2018); 'Men are map readers and women are intuitive, but bloggers are fast', The Neurocritic blog, 5 December 2013, https://neurocritic.blogspot. com/2013/12/men-are-map-readers-and-women-are.html (accessed 4 November 2018); https://blogs.biomedcentral.com/ on-biology/2013/12/12/lets-talk-about-sex/.

66. G. Ridgway, 'Illustrative effect sizes for sex differences', Figshare, 3 December 2013, https://figshare.com/articles/Illustrative_effect_sizes_for_sex_differenc-es/866802 (accessed 4 November 2018).

67. S. Connor, 'The hardwired difference between male and female brains could explain why men are "better at map read-ing"', Independent, 3 December 2013, https://www.independent.co.uk/life-style/ the-hardwired-difference-between-male-and-female-brains-could-explain-why-men-are-better-at-map-8978248.html (accessed 4 November 2018); J. Naish, 'Men's and women's brains: the truth!', *Mail Online*, 5 December 2013, https://www. dailymail.co.uk/femail/article-2518327/ Mens-womens-brains-truth-As-research-proves-sexes-brains-ARE-wired-differ-ently-womens-cleverer-ounce-ounce-men-read-female-feelings.html (accessed 4 November 2018).

68. C. O'Connor and H. Joffe, 'Gender on the Brain: A Case Study of Science Com-munication in the New Media Environ-ment', PLoS One 9:10 (2014), e110830.

第五章 21世纪的大脑

1. K. J. Friston, 'The Fantastic Organ', *Brain* 136:4 (2013), pp. 1328-32.
2. N. K. Logothetis, 'The Ins and Outs of fMRI Signals', *Nature Neuroscience* 10:10 (2007), p. 1230.
3. K. J. Friston, 'Functional and Effective Connectivity: A Review', *Brain Connec-tivity* 1:1 (2011), pp. 13-36.
4. Y. Assaf and O. Pasternak, 'Diffusion Tensor Imaging (DTI)-Based White Matter Mapping in Brain Research: A Re-view', *Journal of Molecular Neuroscience*

34:1 (2008), pp. 51-61.

5. A. Holtmaat and K. Svoboda, 'Experience-Dependent Structural Synaptic Plasticity in the Mammalian Brain', *Nature Reviews* Neuroscience 10:9 (2009), p. 647.

6. A. Razi and K. J. Friston, 'The Connected Brain: Causality, Models, and Intrinsic Dynamics', *IEEE Signal Processing Magazine* 33:3 (2016), pp. 14-35.

7. A. von Stein and J. Sarnthein, 'Different Frequencies for Different Scales of Cortical Integration: From Local Gamma to Long Range Alpha/Theta Synchronization', *International Journal of Psychophysiology* 38:3 (2000), pp. 301-13.

8. S. Baillet, 'Magnetoencephalography for Brain Electrophysiology and Imaging', *Nature Neuroscience* 20:3 (2017), p. 327.

9. W. D. Penny, S. J. Kiebel, J. M. Kilner and M. D. Rugg, 'Event-Related Brain Dynamics', *Trends in Neurosciences* 25:8 (2002), pp. 387-9.

10. K. Kessler, R. A. Seymour and G. Rippon, 'Brain Oscillations and Connectivity in Autism Spectrum Disorders (ASD): New Approaches to Methodology, Measurement and Modelling', *Neuroscience and Biobehavioral Reviews* 71 (2016), pp. 601-20.

11. S. E. Fisher, 'Translating the Genome in Human Neuroscience', in G. Marcus and J. Freeman (eds), *The Future of the Brain: Essays by the World's Leading Neuroscientists* (Princeton, NJ, Princeton University Press, 2015), pp. 149-58.

12. S. R. Chamberlain, U. Müller, A. D. Blackwell, L. Clark, T. W. Robbins and B. J. Sahakian, 'Neurochemical Modulation of Response Inhibition and Probabilistic Learning in Humans', *Science* 311:5762 (2006), pp. 861-3.

13. C. Eliasmith, 'Building a Behaving Brain', in Marcus and Freeman (eds), *The Future of the Brain*, pp. 125-36.

14. A. Zador, 'The Connectome as a DNA Sequencing Problem', in Marcus and Freeman (eds), *The Future of the Brain*, (2015), pp. 40-49, at p. 46.

15. J. W. Lichtman, J. Livet and J. R. Sanes, 'A Technicolour Approach to the Connectome', *Nature Reviews Neuroscience* 9:6 (2008), p. 417.

16. G. Bush, P. Luu and M. I. Posner, 'Cognitive and Emotional Influences in Anterior Cingulate Cortex', *Trends in Cognitive Sciences* 4:6 (2000), pp. 215-22.

17. M. Alper, 'The "God" Part of the Brain: A Scientific Interpretation of Human Spirituality and God' (Naperville, IL, Sourcebooks, 2008).

18. J. H. Barkow, L. Cosmides and J. Tooby (eds), *The Adapted Mind: Evolutionary Psychology and the Generation of Culture* (New York, Oxford University Press, 1992).

19. Penny et al., 'Event-Related Brain Dynamics'.

20. G. Shen, T. Horikawa, K. Majima and

Y. Kamitani, 'Deep Image Reconstruction from Human Brain Activity', *bioRxiv* (2017), 240317.

21. R. A. Thompson and C. A. Nelson, 'Developmental Science and the Media: Early Brain Development', *American Psychologist* 56:1 (2001), pp. 5-15.

22. Thompson and Nelson, 'Developmental Science and the Media', p. 5.

23. A. May, 'Experience-Dependent Structural Plasticity in the Adult Human Brain', *Trends in Cognitive Sciences* 15:10 (2011), pp. 475-82.

24. Y. Chang, 'Reorganization and Plastic Changes of the Human Brain Associated with Skill Learning and Expertise', *Frontiers in Human Neuroscience* 8 (2014), art. 35.

25. B. Draganski and A. May, 'Training-Induced Structural Changes in the Adult Human Brain', *Behavioural Brain Research* 192:1 (2008), pp. 137-42.

26. E. A. Maguire, D. G. Gadian, I. S. Johnsrude, C. D. Good, J. Ashburner, R. S. Frackowiak and C. D. Frith, 'Navigation-Related Structural Change in the Hippocampi of Taxi Drivers', *Proceedings of the National Academy of Sciences* 97:8 (2000), pp. 4398-403; K. Woollett, H. J. Spiers and E. A. Maguire, 'Talent in the Taxi: A Model System for Exploring Expertise', *Philosophical Transactions of the Royal Society B: Biological Sciences* 364:1522 (2009), pp. 1407-16.

27. M. S. Terlecki and N. S. Newcombe, 'How Important Is the Digital Divide? The Relation of Computer and Videogame Usage to Gender Differences in Mental Rotation Ability', *Sex Roles* 53:5-6 (2005), pp. 433-41.

28. R. J. Haier, S. Karama, L. Leyba and R. E. Jung, 'MRI Assessment of Cortical Thickness and Functional Activity Changes in Adolescent Girls Following Three Months of Practice on a Visual-Spatial Task', BMC *Research Notes* 2:1 (2009), p. 174.

29. S. Kühn, T. Gleich, R. C. Lorenz, U. Lindenberger and J. Gallinat, 'Playing Super Mario Induces Structural Brain Plasticity: Gray Matter Changes Resulting from Training with a Commercial Video Game', *Molecular Psychiatry* 19:2 (2014), p. 265.

30. N. Jaušovec and K. Jaušovec, 'Sex Differences in Mental Rotation and Cortical Activation Patterns: Can Training Change Them?', *Intelligence* 40:2 (2012), pp. 151-62.

31. A. Clark, 'Whatever Next? Predictive Brains, Situated Agents, and the Future of Cognitive Science', *Behavioral and Brain Sciences* 36:3 (2013), pp. 181-204; E. Pellicano and D. Burr, 'When the World Becomes "Too Real": A Bayesian Explanation of Autistic Perception', *Trends in Cognitive Sciences* 16:10 (2012), pp. 504-10.

32. D. I. Tamir and M. A. Thornton, 'Modeling the Predictive Social Mind', *Trends in Cognitive Sciences* 22:3 (2018), pp. 201-12.

33. A. Clark, *Surfing Uncertainty: Prediction, Action, and the Embodied Mind* (New York, Oxford University Press, 2015); Clark, 'Whatever Next?'; D. D. Hutto, 'Getting into Predictive Processing's Great Guessing Game: Bootstrap Heaven or Hell?', *Synthese* 195:6 (2018), pp. 2445-8.

34. The Invisible Gorilla, http://www.theinvisiblegorilla.com/videos.html (accessed 4 November 2018).

35. L. F. Barrett and J. Wormwood, 'When a gun is not a gun', *New York Times*, 17 April 2015, https://www.nytimes.com/2015/04/19/opinion/sunday/when-a-gun-is-not-a-gun.html (accessed 4 November 2018).

36. Kessler et al., 'Brain Oscillations and Connectivity in Autism Spectrum Disorders (ASD)'.

37. E. Hunt, 'Tay, Microsoft's AI chatbot, gets a crash course in racism from Twitter', Guardian, 24 March 2016, https://www.theguardian.com/technology/2016/mar/24/tay-microsofts-ai-chatbot-gets-a-crash-course-in-racism-from-twitter (accessed 4 November 2018); I. Johnston, 'AI robots learning racism, sexism and other prejudices from humans, study finds', *Independent*, 13 April 2017, https://www.independent.co.uk/life-style/gadgets-and-tech/news/ai-robots-artificial-intelligence-racism-sexism-prejudice-bias-language-learn-from-humans-a7683161.html (accessed 4 November 2018).

38. Y. LeCun, Y. Bengio and G. Hinton, 'Deep Learning', *Nature* 521:7553 (2015), p. 436; R. D. Hof, 'Deep learning', *MIT Technology Review*, https://www.technologyreview.com/s/513696/deep-learning (accessed 4 November 2018).

39. T. Simonite, 'Machines taught by photos learn a sexist view of women', *Wired*, 21 August 2017, https://www.wired.com/story/machines-taught-by-photos-learn-a-sexist-view-of-women (accessed 4 November 2018).

40. J. Zhao, T. Wang, M. Yatskar, V. Ordonez and K. W. Chang, 'Men Also Like Shopping: Reducing Gender Bias Amplification Using Corpus-Level Constraints', *arXiv*:1707.09457, 29 July 2017.

41. R. I. Dunbar, 'The Social Brain Hypothesis', *Evolutionary Anthropology: Issues, News, and Reviews* 6:5 (1998), pp. 178-90.

42. U. Frith and C. Frith, 'The Social Brain: Allowing Humans to Boldly Go Where No Other Species Has Been', *Philosophical Transactions of the Royal Society B: Biological Sciences* 365:1537 (2010), pp. 165-76.

第六章　你的社交大脑

1. M. D. Lieberman, *Social: Why Our Brains Are Wired to Connect* (Oxford, Oxford University Press, 2013).

2. R. Adolphs, 'Investigating the Cognitive Neuroscience of Human Social Behavior', *Neuropsychologia* 41:2 (2003), pp. 119-26; D. M. Amodio, E. Harman-Jones, P. G. Devine, J. J. Curtin, S. L. Hartley and A. E. Covert, 'Neural Signals for the Detection of Unintentional Race Bias', *Psychological Science* 15:2 (2004), pp. 88-93.

3. D. I. Tamir and M. A. Thornton, 'Modeling the Predictive Social Mind', *Trends in Cognitive Sciences* 22:3 (2018), pp. 201-12; P. Hinton, 'Implicit Stereotypes and the Predictive Brain: Cognition and Culture in "Biased" Person Perception', *Palgrave Communications* 3 (2017), 17086.

4. Frith and Frith, 'The Social Brain: Allowing Humans to Boldly Go Where No Other Species Has Been', pp. 165-76.

5. P. Adjamian, A. Hadjipapas, G. R. Barnes, A. Hillebrand and I. E. Holliday, 'Induced Gamma Activity in Primary Visual Cortex Is Related to Luminance and Not Color Contrast: An MEG Study', *Journal of Vision* 8:7 (2008), art. 4.

6. M. V. Lombardo, J. L. Barnes, S. J. Wheelwright and S. Baron-Cohen, 'Self-Referential Cognition and Empathy in Autism', *PLoS One* 2:9 (2007), e883.

7. T. Singer, 'The Neuronal Basis and Ontogeny of Empathy and Mind Reading: Review of Literature and Implications for Future Research', *Neuroscience and Biobehavioral Reviews* 30:6 (2006), pp. 855-63.

8. C. D. Frith, 'The Social Brain?', *Philosophical Transactions of the Royal Society B: Biological Sciences*, 362:1480 (2007), pp. 671-8.

9. R. Adolphs, D. Tranel and A. R. Damasio, 'The Human Amygdala in Social Judgment', *Nature* 393:6684 (1998), p. 470.

10. A. J. Hart, P. J. Whalen, L. M. Shin, S. C. McInerney, H. Fischer and S. L. Rauch, 'Differential Response in the Human Amygdala to Racial Outgroup vs Ingroup Face Stimuli', *Neuroreport* 11:11 (2000), pp. 2351-4.

11. D. M. Amodio and C. D. Frith, 'Meeting of Minds: The Medial Frontal Cortex and Social Cognition', *Nature Reviews Neuroscience* 7:4 (2006), p. 268.

12. Ibid.

13. Ibid.

14. S. J. Gillihan and M. J. Farah, 'Is Self Special? A Critical Review of Evidence from Experimental Psychology and Cognitive Neuroscience', *Psychological Bulletin* 131:1 (2005), p. 76.

15. D. A. Gusnard, E. Akbudak, G. L. Shulman and M. E. Raichle, 'Medial Prefrontal Cortex and Self-Referential Mental Activity: Relation to a Default Mode of Brain Function', *Proceedings of the Na-*

tional *Academy of Sciences* 98:7 (2001), pp. 4259-64; R. B. Mars, F. X. Neubert, M. P. Noonan, J. Sallet, I. Toni and M. F. Rushworth, 'On the Relationship between the "Default Mode Network" and the "Social Brain"', *Frontiers in Human Neuroscience* 6 (2012), p. 189.

16. N. I. Eisenberger, M. D. Lieberman and K. D. Williams, 'Does Rejection Hurt? An fMRI Study of Social Exclusion', *Science* 302:5643 (2003), pp. 290-92.

17. N. I. Eisenberger, T. K. Inagaki, K. A. Muscatell, K. E. Byrne Haltom and M. R. Leary, 'The Neural Sociometer: Brain Mechanisms Underlying State Self-Esteem', *Journal of Cognitive Neuroscience* 23:11 (2011), pp. 3448-55.

18. L. H. Somerville, T. F. Heatherton and W. M. Kelley, 'Anterior Cingulate Cortex Responds Differentially to Expectancy Violation and Social Rejection', *Nature Neuroscience* 9:8 (2006), p. 1007.

19. T. Dalgleish, N. D. Walsh, D. Mobbs, S. Schweizer, A-L. van Harmelen, B. Dunn, V. Dunn, I. Goodyer and J. Stretton, 'Social Pain and Social Gain in the Adolescent Brain: A Common Neural Circuitry Underlying Both Positive and Negative Social Evaluation', *Scientific Reports* 7 (2017), 42010.

20. N. I. Eisenberger and M. D. Lieberman, 'Why Rejection Hurts: A Common Neural Alarm System for Physical and Social Pain', *Trends in Cognitive Sciences* 8:7 (2004), pp. 294-300.

21. M. R. Leary, E. S. Tambor, S. K. Terdal and D. L. Downs, 'Self-Esteem as an Interpersonal Monitor: The Sociometer Hypothesis', *Journal of Personality and Social Psychology* 68:3 (1995), p. 518.

22. M. M. Botvinick, J. D. Cohen and C. S. Carter, 'Conflict Monitoring and Anterior Cingulate Cortex: An Update', *Trends in Cognitive Sciences* 8:12 (2004), pp. 539-46.

23. Botvinick et al., 'Conflict Monitoring and Anterior Cingulate Cortex'.

24. A. D. Craig, 'How Do You Feel–Now? The Anterior Insula and Human Awareness', *Nature Reviews Neuroscience*, 10:1 (2009), pp. 59-70.

25. Ibid.

26. Eisenberger et al., 'The Neural Sociometer'.

27. K. Onoda, Y. Okamoto, K. I. Nakashima, H. Nittono, S. Yoshimura, S. Yamawaki, S. Yamaguchi and M. Ura, 'Does Low Self-Esteem Enhance Social Pain? The Relationship between Trait Self-Esteem and Anterior Cingulate Cortex Activation Induced by Ostracism', *Social Cognitive and Affective Neuroscience* 5:4 (2010), pp. 385-91.

28. J. P. Bhanji and M. R. Delgado, 'The Social Brain and Reward: Social Information Processing in the Human Striatum', *Wiley Interdisciplinary Reviews: Cognitive Science* 5:1 (2014), pp. 61-73.

29. S. Bray and J. O'Doherty, 'Neural Coding of Reward-Prediction Error Signals during Classical Conditioning with Attractive Faces', *Journal of Neurophysiology* 97:4 (2007), pp. 3036-45.

30. D. A. Hackman and M. J. Farah, 'Socioeconomic Status and the Developing Brain', *Trends in Cognitive Sciences* 13:2 (2009), pp. 65-73.

31. P. J. Gianaros, J. A. Horenstein, S. Cohen, K. A. Matthews, S. M. Brown, J. D. Flory, H. D. Critchley, S. B. Manuck and A. R. Hariri, 'Perigenual Anterior Cingulate Morphology Covaries with Perceived Social Standing', *Social Cognitive and Affective Neuroscience* 2:3 (2007), pp. 161-73.

32. O. Longe, F. A. Maratos, P. Gilbert, G. Evans, F. Volker, H. Rockliff and G. Rippon, 'Having a Word with Yourself: Neural Correlates of Self-Criticism and Self-Reassurance', *NeuroImage* 49:2 (2010), pp. 1849-56.

33. B. T. Denny, H. Kober, T. D. Wager and K. N. Ochsner, 'A Meta-analysis of Functional Neuroimaging Studies of Self- and Other Judgments Reveals a Spatial Gradient for Mentalizing in Medial Prefrontal Cortex', *Journal of Cognitive Neuroscience* 24:8 (2012), pp. 1742-52.

34. H. Tajfel, 'Social Psychology of Intergroup Relations', *Annual Review of Psychology 33* (1982), pp. 1-39.

35. P. Molenberghs, 'The Neuroscience of In-Group Bias', *Neuroscience and Biobehavioral Reviews* 37:8 (2013), pp. 1530-36.

36. J. K. Rilling, J. E. Dagenais, D. R. Goldsmith, A. L. Glenn and G. Pagnoni, 'Social Cognitive Neural Networks during In-Group and Out-Group Interactions', *NeuroImage* 41:4 (2008), pp. 1447-61.

37. C. Frith and U. Frith, 'Theory of Mind', Current Biology 15:17 (2005), pp. R644-5; D. Premack and G. Woodruff, 'Does the Chimpanzee Have a Theory of Mind?', *Behavioral and Brain Sciences* 1:4 (1978), pp. 515-26.

38. Amodio and Frith, 'Meeting of Minds'.

39. V. Gallese and A. Goldman, 'Mirror Neurons and the Simulation Theory of Mind-Reading', *Trends in Cognitive Sciences* 2:12 (1998), pp. 493-501.

40. M. Schulte-Rüther, H. J. Markowitsch, G. R. Fink and M. Piefke, 'Mirror Neuron and Theory of Mind Mechanisms Involved in Face-to-Face Interactions: A Functional Magnetic Resonance Imaging Approach to Empathy', *Journal of Cognitive Neuroscience* 19:8 (2007), pp. 1354-72.

41. S. G. Shamay-Tsoory, J. Aharon-Peretz and D. Perry, 'Two Systems for Empathy: A Double Dissociation between Emotional and Cognitive Empathy in Inferior Frontal Gyrus versus Ventromedial Prefrontal Lesions', *Brain* 132:3 (2009), pp. 617-27.

42. M. Iacoboni and J. C. Mazziotta, 'Mirror Neuron System: Basic Findings and Clinical Applications', *Annals of Neurol-*

ogy 62:3 (2007), pp. 213-18; M. Iacoboni, 'Imitation, Empathy, and Mirror Neurons', *Annual Review of Psychology* 60 (2009), pp. 653-70.

43. J. M. Contreras, M. R. Banaji and J. P. Mitchell, 'Dissociable Neural Correlates of Stereotypes and Other Forms of Semantic Knowledge', *Social Cognitive and Affective Neuroscience* 7:7 (2011), pp. 764-70.

44. S. J. Spencer, C. M. Steele and D. M. Quinn, 'Stereotype Threat and Women's Math Performance', *Journal of Experimental Social Psychology* 35:1 (1999), pp. 4-28; T. Schmader, 'Gender Identification Moderates Stereotype Threat Effects on Women's Math Performance', *Journal of Experimental Social Psychology* 38:2 (2002), pp. 194-201.

45. T. Schmader, M. Johns and C. Forbes, 'An Integrated Process Model of Stereotype Threat Effects on Performance', *Psychological Review* 115:2 (2008), p. 336.

46. M. Wraga, M. Helt, E. Jacobs and K. Sullivan, 'Neural Basis of Stereotype-Induced Shifts in Women's Mental Rotation Performance', *Social Cognitive and Affective Neuroscience* 2:1 (2007), pp. 12-19.

47. M. Wraga, L. Duncan, E. C. Jacobs, M. Helt and J. Church, 'Stereotype Susceptibility Narrows the Gender Gap in Imagined Self-Rotation Performance', *Psychonomic Bulletin and Review* 13:5 (2006), pp. 813-19.

48. Wraga et al., 'Neural Basis of Stereotype-Induced Shifts'.

49. H. J. Spiers, B. C. Love, M. E. Le Pelley, C. E. Gibb and R. A. Murphy, 'Anterior Temporal Lobe Tracks the Formation of Prejudice', *Journal of Cognitive Neuroscience* 29:3 (2017), pp. 530-44; R. I. Dunbar, 'The Social Brain Hypothesis', *Evolutionary Anthropology: Issues, News, and Reviews* 6:5 (1998), pp. 178-90.

50. Dunbar, 'The Social Brain Hypothesis'.

51. J. Stiles, 'Neural Plasticity and Cognitive Development', *Developmental Neuropsychology* 18:2 (2000), pp. 237-72.

第七章　婴儿至关重要——从头开始（甚至更早一点）

1. J. Connellan, S. Baron-Cohen, S. Wheelwright, A. Batki and J. Ahluwalia, 'Sex Differences in Human Neonatal Social Perception', *Infant Behavior and Development* 23:1 (2000), pp. 113-18.

2. Y. Minagawa-Kawai, K. Mori, J. C. Hebden and E. Dupoux, 'Optical Imaging of Infants' Neurocognitive Development: Recent Advances and Perspectives', *Developmental Neurobiology* 68:6 (2008), pp. 712-28.

3. C. Clouchoux, N. Guizard, A. C. Evans, A. J. du Plessis and C. Limperopoulos, 'Normative Fetal Brain Growth by Quantitative In Vivo Magnetic Resonance Imaging', *American Journal of Obstetrics and*

Gynecology 206:2 (2012), pp. 173.e1-8.

4. J. Dubois, G. Dehaene-Lambertz, S. Kulikova, C. Poupon, P. S. Hüppi and L. Hertz-Pannier, 'The Early Development of Brain White Matter: A Review of Imaging Studies in Fetuses, Newborns and Infants', *Neuroscience* 276 (2014), pp. 48-71.

5. M. I. van den Heuvel and M. E. Thomason, 'Functional Connectivity of the Human Brain In Utero', *Trends in Cognitive Sciences* 20:12 (2016), pp. 931-9.

6. J. Dubois, M. Benders, C. Borradori-Tolsa, A. Cachia, F. Lazeyras, R. Ha-Vinh Leuchter, S. V. Sizonenko, S. K. Warfield, J. F. Mangin and P. S. Hüppi, 'Primary Cortical Folding in the Human Newborn: An Early Marker of Later Functional Development', *Brain* 131:8 (2008), pp. 2028-41.

7. D. Holland, L. Chang, T. M. Ernst, M. Curran, S. D. Buchthal, D. Alicata, J. Skranes, H. Johansen, A. Hernandez, R. Yamakawa and J. M. Kuperman, 'Structural Growth Trajectories and Rates of Change in the First 3 Months of Infant Brain Development', *JAMA Neurology* 71:10 (2014), pp. 1266-74.

8. G. M. Innocenti and D. J. Price, 'Exuberance in the Development of Cortical Networks', *Nature Reviews Neuroscience* 6:12 (2005), p. 955.

9. Holland et al., 'Structural Growth Trajectories'.

10. J. Stiles and T. L. Jernigan, 'The Basics of Brain Development', *Neuropsychology Review* 20:4 (2010), pp. 327-48.

11. S. Jessberger and F. H. Gage, 'Adult Neurogenesis: Bridging the Gap between Mice and Humans', *Trends in Cell Biology* 24:10 (2014), pp. 558-63.

12. W. Gao, S. Alcauter, J. K. Smith, J. H. Gilmore and W. Lin, 'Development of Human Brain Cortical Network Architecture during Infancy', *Brain Structure and Function* 220:2 (2015), pp. 1173-86.

13. Dubois et al., 'The Early Development of Brain White Matter'.

14. B. J. Casey, N. Tottenham, C. Liston and S. Durston, 'Imaging the Developing Brain: What Have We Learned about Cognitive Development?', *Trends in Cognitive Sciences* 9:3 (2005), pp. 104-10.

15. Holland et al., 'Structural Growth Trajectories'.

16. J. H. Gilmore, W. Lin, M. W. Prastawa, C. B. Looney, Y. S. K. Vetsa, R. C. Knickmeyer, D. D. Evans, J. K. Smith, R. M. Hamer, J. A. Lieberman and G. Gerig, 'Regional Gray Matter Growth, Sexual Dimorphism, and Cerebral Asymmetry in the Neonatal Brain', *Journal of Neuroscience* 27:6 (2007), pp. 1255-60.

17. R. C. Knickmeyer, J. Wang, H. Zhu, X. Geng, S. Woolson, R. M. Hamer, T. Konneker, M. Styner and J. H. Gilmore, 'Impact of Sex and Gonadal Steroids on Neonatal Brain Structure', *Cerebral Cortex* 24:10 (2013), pp. 2721-31.

18. R. K. Lenroot and J. N. Giedd, 'Brain Development in Children and Adolescents: Insights from Anatomical Magnetic Resonance Imaging', *Neuroscience and Biobehavioral Reviews* 30:6 (2006), pp. 718-29.

19. D. F. Halpern, L. Eliot, R. S. Bigler, R. A. Fabes, L. D. Hanish, J. Hyde, L. S. Liben and C. L. Martin, 'The Pseudoscience of Single-Sex Schooling', *Science* 333:6050 (2011), pp. 1706-7.

20. G. Dehaene-Lambertz and E. S. Spelke, 'The Infancy of the Human Brain', *Neuron* 88:1 (2015), pp. 93-109.

21. Gilmore et al., 'Regional Gray Matter Growth'.

22. G. Li, J. Nie, L. Wang, F. Shi, A. E. Lyall, W. Lin, J. H. Gilmore and D. Shen, 'Mapping Longitudinal Hemispheric Structural Asymmetries of the Human Cerebral Cortex from Birth to 2 Years of Age', *Cerebral Cortex* 24:5 (2013), pp. 1289-300.

23. Ibid., p. 1298.

24. N. Geschwind and A. M. Galaburda, 'Cerebral Lateralization: Biological Mechanisms, Associations, and Pathology–I. A Hypothesis and a Program for Research', *Archives of Neurology* 42:5 (1985), pp. 428-59.

25. Knickmeyer et al., 'Impact of Sex and Gonadal Steroids', p. 2721.

26. Van den Heuvel and Thomason, 'Functional Connectivity of the Human Brain In Utero'.

27. Gao et al., 'Development of Human Brain Cortical Network Architecture'.

28. H. T. Chugani, M. E. Behen, O. Muzik, C. Juhász, F. Nagy and D. C. Chugani, 'Local Brain Functional Activity Following Early Deprivation: A Study of Postinstitutionalized Romanian Orphans', *NeuroImage* 14:6 (2001), pp. 1290-301.

29. C. H. Zeanah, C. A. Nelson, N. A. Fox, A. T. Smyke, P. Marshall, S. W. Parker and S. Koga, 'Designing Research to Study the Effects of Institutionalization on Brain and Behavioral Development: The Bucharest Early Intervention Project', *Development and Psychopathology* 15:4 (2003), pp. 885-907.

30. K. Chisholm, M. C. Carter, E. W. Ames and S. J. Morison, 'Attachment Security and Indiscriminately Friendly Behavior in Children Adopted from Romanian Orphanages', *Development and Psychopathology* 7:2 (1995), pp. 283-94.

31. Chugani et al., 'Local Brain Functional Activity'; T. J. Eluvathingal, H. T Chugani, M. E. Behen, C. Juhász, O. Muzik, M. Maqbool, D. C. Chugani and M. Makki, 'Abnormal Brain Connectivity in Children after Early Severe Socioemotional Deprivation: A Diffusion Tensor Imaging Study', *Pediatrics* 117:6 (2006), pp. 2093-100.

32. M. A. Sheridan, N. A. Fox, C. H. Zeanah, K. A. McLaughlin and C. A. Nel-

son, 'Variation in Neural Development as a Result of Exposure to Institutionalization Early in Childhood', *Proceedings of the National Academy of Sciences* 109:32 (2012), pp. 12927-32.

33. N. Tottenham, T. A. Hare, B. T. Quinn, T. W. McCarry, M. Nurse, T. Gilhooly,A. Millner, A. Galvan, M. C. Davidson, I.M. Eigsti, K. M. Thomas, P. J. Freed, E. S. Booma, M. R. Gunnar, M. Altemus, J. Aronson and B. J. Casey, 'Prolonged Institutional Rearing Is Associated with Atypically Large Amygdala Volume and Difficulties in Emotion Regulation', *Developmental Science* 13:1 (2010), pp. 46-61.

34. N. D. Walsh, T. Dalgleish, M. V. Lombardo, V. J. Dunn, A. L. Van Harmelen, M. Ban and I. M. Goodyer, 'General and Specific Effects of Early-Life Psychosocial Adversities on Adolescent Grey Matter Volume', *NeuroImage: Clinical* 4 (2014), pp. 308-18; P. Tomalski and M. H. Johnson, 'The Effects of Early Adversity on the Adult and Developing Brain', *Current Opinion in Psychiatry* 23:3 (2010), pp. 233-8.

35. M. H. Johnson and M. de Haan, *Developmental Cognitive Neuroscience: An Introduction*, 4th edn (Chichester, Wiley-Blackwell, 2015).

36. G. A. Ferrari, Y. Nicolini, E. Demuru, C. Tosato, M. Hussain, E. Scesa, L. Romei, M. Boerci, E. Iappini, G. Dalla Rosa Prati and E. Palagi, 'Ultrasonographic Investigation of Human Fetus Responses to Maternal Communicative and Non-communicative Stimuli', *Frontiers in Psychology* 7 (2016), p. 354.

37. M. Huotilainen, A. Kujala, M. Hotakainen, A. Shestakova, E. Kushnerenko, L. Parkkonen, V. Fellman and R. Näätänen, 'Auditory Magnetic Responses of Healthy Newborns', *Neuroreport* 14:14 (2003), pp. 1871-5.

38. A. R. Webb, H. T. Heller, C. B. Benson and A. Lahav, 'Mother's Voice and Heartbeat Sounds Elicit Auditory Plasticity in the Human Brain before Full Gestation', *Proceedings of the National Academy of Sciences* 112:10 (2015), 201414924.

39. A. J. DeCasper and W. P. Fifer, 'Of Human Bonding: Newborns Prefer Their Mothers' Voices', *Science* 208:4448 (1980), pp. 1174-6.

40. M. Mahmoudzadeh, F. Wallois, G. Kongolo, S. Goudjil and G. Dehaene-Lambertz, 'Functional Maps at the Onset of Auditory Inputs in Very Early Preterm Human Neonates', *Cerebral Cortex* 27:4 (2017), pp. 2500-12.

41. P. Vannasing, O. Florea, B. González-Frankenberger, J. Tremblay, N. Paquette, D. Safi, F. Wallois, F. Lepore, R. Béland, M. Lassonde and A. Gallagher, 'Distinct Hemispheric Specializations for Native and Non-native Languages in One-Day-Old Newborns Identified by fNIRS',

Neuropsychologia 84 (2016), pp. 63-9.

42. Y. Cheng, S. Y. Lee, H. Y. Chen, P. Y. Wang and J. Decety, 'Voice and Emotion Processing in the Human Neonatal Brain', *Journal of Cognitive Neuroscience* 24:6 (2012), pp. 1411-19.

43. A. Schirmer and S. A. Kotz, 'Beyond the Right Hemisphere: Brain Mechanisms Mediating Vocal Emotional Processing', *Trends in Cognitive Sciences* 10:1 (2006), pp. 24-30.

44. E. V. Kushnerenko, B. R. Van den Bergh and I. Winkler, 'Separating Acoustic Deviance from Novelty during the First Year of Life: A Review of Event-Related Potential Evidence', *Frontiers in Psychology* 4 (2013), p. 595.

45. M. Rivera-Gaxiola, G. Csibra, M. H. Johnson and A. Karmiloff-Smith, 'Electrophysiological Correlates of Cross-linguistic Speech Perception in Native English Speakers', *Behavioural Brain Research* 111:1-2 (2000), pp. 13-23.

46. M. Rivera-Gaxiola, J. Silva-Pereyra and P. K. Kuhl, 'Brain Potentials to Native and Non-native Speech Contrasts in 7- and 11-Month-Old American Infants', *Developmental Science* 8:2 (2005), pp. 162-72.

47. K. R. Dobkins, R. G. Bosworth and J. P. McCleery, 'Effects of Gestational Length, Gender, Postnatal Age, and Birth Order on Visual Contrast Sensitivity in Infants', *Journal of Vision* 9:10 (2009), art. 19.

48. F. Thorn, J. Gwiazda, A. A. Cruz, J. A. Bauer and R. Held, 'The Development of Eye Alignment, Convergence, and Sensory Binocularity in Young Infants', *Investigative Ophthalmology and Visual Science* 35:2 (1994), pp. 544-53.

49. Dobkins et al., 'Effects of Gestational Length'.

50. T. Farroni, E. Valenza, F. Simion and C. Umiltà, 'Configural Processing at Birth: Evidence for Perceptual Organisation', *Perception* 29:3 (2000), pp. 355-72; Thorn et al., 'The Development of Eye Alignment'.

51. Thorn et al., 'The Development of Eye Alignment'.

52. R. Held, F. Thorn, J. Gwiazda and J. Bauer, 'Development of Binocularity and Its Sexual Differentiation', in F. Vital-Durand, J. Atkinson and O. J. Braddick (eds), *Infant Vision* (Oxford, Oxford University Press, 1996), pp. 265-74.

53. M. C. Morrone, C. D. Burr and A. Fiorentini, 'Development of Contrast Sensitivity and Acuity of the Infant Colour System', *Proceedings of the Royal Society B: Biological Sciences* 242:1304 (1990), pp. 134-9.

54. T. Farroni, G. Csibra, F. Simion and M. H. Johnson, 'Eye Contact Detection in Humans from Birth', *Proceedings of the National Academy of Sciences* 99:14 (2002), pp. 9602-5.

55. A. Frischen, A. P. Bayliss and S. P.

Tipper, 'Gaze Cueing of Attention: Visual Attention, Social Cognition, and Individual Differences', *Psychological Bulletin* 133:4 (2007), p. 694.

56. S. Hoehl and T. Striano, 'Neural Processing of Eye Gaze and Threat-Related Emotional Facial Expressions in Infancy', *Child Development* 79:6 (2008), pp. 1752-60.

57. T. Grossmann and M. H. Johnson, 'Selective Prefrontal Cortex Responses to Joint Attention in Early Infancy', *Biology Letters* 6:4 (2010), pp. 540-43.

58. T. Grossmann, 'The Role of Medial Prefrontal Cortex in Early Social Cognition', *Frontiers in Human Neuroscience* 7 (2013), p. 340.

59. E. Nagy, 'The Newborn Infant: A Missing Stage in Developmental Psychology', *Infant and Child Development*, 20:1 (2011) pp. 3-19.

60. J. N. Constantino, S. Kennon-McGill, C. Weichselbaum, N. Marrus, A. Haider, A. L. Glowinski, S. Gillespie, C. Klaiman, A. Klin and W. Jones, 'Infant Viewing of Social Scenes Is under Genetic Control and Is Atypical in Autism', *Nature* 547:7663 (2017), p. 340.

61. J. H. Hittelman and R. Dickes, 'Sex Differences in Neonatal Eye Contact Time', *Merrill-Palmer Quarterly of Behavior and Development* 25:3 (1979), pp. 171-84.

62. R. T. Leeb and F. G. Rejskind, 'Here's Looking at You, Kid! A Longitudinal Study of Perceived Gender Differences in Mutual Gaze Behavior in Young Infants', *Sex Roles* 50:1-2 (2004), pp. 1-14.

63. S. Lutchmaya, S. Baron-Cohen and P. Raggatt, 'Foetal Testosterone and Eye Contact in 12-Month-Old Human Infants', *Infant Behavior and Development* 25:3 (2002), pp. 327-35.

64. A. Fausto-Sterling, D. Crews, J. Sung, C. García-Coll and R. Seifer, 'Multimodal Sex-Related Differences in Infant and in Infant-Directed Maternal Behaviors during Months Three through Twelve of Development', *Developmental Psychology* 51:10 (2015), p. 1351.

第八章　让我们为婴儿鼓掌

1. D. Joel, 'Genetic-Gonadal-Genitals Sex (3G-Sex) and the Misconception of Brain and Gender, or, Why 3G-Males and 3G-Females Have Intersex Brain and Intersex Gender', *Biology of Sex Differences* 3:1 (2012), p. 27.

2. C. Cummings and K. Trang, 'Sex/Gender, Part I: Why Now?', *Somatosphere*, 10 March 2016, http://somatosphere. net/2016/03/sexgender-part-1-why-now. html (accessed 7 November 2018).

3. A. Fausto-Sterling, C. G. Coll and M. Lamarre, 'Sexing the Baby, Part 2: Applying Dynamic Systems Theory to the

Emergences of Sex-Related Differences in Infants and Toddlers', *Social Science and Medicine* 74:11 (2012), pp. 1693-702.

4. C. Smith and B. Lloyd, 'Maternal Behavior and Perceived Sex of Infant: Revisited', *Child Development* 49:4 (1978), pp. 1263-5; E. R. Mondschein, K. E. Adolph and C. S. Tamis-LeMonda, 'Gender Bias in Mothers' Expectations about Infant Crawling', *Journal of Experimental Child Psychology* 77:4 (2000), pp. 304-16.

5. Holland et al., 'Structural Growth Trajectories'.

6. M. Pena, A. Maki, D. Kovač ić, G. Dehaene-Lambertz, H. Koizumi, F. Bouquet and J. Mehler, 'Sounds and Silence: An Optical Topography Study of Language Recognition at Birth', *Proceedings of the National Academy of Sciences* 100:20 (2003), pp. 11702-5.

7. P. Vannasing, O. Florea, B. González-Frankenberger, J. Tremblay, N. Paquette, D. Safi, F. Wallois, F. Lepore, R. Béland, M. Lassonde and A. Gallagher, 'Distinct Hemispheric Specializations for Native and Non-native Languages in One-Day-Old Newborns Identified by fNIRS', *Neuropsychologia* 84 (2016), pp. 63-9.

8. T. Nazzi, J. Bertoncini and J. Mehler, 'Language Discrimination by Newborns: Toward an Understanding of the Role of Rhythm', *Journal of Experimental Psychology: Human Perception and Performance* 24:3 (1998), p. 756.

9. M. H. Bornstein, C-S. Hahn and O. M. Haynes, 'Specific and General Language Performance across Early Childhood: Stability and Gender Considerations', *First Language* 24:3 (2004), pp. 267-304.

10. K. Johnson, M. Caskey, K. Rand, R. Tucker and B. Vohr, 'Gender Differences in Adult–Infant Communication in the First Months of Life', Pediatrics 134:6 (2014), pp. e1603-10.

11. A. D. Friederici, M. Friedrich and A. Christophe, 'Brain Responses in 4-Month-Old Infants Are Already Language Specific', *Current Biology* 17:14 (2007), pp. 1208-11.

12. Fausto-Sterling et al., 'Sexing the Baby, Part 2'.

13. V. Izard, C. Sann, E. S. Spelke and A. Streri, 'Newborn Infants Perceive Abstract Numbers', *Proceedings of the National Academy of Sciences* 106:25 (2009), pp. 10382-5.

14. R. Baillargeon, 'Infants' Reasoning about Hidden Objects: Evidence for Event-General and Event-Specific Expectations', *Developmental Science* 7:4 (2004), pp. 391-414.

15. S. J. Hespos and K. vanMarle, 'Physics for Infants: Characterizing the Origins of Knowledge about Objects, Substances, and Number', *Wiley Interdisciplinary Reviews: Cognitive Science* 3:1 (2012), pp. 19-27.

16. J. Connellan, S. Baron-Cohen, S.

Wheelwright, A. Batki and J. Ahluwalia, 'Sex Differences in Human Neonatal Social Perception', *Infant Behavior and Development* 23:1 (2000), pp. 113-18.

17. A. Nash and G. Grossi, 'Picking Barbie™'s Brain: Inherent Sex Differences in Scientific Ability?', *Journal of Interdisciplinary Feminist Thought* 2:1 (2007), p. 5.

18. P. Escudero, R. A. Robbins and S. P. Johnson, 'Sex-Related Preferences for Real and Doll Faces versus Real and Toy Objects in Young Infants and Adults', *Journal of Experimental Child Psychology* 116:2 (2013), pp. 367-79.

19. D. H. Uttal, D. I. Miller and N. S. Newcombe, 'Exploring and Enhancing Spatial Thinking: Links to Achievement in Science, Technology, Engineering, and Mathematics?', *Current Directions in Psychological Science* 22:5 (2013), pp. 367-73.

20. D. Voyer, S. Voyer and M. P. Bryden, 'Magnitude of Sex Differences in Spatial Abilities: A Meta-analysis and Consideration of Critical Variables', *Psychological Bulletin* 117:2 (1995), p. 250.

21. P. C. Quinn and L. S. Liben, 'A Sex Difference in Mental Rotation in Young Infants', *Psychological Science* 19:11 (2008), pp. 1067-70.

22. E. S. Spelke, 'Sex Differences in Intrinsic Aptitude for Mathematics and Science? A Critical Review', *American Psychologist* 60:9 (2005), p. 950.

23. I. Gauthier and N. K. Logothetis, 'Is Face Recognition Not So Unique After All?', *Cognitive Neuropsychology* 17:1-3 (2000), pp. 125-42.

24. M. H. Johnson, 'Subcortical Face Processing', *Nature Reviews Neuroscience* 6:10 (2005), pp. 766-74.

25. M. H. Johnson, A. Senju and P. Tomalski, 'The Two-Process Theory of Face Processing: Modifications Based on Two Decades of Data from Infants and Adults', *Neuroscience and Biobehavioral Reviews* 50 (2015), pp. 169-79.

26. F. Simion and E. Di Giorgio, 'Face Perception and Processing in Early Infancy: Inborn Predispositions and Developmental Changes', *Frontiers in Psychology* 6 (2015), p. 969.

27. V. M. Reid, K. Dunn, R. J. Young, J. Amu, T. Donovan and N. Reissland, 'The Human Fetus Preferentially Engages with Face-like Visual Stimuli', *Current Biology* 27:12 (2017), pp. 1825-8.

28. S. J. McKelvie, 'Sex Differences in Memory for Faces', *Journal of Psychology* 107:1 (1981), pp. 109-25.

29. C. Lewin and A. Herlitz, 'Sex Differences in Face Recognition–Women's Faces Make the Difference', *Brain and Cognition* 50:1 (2002), pp. 121-8.

30. A. Herlitz and J. Lovén, 'Sex Differences and the Own-Gender Bias in Face Recognition: A Meta-analytic Review', *Visual Cognition* 21:9-10 (2013), pp. 1306-36.

31. J. Lovén, J. Svärd, N. C. Ebner, A. Herlitz and H. Fischer, 'Face Gender Modulates Women's Brain Activity during Face Encoding', *Social Cognitive and Affective Neuroscience* 9:7 (2013), pp. 1000-1005.

32. Leeb and Rejskind, 'Here's Looking at You, Kid!'.

33. H. Hoffmann, H. Kessler, T. Eppel, S. Rukavina and H. C. Traue, 'Expression Intensity, Gender and Facial Emotion Recognition: Women Recognize Only Subtle Facial Emotions Better than Men', *Acta Psychologica* 135:3 (2010), pp. 278-83; A. E. Thompson and D. Voyer, 'Sex Differences in the Ability to Recognise Non-verbal Displays of Emotion: A Meta-analysis', *Cognition and Emotion* 28:7 (2014), pp. 1164-95.

34. S. Baron-Cohen, S. Wheelwright, J. Hill, Y. Raste and I. Plumb, 'The "Reading the Mind in the Eyes" Test Revised Version: A Study with Normal Adults, and Adults with Asperger Syndrome or High-Functioning Autism', *Journal of Child Psychology and Psychiatry* 42:2 (2001), pp. 241-51.

35. E. B. McClure, 'A Meta-analytic Review of Sex Differences in Facial Expression Processing and Their Development in Infants, Children, and Adolescents', *Psychological Bulletin* 126:3 (2000), p. 424.

36. Ibid.

37. Ibid.

38. Ibid.

39. W. D. Rosen, L. B. Adamson and R. Bakeman, 'An Experimental Investigation of Infant Social Referencing: Mothers' Messages and Gender Differences', *Developmental Psychology* 28:6 (1992), p. 1172.

40. A. N. Meltzoff and M. K. Moore, 'Imitation of Facial and Manual Gestures by Human Neonates', *Science* 198:4312 (1977), pp. 75-8.

41. A. N. Meltzoff and M. K. Moore, 'Imitation in Newborn Infants: Exploring the Range of Gestures Imitated and the Underlying Mechanisms', *Developmental Psychology* 25:6 (1989), p. 954.

42. P. J. Marshall and A. N. Meltzoff, 'Neural Mirroring Mechanisms and Imitation in Human Infants', *Philosophical Transactions of the Royal Society B: Biological Sciences* 369:1644 (2014), 20130620; E. A. Simpson, L. Murray, A. Paukner and P. F. Ferrari, 'The Mirror Neuron System as Revealed through Neonatal Imitation: Presence from Birth, Predictive Power and Evidence of Plasticity', *Philosophical Transactions of the Royal Society B: Biological Sciences* 369:1644 (2014), 20130289.

43. E. Nagy and P. Molnar, '*Homo imitans or Homo provocans*? Human Imprinting Model of Neonatal Imitation', *Infant Behavior and Development* 27:1 (2004), pp. 54-63.

44. S. S. Jones, 'Exploration or Imitation? The Effect of Music on 4-Week-Old In-

fants' Tongue Protrusions', *Infant Behavior and Development* 29:1 (2006), pp. 126-30.

45. J. Oostenbroek, T. Suddendorf, M. Nielsen, J. Redshaw, S. Kennedy-Costantini, J. Davis, S. Clark and V. Slaughter, 'Comprehensive Longitudinal Study Challenges the Existence of Neonatal Imitation in Humans', *Current Biology* 26:10 (2016), pp. 1334-8; A. N. Meltzoff, L. Murray, E. Simpson, M. Heimann, E. Nagy, J. Nadel, E. J. Pedersen, R. Brooks, D. S. Messinger, L. D. Pascalis and F. Subiaul, 'Re-examination of Oostenbroek et al. (2016): Evidence for Neonatal Imitation of Tongue Protrusion', *Developmental Science* 21:4 (2018), e12609.

46. Oostenbroek et al., 'Comprehensive Longitudinal Study Challenges the Existence of Neonatal Imitation in Humans'; Meltzoff et al., 'Re-examination of Oostenbroek et al. (2016)'.

47. Nagy and Molner, '*Homo imitans or Homo provocans*?'.

48. E. Nagy, H. Compagne, H. Orvos, A. Pal, P. Molnar, I. Janszky, K. Loveland and G. Bardos, 'Index Finger Movement Imitation by Human Neonates: Motivation, Learning, and Left-Hand Preference', *Pediatric Research* 58:4 (2005), pp. 749-53.

49. C. Trevarthen and K. J. Aitken, 'Infant Intersubjectivity: Research, Theory, and Clinical Applications', *Journal of Child Psychology and Psychiatry and Allied*

Disciplines 42:1 (2001), pp. 3-48.

50. T. Farroni, G. Csibra, F. Simion and M. H. Johnson, 'Eye Contact Detection in Humans from Birth', *Proceedings of the National Academy of Sciences* 99:14 (2002), pp. 9602-5.

51. M. Tomasello, M. Carpenter and U. Liszkowski, 'A New Look at Infant Pointing', *Child Development* 78:3 (2007), pp. 705-22.

52. T. Charman, 'Why Is Joint Attention a Pivotal Skill in Autism?', *Philosophical Transactions of the Royal Society B: Biological Sciences* 358:1430 (2003), pp. 315-24.

53. H. L. Gallagher and C. D. Frith. 'Functional Imaging of "Theory of Mind"', *Trends in Cognitive Sciences* 7:2 (2003), pp. 77-83.

54. H. M. Wellman, D. Cross and J. Watson, 'Meta-analysis of Theory-of-Mind Development: The Truth about False Belief', *Child Development* 72:3 (2001), pp. 655-84.

55. Ibid.

56. 'Born good? Babies help unlock the origins of morality', CBS News/YouTube, 18 November 2012, https://youtu.be/FRvVFW85IcU (accessed 7 November 2018).

57. J. K. Hamlin, K. Wynn and P. Bloom, 'Social Evaluation by Preverbal Infants', *Nature* 450:7169 (2007), p. 557.

58. J. K. Hamlin and K. Wynn, 'Young Infants Prefer Prosocial to Antisocial Others', *Cognitive Development* 26:1 (2011), pp. 30-39.

59. J. Decety and P. L. Jackson, 'The Functional Architecture of Human Empathy', *Behavioural and Cognitive Neuroscience Reviews* 3:2 (2004), pp. 71-100.

60. E. Geangu, O. Benga, D. Stahl and T. Striano, 'Contagious Crying beyond the First Days of Life', *Infant Behavior and Development* 33:3 (2010), pp. 279-88.

61. R. Roth-Hanania, M. Davidov and C. Zahn-Waxler, 'Empathy Development from 8 to 16 Months: Early Signs of Concern for Others', *Infant Behavior and Development* 34:3 (2011), pp. 447-58.

62. Leeb and Rejskind, 'Here's Looking at You, Kid!', p. 12.

63. Farroni et al., 'Eye Contact Detection in Humans from Birth'.

64. Ibid.

65. B. Auyeung, S. Wheelwright, C. Allison, M. Atkinson, N. Samarawickrema and S. Baron-Cohen, 'The Children's Empathy Quotient and Systemizing Quotient: Sex Differences in Typical Development and in Autism Spectrum Conditions', *Journal of Autism and Developmental Disorders* 39:11 (2009), p. 1509.

66. K. J. Michalska, K. D. Kinzler and J. Decety, 'Age-Related Sex Differences in Explicit Measures of Empathy Do Not Predict Brain Responses across Childhood and Adolescence', *Developmental Cognitive Neuroscience* 3 (2013), pp. 22-32.

67. Roth-Hanania et al., 'Empathy Development from 8 to 16 Months', p. 456.

68. Johnson, 'Subcortical Face Processing', p. 766.

69. D. J. Kelly, P. C. Quinn, A. M. Slater, K. Lee, L. Ge and O. Pascalis, 'The Other-Race Effect Develops during Infancy: Evidence of Perceptual Narrowing', *Psychological Science* 18:12 (2007), pp. 1084-9.

70. Y. Bar-Haim, T. Ziv, D. Lamy and R. M. Hodes, 'Nature and Nurture in Own-Race Face Processing', *Psychological Science* 17:2 (2006), pp. 159-63.

71. M. H. Johnson, 'Face Processing as a Brain Adaptation at Multiple Timescales', *Quarterly Journal of Experimental Psychology* 64:10 (2011), pp. 1873-88.

72. Farroni et al., 'Eye Contact Detection in Humans from Birth'; T. Farroni, M. H. Johnson and G. Csibra, 'Mechanisms of Eye Gaze Perception during Infancy', *Journal of Cognitive Neuroscience* 16:8 (2004), pp. 1320-26.

73. E. A. Hoffman and J. V. Haxby, 'Distinct Representations of Eye Gaze and Identity in the Distributed Human Neural System for Face Perception', *Nature Neuroscience* 3:1 (2000), p. 80.

74. Johnson, 'Face Processing as a Brain Adaptation'.

75. C. A. Nelson and M. De Haan, 'Neural Correlates of Infants' Visual Responsiveness to Facial Expressions of Emotion',

Developmental Psychobiology 29:7 (1996), pp. 577-95; G. D. Reynolds and J. E. Richards, 'Familiarization, Attention, and Recognition Memory in Infancy: An Event-Related Potential and Cortical Source Localization Study', *Developmental Psychology* 41:4 (2005), p. 598.

76. T. Grossmann, T. Striano and A. D. Friederici, 'Developmental Changes in Infants' Processing of Happy and Angry Facial Expressions: A Neurobehavioral Study', *Brain and Cognition* 64:1 (2007), pp. 30-41.

77. T. Striano, V. M. Reid and S. Hoehl, 'Neural Mechanisms of Joint Attention in Infancy', *European Journal of Neuroscience* 23:10 (2006), pp. 2819-23.

78. F. Happé and U. Frith, 'Annual Research Review: Towards a Developmental Neuroscience of Atypical Social Cognition', *Journal of Child Psychology and Psychiatry* 55:6 (2014), pp. 553-77.

第九章 蓝色和粉色：社会对我们的不同期待

1. C. L. Martin and D. Ruble, 'Children's Search for Gender Cues: Cognitive Perspectives on Gender Development', *Current Directions in Psychological Science* 13:2 (2004), pp. 67-70.

2. P. Rosenkrantz, S. Vogel, H. Bee, I. Broverman and D. M. Broverman, 'Sex-Role Stereotypes and Self-Concepts in College Students', *Journal of Consulting and Clinical Psychology* 32:3 (1968), p. 287.

3. M. N. Nesbitt and N. E. Penn, 'Gender Stereotypes after Thirty Years: A Replication of Rosenkrantz, et al. (1968)', *Psychological Reports* 87:2 (2000), pp. 493-511.

4. E. L. Haines, K. Deaux and N. Lofaro, 'The Times They Are a-Changing … Or Are They Not? A Comparison of Gender Stereotypes, 1983-2014', *Psychology of Women Quarterly* 40:3 (2016), pp. 353-63.

5. L. A. Rudman and P. Glick, 'Prescriptive Gender Stereotypes and Backlash toward Agentic Women', *Journal of Social Issues* 57:4 (2001), pp. 743-62.

6. C. M. Steele, *Whistling Vivaldi: And Other Clues to How Stereotypes Affect Us* (New York, W. W. Norton, 2011).

7. C. K. Shenouda and J. H. Danovitch, 'Effects of Gender Stereotypes and Stereotype Threat on Children's Performance on a Spatial Task', *Revue internationale de psychologie sociale* 27:3 (2014), pp. 53-77.

8. J. M. Contreras, M. R. Banaji and J. P. Mitchell, 'Dissociable Neural Correlates of Stereotypes and Other Forms of Semantic Knowledge', *Social Cognitive and Affective Neuroscience* 7:7 (2011), pp. 764-70.

9. M. Wraga, L. Duncan, E. C. Jacobs, M. Helt and J. Church, 'Stereotype Susceptibility Narrows the Gender Gap in Imagined Self-Rotation Performance', *Psycho-

nomic Bulletin and Review 13:5 (2006), pp. 813-19.

10. Shenouda and Danovitch, 'Effects of Gender Stereotypes and Stereotype Threat'.

11. R. K. Koeske and G. F. Koeske, 'An Attributional Approach to Moods and the Menstrual Cycle', *Journal of Personality and Social Psychology* 31:3 (1975), p. 473.

12. A. Saini, *Inferior: How Science Got Women Wrong and the New Research That's Rewriting the Story* (Boston, Beacon Press, 2017).

13. I. K. Broverman, D. M. Broverman, F. E. Clarkson, P. S. Rosenkrantz and S. R. Vogel, 'Sex-Role Stereotypes and Clinical Judgments of Mental Health', *Journal of Consulting and Clinical Psychology* 34:1 (1970), p. 1.

14. 'Gender stereotypes impacting behaviour of girls as young as seven', Girlguiding website, https://www.girlguiding.org.uk/what-we-do/our-stories-and-news/news/gender-stereotypes-impacting-behaviour-of-girls-as-young-as-seven (accessed 8 November 2018).

15. S. Marsh, 'Girls as young as seven boxed in by gender stereotyping', *Guardian,* 21 September 2017, https://www.theguardian.com/world/2017/sep/21/girls-seven-uk-boxed-in-by-gender-stereotyping-equality (accessed 8 November 2018).

16. S. Dredge, 'Apps for children in 2014: looking for the mobile generation',

Guardian, 10 March 2014, https://www.theguardian.com/technology/2014/mar/10/apps-children-2014-mobile-generation (accessed 8 November 2018).

17. 'The Common Sense Census: Media Use by Kids Age Zero to Eight 2017', Common Sense Media, https://www.commonsensemedia.org/research/the-common-sense-census-media-use-by-kids-age-zero-to-eight-2017 (accessed 8 November 2018).

18. Martin and Ruble, 'Children's Search for Gender Cues'.

19. D. Poulin-Dubois, L. A. Serbin, B. Kenyon and A. Derbyshire, 'Infants' Intermodal Knowledge about Gender',*Developmental Psychology* 30 (1994), pp. 436-42.

20. K. M. Zosuls, D. N. Ruble, C. S. Tamis-LeMonda, P. E. Shrout, M. H. Bornstein and F. K. Greulich, 'The Acquisition of Gender Labels in Infancy: Implications for Gender-Typed Play', *Developmental Psychology* 45:3 (2009), p. 688.

21. M. L. Halim, D. N. Ruble, C. S. Tamis-LeMonda, K. M. Zosuls, L. E. Lurye and F. K. Greulich, 'Pink Frilly Dresses and the Avoidance of All Things "Girly": Children's Appearance Rigidity and Cognitive Theories of Gender Development', *Developmental Psychology* 50:4 (2014), p. 1091.

22. L. A. Serbin, D. Poulin-Dubois and J. A. Eichstedt, 'Infants' Responses to Gender-Inconsistent Events', *Infancy* 3:4

(2002), pp. 531-42; D. Poulin-Dubois,L. A. Serbin, J. A. Eichstedt, M.G. Sen and C. F. Beissel, 'Men Don't Put On Make-Up: Toddlers' Knowledge of the Gender Stereotyping of Household Activities',*Social Development* 11:2 (2002), pp. 166-81.

23. '#Redraw The Balance', Education Employers/YouTube, 14 March 2016, https://youtu.be/kJP1zPOfq_0 (accessed 8 November 2018).

24. S. B. Most, A. V. Sorber and J. G. Cunningham, 'Auditory Stroop Reveals Implicit Gender Associations in Adults and Children', *Journal of Experimental Social Psychology* 43:2 (2007), pp. 287-94.

25. K. Arney, 'Are pink toys turning girls into passive princesses?', *Guardian*, 9 May 2011, https://www.theguardian.com/science/blog/2011/may/09/pink-toys-girls-passive-princesses (accessed 8 November 2018).

26. P. Orenstein, *Cinderella Ate My Daughter: Dispatches from the Front Lines of the New Girlie-Girl Culture* (New York, HarperCollins, 2011).

27. 'Gender reveal party ideas', Pampers website (USA), https://www.pampers.com/en-us/pregnancy/pregnancy-announcement/article/ultimate-guide-for-planning-a-gender-reveal-party (accessed 8 November 2018).

28. C. DeLoach, 'How to host a gender reveal party', *Parents*, https://www.parents.com/pregnancy/my-baby/gender-predic-tion/how-to-host-a-gender-reveal-party (accessed 8 November 2018).

29. K. Johnson, 'Can you spot what's wrong with this new STEM Barbie?' *Babble*, https://www.babble.com/parenting/engineering-barbie-stem-kit-disappoints (accessed 8 November 2018); D. Lenton, 'Women in Engineering–Toys: Dolls Get Techie', *Engineering and Technology* 12:6 (2017), pp. 60-63.

30. J. Henley, 'The power of pink', Guardian, 12 December 2009, https://www.theguardian.com/theguardian/2009/dec/12/pink-stinks-the-power-of-pink (accessed 8 November 2018).

31. A. C. Hurlbert and Y. Ling, 'Biological Components of Sex Differences in Color Preference', *Current Biology* 17:16 (2007), pp. R623-5.

32. R. Khamsi, 'Women may be hardwired to prefer pink', *New Scientist*, 20 August 2007, https://www.newscientist.com/article/dn12512-women-may-be-hardwired-to-prefer-pink (accessed 8 November 2018); F. Macrae, 'Modern girls are born to plump for pink "thanks to berry-gathering female ancestors"', *Mail Online*, 27 April 2011, https://www.dailymail.co.uk/sciencetech/article-1380893/Modern-girls-born-plump-pink-thanks-berry-gathering-female-ancestors.html (accessed 8 November 2018).

33. A. Franklin, L. Bevis, Y. Ling and A. Hurlbert, 'Biological Components of Colour Preference in Infancy', *Developmental Science* 13:2 (2010), pp. 346-54.

34. I. D. Cherney and J. Dempsey, 'Young Children's Classification, Stereotyping and Play Behaviour for Gender Neutral and Ambiguous Toys', *Educational Psychology* 30:6 (2010), pp. 651-69.

35. V. LoBue and J. S. DeLoache, 'Pretty in Pink: The Early Development of Gender-Stereotyped Colour Preferences', *British Journal of Developmental Psychology* 29:3 (2011), pp. 656-67.

36. Zosuls et al., 'The Acquisition of Gender Labels in Infancy'.

37. J. B. Paoletti, *Pink and Blue: Telling the Boys from the Girls in America* (Bloomington, Indiana University Press, 2012).

38. M. Del Giudice, 'The Twentieth Century Reversal of Pink–Blue Gender Coding: A Scientific Urban Legend?', *Archives of Sexual Behavior* 41:6 (2012), pp. 1321-3; M. Del Giudice, 'Pink, Blue, and Gender: An Update', *Archives of Sexual Behavior* 46:6 (2017), pp. 1555-63.

39. Henley, 'The power of pink'.

40. 'What's wrong with pink and blue?', Let Toys Be Toys, 4 September 2015, http://lettoysbetoys.org.uk/whats-wrong-with-pink-and-blue (accessed 8 November 2018).

41. A. M. Sherman and E. L. Zurbriggen, '"Boys Can Be Anything": Effect of Barbie Play on Girls' Career Cognitions', *Sex Roles* 70:5-6 (2014), pp. 195-208.

42. V. Jarrett, 'How we can help all our children explore, learn, and dream without limits', White House website, 6 April 2016, https://obamawhitehouse.archives.gov/blog/2016/04/06/how-we-can-help-all-our-children-explore-learn-and-dream-without-limits (accessed 8 November 2018).

43. V. Jadva, M. Hines and S. Golombok, 'Infants' Preferences for Toys, Colors, and Shapes: Sex Differences and Similarities', *Archives of Sexual Behavior* 39:6 (2010), pp. 1261-73.

44. C. L. Martin, D. N. Ruble and J. Szkrybalo, 'Cognitive Theories of Early Gender Development', *Psychological Bulletin* 128:6 (2002), p. 903.

45. L. Waterlow, 'Too much in the pink! How toys have become alarmingly gender stereotyped since the Seventies ... at the cost of little girls'self-esteem', *Mail Online,* 10 June 2013, https://www.dailymail.co.uk/femail/article-2338976/Too-pink-How-toys-alarmingly-gender-stereotyped-Seventies–cost-little-girls-self-esteem.html (accessed 8 November 2018).

46. J. E. O. Blakemore and R. E. Centers, 'Characteristics of Boys' and Girls' Toys', *Sex Roles* 53:9-10 (2005), pp. 619-33.

47. B. K. Todd, J. A. Barry and S. A. Thommessen, 'Preferences for "Gender-Typed" Toys in Boys and Girls Aged 9 to 32 Months', *Infant and Child Development* 26:3 (2017), e1986.

48. Ibid.

49. Ibid.

50. C. Fine and E. Rush, '"Why Does All the Girls Have to Buy Pink Stuff?" The Ethics and Science of the Gendered Toy Marketing Debate', *Journal of Business Ethics* 149:4 (2018), pp. 769-84.

51. B. K. Todd, R. A. Fischer, S. Di Costa, A. Roestorf, K. Harbour, P. Hardiman and J. A. Barry, 'Sex Differences in Children's Toy Preferences: A Systematic Review, Meta-regression, and Meta-analysis', *Infant and Child Development* 27:2 (2018), pp. 1-29.

52. Ibid., pp. 1-2.

53. N. K. Freeman, 'Preschoolers' Perceptions of Gender Appropriate Toys and Their Parents' Beliefs about Genderized Behaviors: Miscommunication, Mixed Messages, or Hidden Truths?', *Early Childhood Education Journal* 34:5 (2007), pp. 357-66.

54. E. S. Weisgram, M. Fulcher and L. M. Dinella, 'Pink Gives Girls Permission: Exploring the Roles of Explicit Gender Labels and Gender-Typed Colors on Preschool Children's Toy Preferences', *Journal of Applied Developmental Psychology* 35:5 (2014), pp. 401-9.

55. E. Sweet, 'Toys are more divided by gender now than they were 50 years ago', *Atlantic*, 9 December 2014, https://www.

theatlantic.com/business/archive/2014/12/toys-are-more-divided-by-gender-now-than-they-were-50-years-ago/383556 (accessed 8 November 2018).

56. J. Stoeber and H. Yang, 'Physical Appearance Perfectionism Explains Variance in Eating Disorder Symptoms above General Perfectionism', *Personality and Individual Differences* 86 (2015), pp. 303-7.

57. J. F. Benenson, R. Tennyson and R. W. Wrangham, 'Male More than Female Infants Imitate Propulsive Motion', *Cognition* 121:2 (2011), pp. 262-7.

58. G. M. Alexander, T. Wilcox and R. Woods, 'Sex Differences in Infants' Visual Interest in Toys', *Archives of Sexual Behavior* 38:3 (2009), pp. 427-33.

59. 'Jo Swinson: Encourage boys to play with dolls', BBC News, 13 January 2015, https://www.bbc.co.uk/news/uk-politics-30794476 (accessed 8 November 2018).

60. G. M. Alexander and M. Hines, 'Sex Differences in Response to Children's Toys in Nonhuman Primates (*Cercopithecus aethiops sabaeus)'*, *Evolution and Human Behavior* 23:6 (2002), pp. 467-79.

61. Both Cordelia Fine in *Delusions of Gender* and Rebecca Jordan-Young in *Brain Storm* have commented humorously and at length on the monkey studies and their exaggerated role in offering insights into toy preference issues.

62. J. M. Hassett, E. R. Siebert and K.

Wallen, 'Sex Differences in Rhesus Monkey Toy Preferences Parallel Those of Children', *Hormones and Behavior* 54:3 (2008), pp. 359-64.

63. Ibid., p. 363.

64. Hines, *Brain Gender.*

65. S. A. Berenbaum and M. Hines, 'Early Androgens Are Related to Childhood Sex-Typed Toy Preferences', *Psychological Science* 3:3 (1992), pp. 203-6.

66. M. Hines, V. Pasterski, D. Spencer, S. Neufeld, P. Patalay, P. C. Hindmarsh, I. A. Hughes and C. L. Acerini, 'Prenatal Androgen Exposure Alters Girls' Responses to Information Indicating Gender-Appropriate Behaviour', *Philosophical Transactions of the Royal Society* B: *Biological Sciences* 371:1688 (2016), 20150125.

67. M. C. Linn and A. C. Petersen, 'Emergence and Characterization of Sex Differences in Spatial Ability: A Meta-analysis', *Child Development* 56:6 (1985), pp. 1479-98.

68. D. I. Miller and D. F. Halpern, 'The New Science of Cognitive Sex Differences', *Trends in Cognitive Sciences* 18:1 (2014), pp. 37-45.

69. Hines et al., 'Prenatal Androgen Exposure Alters Girls' Responses'.

70. M. S. Terlecki and N. S. Newcombe, 'How Important Is the Digital Divide? The Relation of Computer and Videogame Usage to Gender Differences in Mental Rotation Ability', *Sex Roles* 53:5-6 (2005), pp. 433-41.

71. Shenouda and Danovitch, 'Effects of Gender Stereotypes and Stereotype Threat'.

第十章 性别与科学

1. Women in Science website, http://uis.unesco.org/en/topic/women-science; 'Women in the STEM workforce 2016', WISE website, https://www.wisecampaign.org.uk/statistics/women-in-the-stem-workforce-2016 (accessed 8 November 2018).

2. A. Tintori and R. Palomba, *Turn On the Light on Science: A Research-Based Guide to Break Down Popular Stereotypes about Science and Scientists* (London, Ubiquity Press, 2017).

3. 'Useful statistics: women in STEM', STEM Women website, 5 March 2018, https://www.stemwomen.co.uk/blog/2018/03/useful-statistics-women-in-stem; 'UK physics A-level entries 2010-2016', Institute of Physics website, http://www.iop.org/policy/statistics/overview/page_67109.html

4. 'Primary Schools are Critical to Ensuring Success, by Creating Space for Quality Science Teaching', in *Tomorrow's World: Inspiring Primary Scientists* (CBI, 2015), http://www.cbi.org.uk/tomorrows- world/ Primary_schools_are_critical_t.html (ac-

cessed 8 November 2018).

5. 'Our definition of science', Science Council website, https://sciencecouncil.org/about-science/our-definition-of-science (accessed 8 November 2018).

6. 'Science does not purvey absolute truth, science is a mechanism. It's a way of trying to improve your knowledge of nature, it's a system for testing your thoughts against the universe and seeing whether they match', *Explore*, http://explore.brainpickings.org/post/49908311909/science-does-not-purvey-absolute-truth-science-is (accessed 8 November 2018).

7. 'Essays', Science: Not Just for Scientists, http://notjustforscientists.org/essays (accessed 8 November 2018).

8. R. L. Bergland, 'Urania's Inversion: Emily Dickinson, Herman Melville, and the Strange History of Women Scientists in Nineteenth-Century America', *Signs: Journal of Women in Culture and Society* 34:1 (2008), pp. 75-99.

9. J. Mason, 'The Admission of the First Women to the Royal Society of London', *Notes and Records: The Royal Society Journal of the History of Science* 46:2 (1992), pp. 279-300.

10. L. Schiebinger, The Mind Has No Sex? Women in the Origins of Modern Science (Cambridge, MA, Harvard University Press, 1991).

11. Ibid.

12. R. Su, J. Rounds and P. I. Armstrong, 'Men and Things, Women and People: A Meta-analysis of Sex Differences in Interests', *Psychological Bulletin* 135:6 (2009), p. 859.

13. J. Billington, S. Baron-Cohen and S. Wheelwright, 'Cognitive Style Predicts Entry into Physical Sciences and Humanities: Questionnaire and Performance Tests of Empathy and Systemizing', *Learning and Individual Differences* 17:3 (2007), pp. 260-68.

14. Ibid.

15. Baron-Cohen, *The Essential Difference*.

16. Ibid.

17. S. J. Leslie, A. Cimpian, M. Meyer and E. Freeland, 'Expectations of Brilliance Underlie Gender Distributions across Academic Disciplines', *Science* 347:6219 (2015), pp. 262-5.

18. S. J. Leslie, 'Cultures of Brilliance and Academic Gender Gaps', paper delivered at 'Confidence and Competence: Fifth Annual Diversity Conference', Royal Society, 16 November 2017; see 'Annual Diversity Conference 2017 – Confidence and Competence', Royal Society/YouTube, 16 November 2017, https://www.youtu.be/e0ZHpZ31O1M, at 25:50 (accessed 8 November 2018).

19. K. C. Elmore and M. Luna-Lucero, 'Light Bulbs or Seeds? How Metaphors for Ideas Influence Judgments about Genius', *Social Psychological and Personality Sci-*

ence 8:2 (2017), pp. 200-208.

20. Ibid.

21. L. Bian, S. J. Leslie, M. C. Murphy and A. Cimpian, 'Messages about Brilliance Undermine Women's Interest in Educational and Professional Opportunities', *Journal of Experimental Social Psychology* 76 (2018), pp. 404-20.

22. Quinn and Liben, 'A Sex Difference in Mental Rotation in Young Infants'.

23. M. Hines, M. Constantinescu and D. Spencer, 'Early Androgen Exposure and Human Gender Development', *Biology of Sex Differences* 6:1 (2015), p. 3; J. Wai, D. Lubinski and C. P. Benbow, 'Spatial Ability for STEM Domains: Aligning Over 50 Years of Cumulative Psychological Knowledge Solidifies Its Importance', *Journal of Educational Psychology* 101:4 (2009), p. 817.

24. S. C. Levine, A. Foley, S. Lourenco, S. Ehrlich and K. Ratliff, 'Sex Differences in Spatial Cognition: Advancing the Conversation', *Wiley Interdisciplinary Reviews: Cognitive Science* 7:2(2016), pp. 127-55.

25. L. Bian, S. J. Leslie and A. Cimpian, 'Gender Stereotypes about Intellectual Ability Emerge Early and Influence Children's Interests', *Science* 355:6323 (2017), pp. 389-91.

26. M. C. Steffens, P. Jelenec and P. Noack, 'On the Leaky Math Pipeline: Comparing Implicit Math–Gender Stereotypes and Math Withdrawal in Female and Male

Children and Adolescents', *Journal of Educational Psychology* 102:4 (2010), p. 947.

27. Ibid.

28. E. A. Gunderson, G. Ramirez, S. C. Levine and S. L. Beilock, 'The Role of Parents and Teachers in the Development of Gender-Related Math Attitudes', *Sex Roles* 66:3-4 (2012), pp. 153-66.

29. Freeman, 'Preschoolers' Perceptions of Gender Appropriate Toys'.

30. V. Lavy and E. Sand, 'On the Origins of Gender Human Capital Gaps: Short and Long Term Consequences of Teachers' Stereotypical Biases', Working Paper 20909, National Bureau of Economic Research (2015).

31. S. Cheryan, V. C. Plaut, P. G. Davies and C. M. Steele, 'Ambient Belonging: How Stereotypical Cues Impact Gender Participation in Computer Science', *Journal of Personality and Social Psychology* 97:6 (2009), p. 1045.

32. Ibid.

33. G. Stoet and D. C. Geary, 'The Gender-Equality Paradox in Science, Technology, Engineering, and Mathematics Education', *Psychological Science* 29:4 (2018), pp. 581-93.

34. S. Ross, 'Scientist: The Story of a Word', *Annals of Science* 18:2 (1962), pp. 65-85.

35. M. Mead and R. Metraux, 'Image of the Scientist among High-School Students', *Science* 126:3270 (1957), pp. 384-

90.

36. Ibid.

37. D. W. Chambers, 'Stereotypic Images of the Scientist: The Draw-a-Scientist Test', *Science Education* 67:2 (1983), pp. 255-65.

38. K. D. Finson, 'Drawing a Scientist: What We Do and Do Not Know after Fifty Years of Drawings', *School Science and Mathematics* 102:7 (2002), pp. 335-45.

39. Ibid.

40. P. Bernard and K. Dudek, 'Revisiting Students' Perceptions of Research Scientists: Outcomes of an Indirect Draw-a-Scientist Test (InDAST)', *Journal of Baltic Science Education* 16:4 (2017).

41. M. Knight and C. Cunningham, 'Draw an Engineer Test (DAET): Development of a Tool to Investigate Students' Ideas about Engineers and Engineering', paper given at American Society for Engineering Education Annual Conference and Exposition, Salt Lake City, June 2004, https://peer.asee.org/12831 (accessed 8 November 2018).

42. C. Moseley, B. Desjean-Perrotta and J. Utley, 'The Draw-an-Environment Test Rubric (DAET-R): Exploring Pre-service Teachers' Mental Models of the Environment', *Environmental Education Research* 16:2 (2010), pp. 189-208.

43. C. D. Martin, 'Draw a Computer Scientist', ACM SIGCSE Bulletin 36:4 (2004), pp. 11-12.

44. L. R. Ramsey, 'Agentic Traits Are Associated with Success in Science More than Communal Traits', *Personality and Individual Differences* 106 (2017), pp. 6-9.

45. L. L. Carli, L. Alawa, Y. Lee, B. Zhao and E. Kim, 'Stereotypes about Gender and Science: Women ≠ Scientists', *Psychology of Women Quarterly*, 40:2 (2016), pp. 244-60.

46. A. H. Eagly, 'Few Women at the Top: How Role Incongruity Produces Prejudice and the Glass Ceiling', in D. van Knippenberg and M. A. Hogg (eds), *Leadership and Power: Identity Processes in Groups and Organizations* (London, Sage, 2003), pp. 79-93.

47. A. H. Eagly and S. J. Karau, 'Role Congruity Theory of Prejudice toward Female Leaders', *Psychological Review* 109:3 (2002), p. 573.

48. Carli et al., 'Stereotypes about Gender and Science'.

49. C. Wenneras and A. Wold, 'Nepotism and Sexism in Peer-Review', in M. Wyer (ed.), *Women, Science, and Technology: A Reader in Feminist Science Studies* (New York, Routledge, 2001), pp. 46-52.

50. F. Trix and C. Psenka, 'Exploring the Color of Glass: Letters of Recommendation for Female and Male Medical Faculty', *Discourse and Society* 14:2 (2003), pp. 191-220.

51. S. Modgil, R. Gill, V. L. Sharma, S. Velassery and A. Anand, 'Nobel Nominations in Science: Constraints of the Fairer Sex', *Annals of Neurosciences* 25:2 (2018), pp. 63-78.

52. C. A. Moss-Racusin, J. F. Dovidio, V. L. Brescoll, M. J. Graham and J. Handelsman, 'Science Faculty's Subtle Gender Biases Favor Male Students', *Proceedings of the National Academy of Sciences* 109:41 (2012), pp. 16474-9.

53. E. Reuben, P. Sapienza and L. Zingales, 'How Stereotypes Impair Women's Careers in Science', *Proceedings of the National Academy of Sciences* 111:12 (2014), pp. 4403-8.

第十一章　科学和大脑

1. H. Ellis, *Man and Woman: A Study of Human Secondary Sexual Characters* (London, Walter Scott; New York, Scribner's, 1894).

2. N. M. Else-Quest, J. S. Hyde and M. C. Linn, 'Cross-national Patterns of Gender Differences in Mathematics: A Meta-analysis', *Psychological Bulletin* 136:1 (2010), p. 103.

3. 'Has an uncomfortable truth been suppressed?', Gowers's Weblog, 9 September 2018, https://gowers.wordpress.com/2018/09/09/has-an-uncomfortable-truth-been-suppressed (accessed 8 November 2018).

4. Ibid.

5. L. H. Summers, 'Remarks at NBER Conference on Diversifying the Science & Engineering Workforce', Office of the President, Harvard University, 14 January 2005, https://www.harvard.edu/president/speeches/summers_2005/nber.php (accessed 8 November 2018).

6. 'The Science of Gender and Science: Pinker vs. Spelke: A Debate', Edge, https://www.edge.org/event/the-science-of-gender-and-science-pinker-vs-spelke-a-debate (accessed 8 November 2018).

7. Y. Xie and K. Shaumann, *Women in Science: Career Processes and Outcomes* (Cambridge, MA, Harvard University Press, 2003).

8. Ibid.

9. D. F. Halpern, C. P. Benbow, D. C. Geary, R. C. Gur, J. S. Hyde and M. A. Gernsbacher, 'The Science of Sex Differences in Science and Mathematics', *Psychological Science in the Public Interest* 8:1 (2007), pp. 1-51.

10. J. Damore, 'Google's Ideological Echo Chamber', July 2017, available at https://www.documentcloud.org/documents/3914586-Googles-Ideological-Echo-Chamber.html (accessed 8 November 2018).

11. D. P. Schmitt, A. Realo, M. Voracek and J. Allik, 'Why Can't a Man Be More Like a Woman? Sex Differences in Big Five Personality Traits across 55 Cultures', *Journal of Personality and Social Psy-*

chology 94:1 (2008), p. 168.

12. M. Molteni and A. Rogers, 'The actual science of James Damore's Google memo', *Wired*, 15 August 2017, https://www.wired.com/story/the-pernicious-science-of-james-damores-google-memo (accessed 8 November 2018); H.Devlin and A. Hern, 'Why are there so few women in tech? The truth behind the Google memo', *Guardian*, 8 August 2017, https://www.theguardian.com/lifeandstyle/2017/aug/08/why-are-there-so-few-women-in-tech-the-truth-behind-the-google-memo (accessed 8 November 2018); S. Stevens, 'The Google memo: what does the research say about gender differences?', Heterodox Academy, 10 August 2017, https://heterodoxacademy.org/the-google-memo-what-does-the-research-say-about-gender-differences (accessed 8 November 2018).

13. 'The Google memo: four scientists respond', *Quillette*, 7 August 2017, http://quillette.com/2017/08/07/google-memo-four-scientists-respond (accessed 8 November 2018).

14. Ibid.

15. Ibid.

16. G. Rippon, 'What neuroscience can tell us about the Google diversity memo', *Conversation*, 14 August 2017, https://theconversation.com/what-neuroscience-can-tell-us-about-the-google-diversity-memo-82455 (accessed 8 November 2018).

17. Devlin and Hern, 'Why are there so few women in tech?'

18. R. C. Barnett and C. Rivers, 'We've studied gender and STEM for 25 years. The science doesn't support the Google memo', Recode, 11 August 2017, https://www.recode.net/2017/8/11/16127992/google-engineer-memo-research-science-women-biology-tech-james-damore (accessed 8 November 2018).

19. M.-C. Lai, M. V. Lombardo,B. Chakrabarti, C. Ecker, S. A. Sadek, S. J. Wheelwright, D. G. Murphy, J. Suckling, E. T. Bullmore, S. Baron-Cohen and MRC AIMS Consortium, 'Individual Differences in Brain Structure Underpin Empathizing–Systemizing Cognitive Styles in Male Adults', *NeuroImage* 61:4 (2012), pp. 1347-54.

20. S. Baron-Cohen, 'Empathizing, Systemizing, and the Extreme Male Brain Theory of Autism', *Progress in Brain Research* 186 (2010), pp. 167-75.

21. J. Wai, D. Lubinski and C. P. Benbow, 'Spatial Ability for STEM Domains Aligning Over 50 Years of Cumulative Psychological Knowledge Solidifies Its Importance', *Journal of Educational Psychology* 101:4 (2009), p. 817.

22. Ibid.

23. M. Hines, B. A. Fane, V. L. Pasterski, G. A. Mathews, G. S. Conway and C. Brook, 'Spatial Abilities Following Prenatal Androgen Abnormality: Targeting and Mental Rotations Performance in Individuals with Congenital Adrenal Hyperplasia', *Psychoneuroendocrinology* 28:8 (2003), pp. 1010-26.

24. I. Silverman, J. Choi and M. Peters, 'The Hunter-Gatherer Theory of Sex Differences in Spatial Abilities: Data from 40 Countries', *Archives of Sexual Behavior* 36:2 (2007), pp. 261-8.

25. S. G. Vandenberg and A. R. Kuse, 'Mental Rotations, a Group Test of Three-Dimensional Spatial Visualization', *Perceptual and Motor Skills* 47:2 (1978), pp. 599-604.

26. Quinn and Liben, 'A Sex Difference in Mental Rotation in Young Infants'.

27. Hines et al., 'Spatial Abilities Following Prenatal Androgen Abnormality'.

28. M. Constantinescu, D. S. Moore, S. P. Johnson and M. Hines, 'Early Contributions to Infants' Mental Rotation Abilities', *Developmental Science* 21:4 (2018), e12613.

29. T. Koscik, D. O'Leary, D. J. Moser, N. C. Andreasen and P. Nopoulos, 'SexDifferences in Parietal Lobe Morphology: Relationship to Mental Rotation Performance', *Brain and Cognition* 69:3 (2009), pp. 451-9.

30. Halpern, et al. 'The Pseudoscience of Single-Sex Schooling'.

31. Koscik et al., 'Sex Differences in Parietal Lobe Morphology'.

32. K. Kucian, M. Von Aster, T. Loenneker, T. Dietrich, F. W. Mast and E.

Martin, 'Brain Activation during Mental Rotation in School Children and Adults', *Journal of Neural Transmission* 114:5 (2007), pp. 675-86.

33. K. Jordan, T. Wüstenberg, H. J. Heinze, M. Peters and L. Jäncke, 'Women and Men Exhibit Different Cortical Activation Patterns during Mental Rotation Tasks', *Neuropsychologia* 40:13 (2002), pp. 2397-408.

34. N. S. Newcombe, 'Picture This: Increasing Math and Science Learning by Improving Spatial Thinking', *American Educator* 34:2 (2010), p. 29.

35. M. Wraga, M. Helt, E. Jacobs and K. Sullivan, 'Neural Basis of Stereotype-Induced Shifts in Women's Mental Rotation Performance', *Social Cognitive and Affective Neuroscience* 2:1 (2007), pp. 12-19.

36. I. D. Cherney, 'Mom, Let Me Play More Computer Games: They Improve My Mental Rotation Skills', *Sex Roles* 59:11-12 (2008), pp. 776-86.

37. Ibid.

38. J. Feng, I. Spence and J. Pratt, 'Playing an Action Video Game Reduces Gender Differences in Spatial Cognition', *Psychological Science* 18:10 (2007), pp. 850-55; M. S. Terlecki and N. S. Newcombe, 'How Important Is the Digital Divide? The Relation of Computer and Videogame Usage to Gender Differences in Mental Rotation Ability', *Sex Roles* 53:5-6 (2005), pp. 433-41.

39. R. J. Haier, S. Karama, L. Leyba and R. E. Jung, 'MRI Assessment of Cortical Thickness and Functional Activity Changes in Adolescent Girls Following Three Months of Practice on a Visual-Spatial Task', *BMC Research Notes* 2:1 (2009), p. 174.

40. A. Moè and F. Pazzaglia, 'Beyond Genetics in Mental Rotation Test Performance: The Power of Effort Attribution', *Learning and Individual Differences* 20:5 (2010), pp. 464-8.

41. E. A. Maloney, S. Waechter, E. F. Risko and J. A. Fugelsang, 'Reducing the Sex Difference in Math Anxiety: The Role of Spatial Processing Ability', *Learning and Individual Differences* 22:3 (2012), pp. 380-84.

42. O. Blajenkova, M. Kozhevnikov and M. A. Motes, 'Object-Spatial Imagery: A New Self-Report Imagery Questionnaire', *Applied Cognitive Psychology* 20:2 (2006), pp. 239-63.

43. J. A. Mangels, C. Good, R. C.Whiteman, B. Maniscalco and C. S. Dweck, 'Emotion Blocks the Path to Learning under Stereotype Threat', *Social Cognitive and Affective Neuroscience* 7:2 (2011), pp. 230-41.

44. A. C. Krendl, J. A. Richeson, W. M. Kelley and T. F. Heatherton, 'The Negative Consequences of Threat: A Functional Magnetic Resonance Imaging Investigation of the Neural Mechanisms Underlying Women's Underperformance in Math', *Psychological Science* 19:2 (2008), pp. 168-75.

45. B. Carrillo, E. Gómez-Gil, G. Rametti, C. Junque, Á. Gomez, K. Karadi, S. Segovia and A. Guillamon, 'Cortical Activation during Mental Rotation in Male-to-Female and Female-to-Male Transsexuals under Hormonal Treatment', *Psychoneuroendocrinology* 35:8 (2010), pp. 1213-22.

46. S. A. Berenbaum and M. Hines, 'Early Androgens Are Related to Childhood Sex-Typed Toy Preferences', *Psychological Science* 3:3 (1992), pp. 203-6.

47. J. R. Shapiro and A. M. Williams, 'The Role of Stereotype Threats in Undermining Girls' and Women's Performance and Interest in STEM Fields', *Sex Roles* 66:3-4 (2012), pp. 175-83.

48. M. Hines, V. Pasterski, D. Spencer, S. Neufeld, P. Patalay, P. C. Hindmarsh, I. A. Hughes and C. L. Acerini, 'Prenatal Androgen Exposure Alters Girls' Responses to Information Indicating Gender-Appropriate Behaviour', *Philosophical Transactions of the Royal Society B: Biological Sciences* 371:1688 (2016), 20150125.

49. 'Women in Science, Technology, Engineering, and Mathematics (STEM)', Catalyst website, 3 January 2018, https://www.catalyst.org/knowledge/women-science-technology-engineering-and-mathematics-stem (accessed 10 November 2018).

第十二章　好女孩不做的事

1. S. Peters, *The Chimp Paradox: The Mind Management Program to Help You Achieve Success, Confidence, and Happiness* (New York, Tarcher/Penguin, 2013).

2. B. P. Doré, N. Zerubavel and K. N. Ochsner, 'Social Cognitive Neuroscience: A Review of Core Systems', in M. Mikulincer and P. R. Shaver (eds-in-chief), *APA Handbook of Personality and Social Psychology* (Washington, American Psychological Association, 2014), vol. l, pp. 693-720.

3. J. M. Allman, A. Hakeem, J. M. Erwin, E. Nimchinsky and P. Hof, 'The Anterior Cingulate Cortex: The Evolution of an Interface between Emotion and Cognition', *Annals of the New York Academy of Sciences* 935:1 (2001), pp. 107-17.

4. J. M. Allman, N. A. Tetreault, A. Y. Hakeem, K. F. Manaye, K. Semendeferi, J. M. Erwin, S. Park, V. Goubert and P. R. Hof, 'The Von Economo Neurons in Frontoinsular and Anterior Cingulate Cortex in Great Apes and Humans', *Brain Structure and Function* 214:5-6 (2010), pp. 495-517.

5. J. D. Cohen, M. Botvinick and C. S. Carter, 'Anterior Cingulate and Prefrontal Cortex: Who's in Control?', *Nature Neuroscience* 3:5 (2000), p. 421.

6. G. Bush, P. Luu and M. I. Posner, 'Cognitive and Emotional Influences in Anterior Cingulate Cortex', *Trends in Cognitive Sciences* 4:6 (2000), pp. 215-22.

7. Eisenberger et al., 'The Neural Sociometer'.

8. Eisenberger and Lieberman, 'Why Rejection Hurts'.

9. N. I. Eisenberger, 'Social Pain and the Brain: Controversies, Questions, and Where to Go from Here', *Annual Review of Psychology* 66 (2015), pp. 601-29.

10. Lieberman, *Social: Why Our Brains Are Wired to Connect.*

11. N. Kolling, M. K. Wittmann, T. E. Behrens, E. D. Boorman, R. B. Mars and M. F. Rushworth, 'Value, Search, Persistence and Model Updating in Anterior Cingulate Cortex', *Nature Neuroscience* 19:10 (2016), p. 1280.

12. T. Straube, S. Schmidt, T. Weiss, H. J. Mentzel and W. H. Miltner, 'Dynamic Activation of the Anterior Cingulate Cortex during Anticipatory Anxiety', *NeuroImage* 44:3 (2009), pp. 975-81; A. Etkin, K. E. Prater, F. Hoeft, V. Menon and A. F. Schatzberg, 'Failure of Anterior Cingulate Activation and Connectivity with the Amygdala during Implicit Regulation of Emotional Processing in Generalized Anxiety Disorder', *American Journal of Psychiatry* 167:5 (2010), pp. 545-54; A. Etkin, T. Egner and R. Kalisch, 'Emotional Processing in Anterior Cingulate and Medial Prefrontal Cortex', *Trends in Cognitive Sciences* 15:2 (2011), pp. 85-93.

13. M. R. Leary, 'Responses to Social Ex-

clusion: Social Anxiety, Jealousy, Loneliness, Depression, and Low Self-Esteem', *Journal of Social and Clinical Psychology* 9:2 (1990), pp. 221-9; J. F. Sowislo and U. Orth, 'Does Low Self- Esteem Predict Depression and Anxiety? A Meta-analysis of Longitudinal Studies', *Psychological Bulletin* 139:1 (2013), p. 213; E. A. Courtney, J. Gamboz and J. G. Johnson, 'Problematic Eating Behaviors in Adolescents with Low Self-Esteem and Elevated Depressive Symptoms', *Eating Behaviors* 9:4 (2008), pp. 408-14.

14. W. Bleidorn, R. C. Arslan, J. J. Denissen, P. J. Rentfrow, J. E. Gebauer, J. Potter and S. D. Gosling, 'Age and Gender Differences in Self-Esteem–A Cross-cultural Window', *Journal of Personality and Social Psychology* 111:3 (2016), p. 396; S. Guimond, A. Chatard, D. Martinot, R. J. Crisp and S. Redersdorff, 'Social Comparison, Self-Stereotyping, and Gender Differences in Self-Construals', *Journal of Personality and Social Psychology* 90:2 (2006), p. 221.

15. 'World Self Esteem Plot', https://self-esteem.shinyapps.io/maps (accessed 10 November 2018).

16. Schmitt et al., 'Why Can't a Man Be More Like a Woman?'

17. J. S. Hyde, 'Gender Similarities and Differences', *Annual Review of Psychology* 65 (2014), pp. 373-98; E. Zell, Z. Krizan and S. R. Teeter, 'Evaluating Gender

Similarities and Differences Using Meta-synthesis', *American Psychologist* 70:1 (2015), p. 10.

18. Eisenberger and Lieberman, 'Why Rejection Hurts'.

19. A. J. Shackman, T. V. Salomons, H. A. Slagter, A. S. Fox, J. J. Winter and R. J. Davidson, 'The Integration of Negative Affect, Pain and Cognitive Control in the Cingulate Cortex', *Nature Reviews Neuroscience* 12:3 (2011), p. 154.

20. A. T. Beck, *Depression: Clinical, Experimental, and Theoretical Aspects* (New York, Harper & Row, 1967); A. T. Beck, 'The Evolution of the Cognitive Model of Depression and Its Neurobiological Correlates', *American Journal of Psychiatry* 165 (2008), pp. 969-77; S. G. Disner, C. G. Beevers, E. A. Haigh and A. T. Beck, 'Neural Mechanisms of the Cognitive Model of Depression', *Nature Reviews Neuroscience* 12:8 (2011), p. 467.

21. P. Gilbert, *The Compassionate Mind: A New Approach to Life's Challenges* (Oakland, CA, New Harbinger, 2010).

22. P. Gilbert and C. Irons, 'Focused Therapies and Compassionate Mind Training for Shame and Self-Attacking', in P. Gilbert (ed.), *Compassion: Conceptualisations, Research and Use in Psychotherapy* (Hove, Routledge, 2005), pp. 263-325; D. C. Zuroff, D. Santor and M. Mongrain, 'Dependency, Self-Criticism, and Maladjustment', in S. J. Blatt, J. S. Auerbach, K.

N. Levy and C. E. Schaffer (eds), *Relatedness, Self-Definition and Mental Representation: Essays in Honor of Sidney J. Blatt* (Hove, Routledge, 2005), pp. 75-90.

23. P. Gilbert, M. Clarke, S. Hempel, J. N. V. Miles and C. Irons, 'Criticizing and Reassuring Oneself: An Exploration of Forms, Styles and Reasons in Female Students', *British Journal of Clinical Psychology* 43:1 (2004), pp. 31-50.

24. W. J. Gehring, B. Goss, M. G. H. Coles, D. E. Meyer and E. Donchin, 'A Neural System for Error Detection and Compensation', *Psychological Science* 4 (1993), pp. 385-90; S. Dehaene, 'The Error-Related Negativity, Self-Monitoring, and Consciousness', *Perspectives on Psychological Science* 13:2 (2018), pp. 161-5.

25. O. Longe, F. A. Maratos, P. Gilbert, G. Evans, F. Volker, H. Rockliff and G. Rippon, 'Having a Word with Yourself: Neural Correlates of Self-Criticism and Self-Reassurance', *NeuroImage* 49:2 (2010), pp. 1849-56.

26. G. Downey and S. I. Feldman, 'Implications of Rejection Sensitivity for Intimate Relationships', *Journal of Personality and Social Psychology* 70:6 (1996), p. 1327.

27. Ibid.

28. Ö. Ayduk, A. Gyurak and A. Luerssen, 'Individual Differences in the Rejection–Aggression Link in the Hot Sauce Paradigm: The Case of Rejection Sensitivity', *Journal of Experimental Social Psychology* 44:3 (2008), pp. 775-82.

29. D. C. Jack and A. Ali (eds), *Silencing the Self across Cultures: Depression and Gender in the Social World* (Oxford, Oxford University Press, 2010).

30. B. London, G. Downey, R. Romero-Canyas, A. Rattan and D. Tyson, 'Gender-Based Rejection Sensitivity and Academic Self-Silencing in Women', *Journal of Personality and Social Psychology* 102:5 (2012), p. 961.

31. S. Zhang, T. Schmader and W. M. Hall, 'L'eggo my Ego: Reducing the Gender Gap in Math by Unlinking the Self from Performance', *Self and Identity* 12:4 (2013), pp. 400-412.

32. Eisenberger and Lieberman, 'Why Rejection Hurts'.

33. E. Kross, T. Egner, K. Ochsner, J. Hirsch and G. Downey, 'Neural Dynamics of Rejection Sensitivity', *Journal of Cognitive Neuroscience* 19:6 (2007), pp. 945-56.

34. L. J. Burklund, N. I. Eisenberger and M. D. Lieberman, 'The Face of Rejection: Rejection Sensitivity Moderates Dorsal Anterior Cingulate Activity to Disapproving Facial Expressions', Social Neuroscience 2:3-4 (2007), pp. 238-53.

35. Kross et al., 'Neural Dynamics of Rejection Sensitivity'.

36. K. Dedovic, G. M. Slavich, K. A. Muscatell, M. R. Irwin and N. I. Eisenberger, 'Dorsal Anterior Cingulate Cortex Responses to Repeated Social Evaluative Feedback in Young Women with and without a History of Depression', *Frontiers in Behavioral Neuroscience* 10 (2016), p. 64.

37. A. Kupferberg, L. Bicks and G. Hasler, 'Social Functioning in Major Depressive Disorder', *Neuroscience and Biobehavioral Reviews* 69 (2016), pp. 313-32.

38. Steele, *Whistling Vivaldi*; S. J. Spencer, C. Logel and P. G. Davies, 'Stereotype Threat', *Annual Review of Psychology* 67 (2016), pp. 415-37.

39. J. Aronson, M. J. Lustina, C. Good, K. Keough, C. M. Steele and J. Brown, 'When White Men Can't Do Math: Necessary and Sufficient Factors in Stereotype Threat', *Journal of Experimental Social Psychology* 35:1 (1999), pp. 29-46.

40. M. A. Pavlova, S. Weber, E. Simoes and A. N. Sokolov, 'Gender Stereotype Susceptibility', *PLoS One* 9:12 (2014), e114802.

41. M. Wraga, M. Helt, E. Jacobs and K. Sullivan, 'Neural Basis of Stereotype-Induced Shifts in Women's Mental Rotation Performance', *Social Cognitive and Affective Neuroscience* 2:1 (2007), pp. 12-19.

42. M. M. McClelland, C. E. Cameron, S. B. Wanless and A. Murray, 'Executive Function, Behavioral Self-Regulation, and Social-Emotional Competence: Links to School Readiness', in O. N. Saracho and B. Spodek (eds), *Contemporary Perspectives on Social Learning in Early Childhood Education* (Charlotte, NC, Information Age, 2007), pp. 83-107.

43. C. E. C. Ponitz, M. M. McClelland, A.M. Jewkes, C. M. Connor, C. L. Farris and F.J. Morrison, 'Touch Your Toes! Developing a Direct Measure of Behavioral Regulation in Early Childhood', *Early Childhood Research Quarterly* 23:2 (2008), pp. 141-58.

44. J. S. Matthews, C. C. Ponitz and F. J. Morrison, 'Early Gender Differences in Self-Regulation and Academic Achievement', *Journal of Educational Psychology* 101:3 (2009), p. 689.

45. S. B. Wanless, M. M. McClelland, X. Lan, S. H. Son, C. E. Cameron, F. J. Morrison, F. M. Chen, J. L. Chen, S. Li, K. Lee and M. Sung, 'Gender Differences in Behavioral Regulation in Four Societies: The United States, Taiwan, South Korea, and China', *Early Childhood Research Quarterly* 28:3 (2013), pp. 621-33.

46. J. A. Gray, 'Précis of *The Neuropsychology of Anxiety: An Enquiry into the Functions of the Septo-hippocampal System*', *Behavioral and Brain Sciences* 5:3 (1982), pp. 469-84; Y. Li, L. Qiao, J, Sun, D. Wei, W. Li, J. Qiu, Q. Zhang and H. Shi, 'Gender-Specific Neuroanatomical Basis of Behavioral Inhibition/Approach Systems (BIS/BAS) in a Large Sample of Young Adults: a Voxel-Based Morphometric Investigation', *Behavioural Brain*

Research 274 (2014), pp. 400-408.

47. D. M. Amodio, S. L. Master, C. M. Yee and S. E. Taylor, 'Neurocognitive Components of the Behavioral Inhibition and Activation Systems: Implications for Theories of Self-Regulation', *Psychophysiology* 45:1 (2008), pp. 11-19.

48. C. S. Dweck, W. Davidson, S. Nelson and B. Enna, 'Sex Differences in Learned Helplessness: II. The Contingencies of Evaluative Feedback in the Classroom and III. An Experimental Analysis', *Developmental Psychology* 14:3 (1978), p. 268.

49. C. S. Dweck, *Mindset: The New Psychology of Success* (New York, Random House, 2006); D. S. Yeager and C. S. Dweck, 'Mindsets That Promote Resilience: When Students Believe that Personal Characteristics Can Be Developed', *Educational Psychologist* 47:4 (2012), pp. 302-14.

50. M. L. Kamins and C. S. Dweck, 'Person versus Process Praise and Criticism: Implications for Contingent Self-Worth and Coping', *Developmental Psychology* 35:3 (1999), p. 835.

51. J. Henderlong Corpus and M. R. Lepper, 'The Effects of Person versus Performance Praise on Children's Motivation: Gender and Age as Moderating Factors', *Educational Psychology* 27:4 (2007), pp. 487-508.

52. Ibid.

第十三章　在她那漂亮的小脑袋里——21世纪的更新

1. E. Racine, O. Bar-Ilan and J. Illes, 'fMRI in the Public Eye', *Nature Reviews Neuroscience* 6:2 (2005), p. 159.

2. T. D. Satterthwaite, D. H. Wolf, D. R. Roalf, K. Ruparel, G. Erus, S. Vandekar, E. D. Gennatas, M. A. Elliott, A. Smith, H. Hakonarson and R. Verma, 'Linked Sex Differences in Cognition and Functional Connectivity in Youth', *Cerebral Cortex* 25:9 (2014), pp. 2383-94.

3. D. Weber, V. Skirbekk, I. Freund and A. Herlitz, 'The Changing Face of Cognitive Gender Differences in Europe', *Proceedings of the National Academy of Sciences* 111:32 (2014), pp. 11673-8.

4. F. Macrae, 'Female brains really ARE different to male minds with women possessing better recall and men excelling at maths', Mail Online, 28 July 2014, https://www.dailymail.co.uk/news/article-2709031/Female-brains-really-ARE-different-male-minds-women-possessing-better-recall-men-excelling-maths.html (accessed 10 November 2018).

5. 'Brain regulates social behavior differences in males and females', *Neuroscience News*, 31 October 2016, https://neuroscience-news.com/sex-difference-social-behavior-5392 (accessed 10 November 2018).

6. K. Hashikawa, Y. Hashikawa, R. Tremblay, J. Zhang, J. E. Feng, A. Sabol, W. T.

Piper, H. Lee, B. Rudy and D. Lin, 'Esr1+ Cells in the Ventromedial Hypothalamus Control Female Aggression', *Nature Neuroscience* 20:11 (2017), p. 1580.

7. D. Joel, personal communication, 2017.

8. 'Science explains why some people are into BDSM and some aren't', *India Times*, 7 October 2017.

9. K. Hignett, 'Everything "the female brain" gets wrong about the female brain', *Newsweek*, 10 February 2018, https://www.newsweek.com/science-behind-female-brain-802319 (accessed 10 November 2018).

10. Fine, *Delusions of Gender*; Fine, 'Is There Neurosexism'.

11. C. M. Leonard, S. Towler, S. Welcome, L. K. Halderman, R. Otto, M. A. Eckert and C. Chiarello, 'Size Matters: Cerebral Volume Influences Sex Differences in Neuroanatomy', *Cerebral Cortex* 18:12 (2008), pp. 2920-31;E. Luders, A. W. Toga and P. M. Thompson, 'Why Size Matters: Differences in Brain Volume Account for Apparent Sex Differences in Callosal Anatomy–The Sexual Dimorphism of the Corpus Callosum', *NeuroImage* 84 (2014), pp. 820-24.

12. J. Hänggi, L. Fövenyi, F. Liem, M. Meyer and L. Jäncke, 'The Hypothesis of Neuronal Interconnectivity as a Function of Brain Size–A General Organization Principle of the Human Connectome', *Frontiers in Human Neuroscience* 8

(2014), p. 915.

13. D. Marwha, M. Halari and L. Eliot, 'Meta-analysis Reveals a Lack of Sexual Dimorphism in Human Amygdala Volume', NeuroImage 147 (2017), pp. 282-94; A. Tan, W. Ma, A. Vira, D. Marwha and L. Eliot, 'The Human Hippocampus is not Sexually-Dimorphic: Meta-analysis of Structural MRI Volumes', *NeuroImage* 124 (2016), pp. 350-66.

14. S. J. Ritchie, S. R. Cox, X. Shen, M. V. Lombardo, L. M. Reus, C. Alloza, M. A. Harris, H. L. Alderson, S. Hunter, E. Neilson and D. C. Liewald, 'Sex Differences in the Adult Human Brain: Evidence from 5216 UK Biobank Participants', *Cerebral Cortex* 28:8 (2018), pp. 2959-75.

15. T. Young, 'Why can't a woman be more like a man?', *Quillette*, 24 May 2018, https://quillette.com/2018/05/24/cant-woman-like-man (accessed 10 November 2018).

16. J. Pietschnig, L. Penke, J. M. Wicherts, M. Zeiler and M. Voracek, 'Meta-analysis of Associations between Human Brain Volume and Intelligence Differences: How Strong Are They and What Do They Mean?', *Neuroscience and Biobehavioral Reviews* 57 (2015), pp. 411-32.

17. D. C. Dean, E. M. Planalp, W. Wooten, C. K. Schmidt, S. R. Kecskemeti, C. Frye, N. L. Schmidt, H. H. Goldsmith, A. L. Alexander and R. J. Davidson, 'Investigation of Brain Structure in the 1-Month Infant', *Brain Structure and Function* 223:4 (2018), pp. 1953-70.

18. 'Finding withdrawn after major author correction: "Sex differences in human brain structure are already apparent at one month of age"', *British Psychological Society Research Digest*, 15 March 2018, https://digest.bps.org.uk/2018/01/31/sex-differences-in-brain-structure-are-already-apparent-at-one-month-of-age (accessed 10 November 2018).

19. D. C. Dean, E. M. Planalp, W. Wooten, C. K. Schmidt, S. R. Kecskemeti, C. Frye, N. L. Schmidt, H. H. Goldsmith, A. L. Alexander and R. J. Davidson, 'Correction to: Investigation of Brain Structure in the 1-Month Infant', *Brain Structure and Function* 223:6 (2018), pp. 3007-9.

20. As seen on Pinterest.

21. R. Rosenthal, 'The File Drawer Problem and Tolerance for Null Results', *Psychological Bulletin* 86:3 (1979), p. 638.

22. S. P. David, F. Naudet, J. Laude, J. Radua, P. Fusar-Poli, I. Chu, M. L. Stefanick and J. P. Ioannidis, 'Potential Reporting Bias in Neuroimaging Studies of Sex Differences', *Scientific Reports* 8:1 (2018), p. 6082.

23. V. Brescoll and M. LaFrance, 'The Correlates and Consequences of Newspaper Reports of Research on Sex Differences', *Psychological Science* 15:8 (2004), pp. 515-20.

24. C. Fine, R. Jordan-Young, A. Kaiser and G. Rippon, 'Plasticity, Plasticity, Plasticity … and the Rigid Problem of Sex', *Trends in Cognitive Sciences* 17:11 (2013), pp. 550-51.

25. B. B. Biswal, M. Mennes, X.-N. Zuo, S. Gohel, C. Kelly, S. M. Smith, C. F. Beckmann, J. S. Adelstein, R. L. Buckner, S. Colcombe and A. M. Dogonowski, 'Toward Discovery Science of Human Brain Function', *Proceedings of the National Academy of Sciences* 107:10 (2010), pp. 4734-9.

26. Van Anders et al., 'The Steroid/Peptide Theory of Social Bonds'.

27. M. N. Muller, F. W. Marlowe, R. Bugumba and P. T. Ellison, 'Testosterone and Paternal Care in East African Foragers and Pastoralists', *Proceedings of the Royal Society B: Biological Sciences* 276:1655 (2009), pp. 347-54.

28. S. M. van Anders, R. M. Tolman and B. L. Volling, 'Baby Cries and Nurturance Affect Testosterone in Men', *Hormones and Behavior* 61:1 (2012), pp. 31-6.

29. W. James, *The Principles of Psychology*, 2 vols (New York, Henry Holt, 1890).

30. E. K. Graham, D. Gerstorf, T. Yoneda, A. Piccinin, T. Booth, C. Beam, A. J. Petkus, J. P. Rutsohn, R. Estabrook, M. Katz and N. Turiano, 'A Coordinated Analysis of Big-Five Trait Change across 16 Longitudinal Samples' (2018), available at https://osf.io/ryjpc/download/?format=pdf (accessed 10 November 2018)

31. D. Halpern, *Sex Differences in Cognitive Abilities*, 4th edn (Hove,Psychology Press, 2012).

32. Halpern et al. 'The Science of Sex Differences in Science and Mathematics'.

33. J. S. Hyde, 'The Gender Similarities Hypothesis', *American Psychologist* 60:6 (2005), p. 581.

34. E. Zell, Z. Krizan and S. R. Teeter, 'Evaluating Gender Similarities and Differences Using Metasynthesis', *American Psychologist* 70:1 (2015), pp. 10-20.

第十四章　火星、金星还是地球？——在性别这方面，我们一直以来都错了吗？

1. A. Montañez, 'Beyond XX and XY', *Scientific American* 317:3 (2017), pp. 50-51.

2. D. Joel, 'Genetic-Gonadal-Genitals Sex (3G-Sex) and the Misconception of Brain and Gender, or, Why 3G-Males and 3G-Females Have Intersex Brain and Intersex Gender', *Biology of Sex Differences* 3:1 (2012), p. 27.

3. C. P. Houk, I. A. Hughes, S. F. Ahmed and P. A. Lee, 'Summary of Consensus Statement on Intersex Disorders and Their Management', *Pediatrics* 118:2 (2006), pp. 753-7.

4. C. Ainsworth, 'Sex Redefined', *Nature* 518:7539 (2015), p. 288.

5. Ibid.

6. V. Heggie, 'Nature and sex redefined– we have never been binary', *Guardian*, 19 February 2015, https://www.theguardian.com/science/the-h-word/2015/feb/19/nature-sex-redefined-we-have-never-been-binary .

7. A. Fausto-Sterling, 'The Five Sexes', *Sciences* 33:2 (1993), pp. 20-24.

8. A. Fausto-Sterling, 'The Five Sexes, Revisited', *Sciences* 40:4 (2000), pp. 18-23.

9. A. P. Arnold and X. Chen, 'What Does the "Four Core Genotypes" Mouse Model Tell Us about Sex Differences in the Brain and Other Tissues?', *Frontiers in Neuroendocrinology* 30:1 (2009), pp. 1-9.

10. Montañez, 'Beyond XX and XY'.

11. L. Cahill, 'Why Sex Matters for Neuroscience', *Nature Reviews Neuroscience* 7:6 (2006), p. 477.

12. A. N. Ruigrok, G. Salimi-Khorshidi, M. C. Lai, S. Baron-Cohen, M. V. Lombardo, R. J. Tait and J. Suckling, 'A Meta-analysis of Sex Differences in Human Brain Structure', *Neuroscience & Biobehavioral Reviews* 39 (2014), pp. 34-50.

13. Tan et al., 'The Human Hippocampus is not Sexually-Dimorphic'; D. Marwha, M. Halari and L. Eliot, 'Meta-analysis Reveals a Lack of Sexual Dimorphism in Human Amygdala Volume', *NeuroImage* 147 (2017), pp. 282-94.

14. Ingalhalikar et al., 'Sex Differences in the Structural Connectome of the Human Brain'.

15. Hänggi et al., 'The Hypothesis of Neuronal Interconnectivity'.

16. D. Joel and M. M. McCarthy, 'Incorporating Sex as a Biological Variable in Neuropsychiatric Research: Where Are We Now and Where Should We Be?', *Neuropsychopharmacology* 42:2 (2017), p. 379.

17. D. Joel, Z. Berman, I. Tavor, N. Wexler, O. Gaber, Y. Stein, N. Shefi, J. Pool, S. Urchs, D. S. Margulies and F. Liem, 'Sex beyond the Genitalia: The Human Brain Mosaic', *Proceedings of the National Academy of Sciences* 112:50 (2015), pp. 15468-73.

18. M. Del Giudice, R. A. Lippa, D. A. Puts, D. H. Bailey, J. M. Bailey and D. P. Schmitt, 'Joel et al.'s Method Systematically Fails to Detect Large, Consistent Sex Differences', *Proceedings of the National Academy of Sciences* 113:14 (2016), p. E1965.

19. D. Joel, A. Persico, J. Hänggi, J. Pool and Z. Berman, 'Reply to Del Giudice et al., Chekroud et al., and Rosenblatt: Do Brains of Females and Males Belong to Two Distinct Populations?', *Proceedings of the National Academy of Sciences* 113:14 (2016), pp. E1969-70.

20. L. MacLellan, 'The biggest myth about our brains is that they are "male" or "female"', *Quartz*, 27 August 2017, https://qz.com/1057494/the-biggest-myth-about-our-brains-is-that-theyre-male-or-female (accessed 10 November 2018).

21. S. M. van Anders, 'The Challenge from Behavioural Endocrinology', pp. 4-6 in J. S. Hyde, R. S. Bigler, D. Joel, C. C. Tate and S. M. van Anders, 'The Future of Sex and Gender in Psychology: Five Challenges to the Gender Binary', *American Psychologist* (2018), http://dx.doi.org/10.1037/amp0000307.

22. S. M. Van Anders, 'Beyond Masculinity: Testosterone, Gender/Sex, and Human Social Behavior in a Comparative Context', *Frontiers in Neuroendocrinology* 34:3 (2013), pp. 198-210.

23. Anders, 'The Challenge from Behavioural Endocrinology'.

24. J. S. Hyde, 'The Gender Similarities Hypothesis', *American Psychologist* 60:6 (2005), p. 581; E. Zell, Z. Krizan and S. R. Teeter, 'Evaluating Gender Similarities and Differences Using Metasynthesis', *American Psychologist* 70:1 (2015), p. 10.

25. B. J. Carothers and H. T. Reis, 'Men and Women are from Earth: Examining the Latent Structure of Gender', *Journal of Personality and Social Psychology* 104:2 (2013), p. 385.

26. H. T. Reis and B. J. Carothers, 'Black and White or Shades of Gray: Are Gender Differences Categorical or Dimensional?', *Current Directions in Psychological Science* 23:1 (2014), pp. 19-26.

27. Joel et al., 'Sex beyond the Genitalia'.

28. Martin and Ruble, 'Children's Search

for Gender Cues,'.

29. I. Savic, A. Garcia-Falgueras and D. F. Swaab, 'Sexual Differentiation of the Human Brain in Relation to Gender Identity and Sexual Orientation', *Progress in Brain Research* 186 (2010), pp. 41-62; Joel, 'Genetic-Gonadal-Genitals Sex (3G-Sex) and the Misconception of Brain and Gender'.

30. J. J. Endendijk, A. M. Beltz, S. M. McHale, K. Bryk and S. A. Berenbaum, 'Linking Prenatal Androgens to Gender-Related Attitudes, Identity, and Activities: Evidence from Girls with Congenital Adrenal Hyperplasia', *Archives of Sexual Behavior* 45:7 (2016), pp. 1807-15.

31. Colapinto, *As Nature Made Him: The Boy Who Was Raised as a Girl*.

32. 'Transgender Equality: House of Commons Backbench Business Debate–Advice for Parliamentarians', Equality and Human Rights Commission, 1 December 2016, available at https://www.equalityhumanrights.com/en/file/21151/download?token=Z7I8opi2 (accessed 10 November 2018).

33. 'Gender confirmation surgeries rise 20% in first ever report', American Society of Plastic Surgeons website, 22 May 2017, https://www.plasticsurgery.org/news/press-releases/gender-confirmation-surgeries-rise-20-percent-in-first-ever-report (accessed 10 November 2018).

34. House of Commons Women and Equalities Committee, *Transgender Equality: First Report of Session 2015-16*, HC 390, 8 December 2015, available at https://publications.parliament.uk/pa/cm201516/cmselect/cmwomeq/390/390.pdf (accessed 10 November 2018).

35. C. Turner, 'Number of children being referred to gender identity clinics has quadrupled in five years', *Telegraph*, 8 July 2017, https://www.telegraph.co.uk/news/2017/07/08/number-children-referred-gender-identity-clinics-has-quadrupled (accessed 10 November 2018).

36. J. Ensor, 'Bruce Jenner: I was born with body of a man and soul of a woman', *Telegraph*, 25 April 2015, https://www.telegraph.co.uk/news/worldnews/northamerica/usa/11562749/Bruce-Jenner-I-was-born-with-body-of-a-man-and-soul-of-a-woman.html (accessed 10 November 2018).

37. C. Odone, 'Do men and women really think alike?', *Telegraph*, 14 September 2010, https://www.telegraph.co.uk/news/science/8001370/Do-men-and-women-really-think-alike.html (accessed 10 November 2018).

38. T. Whipple, 'Sexism fears hamper brain research', *The Times*, 29 November 2016, https://www.thetimes.co.uk/edition/news/sexism-fears-hamper-brain-research-rx6w39gbw (accessed 10 November 2018); L. Willgress, 'Researchers'sexism fears are putting women's health at risk, scientist claims', *Telegraph*, 29

November 2016, https://www.telegraph.co.uk/news/2016/11/29/researchers-sexism-fears-putting-womens-health-risk-scientist (accessed 10 November 2018).

结语：培养勇敢的女儿（和富有同情心的儿子）

1. S.-J. Blakemore, *Inventing Ourselves: The Secret Life of the Teenage Brain* (London, Doubleday, 2018).

2. L. H. Somerville, 'The Teenage Brain: Sensitivity to Social Evaluation', *Current Directions in Psychological Science* 22:2 (2013), pp. 121-7.

3. S.-J. Blakemore, 'The Social Brain in Adolescence', *Nature Reviews Neuroscience* 9:4 (2008), p. 267.

4. B. London, G. Downey, R. Romero-Canyas, A. Rattan and D. Tyson, 'Gender-Based Rejection Sensitivity and Academic Self-Silencing in Women', Journal of Personality and Social Psychology 102:5 (2012), p. 961; E. Kross, T. Egner, K. Ochsner, J. Hirsch and G. Downey, 'Neural Dynamics of Rejection Sensitivity', *Journal of Cognitive Neuroscience* 19:6 (2007), pp. 945-56.

5. Damore, 'Google's Ideological Echo Chamber'.

6. Stoet and Geary, 'The Gender-Equality Paradox in Science, Technology, Engineering, and Mathematics Education'.

7. J. Clark Blickenstaff, 'Women and Science Careers: Leaky Pipeline or Gender Filter?', *Gender and Education* 17:4 (2005), pp. 369-86.

8. A. Tintori and R. Palomba, *Turn on the Light on Science: A Research-Based Guide to Break Down Popular Stereotypes about Science and Scientists* (London, Ubiquity Press, 2017).

9. London et al., 'Gender-Based Rejection Sensitivity'.

10. J. A. Mangels, C. Good, R. C. Whiteman, B. Maniscalco and C. S. Dweck, 'Emotion Blocks the Path to Learning under Stereotype Threat', *Social Cognitive and Affective Neuroscience* 7:2 (2011), pp. 230-41.

11. E. A. Maloney and S. L. Beilock, 'Math Anxiety: Who Has It, Why It Develops, and How to Guard against It', *Trends in Cognitive Sciences* 16:8 (2012), pp. 404-6.

12. K. J. Van Loo and R. J. Rydell, 'On the Experience of Feeling Powerful: Perceived Power Moderates the Effect of Stereotype Threat on Women's Math Performance', *Personality and Social Psychology Bulletin* 39:3 (2013), pp. 387-400.

13. T. Harada, D. Bridge and J. Y. Chiao, 'Dynamic Social Power Modulates Neural Basis of Math Calculation', *Frontiers in Human Neuroscience* 6 (2013), p. 350.

14. I. M. Latu, M. S. Mast, J. Lammers and D. Bombari, 'Successful Female Leaders Empower Women's Behavior in Lead-

ership Tasks', *Journal of Experimental Social Psychology* 49:3 (2013), pp. 444-8.

15. J. G. Stout, N. Dasgupta, M. Hunsinger and M. A. McManus, 'STEMing the Tide: Using Ingroup Experts to Inoculate Women's Self-Concept in Science, Technology, Engineering, and Mathematics (STEM)', *Journal of Personality and Social Psychology* 100:2 (2011), p. 255.

16. 'Inspiring girls with People Like Me', WISE website, https://www.wisecampaign.org.uk/what-we-do/expertise/inspiring-girls-with-people-like-me (accessed 10 November 2018).

17. C. Ainsworth, 'Sex Redefined', *Nature* 518:7539 (2015), p. 288.

18. E. S. Finn, X. Shen, D. Scheinost, M.D. Rosenberg, J. Huang, M. M. Chun, X. Papademetris and R. T. Constable, 'Functional Connectome Fingerprinting: Identifying Individuals Using Patterns of Brain Connectivity', *Nature Neuroscience* 18:11 (2015), p. 1664; E. S. Finn, 'Brain activity is as unique–and identifying–as a fingerprint', *Conversation*, 12 October 2015, https://theconversation.com/brain-activity-is-as-unique-and-identifying-as-a-fingerprint-48723 (accessed 10 November 2018).

19. D. Joel and A. Fausto-Sterling, 'Beyond Sex Differences: New Approaches for Thinking about Variation in Brain Structure and Function', *Philosophical Transactions of the Royal Society B:*

Biological Sciences 371:1688 (2016), 20150451; Joel et al., 'Sex beyond the Genitalia'.

20. L. Foulkes and S. J. Blakemore, 'Studying Individual Differences in Human Adolescent Brain Development', *Nature Neuroscience* 21:3 (2018), pp. 315-23.

21. Q. J. Huys, T. V. Maia and M. J. Frank, 'Computational Psychiatry as a Bridge from Neuroscience to Clinical Applications', *Nature Neuroscience* 19:3 (2016), p. 404; O. Moody, 'Artificial intelligence can see what's in your mind's eye', *The Times*, 3 January 2018, https://www.thetimes.co.uk/article/artificial-intelligence-can-see-whats-in-your-minds-eye-w6k9pjsh6 (accessed 10 November 2018).

22. M. M. Mielke, P. Vemuri and W. A. Rocca, 'Clinical Epidemiology of Alzheimer's Disease: Assessing Sex and Gender Differences', *Clinical Epidemiology* 6 (2014), p. 37; S. L. Klein and K. L. Flanagan, 'Sex Differences in Immune Responses', *Nature Reviews Immunology* 16:10 (2016), p. 626.

23. L. D. McCullough, G. J. De Vries, V. M. Miller, J. B. Becker, K. Sandberg and M. M. McCarthy, 'NIH Initiative to Balance Sex of Animals in Preclinical Studies: Generative Questions to Guide Policy, Implementation, and Metrics', *Biology of Sex Differences* 5:1 (2014), p. 15.

24. D. L. Maney, 'Perils and Pitfalls of Reporting Sex Differences', *Philosoph-*

ical *Transactions of the Royal Society B: Biological Sciences* 371:1688 (2016), 20150119.

25. http://lettoysbetoys.org.uk

26. R. Nicholson, '*No More Boys and Girls: Can Kids Go Gender Free* review—reasons to start treating children equally', Guardian, 17 August 2017, https://www.theguardian.com/tv-and-radio/tvandradioblog/2017/aug/17/no-more-boys-and-girls-can-kids-go-gender-free-review-reasons-to-start-treating-children-equally (accessed 10 November 2018); J. Rees, '*No More Boys and Girls: Can Our Kids Go Gender Free*? should be compulsory viewing in schools—review', *Telegraph*, 23 August 2017, https://www.telegraph.co.uk/tv/2017/08/23/no-boys-girls-can-kids-go-gender-free-should-compulsory-viewing (accessed 10 November 2018).

27. S. Quadflieg and C. N. Macrae, 'Stereotypes and Stereotyping: What's the Brain Got to Do with It?', *European Review of Social Psychology* 22:1 (2011), pp. 215-73.

28. C. Fine, J. Dupré and D. Joel, 'Sex-Linked Behavior: Evolution, Stability, and Variability', *Trends in Cognitive Sciences* 21:9 (2017), pp. 666-73.

29. D. Victor, 'Microsoft created a Twitter bot to learn from users. It quickly became a racist jerk', *New York Times*, 24 March 2016, https://www.nytimes.com/2016/03/25/technology/microsoft-created-a-twitter-bot-to-learn-from-users-it-quickly-became-a-racist-jerk.html (accessed 10 November 2018).

30. Hunt, 'Tay, Microsoft's AI chatbot, gets a crash course in racism from Twitter'.

索引

索引中的后附页码为英文原版书页码，同本书页边码。

grey and white matter, 灰质和白质 22–3

hormones, 激素 25–7, 31–3, 35–6, 39, 40

language, 语言 91, 96–7

leadership skills, 领导能力 25, 44

multi-tasking, 多任务处理 xiii, 21

'people versus things', "人物和事物" xii, 64–7, 145, 165, 176, 192–3, 223, 266

science, 科学 xii

self-regulation, 自律 302–8

spatial skills, 空间技能 21, 33, 34, 36, 37, 58, 113, 152, 214, 230, 270–80, 324

stereotypes, 刻板印象 199–232

systemising, 系统化 40, 50–54, 175, 239–41, 245, 266, 269, 327

toy preference, 玩具偏好 36, 41, 42, 176, 202, 204, 212, 213–32

variational tendency, 变化趋势 xii, 262–3

word association tasks, 字词联想测验 56

mammoths, 猛犸象 49

Maney, Donna, 唐娜·曼尼 353

map reading, 读地图 xi, xiii, 21, 90, 137, 279

Marcus, Gary, 加里·马库斯 84

marriage, 婚姻 13, 37

Martin, Carol Lynn, 卡罗尔·林恩·马丁 198

mate choice, 配偶选择 13, 46

mathematics, 数学 21, 33, 35, 42, 62, 69, 137, 175, 247, 263, 297, 311–12, 324

maths anxiety, 数学焦虑症 277

Mattel, 美泰 209

Max Planck Institute for Biological Cybernetics, 马克斯·普朗克生物学控制研究所 104

'Maxi and the chocolate' task, "马克西和巧克力" 任务 188

maze learning, 迷宫学习 34

McCabe, David, 大卫·麦凯布 82

McCarthy, Margaret, 玛格丽特·麦卡锡 333

McClure, Erin, 艾琳·麦克卢尔 182–4

McGrigor Allan, James, 詹姆斯·麦格里戈·艾伦 12, 28, 30

Medical Research Council, 医学研究委员会 258

Meitner, Lise, 莉泽·迈特纳 259

memory tasks, 记忆任务 55

'Men and Women are from Earth' (Reis & Carothers), 《男女都来自地球》(哈里·赖斯和鲍比·卡罗瑟斯) 338

Men Are Clams, Women Are Crowbars (Clarke), 《男人是蛤蜊, 女人是撬棍》(大卫·克拉克) xiv, 90

Men Are from Mars, Women Are from Venus (Gray), 《男人来自火星, 女人来自金星》(约翰·格雷) xiv, 63, 90, 343

menopause, 更年期 29

Menstrual Distress Questionnaire (MDQ), 经期不适问卷 30, 68

Menstrual Joy Questionnaire (MJQ), 月经愉悦问卷 68

menstruation, 月经 12, 26, 28–31, 68, 202

mental health, 心理健康 12, 116, 291, 293–4, 296, 299, 304, 312, 345, 352, 356–7

mental rotation, 心理旋转 38, 42, 69, 113, 138, 177, 202, 245, 271–4, 326

Merkel, Angela, 安格拉·默克尔 350

mice, 老鼠 35, 313

Michael, Robert, 罗伯特·迈克尔 83

Michalska, Kalina, 卡琳娜·米哈尔斯卡 193

Michigan State University, 密歇根州立大学 93

Microsoft, 微软 117, 347

Mill on the Floss, The (Eliot), 《弗洛斯河上的

290, 293, 295–302, 348

rejection sensitivity questionnaire, 拒绝敏感度问卷 295, 296–7

reproductive system, 生殖系统 12

Republican Party, 共和党 79

reward centres, 奖赏中枢 73, 131

Rihanna, 蕾哈娜 124

Rilling, James, 詹姆斯·瑞林 134

ring finger, 食指 41–2, 153

Rippon, Gina, 吉娜·里彭 344

risk-aversive behaviour, 厌恶风险的行为 130

Ritchie, Stuart, 斯图尔特·里奇 315–16

rock-paper-scissors, 石头剪刀布 135

role incongruity, 角色不一致 257

Romania, 罗马尼亚 155–7

Rong Su, 苏蓉 67

Rosalind Franklin University, 罗莎琳德富兰克林医科大学 331

Rosenkrantz Stereotype Questionnaire, 罗森克兰茨刻板印象问卷 200

rough and tumble play, 追逐打闹的游戏 33, 35, 167

Rousseau, Jean-Jacques, 让-雅克·卢梭 12

Royal Anthropological Institute, 皇家人类学会 12

Royal Society, 英国皇家学会 238

Ruble, Diane, 黛安·卢布 198

Rydell, Robert, 罗伯特·莱德尔 350

Saini, Angela, 安吉拉·萨伊尼 203

salmon, 鲑鱼 87–8

Samson and Delilah, 《参孙和达莉拉》243

SAT (Scholastic Assessment Test), 学术能力评估测试 69

satnavs, 卫星导航 114, 118, 136, 206

Saujani, Reshma, 拉什玛·萨贾尼 282

Schachter, Stanley, 史丹利·沙克特 57

schemata, 图式 205

Schiebinger, Londa, 朗达·史宾格 11–12, 238, 261, 359

Schmitt, David, 大卫·施密特 267, 292

science, scientists, 科学，科学家 xii, 21, 49, 51, 175–8, 203, 209, 226, 235–61, 262–81,349–51

  babies and, 婴儿 174–8, 245

  and 'brilliance', "才华" 241–4, 254, 270, 276

  'chilly climate', "寒冷气候" 249–52, 349

  definition of, 定义 236–7

  Gender Equality Paradox, 性别平等悖论 250–51, 257

  and empathising-systemising theory, 共情–系统化理论 175, 239–41, 266, 269

  gendering scientists, 性别科学家 254–6

  and 'people versus things', "人物和事物" 67, 239, 266

  personality characteristics, 性格特征，个性特征 256–9

  and self-silencing, 自我沉默 297–8

  spatial cognition, 空间认知 270–80

  stereotypes, 刻板印象 53, 69, 203, 235–61, 263, 269–81, 349–50

  teacher bias, 教师偏见 248–9

Science Council, 科学委员会 236

Second Sex, The (de Beauvoir), 《第二性》（西蒙娜·德·波伏瓦）5

secretin, 分泌素 26

seductive allure, 诱惑 83, 103

self-criticism, 自我批评 133, 286, 293–5

self-esteem, 自尊 121, 125–33, 286, 287, 289, 290–308, 325, 345, 348–56

大脑的性别：
打破女性大脑迷思的
最新神经科学

[英] 吉娜·里彭 著

吴丹 译

图书在版编目（CIP）数据

大脑的性别 : 打破女性大脑迷思的最新神经科学 / (英) 吉娜·里彭著 ; 吴丹译. -- 北京 : 北京燕山出版社, 2021.9

书名原文: The Gendered Brain: The New Neuroscience that Shatters the Myth of the Female Brain

ISBN 978-7-5402-6178-8

Ⅰ.①大… Ⅱ.①吉…②吴… Ⅲ.①神经科学－研究 Ⅳ.①Q189

中国版本图书馆CIP数据核字(2021)第175744号

The Gendered Brain:
The New Neuroscience
that Shatters the Myth
of the Female Brain

by Gina Rippon

First published by The Bodley Head in 2019
Copyright © Gina Rippon 2019
Simplified Chinese edition © 2021 by Shanghai Yue Yue Book Co. Ltd.

北京市版权局著作权合同登记号 图字:01-2021-4617号

策划出品	悦悦图书	策 划 人	罗 红	
统 筹	沈 芊 周媛媛	特约编辑	景柯庆 胡元曜	悦阅 YUEYUE
设 计	梁家洁			

责任编辑　刘占凤 任 臻
出　　版　北京燕山出版社有限公司
社　　址　北京市丰台区东铁匠营苇子坑 138 号嘉城商务中心 C 座
邮　　编　100079
电话传真　86-10-65240430（总编室）
印　　刷　江阴金马印刷有限公司
开　　本　889 毫米 ×1240毫米　1/32
字　　数　326 千字
印　　张　16 印张
版　　次　2021 年 9 月第 1 版
印　　次　2021 年 9 月第 1 次印刷
书　　号　ISBN 978-7-5402-6178-8
定　　价　88.00 元

关注悦悦图书